U0137418

从来没有一本化学文献，在农业科学的革命方面，比这本划时代的著作起更大的作用。

——美国科学促进协会

1826 年，李比希在吉森建立了一个实验室。从那时起，到 1914 年，有系统的有组织的学术研究，在德国异常发达，远非他国所及。

——英国科学史家丹皮尔（W. C. Dampier）

德国的新农业化学，特别是李比希和申拜因，对于地租理论，比所有的经济学家加起来，还更重要。……关于连续投资时，土地生产率降低的情形，可以参看李比希的著作《化学在农业和生理学上的应用》。

——马克思致恩格斯的信

本书列入"十三五"国家重点图书出版规划

科学元典丛书

The Series of the Great Classics in Science

主　　编　任定成

执行主编　周雁翎

策　　划　周雁翎

丛书主持　陈　静

　　科学元典是科学史和人类文明史上划时代的丰碑，是人类文化的优秀遗产，是历经时间考验的不朽之作。它们不仅是伟大的科学创造的结晶，而且是科学精神、科学思想和科学方法的载体，具有永恒的意义和价值。

科学元典丛书

李比希文选

Selected Works of Liebig

[德] 李比希 著
刘更另 (上篇)
李三虎 (下篇) 译

北京大学出版社
PEKING UNIVERSITY PRESS

图书在版编目(CIP)数据

李比希文选/(德)李比希著;刘更另,李三虎译.—北京: 北京大学出版社,2011.1
(科学元典丛书)
ISBN 978-7-301-17989-5

Ⅰ.①李… Ⅱ.①李…②刘…③李… Ⅲ.①科学普及②李比希(1803—1873)–文集③有机化学–文集 Ⅳ.①062-53

中国版本图书馆 CIP 数据核字(2010)第 210809 号

书　　　名	李比希文选	
	LIBIXI WENXUAN	
著作责任者	[德]李比希　著　刘更另　李三虎　译	
丛 书 策 划	周雁翎	
丛 书 主 持	陈　静	
责 任 编 辑	陈　静	
标 准 书 号	ISBN 978-7-301-17989-5	
出 版 发 行	北京大学出版社	
地　　　址	北京市海淀区成府路 205 号　100871	
网　　　址	http://www.pup.cn　新浪微博:@北京大学出版社	
微信公众号	科学与艺术之声(微信号:sartspku)	
电 子 信 箱	zyl@ pup.pku.edu.cn	
电　　　话	邮购部 010-62752015　发行部 010-62750672　编辑部 010-62707542	
印 刷 者	北京中科印刷有限公司	
经 销 者	新华书店	
	787 毫米×1092 毫米　16 开本　18 印张　8 插页　380 千字	
	2011 年 1 月第 1 版　2021 年 1 月第 4 次印刷	
定　　　价	59.00 元	

未经许可,不得以任何方式复制或抄袭本书之部分或全部内容。
版权所有,侵权必究
举报电话:010-62752024　电子信箱:fd@pup.pku.edu.cn
图书如有印装质量问题,请与出版部联系,电话:010-62756370

弁　言

　　这套丛书中收入的著作，是自古希腊以来，主要是自文艺复兴时期现代科学诞生以来，经过足够长的历史检验的科学经典。为了区别于时下被广泛使用的"经典"一词，我们称之为"科学元典"。

　　我们这里所说的"经典"，不同于歌迷们所说的"经典"，也不同于表演艺术家们朗诵的"科学经典名篇"。受歌迷欢迎的流行歌曲属于"当代经典"，实际上是时尚的东西，其含义与我们所说的代表传统的经典恰恰相反。表演艺术家们朗诵的"科学经典名篇"多是表现科学家们的情感和生活态度的散文，甚至反映科学家生活的话剧台词，它们可能脍炙人口，是否属于人文领域里的经典姑且不论，但基本上没有科学内容。并非著名科学大师的一切言论或者是广为流传的作品都是科学经典。

　　这里所谓的科学元典，是指科学经典中最基本、最重要的著作，是在人类智识史和人类文明史上划时代的丰碑，是理性精神的载体，具有永恒的价值。

一

　　科学元典或者是一场深刻的科学革命的丰碑，或者是一个严密的科学体系的构架，或者是一个生机勃勃的科学领域的基石，或者是一座传播科学文明的灯塔。它们既是昔日科学成就的创造性总结，又是未来科学探索的理性依托。

　　哥白尼的《天体运行论》是人类历史上最具革命性的震撼心灵的著作，它向统治西方思想千余年的地心说发出了挑战，动摇了"正统宗教"学说的天文学基础。伽利略《关于托勒密与哥白尼两大世界体系的对话》以确凿的证据进一步论证了哥白尼学说，更直接地动摇了教会所庇护的托勒密学说。哈维的《心血运动论》以对人类躯体和心灵的双重关怀，满怀真挚的宗教情感，阐述了血液循环理论，推翻了同样统治西方思想千余年、被"正统宗教"所庇护的盖伦学说。笛卡儿的《几何》不仅创立了为后来诞生的微积分提供了工具的解析几何，而且折射出影响万世的思想方法论。牛顿的《自然哲学之数学原理》标志着17世纪科学革命的顶点，为后来的工业革命奠定了科学基础。分别以惠更斯的《光论》与牛顿的《光学》为代表的波动说与微粒说之间展开了长达200余年的论战。拉瓦锡在《化学基础论》中详尽论述了氧化理论，推翻了统治化学百余年之久的燃素理论，这一智识壮举被公认为历史上最自觉的科学革命。道尔顿的《化学哲学新体系》奠定了物质结构理论的基础，开创了科学中的新时代，使19世纪的化学家们有计划地向未知领域前进。傅立叶的《热的解析理论》以其对热传导问题的精湛处理，突破了牛顿的《自然哲学之数学原理》所规定的理论力学范围，开创了数学物理学的崭新领域。达尔文《物种起源》中的进化论思想不仅在生物学发展到分子水平的今天仍然是科学家们阐释的对象，而且100多年来几乎在科学、社会和人文的所有领域都在施展它有形和无形的影响。《基因论》揭示了孟德尔式遗传性状传递机理的物质基础，把生命科学推进到基因水平。爱因斯坦的《狭义与广义相对论浅说》和薛定谔的《关于波动力学的四次演讲》分别阐述了物质世界在高速和微观领域的运动规律，完全改变了自牛顿以来的世界观。魏格纳的《海陆的起源》提出了大陆漂移的猜想，为当代地球科学提供了新的发展基点。维纳的《控制论》揭示了控制系统的反馈过程，普里戈金的《从存在到演化》发现了系统可能从原来无序向新的有序态转化的机制，二者的思想在今天的影响已经远远超越了自然科学领域，影响到经济学、社会学、政治学等领域。

　　科学元典的永恒魅力令后人特别是后来的思想家为之倾倒。欧几里得的《几何原本》以手抄本形式流传了1800余年，又以印刷本用各种文字出了1000版以上。阿基米德写了大量的科学著作，达·芬奇把他当作偶像崇拜，热切搜求他的手稿。伽利略以他的继承人自居。莱布尼兹则说，了解他的人对后代杰出人物的成就就不会那么赞赏了。为捍卫《天体运行论》中的学说，布鲁诺被教会处以火刑。伽利略因为其《关于托勒密与哥白尼两大世界体系的对话》一书，遭教会的终身监禁，备受折磨。伽利略说吉尔伯特的《论磁》一书伟大得令人嫉妒。拉普拉斯说，牛顿的《自然哲学之数学原理》揭示了宇宙的最伟大定律，它将永远成为深邃智慧的纪念碑。拉瓦锡在他的《化学基础论》出版后 5 年被法国革命法庭处死，传说拉格朗日悲愤地说，砍掉这颗头颅只要一瞬间，再长出这样的头颅 100 年也不够。《化学哲学新体系》的作者道尔顿应邀访法，当他走进法国科学院会议厅时，院长和全体院士起立致敬，得到拿破仑未曾享有的殊荣。傅立叶在《热的解析理论》中阐述的强有力的数学工具深深影响了整个现代物理学，推动数学分析的发展达一个多世纪，麦克斯韦称赞该书是"一首美妙的诗"。当人们咒骂《物种起源》是"魔鬼的经典""禽兽的哲学"的时候，赫胥黎甘做"达尔文的斗犬"，挺身捍卫进化论，撰写了《进化论与伦理学》和《人类在自然界的位置》，阐发达尔文的学说。经过严复的译述，赫胥黎的著作成为维新领袖、辛亥精英、"五四"斗士改造中国的思想武器。爱因斯坦说法拉第在《电学实验研究》中论证的磁场和电场的思想是自牛顿以来物理学基础所经历的最深刻变化。

在科学元典里，有讲述不完的传奇故事，有颠覆思想的心智波涛，有激动人心的理性思考，有万世不竭的精神甘泉。

<h1 style="text-align:center">二</h1>

按照科学计量学先驱普赖斯等人的研究，现代科学文献在多数时间里呈指数增长趋势。现代科学界，相当多的科学文献发表之后，并没有任何人引用。就是一时被引用过的科学文献，很多没过多久就被新的文献所淹没了。科学注重的是创造出新的实在知识。从这个意义上说，科学是向前看的。但是，我们也可以看到，这么多文献被淹没，也表明划时代的科学文献数量是很少的。大多数科学元典不被现代科学文献所引用，那是因为其中的知识早已成为科学中无须证明的常了。即使这样，科学经典也会因为其中思想的恒久意义，而像人文领域里的经典一样，具有永恒的阅读价值。于是，科学经典就被一编再编、一印再印。

早期诺贝尔奖得主奥斯特瓦尔德编的物理学和化学经典丛书"精密自然科学经典"从 1889 年开始出版，后来以"奥斯特瓦尔德经典著作"为名一直在编辑出版，有资料说目前已经出版了 250 余卷。祖德霍夫编辑的"医学经典"丛书从 1910 年就开始陆续出版了。也是这一年，蒸馏器俱乐部编辑出版了 20 卷"蒸馏器俱乐部再版本"丛书，丛书中全是化学经典，这个版本甚至被化学家在 20 世纪的科学刊物上发表的论文所引用。一般把 1789 年拉瓦锡的化学革命当作现代化学诞生的标志,把 1914 年爆发的第一次世界大战称为化学家之战。奈特把反映这个时期化学的重大进展的文章编成一卷,把这个时期的其他 9 部总结性化学著作各编为一卷,辑为 10 卷"1789—1914 年的化学发展"丛书,于 1998 年出版。像这样的某一科学领域的经典丛书还有很多很多。

科学领域里的经典,与人文领域里的经典一样,是经得起反复咀嚼的。两个领域里的经典一起,就可以勾勒出人类智识的发展轨迹。正因为如此,在发达国家出版的很多经典丛书中,就包含了这两个领域的重要著作。1924 年起,沃尔科特开始主编一套包括人文与科学两个领域的原始文献丛书。这个计划先后得到了美国哲学协会、美国科学促进会、科学史学会、美国人类学协会、美国数学协会、美国数学学会以及美国天文学学会的支持。1925 年,这套丛书中的《天文学原始文献》和《数学原始文献》出版,这两本书出版后的 25 年内市场情况一直很好。1950 年,沃尔科特把这套丛书中的科学经典部分发展成为"科学史原始文献"丛书出版。其中有《希腊科学原始文献》《中世纪科学原始文献》和《20 世纪(1900—1950 年)科学原始文献》,文艺复兴至 19 世纪则按科学学科(天文学、数学、物理学、地质学、动物生物学以及化学诸卷)编辑出版。约翰逊、米利肯和威瑟斯庞三人主编的"大师杰作丛书"中,包括了小尼德勒编的 3 卷"科学大师杰作",后者于 1947 年初版,后来多次重印。

在综合性的经典丛书中,影响最为广泛的当推哈钦斯和艾德勒 1943 年开始主持编译的"西方世界伟大著作丛书"。这套书耗资 200 万美元,于 1952 年完成。丛书根据独创性、文献价值、历史地位和现存意义等标准,选择出 74 位西方历史文化巨人的 443 部作品,加上丛书导言和综合索引,辑为 54 卷,篇幅 2 500 万单词,共 32 000 页。丛书中收入不少科学著作。购买丛书的不仅有"大款"和学者,而且还有屠夫、面包师和烛台匠。迄 1965 年,丛书已重印 30 次左右,此后还多次重印,任何国家稍微像样的大学图书馆都将其列入必藏图书之列。这套丛书是 20 世纪上半叶在美国大学兴起而后扩展到全社会的经典著作研读运动的产物。这个时期,美国一些大学的寓所、校园和酒吧里都能听到学生讨论古典佳作的声音。有的大学要求学生必须深研 100 多部名著,甚至在教学中不得使用最新的实验设备,而是借助历史上的科学大师所使用的方法和仪器复制品去再现划时代的著名实验。至 20 世纪 40 年代末,美国举办古典名著学习班的城市达 300 个,学员 50 000 余众。

相比之下,国人眼中的经典,往往多指人文而少有科学。一部公元前 300 年左右古希腊人写就的《几何原本》,从 1592 年到 1605 年的 13 年间先后 3 次汉译而未果,经 17 世纪初和 19 世纪 50 年代的两次努力才分别译刊出全书来。近几百年来移译的西学典籍中,成系统者甚多,但皆系人文领域。汉译科学著作,多为应景之需,所见典籍寥若晨星。借 20 世纪 70 年代末举国欢庆"科学春天"到来之良机,有好尚者发出组译出版"自然科学世界名著丛书"的呼声,但最终结果却是好尚者抱憾而终。20世纪90年代初出版的"科学名著文库",虽使科学元典的汉译初见系统,但以10卷之小的容量投放于偌大的中国读书界,与具有悠久文化传统的泱泱大国实不相称。

我们不得不问:一个民族只重视人文经典而忽视科学经典,何以自立于当代世界民族之林呢?

三

科学元典是科学进一步发展的灯塔和坐标。它们标识的重大突破,往往导致的是常规科学的快速发展。在常规科学时期,人们发现的多数现象和提出的多数理论,都要用科学元典中的思想来解释。而在常规科学中发现的旧范型中看似不能得到解释的现象,其重要性往往也要通过与科学元典中的思想的比较显示出来。

在常规科学时期,不仅有专注于狭窄领域常规研究的科学家,也有一些从事着常规研究但又关注着科学基础、科学思想以及科学划时代变化的科学家。随着科学发展中发现的新现象,这些科学家的头脑里自然而然地就会浮现历史上相应的划时代成就。他们会对科学元典中的相应思想,重新加以诠释,以期从中得出对新现象的说明,并有可能产生新的理念。百余年来,达尔文在《物种起源》中提出的思想,被不同的人解读出不同的信息。古脊椎动物学、古人类学、进化生物学、遗传学、动物行为学、社会生物学等领域的几乎所有重大发现,都要拿出来与《物种起源》中的思想进行比较和说明。玻尔在揭示氢光谱的结构时,提出的原子结构就类似于哥白尼等人的太阳系模型。现代量子力学揭示的微观物质的波粒二象性,就是对光的波粒二象性的拓展,而爱因斯坦揭示的光的波粒二象性就是在光的波动说和粒子说的基础上,针对光电效应,提出的全新理论。而正是与光的波动说和粒子说二者的困难的比较,我们才可以看出光的波粒二象性说的意义。可以说,科学元典是时读时新的。

除了具体的科学思想之外,科学元典还以其方法学上的创造性而彪炳史册。这些方法学思想,永远值得后人学习和研究。当代诸多研究人的创造性的前沿领域,如认知心理学、科学哲学、人工智能、认知科学等,都涉及对科学大师的研究方法的研究。一些科学史学家以科学元典为基点,把触角延伸到科学家的信件、实验室记录、所属机构的档案等原始材料中去,揭示出许多新的历史现象。近二十多年兴起的机器发现,首先就是对科学史学家提供的材料,编制程序,在机器中重新做出历史上的伟大发现。借助于人工智能手段,人们已经在机器上重新发现了波义耳定律、开普勒行星运动第三定律,提出了燃素理论。萨伽德甚至用机器研究科学理论的竞争与接受,系统研究了拉瓦锡氧化理论、达尔文进化学说、魏格纳大陆漂移说、哥白尼日心说、牛顿力学、爱因斯坦相对论、量子论以及心理学中的行为主义和认知主义形成的革命过程和接受过程。

除了这些对于科学元典标识的重大科学成就中的创造力的研究之外，人们还曾经大规模地把这些成就的创造过程运用于基础教育之中。美国几十年前兴起的发现法教学，就是在这方面的尝试。近二十多年来，兴起了基础教育改革的全球浪潮，其目标就是提高学生的科学素养，改变片面灌输科学知识的状况。其中的一个重要举措，就是在教学中加强科学探究过程的理解和训练。因为，单就科学本身而言，它不仅外化为工艺、流程、技术及其产物等器物形态，直接表现为概念、定律和理论等知识形态，更深蕴于其特有的思想、观念和方法等精神形态之中。没有人怀疑，我们通过阅读今天的教科书就可以方便地学到科学元典著作中的科学知识，而且由于科学的进步，我们从现代教科书上所学的知识甚至比经典著作中的更完善。但是，教科书所提供的只是结晶状态的凝固知识，而科学本是历史的、创造的、流动的，在这历史、创造和流动过程之中，一些东西蒸发了，另一些东西积淀了，只有科学思想、科学观念和科学方法保持着永恒的活力。

然而，遗憾的是，我们的基础教育课本和不少科普读物中讲的许多科学史故事都是误讹相传的东西。比如，把血液循环的发现归于哈维，指责道尔顿提出二元化合物的元素原子数最简比是当时的错误，讲伽利略在比萨斜塔上做过落体实验，宣称牛顿提出了牛顿定律的诸数学表达式，等等。好像科学史就像网络上传播的八卦那样简单和耸人听闻。为避免这样的误讹，我们不妨读一读科学元典，看看历史上的伟人当时到底是如何思考的。

现在，我们的大学正处在席卷全球的通识教育浪潮之中。就我的理解，通识教育固然要对理工农医专业的学生开设一些人文社会科学的导论性课程，要对人文社会科学专业的学生开设一些理工农医的导论性课程，但是，我们也可以考虑适当跳出专与博、文与理的关系的思考路数，对所有专业的学生开设一些真正通而识之的综合性课程，或者倡导这样的阅读活动、讨论活动、交流活动甚至跨学科的研究活动，发掘文化遗产、分享古典智慧、继承高雅传统，把经典与前沿、传统与现代、创造与继承、现实与永恒等事关全民素质、民族命运和世界使命的问题联合起来进行思索。

我们面对不朽的理性群碑，也就是面对永恒的科学灵魂。在这些灵魂面前，我们不是要顶礼膜拜，而是要认真研习解读，读出历史的价值，读出时代的精神，把握科学的灵魂。我们要不断吸取深蕴其中的科学精神、科学思想和科学方法，并使之成为推动我们前进的伟大精神力量。

任定成

2005 年 8 月 6 日

北京大学承泽园迪吉轩

李比希（Justus von Liebig，1803—1873），德国化学家、化学教育家。

← 1803年5月12日，李比希出生于德国达姆施塔特（Darmstadt）的一个中产阶级家庭，父亲是一名药剂师，经营各种药物原料，并拥有一个制造药物的小作坊。母亲是一位具有商人本能而精明强干的妇女。李比希自幼就对化学实验感兴趣，他继承了父亲那种观察自然的爱好和母亲那种敏锐的洞察力。图为19世纪的达姆施塔特城市一景。

→ 李比希上中学时成绩非常差，对学校的课程不感兴趣，他喜欢到市场上学习小商贩制造捽炮。有一次他带着自制的土炸药到教室并发生了爆炸，导致学校最终开除了他。他的老师曾这样评价他的智力："你是一头羊！你连当一个药铺学徒都不行！" 1818年，李比希在赫本海姆（Heppenheim）的药铺当学徒，但也没有坚持到底，因为他觉得那里传授的知识他早已掌握，于是他回到达姆施塔特在父亲的作坊中做帮手，同时自学化学并做实验。父亲从图书馆借来的化学书，他总是如饥似渴地读完。李比希后来在《自传》中写道："我14岁时的头脑就像鸵鸟的胃口一样，填也填不满。"图为赫本海姆城。

← 1820年，李比希进入波恩大学（The University of Bonn），师从父亲的一位朋友卡斯特纳（K. W. G. Kastner）。卡斯特纳很快就发现了李比希的天才，并让他做自己的助手。图为波恩大学主楼。

→ 1821年，卡斯特纳调到埃尔兰根大学（University of Erlangen），李比希也随之转了学，次年取得博士学位。李比希在大学里努力补习语言及数学等课程，但他对德国大学的化学教育并不满意。建于1809年的柏林大学是当时德国大学新理想的显著代表，在课程设置方面也深受谢林（F. Schelling，1775—1854）的自然哲学思想的影响，把化学混杂在自然哲学中讲授，不注重实验训练。

↑ 1821年的李比希画像。19岁的他，有着灰色的大眼睛，身材修长，热情，并爱好旅行，不但是老师的得意门生，也深受同学们喜欢。

↑ 在埃尔兰根大学，李比希迷上了诗人A. 普莱坦-哈勒蒙德（August von Platen-Hallermünde，1796—1835），常常与之进行浪漫主义的交谈。

← 1822年3月，热情豪放而又易于激动的李比希在埃尔兰根参加了自由主义的学生反对当局的示威，因而被警察通缉。幸亏在导师的帮助下获得一份去巴黎索邦大学的奖学金。当时，索邦大学的化学领先于欧洲。在此，李比希得到德国科学界泰斗洪堡（Alexander von Humboldt，1769—1859）的帮助，被推荐到盖-吕萨克（J. L. Gay-Lussac，1778—1850）的实验室工作。图为索邦大学。

← 18世纪20年代开始的法国启蒙运动使法国的自然科学研究和教育走在世界的最前列。18世纪末，法国化学家贝托雷（C. L. Berthollet，1748—1822）最先实现将化学家的私人实验室职能扩大。贝托雷与拉普拉斯（P. S. Laplace，1749—1827）成立民间学术团体"阿乔伊学社"，贝托雷负责实验指导，拉普拉斯负责理论指导，其学生盖-吕萨克、泰纳、杜隆、贝拉德等尔后都成为卓有成就的科学家。李比希来到巴黎时，听了这些人的讲座，曾写道："盖-吕萨克、泰纳、杜隆等人在索邦的讲演对我有难以形容的魅力……"图为贝托雷。

→ 盖-吕萨克在实验中表现的纯熟的实验技巧和培养人才的方法，强烈地吸引了李比希。可以说，李比希后来能够领导其学派开展科研活动，与他在盖-吕萨克那里受到的严格训练有着密切的关系。图为盖-吕萨克和比奥（Biot，1774—1862）坐在一个上升的热气球里（1804年）。比奥是"阿乔伊学社"的成员、拉普拉斯的学生。

洪堡　　维勒　　居维叶

↑ 李比希在巴黎时，结识洪堡、维勒（Friedrich Wöhler，1800—1882）、居维叶（Georges Cuvier，1769—1832）等人，并成为终生的好朋友。

→ 1824年，在洪堡和盖–吕萨克的推荐下，刚刚21岁的李比希回到德国，成为吉森大学副教授。一年后，李比希接替过世的化学教授齐默尔曼（L.W.Zimmermann，1782—1825）提升为教授。齐默尔曼的化学课仍然是老一套的试图通过道德说教和图解概念来"解释"自然现象，学生们颇感其烦。而李比希的教学方法在吉森深受学生的欢迎，很快就闻名于整个欧洲，许多外国学生专门到吉森来听他的课。但这时候李比希的工作条件非常差。图为今日的吉森市。

← 1826年，李比希创立了著名的吉森实验室，该实验室如今成为李比希纪念馆。李比希进行了大胆的化学教育改革，自己编制了一套教学大纲，充分贯彻自己的教育理念。

→ 1826年，李比希与当地一位政府官员的女儿摩尔登豪尔（Henriette Moldenhauer，1807—1881）结婚，婚后育有5个孩子。图为老年时的摩尔登豪尔。

← 1833年之前李比希的实验室，这时候还十分简陋，是由一个废弃不用的旧兵营改造成的。

→ 很多大学聘请李比希去任教，但是都被他拒绝了。不过聪明的李比希每次都借助这些机会与教育部进行谈判，以此得以两次较大规模地扩建自己的实验室。图为在吉森大学的李比希实验室最终布局图：1~5号是1833年之前的，6~7号是1834年第一次扩建的，8~12号则是1839年第二次扩建的。其中2号是天平分析室；3号是药品储藏室；4号是洗涤室；5号是助手室；6号是李比希私人实验室；7号是李比希私人办公室；8号是药学实验室；9号是图书馆；10号是第二次扩建的天平室；11号是分析实验室；12号是大会厅，可演示实验和发表演讲。

← 1852年，李比希厌倦了搞教育，这时，巴伐利亚的国王马克西米利安一世致信聘请李比希担任慕尼黑大学教授。国王亲自召见他，给他看将要建造的新的化学研究所以及旁边的教授住所的计划，并许诺保障他拥有教学和研究的自由时，李比希无法再拒绝这个聘请了。图为1900年李比希肉精公司的宣传画，展示了1852年国王召见李比希时的情景。

→ 1852年，李比希来到慕尼黑大学任教。此时他声明："我承教的学生一个也不准进入实验室"。他成为德国和外国许多科学研究组织的通讯成员，对本职之外的事务很活跃。此后，他对化学工业化问题进行了种种试验，并致力于写作，发表了大量作品。他不再领导什么学派，自然也没有再像在吉森那样培养出一流的化学家。图为慕尼黑大学主楼大厅。

← 位于慕尼黑大学的教室，李比希在此向学生进行实验演示。图中讲台上方可见李比希的塑像。（木刻画）

→ 李比希的出名还在于他在自己的实验室里培养了许多著名的化学家，从而形成了著名的化学学派——李比希学派（也叫吉森学派）。迄今为止，这个学派及其继承者，获得诺贝尔奖的人数比任何一个学派都要多。图为李比希正在演示他自己发明的一项技术。

← 1839年以后，李比希已经有条件让学生留在实验室做研究工作，学生人数达到了15名，也不用再担心资金的问题，这使他能够将其学派扩大到无与伦比的程度。图为李比希纪念馆中复原的实验室场景。

→ 虽然吉森大学是一所名不见经传的地方性大学，但在此李比希可以一心一意扑在工作上，他感到由衷的快乐。

李比希的学生回国后在各自国家仿效吉森实验室的做法，建立了一批面向学生的教学实验室，吉森的化学教育模式在全世界得到积极推广。他们沿着李比希研究纲领指明的方向，最终确立了农业科学的体系，使分析化学系统化，有机化学走向了结构理论，合成染料成为一个独立的工业部门……

→ 吉森大学的霍夫曼（A. W. Hofmann，1818—1892）纪念碑。霍夫曼为染料化学和染料工业奠定了基础。1836年，他到吉森大学学习哲学和法律，但未见有进步。1843年听了李比希的化学演讲后，便进入吉森实验室成了李比希的学生和助手。

↓ 凯库勒（F. A. Kekule，1829—1896），德国有机化学家。原本学习建筑，因为在吉森大学听了李比希的课，最终改学化学。他在梦中发现了苯的结构简式，传为美谈，被誉为"化学建筑师"。

→ 拜耳（Adolf von Baeyer，1835—1917）德国化学家，是凯库勒的学生。因研究有机染料和氢化芳香族化合物的贡献而获1905年诺贝尔化学奖。

目　录

李比希的学生蒂勒舒(Ludwig Thiersch)同时是一名画家,他经常会以速写的
形式记录下李比希的工作场景。

导　读

邢润川　阎　莉

（山西大学科学技术哲学研究中心）

·*Introduction to Chinese Version*·

　　科学史表明，伟大的科学家不一定是巨人，但伟大的导师却不可能不是巨人。比起其他化学家，李比希之所以在科学史上被人们连篇累牍地介绍和评价，主要原因就在于他创立了科学史上第一个自然科学研究学派，在大学中引入了现代科学教育模式。

1803 年 5 月 12 日，在德国黑森大公国的首府，一个幼小的生命诞生了，他的第一声啼哭是那样洪亮有力，似乎是在向世界宣告他的不平凡。伴随着这个幼小生命的成长，一个响亮的名字注定要在人类的历史上留下光辉的印记，这个名字就是尤斯图斯·李比希（Justus von Liebig）。时值今日，缅怀这位伟大的化学家和化学教育家，我们仍然怀有由衷的敬佩之情。作为一代化学大师，李比希的许多贡献具有开拓性，体现为对有机化学实验和理论做出了许多奠基性的研究，被誉为"德国化学之父"；开创了现代科学教育之先河，创建了科学史上第一个自然科学研究学派；将化学研究用于为人类谋福利，成为后世科学家将科学发展与人类进步密切联系在一起的典范。

追求与梦想的实现

作为一个注定要被历史记载的人物，李比希在他的少年时代就表现出不同于他那个时代的个性与兴趣，不喜欢拉丁文和希腊文等古典科目，而对自然科学感兴趣，尤其是化学成为他向往研究的学科。立志要成为化学家的李比希在得到父亲同意之后，于 1820 年来到波恩大学（The University of Bonn）学习化学。由于受到整个传统文化的影响，德国大学教育被古典主义与浪漫主义所统治，自然科学得不到足够的重视，16、17 世纪就被确立的实验和理性方法在德国的科学研究中得不到贯彻。这种状况自然不能满足一心想成为化学家的李比希的愿望和要求。不幸的遭遇和偶然的幸运帮助了李比希。1822 年，李比希到达当时仍是科学活动和化学活动中心的法国，开始了影响他一生的求学经历。

在当时云集法国著名科学家的索邦神学院（la Sorbonne，巴黎大学的前身），李比希亲耳聆听了许多著名科学家的讲演，这些以实证为主的自然科学讲演不仅使初来乍到的李比希受到科学研究理念的熏陶，而且使他深切感受到科学研究方法的真谛。更为重要的是李比希在这里圆了少年时代就有的梦想，在真正意义上的实验室里开始了化学研究。在一位化学家的实验室里，李比希继续他在德国时的雷汞研究。经过研究，李比希发现雷汞就是雷酸盐。他接着研究了雷酸的性质，制备了多种雷酸化合物。这项研究也为李比希带来了千载难逢的幸运机会。因为他以此研究所写成的论文有幸得到法国的化学泰斗盖-吕萨克（J. L. Gay-Lussac，1778—1850）在法国科学院例会上的宣读。通过这篇文章，盖-吕萨克不仅知道了年轻的李比希的名字，而且对他留下了很好的印象。经过德国著名科学家洪堡（Alexander von Humboldt，1769—1859）的引见，盖-吕萨克同意李比希到他的私人实验室里从事化学研究。在这种难得的机会中，李比希接受了正规的化学研究技能和化学研究方法的训练。在这里，李比希体会到了实验室对科学研究的重要性。他认识到化学作为一门实验性较强的科学，实验是它立足的必要前提，没有一定的

◀ 这幅漫画表现了李比希在当时的慕尼黑文化生活中的领军地位。画中的李比希站在车身上，前有妇女拉着，后有绅士推着，李比希的重要性可见一斑。

实验支撑,任何化学研究都将寸步难行;另一方面,李比希感到,要将化学作为一种事业来发展,就必须突破化学实验室为私人所有的模式。因为私人实验室只能为少数有条件的化学家提供研究场所,而大多数有志于化学研究的青年却被拒之门外。要想扩大化学发展的规模,让每一个想从事化学研究的青年有机会进入化学领域,就必须将化学实验室从私人性质转向公共性质。怀着这样的感受和体会,李比希结束了他的法国求学经历。在回国途中,李比希开始思索如何将自己的体会变为现实,他想到首先要做的事情是在自己任教的大学里建立一个公共实验室。这一想法不仅实现了李比希将化学发展成一种事业的理想,而且成就了他作为一代化学大师的雄心壮志。

开创现代教育之先河

科学史表明,伟人的科学家不一定是巨人,但伟大的导师却不可能不是巨人。比起其他化学家,李比希之所以在科学史上被人们连篇累牍地介绍和评价,主要原因就在于他创立了科学史上第一个自然科学研究学派,在大学中引入了现代科学教育模式。

1824年,李比希从法国回到德国之后,他立志要对德国的科学教育和科学研究进行一次革命性的变革。在他看来,首先应当改变大学科学教育中没有系统的教学大纲和教育方法的局面,他开始利用自己的所学编制化学教学大纲。在教学大纲里,李比希充分贯彻了他的教育理念,规定"首先,学生在学习讲义时,还要做实验,先使用已知的化合物进行定性分析和定量分析,然后从天然物质中提纯和鉴定新的化合物,以及进行无机合成和有机合成;学完这一课程后,在导师指导下进行独立的研究,作为毕业论文项目,最后通过鉴定获得博士学位"[1]。可以看出,李比希的教育理念是非常明确的,那就是让学生在实验中获得系统的训练,并从中体会科学研究的技巧,最终达到能独立进行研究。李比希的教育模式开创了将科学的系统化教育(包括知识的积累、实验技能的培养、研究方法的训练)引入到大学教育的先河,并使这种系统化教育成为大学教育最重要的一环。可以想见,这种教育的实施必然使接受化学教育的学生能够获得切实可行的科学研究技巧和系统化的研究方法,有助于学生独立从事科学研究能力的培养。

在提出新的教育模式之后,李比希开始考虑建立一个既适于教学又适于研究的大学化学实验室,与其化学教育改革相配套。为此,李比希多方奔走,终于在1826年建立了世界上第一个公共性质的大学化学实验室——吉森大学化学实验室。这一具有历史性意义的事件,标志着现代实验组织和教育相结合的开端。不同于以往那种只供少数人利用的私人实验室,吉森实验室是可以同时容纳许多学生的教育和研究的中心机构,是近代科学在大学中机构化的表现[2]。吉森实验室的建立为李比希推行教育改革作好了铺垫,也为他的学派的成长提供了训练场所。正如英国科学史家丹皮尔所评价的:"1826年,在吉森建立了一个实验室。从那时到1914年,学术研究的有组织工作在德国异常发达,远非他国所及"[3]。作为一个具有创新意识和创造性思维的科学家和教育家,李比希不仅有着独创性的思想和娴熟的实验技巧,而且富有搞教育工作的天赋和严谨的治学态度。李比希学派的成功在于占领了当时化学研究的制高点——有机化学。我们知道,在李比希实施他的化学教育和创立学派时,有机化学还是一片正在等待开发的丛林,进入这片丛林进行创造性的研究当然是非常困难的,但是正由于它还是一片未开垦的不毛之地,所蕴藏的成功机遇比起那些已被开采的领域要多得多。也就是说有机化学在当时是化学研究的富矿,谁能敏锐地洞察到这一点,谁就可能占领这块蕴藏无限生机的科学研究领地。李比希充分展现了他作为一代化学大师的聪慧和风采,他站在当时化学领域的最前沿阵地,对于化学研究发展的形式具有敏锐的洞察力,并能够高瞻远瞩,随时掌握化学发展的新动向,从而能指导学生紧跟时代的脉搏思考自己未来的研究课题。在具体的教学中,李比希更是始终贯彻他的科学研究思想,除了给学生讲授基础化学知识外,还亲临实验室指导学生做实验,教给学生进行化学研究的方法和技巧。在这样的教学中,李比希不仅将化学知识和化学研究的技能传授给了学生,而且将科学研究的实证精神赋予了学生。正如他的学生、美国耶鲁大学农业化学教授约翰逊所体会的"李比希对于世界各地到吉森实验室来学习的学生始终贯彻这么一种精神:即让他们学习在科学上有所发现的方法。要求他们检验某些观念是否真实,某些结果是否正确。此外,还要为了提出新的观念进行新的观察和发现。李比希不是为了好奇和荣誉来追求发现,他把真实性放在首位。他耐心听取同学们每天的进展,思考他们的研究计划,观察他们仪器的安排和设计,验证他们的观察,听取他们的想法。李比希对同学们加以鼓励也加以批评。他提出问题,以及怀疑和相反的意见。他不仅要求学生积累资料,对事实加以思考,同时要他们根据比较、分类和论证,把资料加以联系和补充,并且引导他们对于理论上的每个弱点加以批评,通过各方面的仔细考察来证实或否定他们所提出的结论"[4]。

　　之所以将李比希看做现代科学教育的开山鼻祖,不仅在于他成功地实施了既定的教育改革目标,而且在于他开拓性地创立了历史上第一个自然科学研究学派,为现代科学研究构建了一种行之有效的科研组织模式,这种模式脱离了科学家在私人实验室里独自进行研究的形式,将众多科学家组织起来,在学派领袖的带领下,发挥集体创造的优势,进行科学研究。由于这种学派组织形式集中了学派领袖和学派成员的集体智慧,比起科学家单打独斗的研究具有整体功能和效应,是对单个科学家研究加和效应的放大,因而具有事半功倍的效能。难怪在李比希之后,许多科学家纷纷效仿他的做法,各自创立自己的学派,在数学方面有法国的布尔巴几学派;在物理学方面有丹麦的玻尔学派,德国的玻恩学派,英国的卢瑟福学派;在化学方面有德国的霍夫曼学派,俄国的齐宁学派。在当时,创建学派在世界各国蔚然成风,这种情况一直延续到 20 世纪 40—50 年代当代科研组织形式的出现,即国家资助的研究所、工业实验室、大学研究组织等。从前后相继关系来看,可以说,学派形式的科研组织是当代科研组织的前身,对当代规模化的科研组织形式的出现起到了奠基性作用。而学派作为科学研究组织的一种有效形式对科学发展起到的推动作用更是无与伦比。首先,学派由于具有特殊的师承关系,有助于杰出科学人才的培养。李比希学派成功的一个标志就是他培养了许多著名的化学家,如霍夫曼、凯库勒、齐宁等,而那些师从李比希或李比希门徒的化学家从他那里获得的收益更是不胜枚举,仅就获诺贝尔奖一项来看,迄今为止,李比希的弟子们仍高居榜首。其次,学派是带头发展科学的重要力量,如李比希学派从事的有机化学研究、玻尔学派从事的量子物理学研究都是当时具有奠基性的研究领域。第三,学派所具有的纽带作用有利于科学的继承和发展。无论是李比希的弟子们,还是玻尔的学生,他们所创立的学派都或多或少受到老师的影响,所采用的科学研究方法都与老师一脉相传,这正是学派研究组织形式所独有的特殊风采。最后,学派之间的争论对科学发展具有促进作用。学派的出现标志着同一研究领域存在不同的学术观点、研究方法和研究视角,而这些不同一方面表征了各个学派的特点,另一方面也是学派之间进行学术争论的基础,各个学派坚持自己的观点,批驳其他学派的不足,通过这样的争论,互相取长补短,获得发展的动力。同时,这种争论对于整个科学发展也是一种推动,借助这种推动,科学研究方法得到改进,科学概念得到修正,科学理论得以完善。

科学研究思想

19 世纪初叶,同已发展成熟的无机化学相比,有机化学还是一个全新的研究领域,人们对有机化学的认识还十分粗浅,只知道这类物质来自于有机体,组成它们的元素通常是碳、氢、氧、氮、磷等。除此之外,有机化学领域还存在着一些认识上的问题:首先是生命力论的渗透使有机化学蒙上了一层神秘的面纱,阻碍着化学家采用实证研究方法对其加以认识;其次,有机分析化学方法还不完善,化学家对于有机化合物的组成和性质不能进行清楚的认识,这一方面是由于有机化合物的组成比较复杂,仅仅三四个元素就能组成许多化合物,另一方面,化学家还未找到适宜于有机化合物的、有效的研究方法;第三,无机化学中用于解释物质结合原因的电化二元论虽然已经在有机化学中得到推广,但是这种推广并不能帮助有机化学家分析和认识有机化合物的组成和性质,相反,不但不能解释这类物质的特征,反而使其分子式的确定显得非常复杂,甚至是混乱不堪。正如1835 年维勒(Friedrich Wöhler,1800—1882)在写给他的老师的信中所描述的"有机化学当前足以使人发狂,它给我的印象就好像是一片充满最神奇东西的热带原始丛林;它是一片无边无际的使人无法逃得出来的丛莽,也使人害怕走进去。"[1] 但是这一切对于富有挑战精神的李比希似乎不构成威胁,相反,他义无反顾地一头扎进有机化学的热带丛林中,大刀阔斧地开始了这一新领域的探索。

在研究之初,李比希就毅然抛弃了生命力论的思想,在他看来,有机化学同无机化学一样,都是由实在的物质构成的,并不存在特殊的所谓"生命力"。在确定了这样的思想之后不久,他的好友维勒在实验室中合成了有机物尿素的消息更增加了李比希对其想法的自信,但是只有想法,没有实际的研究方法仍然难以在有机化学领域取得突破。于是,李比希开始思考如何进行有机化学研究。他想到,要弄清有机化学的性质和其反应机理,首先要解决的问题是搞清有机化合物的组成,而这一切必须依赖精确的定量分析方法。在确定了基本的研究思路之后,李比希开始考察已有的有机分析化学方法,他认为既然可以在实验室从无机化合物中合成有机化合物,那二者也同样具有研究方法上的共通性。经过考察,李比希发现已有方法分析有机化合物非常复杂和繁琐。在李比希看来,既然科学理论的构造能实现简单性原则的要求,作为构建科学理论基础的实验也必然蕴涵着简单性。在这样的信念指导下,李比希决定发展一种适宜于有机分析化学的更为简单、可靠、方便、快速的有机元素分析方法。这对于惯于实验操作和实验仪器制作的李比希并不十分困难,他巧妙地进行了关键性的技术创新,"采用一种燃烧装置,利用有机物的蒸气在与红热的氧化铜接触时,可以很好地得到燃烧这一点,把样品放在一根装有氧化铜的硬质玻璃管中加热燃烧。"[1]然后再利用配有一定装置的氯化钙和氢氧化钙溶液分别吸收生成的水和二氧化碳,经过称量被吸收物的重量计算有机物中碳和氢的含量。李比希设计的这种分析方法,不仅便于操作,而且精确、可靠。到1840年时,李比希的碳氢分析方法进一步被发展为精确的定量分析技术,并成为化学界的标准分析程序。同时,这套准确简捷而又迅速的有机元素分析方法成为李比希学派分析有机化合物的基本方法,帮助这一学派在短短几年内取得了大批有机化学研究成果,为学派的迅速崛起和成长立下了汗马功劳。

作为一名具有敏锐思想和独特思维的科学家,李比希不会将自己的研究视角仅仅停留在有机化学的实验室分析中,在他的心中蕴藏着更高的目标和理想,这就是构建有机化学的理论大厦。应该说,李比希进入有机化学领域有一个过程。同分异构现象的发现是他从无机化学转向有机化学的敲门砖。19世纪20年代,李比希和维勒几乎同时研究雷酸银和氰酸银,当时他们并不知道二者是同分异构体。但是经过研究,他们发现两种物质的组成完全相同,而它们的性质却不同,这种现象与当时在化学界普遍流行的物质的组成决定物质的性质的看法相互矛盾。如何解决矛盾?李比希首先重新对两种物质进行了更为详细的实验分析,确证了两种物质组成相同而性质不同的现象的真实存在,然后试图从理论上对现象作出合理的解释。他借用了贝采里乌斯(J. J. Berzelius,1779—1848)在1830年提出的"同分异构"的概念,认为雷酸银和氰酸银是一对同分异构体。在此基础上,李比希进一步对同分异构的含义进行了解释,他说正像几个相同的字母,如果采取不同的组合方式,就会形成不同的单词一样,几个相同的原子,如果以不同的方式化合,便会产生极不相同的物质。[1]而且李比希认为同分异构是有机界存在的一种普遍现象,需要化学家作进一步的探索。这样,李比希和维勒发现的同分异构现象实际上是在有机化学领域开了一个口,同时也为化学家进一步深入有机化学,构建有机化学理论体系做好了铺垫。因为同分异构现象的揭示明确了化学家的任务,"这就是必须判别出各种反应中不发生变化的各种复杂的原子团(又称基团),弄清楚能够说明同分异构现象的原子团的内部联系。"[1]同样,同分异构现象的发现也将有机化合物的结构研究摆在了化学家的面前,使他们从关注有机化合物的组成转向研究其结构,从而使有机化学在方法论上表现出同无机化学不同的独特之处。同分异构现象的发现还将李比希学派带到了有机化学的边缘,为李比希带领他的弟子们闯入有机化学这一新兴领域开辟了道路。

在李比希建构有机化学理论方面最能反映他深厚的理论概括能力的是有机基团理论的提出。在对苯的取代物苦杏仁油、安息香酸、苯甲酰氰、苯甲酰胺进行了一系列研究之后,李比希发现它们都有共同的部分 C_7H_5O,而且这些物质在一些性质方面有相似之处,李比希想这说明什么问题呢?是不是可以将 C_7H_5O 看做一个整体?如果将它们看做整体的话,如何在理论上给出合理的解释?李比希想到了贝采里乌斯的"不变基团"概念,并汲取了"取代说"中基团可以被其他原子或原子团取代的思想,给出了有机基团的科学定义。李比希提出有机基团理论是建立在他认为有机物无论多么复杂,其追求简单性的倾向同无机物是一样的,因而在它们的结构中必然对简单性要有所反映,基团的存在就是有机物向人们的一种昭示,它提示人们面对复杂的有机物的结构可以进行简单化处理。李比希的这种追求科学认识简单性的思想在他的发现基团理论的论文中毫无保留地表露出来,他说"有机化学拥有自己的元素,它们的作用有些像无机化学中的氯或氧,有些则相反像金属一样。氰基、胺、苯甲酰基、脂肪类化合物、乙醇及其类似合物——这些都是有机化学赖以建立的真正元素,而不是只有当有机物完全分解后才出现的终极元素——碳、氢、氧和氮。无机化学的基团是单质的,有机化学的基团是复合的,这是两者唯一的区别。其他化合和反应定律在化学的这两个分支都是适用的"[6]。有机基团理论的提出使杂乱无章的有机化学领域终于显现出了光明的前景,化学家可以在这一理论的指导下对复杂的有机化学进行有条理的分析和归类,这就大大简化了有机化学认识的复杂性。从此,李比希和他的学生及其他有志于有机化学研究的化学家在这个领域可以大踏步地向前挺进了。

除了提出基团理论之外,李比希在有机发酵理论、有机多元酸理论等方面也展示了他善于将观察、实验提升为理论解释的杰出才能,而每一种理论的确立都是李比希实证研究与理论概括相结合的科学思想的体现。也正是仰仗这种正确的科学研究思想,李比希在有机化学方面为人类作出了许多具有开拓性的贡献,他的学派也在其正确思想的引导下成为科学史上取得巨大成就的科学研究学派。

将化学用于为人类谋福利

在吉森大学任教的 14 年中,李比希的工作基本上是专门围绕有机化学的实验和理论构建而展开的,仅就这一期间的功绩而论,称他为第一流化学家也是当之无愧。然而,作为一个伟大的科学家,李比希似乎并不满足于已获得的成就,在他的心中蕴藏着他那个时代其他科学家很少有的一个理想,那就是将科学用于造福人类。1837 年,当李比希应邀出席英国科学促进会的年度大会时,他的这一想法终于找到了变为现实的契机。大会委托李比希提出有机化学研究现状的详细报告。为了完成这一任务,李比希想报告中不仅要反映有机化学已经取得的成就,还应当反映有机化学的应用前景。于是,他决心写一部关于运用已知事实和定律造福人类的著作,这一想法促成了他的研究兴趣从有机化学向农业化学和生理化学的转变。促成这一转变的另一个动机是李比希当时正在着手写一部《化学大辞典》。在查阅文献时,他发现虽然化学在理论方面已经取得了长足的进步,但是化学在工业和农业生产实践中的运用却非常少。具有敏锐洞察力的李比希立即意识到将化学研究用于为人类造福是一个有必要探讨的问题,它所蕴藏的前景也是非常广阔的。进行了一番思考之后,李比希决定停下正在思考的有机化学研究,转入农业化学的研究。

　　由于有深厚的理论知识功底,李比希在转向应用化学研究之后,仅仅进行了三个月的实验就总结出农业化学的基本特点,于1840年写出了《化学在农业和生理学上的应用》这部颇受学术界欢迎的专著。在书中,李比希提出了有关使用肥料促进农作物提高产量的思想,这一思想立刻引起化学家的重视和对应用研究的兴趣,从这一点上说,李比希从有机化学的理论研究转向化学的应用研究,为化学走向工业和农业的生产应用开了一个好头,也为化学同社会的联系指明了一条道路。从此,化学家意识到化学研究的意义不仅在于为化学知识的积累添砖加瓦,而且最终目的是为人类谋福利。值得一提的是,李比希研究农业化学时的思想理念在今天的人们看来是非常具有生态整体观意义的。李比希农业化学的整个理论基础是他的一种自然界有机过程再生循环观念:"整个动物、植物、矿物界的各种现象之间,存在一种具有规律性的相互关系。这种相互关系是地球表面上生命赖以生存的基础"[4]。基于这种生态整体观思想,李比希提出了他的农业化学的核心理论,即物质补偿法则。在这一理论中,李比希认为"植物的栽培致使土壤肥力逐渐衰退。为了恢复土壤的肥力,必须把损失的土壤成分全部归还给土壤,这样才能提高农作物的产量"[1]。由此,农业化学的任务就是研究那些设法补偿农作物从土壤中夺走的营养物质,将有利于自然界良性循环和保障这种良性循环置于化学研究的首位,这可以说是值得我们今天的科学研究者学习和借鉴的。

　　在将化学用于造福人类的研究方面,李比希的贡献是多元的,既有对农业化学和生理化学开创性的研究,也有对工业化学研究决定性的影响。李比希对化学工业与德国经济密切联系的影响主要体现在两个方面:一方面,积极参与化学工业的应用研究。从1845年开始,李比希着手进行化学肥料的实验研究,制成"李比希专利肥料",经过多次改进之后,于1850年研制出能用于增加土壤肥力的可溶性化学肥料,并促使德国建立起化学肥料工业。除此之外,李比希还利用所发现的银镜反应,发明了新的镜面制造技术,并且成功地将其应用于工业生产,取代了对生产者有危险的镀汞技术。另一方面,李比希创造性地将自己的研究成果申请专利,为后世科学家将科学研究成果商品化做出了榜样。"李比希肉精公司"就是李比希与企业界人士联合将其研制出的产品投入工业生产的一个典型例子,虽然这一标有"李比希"名字的肉精不像人们想象的那么富含营养,但是这一尝试性的举措成为科学研究、应用与开发同工业密切联系的典范,以至于到今天,"李比希肉精"作为高级调味品仍然销路广泛。另外,李比希与默尔克(Merck)合作,使实验室中使用的化学试剂的生产走向了商业化,特别是默尔克在李比希的建议下,建立了具有现代意义的跨国公司,生产植物精(或味精)。在李比希的影响下,德国在19世纪后期,科学与工业,尤其是化学与工业的联系非常紧密,在当时的德国,在6个大的化学工厂中就有650名以上的化学家在工作,而在同一时期的英国,同样工厂中,化学家人数只有德国的1/20;到1911年,德国生产染料的工厂中,共有7000名工人,而拥有的化学专家高达1500人[7]。科学与工业的联合不仅为德国在19世纪末20世纪初带来了经济的繁荣和世界科学活动中心的地位,而且造就了第二次世界大战之后世界性的科学与社会、经济的联盟,从这个意义上说,李比希的贡献已经远远超出了科学领域,具有促进人类进步的非同凡响的功绩。

参 考 文 献

[1] 李三虎.热带丛林苦旅——李比希学派.武汉：武汉出版社,2002：21,67.

[2] 张家治,邢润川.历史上的自然科学研究学派.北京：科学出版社,1993：28.

[3] 丹皮尔.科学史.北京：商务印书馆,1979：389.

[4] 李比希.化学在农业和生理学中的应用·代序.北京：农业出版社,1983：27.

[5] 梅森.自然科学史.上海：上海人民出版社,1977：433.

[6] Liebig,Justus. "An Autobiographical Sketch"in Cambell Brown, Essays and Addresses. London，1952：325～327.

[7] 郭保章,董德沛.化学史简明教程.北京：北京师范大学出版社,1985：436.

上 篇

李比希和亲人们在慕尼黑的自家花园里。

化学在农业和生理学上的应用

刘更另　译

· Chemistry in Its Application to Agriculture and Physiology ·

作为一个伟大的化学家，李比希似乎并不满足于已获得的成就，在他的心中蕴藏着他那个时代其他科学家很少有的一个理想，那就是，将科学用于造福人类。

Münchener
PUNSCH.

Ein satyrisches Originalblatt von M. E. Schleich.

Ganzjährig 2 fl., halbj. 1 fl., viertelj. 30 kr., einzelne Nummern 3 kr.

Sechster Band.

Sonntag.   **Nro. 9.**   27. Februar 1853.

Urlaubsreise
der Fräulein Bavaria durch München u. s. w.

Fräulein Bavaria frägt sich bei Herrn von Liebig in dessen
Laboratorium an, ob sie nicht auch an den „Vorlesungen für
Damen" Theil nehmen könnte?

中译本序(一)

《化学在农业和生理学上的应用》一书，是德国杰出学者、农业化学创始人李比希的主要著作。一百多年以来，这本书译成了十几种文字，在世界上广为流传。1940 年美国科学促进协会为这本书发行 100 周年出版了纪念专集，全面总结了李比希学说及其发展，称这本书是划时代的名著。专集写道："从来没有任何一本化学文献，在农业科学的革命方面，比这本划时代的著作起更大的作用。"

革命导师马克思、恩格斯非常重视李比希的成就，高度评价《化学在农业和生理学上的应用》这本著作。据不完全统计，在《马克思恩格斯全集》中，赞扬、评论李比希的贡献，直接引用这本书中材料的不下 33 处。例如 1866 年 2 月 13 日马克思致恩格斯的信中说："德国的新农业化学，特别是李比希和申拜恩，对这种事情(注：指马克思写的地租理论)，比所有的经济学家加起来，还更重要"(《马克思恩格斯全集》31 卷 181 页)。在谈到土地生产率的时候，马克思介绍说："关于在连续投资时，土地生产率降低的情形，可以参看李比希的著作《化学在农业和生理学上的应用》"(《马克思全集》25 卷 839 页)。

李比希是一位伟大的化学家，他把化学上的研究成果，进行高度地理论概括，成功地运用到农业、工业、政治、经济、哲学各个领域，并特别重视解决农业生产实践问题。他根据大量科学实验的结果，深刻地揭露了自然界无机营养元素循环的规律，从而把土壤、作物、牲畜和人类生活需要有机地联系起来，为建立耕作业、种植业、饲养业相结合的农业，提供了理论依据。李比希对农业发展的基本理论，提出了一些卓越的见解。在 140 年以前，他就敏锐地看到了资本主义制度剥削地力、破坏自然资源的本质，并无情地揭露说："现代的农业(注：指资本主义农业)是一种掠夺式的农业"(第七版序言)。他的这些思想，正如马克思在《资本论》中阐述的："资本主义农业的任何进步，都不仅是掠夺劳动者技巧上的进步……同时也是掠夺土地肥力——持久源泉的进步"(《马克思恩格斯全集》23 卷 553 页)。

《化学在农业和生理学上的应用》第一版在 1840 年问世，经过作者多次修改补充，1862 年发行到第七版。在这个期间，许多欧洲人来到中国，了解到我国农民素有精耕细作的传统，以施用人畜粪尿，促进有机质再循环的过程。李比希高度评价中国农民的创造，在本书中他用很大的篇幅引用、赞扬了这些经验。他说："中国农民对农业具有独特的经营方法，可以使土地长期保持肥力，并不断提高土地生产力，以满足人口增长的需要"(本书绪论)。他认为中国农民的经验，证实了他的学说的正确性。同时，他还列举了大量事实，证明资本主义的农业是一种掠夺式的农业。

◀ 德国的 Punsch 报纸于 1853 年 2 月 27 日刊登的一幅李比希的讲座海报。李比希有关矿物质的讲座很受妇女们欢迎，因为她们佩戴的首饰就是某种矿物质。李比希的实验室甚至可以让妇女也来学习化学。

马克思高度评价李比希的贡献,写道:"李比希的不朽功绩之一,是从自然科学的观点出发,阐明了现代农业的消极方面"(《马克思恩格斯全集》23卷553页)。资本主义农业发展到今天,无论从规模上、经营方式上、技术方法上,和140年以前相比,当然有许多不同,但是由资本主义本质决定的消极方面,则有过之而无不及。农业环境遭污染,良好的生态环境被破坏,农产品质量的降低,大量矿物能源的消耗,正在各方面造成隐患。我国要实现农业现代化,当然要吸取工业发达国家发展农业的成功经验,但是不要忽视我国原有农业的优点以及新中国成立以来我国在农业建设上取得的成就;更应该重视我们社会主义农业和资本主义农业的根本差别,因此,对农业发展的根本理论问题和基本技术路线问题,还需要进行认真的探讨。李比希《化学在农业和生理学上的应用》一书,有助于我们打开思路,认识农业自然规律,启发我们在农业建设方面考虑一些具有战略意义的问题,这对我国农业和农业科学的发展,毫无疑问是有益处的。

当然,任何一位科学家,任何一种科学学说,都不免要受到当时社会条件的限制,李比希及其学说也不例外。例如,他一方面正确地批评资本主义农业是一种掠夺式的农业,致使土壤贫瘠化;另一方面他又把"土壤肥力递减"说成是一个自然法则,"把资本主义的缺点、局限性和矛盾,归咎于自然界"(《马克思恩格斯全集》1卷21页)。"他对农业史所作的历史概述,不免有严重错误"(《马克思恩格斯全集》23卷553页)。虽然如此,李比希在阐述农业发展史的时候,"但也包含一些卓越的见解"(《马克思恩格斯全集》23卷553页)。更重要的,李比希能根据新的事实,修正自己学说中的错误。他说:"为真理建立巩固的基础,任何人都不会拒绝我在自己学说中去掉糟粕的东西。"他确实这样做了。反映在《化学在农业和生理学上的应用》这本书上,最后的版本就显得更加完善了。

刘更另同志是中国农业科学院土壤肥料研究所的高级研究人员,又兼任中国科学院长沙农业现代化研究所业务领导工作,他在土壤学、农业化学、作物栽培学、耕作学方面有较深的造诣,而且他长期在生产实践中进行调查研究和科学实验,实践经验丰富。在十年浩劫的过程中,在非常艰苦的条件下,他坚持把李比希这本巨著译成中文,这种精神当然是值得称赞的。

我年逾八旬,能为李比希这本名著的中文本出版写几句话,并把它介绍给读者,至感欣慰。我相信它将在我国农业建设和农业科学发展中发挥作用。

中国科学院学部委员

农业部科学技术委员会主任　金善宝教授

中国农业科学院院长

1982年五一节

中译本序(二)

美国科学促进协会(The American Association of the Advancement of Science)为了纪念《化学在农业和生理学上的应用》一书出版100周年,曾于1942年发行一本专册《李比希以及李比希以后的农业化学》(*Liebig and After Liebig*)来总结这位杰出科学家划时代的作用。在这本纪念册中,美国著名科学家把李比希的毕生成就归纳为下列9个方面:(1)李比希对于促进农业化学研究方面的影响,(2)李比希和蛋白质化学,(3)李比希和酶化学及发酵化学,(4)李比希和动物营养,(5)李比希和土壤化学,(6)李比希对于腐殖质理论及腐殖质在植物营养上的作用的见解,(7)李比希和矿质肥料,(8)李比希的最低因子率,(9)李比希和植物矿质营养的水培试验。在这些综述性的评论中,绝大多数赞扬了李比希在科学上的成就,而"李比希的为人和为师"便是这本纪念册中的第一篇,也是最重要的一篇。

科学迅速向前推进,今天李比希的成就大部分已经成为历史上的纪录,但是把《化学在农业和生理学上的应用》一书译成中文出版,对于我国的农业化学工作者、农业院校师生和从事农业管理的干部,还有重要的意义。首先,我们了解农业化学作为一门科学,它是怎样发展起来的,李比希的许多卓越的见解到现在还有深远的现实意义。此外,李比希的治学精神是很值得我们学习的。看看杰出的科学家前辈,怎样通过改进研究方法来发现自然界的真理,又进一步把自然科学的理论应用到农业生产实践中去,李比希对人类的福利具有崇高的责任感。其次,可以看到李比希"专一""认真""勤劳"的治学精神,他将近半个世纪的工作,都在不断的进步之中,他把修正错误作为发现真理的台阶,这点正是我们所应该学习的地方。李比希于1873年逝世,当然,有限的生命不能使他把工作做得更为完善。再次,李比希把培养学生作为毕生工作中的主要内容,他的一大批杰出的门生,在世界上构成了"化学派",他们左右了农学、生理学、土壤学方面的研究方向,使李比希和李比希的学说在许多科学领域产生了深远的影响。即使在今天,我们只能把这卷中译本作为一册科学史来阅读,但是我们读了,无论在农业、在农业化学的理论和实践方面,还是有所启发的。

刘更另同志根据第九版《化学在农业和生理学上的应用》(1876年李比希逝世后3年由他的学生整理出版的)一书的俄文版转译成中文。他嘱我为中译本写一篇序言。刘更另同志在苏联求学多年,对于土壤学、耕作学、农业化学等方面有很好的理论基础和长期科学实践经验。他把这本名著翻译出来,在我国农业科学上将起良好的作用。

中国科学院学部委员

中国科学院南京土壤研究所副所长　　　　　　李庆逵博士

1979年6月4日于南京

中文版译者的话

1966 年前,农业出版社约我翻译尤·李比希名著《化学在农业和生理学上的应用》一书,准备在他逝世 100 周年——1973 年出版。后因"文革"耽误了十多年。

为什么要翻译这本书?

首先涉及对李比希及其学说的评价问题。马克思说:"李比希的不朽功绩之一,是从自然科学的观点出发,阐明了现代农业的消极方面。"[①]这本书的价值,正如美国科学促进协会评论过的一样:"一百多年以来,从来没有任何一本化学文献,在农业科学的革命方面,比这本划时代的著作起更大的作用。"这本书所阐述的"矿质营养学说""归还定律""最低因子律"以及"无机营养元素循环"等等理论,深刻地揭露了大田生产的自然规律,直到现在还闪耀着灿烂的光辉。李比希的许多名言,他在农业上卓越的见解,对于我国的农业建设,对于我们总结农业生产的历史经验,规划农业生产的发展,会有许多中肯的帮助和启发。

任何一个革命性的科学理论,都会引起许多争论。李比希的学说也不例外。一百多年以来,在世界范围内,围绕着李比希的许多观点展开了各式各样的论战:有的支持、赞成李比希的论点;有的继承、发展了李比希的学说;有的根据李比希的原理成功地应用到实践中去;也有的抓住李比希学说中某些糟粕的东西企图全面否定李比希的成就。在我国同样也有许多议论,有的虽然没有阅读李比希的任何著作,也对李比希进行这样和那样的指责;有的甚至把"报酬递减律"也加在李比希的头上加以批判。为了使我国读者全面了解李比希的学说,从而吸取对我们有益的东西,所以把《化学在农业和生理学上的应用》一书翻译出来,介绍给读者,看来是非常重要的。

李比希的成就,当然不仅限于植物营养、农业技术等方面的具体结论。对我们科学、教育、技术工作者来说,我们要特别学习他的治学精神,研究他观察问题、分析问题以及解决农业生产问题的观点和方法。

李比希非常重视实践,重视调查研究,重视农民经验,重视科学资料。他善于从现象深入到本质,从大量分析研究、科学实验的基础上进行高度的理论概括,成功地运用到各个领域。例如:他从植物灰分成分的分析结果,概括出无机营养理论,又成功地引导出"归还的原理";从灰分元素的角度,把植物、土壤、耕作层、休闲、轮作、饲料、畜牧、厩肥等部门联系起来考察,从而发现植物营养循环体系,把农业生产看成互相依赖的统一整体,成为综合研究农业的重要依据。

正因为这本书对我国有重要的现实意义,所以我国农学界、土壤学界、农业化学界、经济学界许多专家教授一致主张把它译成中文出版,有的还为本书的出版倾注了心血。著名农业科学家金善宝教授、农业化学家李庆逵教授特地为这本书的中译本撰写序言;

---

① 《马克思恩格斯全集》23 卷 553 页。

土壤学家侯光炯、张乃凤、陈华癸、高惠民、叶和才等教授对这本书的翻译与出版给予了热情的鼓励与支持。特别要提出的是农业经济学家陈道教授，以及已离开我们的耕作学家孙渠教授对本书的翻译工作更是积极支持，并且就其中的问题同我多次展开讨论。

在翻译过程中，北京农业大学微生物学副教授陈文新同志与我密切合作，除了帮我审校、核对部分章节外，还抽空翻译"肥料"一章以及全部"注释"；中国科学院微生物研究所副研究员范云六同志，中国农业科学院土壤肥料研究所副研究员张马祥同志，就本书原文内容和译文中的问题和我多次讨论、反复研究；其目的都是为了把这个中译本弄得好一点。虽然如此，由于我水平有限，缺点错误在所难免，欢迎读者指正。

刘更另

1982 年 7 月

再 版 补 记

李比希早就敏锐地看到他那个时代的问题所在，他在该书第七版序言中无情地揭露说："现在的农业是一种掠夺式的农业。"世界农业发展到今天，与李比希时代相比，无论从规模上、从品种上、从经营方式和技术方法上，都有许多不同。但粮食危机是困扰世界人民的共同难题，这一难题只有依靠搞好农业来解决。

而我国的传统农业却得到李比希的高度赞赏，李比希在这本书里写道：

"在中国，在面包和小麦的商品后面，任何一个商品也没有像肥料商品那样扩散得如此广泛。在穿过街道的重要的交通线的笨重的大车上，每天从城里把这些物质运送到各地去。每个劳动者早上挑着自己生产的产品上集市，晚上用竹扁担担着满桶肥料回家。……除水稻以外，中国人施肥不是满田撒，而是集中施到每棵植物的跟前。"

李比希花了很大的篇幅阐述中国农业的这些经验，说明农业生产是一个非常复杂的生理、生化过程，应该把土壤、作物、牲畜和人的生活需要有机结合起来；把耕作业、种植业、饲养业、沤制业结合起来；把植物生产、动物生产、有机肥料生产结合起来。我们只有把作物残渣归还给土壤，把劳动力集中在土壤肥料上面，这样使人们了解作物、土壤、肥料的相互关系。从数量上、质量上提高农产品，并改善农业生产的环境。

鉴于此，再版李比希的《化学在农业和生理学上的应用》，对我国当下的农业生产仍具有不可忽视的指导意义。

中国工程院院士　刘更另

写于北京

2009 年 10 月

德文版第一版序言

致亚历山大·洪堡(A. Humboldt)

1823年夏天,我还在巴黎的时候,我有机会在皇家学院报告我的第一篇分析方面的著作《银,汞雷酸化合物的研究》。

7月28日会议结束,当我收拾我的仪器药品时,学院的一个院士走来和我谈话。他非常关切地询问我的研究对象、工作进展和研究计划。后来,我们就分手了。由于当时没有经验和害羞,我没有敢问,我该向谁感谢这种关心。

这次谈话,奠定了我未来研究的基础。我得到了朋友们在我的科学志愿上给予热忱的强有力的支持。

在您周游意大利回来的前一天,谁也不知道您的光临,您会出席这次会议。

在那个城市里,由于从世界各国来的人很多。我既不闻名,又没有人介绍,当然很难会见当地最著名的学者和自然科学家。我和很多其他的人一样,在这么大的人群里,自然是默默无闻的,还很可能被摒弃。这种危险对我现在来说,已经完全消除了。

从那天起,所有的研究所和实验室对我敞开着大门。您对我表现的强大兴趣,使我得到我永远尊敬的导师,盖-吕萨克、留罗克(Пюльнч)和泰纳的爱护和诚挚的友谊。您的信任,给我奠定了走向这个事业的道路,16年来,我坚定地、勤勤恳恳地从事这件工作。

我知道有很多很多的人和我一样,感激你的爱护和关怀,使其科学志愿得到成功:化学家、植物学家、物理学家、东方学家、在波斯和印度的旅行家、艺术家——对您来说不论其民族和出身的差别,所有这些人都享受了您同样的权利和同等的爱护。在这方面科学将如何感激您,对一般人说,可能还不很明白,但是关于这个,我们心里是揣摸得到的。

请允许我公开地向您表示最深切的敬意和最纯洁的、诚挚的感激之情。

我大胆冒昧地把这小小的著作献给您,但是,真的当我读到42年前您给伊格涅古兹(Ингеигуц)的著作《植物营养》写的"前言"时,我知道,甚至我的一部分工作是否属于我的。我总认为,我仅仅是发展了和努力证实了您在那篇"前言"里所叙述的和论证的那些观点。您是真正善良的、崇高的、热情而忠实的朋友,您是我们这个世纪最活跃、最积极的自然科学家。

1837年在利物浦召开的一次英国科学促进会,我荣幸地被邀请作了一个关于"当前有机化学理论现状"的报告,根据我的建议,该会决定邀请巴黎纠马学院院士和我一起参加组织这个报告,这就成了我出版这本书的动机。在这本书中我企图阐述有机化学与植物生理和农业的关系,以及有机物质在腐烂、分解和腐解过程中的变化。

在这个时代,一种强烈的追求新奇的、有时是价值不大的东西的思潮,可能使年轻的一代,忽视美丽的、坚固的建筑物的主要基础。尤其当闪闪夺目的色彩,掩盖这些基础的时候对于那些喜欢表面看问题的人,这一点就显得更加重要。要敢于把自然科学工作者的注意力引向另外一个研究领域，这个领域中的研究对象，在很久以前就应该确定为劳动和奋斗的目标。但不能肯定行得通，因为人想把事做好的心情是没有止境的。但是实现这愿望的手段和可能性往往受许多框框限制。

把我在这本书里叙述的个别观测资料抛开，假如我在这本书里应用于植物发育和营养研究的自然科学原则能得到您赞同的话，我将是极为满意的。

尤·李比希博士

于 吉 森

1840 年 8 月 1 日

德文版第七版序言

《化学在农业和生理学上的应用》的第六版和这一版之间有 16 年了。在这期间我有机会研究一个难题，即在农业生产实践中如何应用科学成果。

这个难题基本原因在于科学理论和实践之间没有建立任何联系。

在农民中间养成一种狭隘观点，他们的教育水平比起工业来要低得多；他们认为用科学要费脑筋，理论和实践是直接矛盾的，所以他们低估理论的作用，甚至毫不注意理论。他们认为过多地考虑和利用科学给农业提供的成果，反而会影响他们原来的实践活动。

的确有这样的事实。当实践上需要科学和理论的时候，有时也会给实践增加麻烦。开始时准会给实践带来相反的结果。人们不知道要正确而熟练地运用科学成果，不是自然而然就能成的。正好像需要学会熟练使用一个复杂的工具一样。

对于正确的或者错误的认识，任何人都不能漠不关心。因为认识决定人们的行动，认识指导人们的业务。

由于认识上的缺点，在实践中意识不到自己许多方法的改进是那些正确认识指导的结果。这些认识是科学提供的，科学解释了植物生长的方式，科学阐明了土壤、空气、耕作和肥料对植物的影响。因为农民在这些科学和实践之间没有找到相互联系的事实，他们就得出结论：科学和实践之间没有任何联系。

长期以来，农民在其实践活动中，被他自己亲身经历到的许多传统观念束缚着。如果他的认识提高到了普通的水平，那么，他又被某些权威束缚着。这些权威的经济制度被称为是典范的。因为没有什么基础，所以更谈不到批评这种制度了。

泰伊尔（Thaer）在苗格里所发现的，对自己农田好的，有利益的，就认为对所有的德国田地都是好的，都是合理的。劳斯在洛桑实验站很小的一块地上所得到的结果，被认为是英国所有农田的"原理"。

在传统观念和名家迷信的统治下面，实践者不能正确理解每天在眼前所发生的事实。最后，这些实践者不能区别什么是偶然的意见。其结果是在生活中当科学怀疑某些传统观念解释事实的时候，实践方面似乎还证明"科学否认事实的存在"。

当科学认为用个别成分代替厩肥的不足是一个进步。或者，当科学证明磷酸盐对根类作物，铵盐对土豆不是特别重要的肥料，实践方面就说："科学否定了这些物质的作用。"

由于这一类的误会引起了长期的争论。实践方面不理解科学结论，并且认为必须保卫自己的传统观念；这个争论，不反对它不理解科学原理，只反对他们自己形成的那些错误观念。这个争论现在还没有解决，农民到现在还没有变成有权威的仲裁者，农民能否得到科学方面实际的帮助，我怀疑，那个时刻是否已经到来。我寄希望于年轻的一代，他们具有比父辈完全不同的锻炼和修养来投入实践。至于我自己，已经有年纪了，组成我身体的元素正在腐烂，趋向于开始新的生命循环。已经是处理自己财产的时候了，已经没有时间再拖延了。如果还有时间，我还要说。

因为在农业上的每一个实验都要继续一年或几年才能得到正确的结论，那么，我几乎没有希望见到我的学说的最后结果了。最好的情况是我能够把我的学说阐述清楚，以便有谁详细读我的著作的时候，不致引起许多误会。需要从这样一种观点来看待我著作中带有争论的部分；我一直相信我在农业上已经充分阐述了规律性的认识，为了推广这些观点，宣传这些观点，正如一般在科学问题上做的一样，有时，不大关心其错误；但是，最后我坚信，这是错误的道路，需要破除迷信，以便为真理建立巩固的基础。任何人都不会拒绝我在自己的学说中去掉糟粕的东西，正因这些糟粕，许多年来，有人企图使这个学说变成毫无价值的东西。

从许多方面责备我不公正的地方，在于我批评现代的农业是一种掠夺式的农业。的确，按照许多农民给我的关于自己农业的那些报告，我反对上述种种责难，不能认为它们都是正确的。我确信，德国北部沙克松里、汉诺威、布劳恩施魏克的许多农民是非常关心归还其从土壤中取去的成分。那么在这里，说是掠夺式的农业是无可非议的。

但是，如果说是整个农业，那么能够了解农田处于什么状况的人不多。

到现在，我还没有碰到哪一个农民，能像某一个工业企业主对自己的每一块地有一本收支账，在账上记着每年在这田里施入多少和从田里取出多少成分。

农民有一个老毛病：每个人都从自己狭隘的观点来判断农业，如果一个人没有犯错误，那么他就倾向把这个人看成是一贯正确的。

直到现在，继续不断地从德国大量运出骨头，就是一个实际证明，说明关心归还田地里磷素的农民是如此之少。如果在巴法林、格依费尔德的一个小小的工厂，从慕尼黑郊区运到沙克松里 150 万斤骨头，那么这都是从巴法林田地里剥夺来的。

强者剥削弱者，有知识的剥削无知识的，比比皆是。在德国北部许多地方，实际上进行着无情的掠夺。将来德国甜菜工业的历史给现在许多人证明：由于施用过磷酸钙和海鸟粪的结果，甜菜达到很高的产量和很高的糖分，而且许多年都没有减产。结果，这些无知的剥削者，开始考虑这样好的产量，将会永远重复出现。他们忽略了，在这种经营方式下面，土壤中的钾素将会减少，归根结底，还是要使土壤贫瘠下去。他们说：钾肥很贵，用那么多钱买钾肥，可以买三四倍多的过磷酸钙和鸟粪了。他们想在自己田里施海鸟粪和过磷酸钙的做法好，而花很大的代价利用厩肥中的钾素，他们想代替厩肥，但是他们不知道如何代替。

毫无疑问，他们盘算错了，他们在出售蜜糖和酒糟的时候，他们就出售了对生产糖的最重要的物质，同时出售了自己田里的肥力。他们将会看到，可能只要几十年，正如这个已经在法国和波格明证明了的一样，在这种经营方式下，经过一定时间，突然地甜菜中的含糖量从 $10\%\sim11\%$ 降低到 $3\%\sim4\%$；他们还会看到某些田过去的产糖量很高，现在田里的肥力已经不能通过施用过磷酸钙和海鸟粪而恢复了。

这样一来，某些地区，在现有的经营制度下，其制糖工业似乎还很繁荣，可是经过两代人以后，那将可以作为一个例子，以证明从前那些不学无术的人，把生产弄到如此地步。这种生产理论的本质是他可以在一丘田里连续不断地永远高产，而不消耗地力。

在英国也发生同样的事情，在所有栽培萝卜的田里，没有归还钾素，结果使萝卜的质量开始变坏。在那些地方只有直接牧羊，萝卜的产量和质量才能保持不变，因为，在那些田里完全保持了钾素的含量。

尤·李比希

于 慕尼黑

1862 年 9 月

绪　　论

0.1　1840 年以前的农业

18 世纪的后 25 年，农业上仍然没有一个人知道田地肥瘦的道理，也不知道在作物影响下地力减退的原因。除了阳光、露水、雨水的作用以外，农民对植物所必需的其他条件几乎毫无所知。至于大家经常谈论的土壤，也不过是给作物提供生长的场所。

农民在成百年的经验中认识到耕作可以丰产，同时施用人畜粪便，还能进一步提高作物产量。

产生这样一个概念：即厩肥的作用是不可理解的，它是由人工不能仿造的那些养分的性质所决定的。这些养分被人畜吸收利用过，并且通过他们的机体而排出体外。

假如每一个农户能保证有一定数量的牲畜，能够经常不断地得到大量的厩肥，加上农民勤奋努力、精耕细作，以及正确轮作，那么产量就会不断提高。可以肯定，人们用自己的双手获得高产。同时谁掌握科学知识，谁就能使贫瘠的沙荒转化为肥沃的土地。常常发生这样的事实：两个相同的农户，一个破了产，而另一个则很富裕；一个农户收入增加，而另一个农户收入减少，这完全取决于当家的人。

曾经有人这样认为：在作物的种子里和土壤里潜伏着一种力量，借着它而获得产量。好像人畜工作疲劳了，只要休息一下就能恢复精力一样。由于栽培作物所消耗的土壤生产力，也可以通过休闲和施用厩肥来得到恢复。

厩肥和庄稼是土壤的产物，也就是说，是土壤的生产力。由此可以得到这样一个结论：土地好比是一个机器，要经常将庄稼从土壤中拿走的东西归还给它，才能恢复它在生产中所消耗的"力量"。但是，土壤的这种"力量"是什么呢？到现在还不清楚。

后来，出现了这样一种意见，认为土壤的"力量"，有它特殊的负荷者（体现者），这就是腐殖质。这个术语尚无确切的定义，它表现了某些腐解的有机质成分和那些不要动物参加的特殊的肥料种类。有人认为产量的高低都与土壤中腐殖质的含量及其增减有关系；同时，腐殖质的数量可以通过施用厩肥和合理经营而得到提高。

这种想法仅仅在下面的情况下是对的，即在肥沃的土地上生产的植物比贫瘠的土地上多，也就是说，在肥沃的土地上比在瘠薄土地上能积累更多的有机残渣。[①]

有人认为：只要有大量的腐殖质，就是在贫瘠的土地上也能获得很高的产量。

---

①　为了对抗泰伊尔的"腐殖质学说"，李比希提出的"矿质营养学说"，仅仅以矿物质和空气中的二氧化碳为植物营养，植物完全不需要腐殖质。所以泰伊尔的意见："产量高是土壤腐殖质多的结果"，变成相反的论点："土壤中腐殖质含量大是高产的结果，在收割后，高产留下了很多有机质残体。"我们现在知道，这两种绝对化的说法都有缺点。——译者注

根据这个意见，土壤肥沃的首要原因，是由于它具有一种"力量"。这种"力量"是由农民的经验所引起的，正等于过去的医生和营养学家所认为的一样，在食品和药品中包含一种营养力和治疗力。这种力量提高产量的作用在于有机质的循环，当它是腐殖质形态的时候，它能促进植物生活；当它是植物的一部分的时候，它能促进人类和其他动物的生活，正如大家所想到的，这种力量到处散布着。实际上确实在世界各国，在各种气候条件和各种土壤类型上——在花岗岩上、在玄武岩上、在沙性和石灰性土壤上，在阳光和雨水的影响下，不同的作物常常生长得同样茂盛，因此觉得土壤的成分没有本质的影响。

当发现腐殖质是土壤肥力的负荷者以后，自然把土地的瘠薄归究于腐殖质不足。有些无机物质，例如泥灰岩、石膏、石灰等施在土里也能增产。他们好像是刺激素一样，对土壤生产力产生的影响，如同食盐、香料在人体内帮助营养消化过程一样。骨粉的作用就在于其中也含有有机物质。

农业生产实践以厩肥为基础，厩肥是土壤生产力的后备力量，厩肥是稳产的保证。

有些植物，例如饲料作物是直接生产厩肥的，同样也是谷物的生产者。

归根到底，一切归结为饲料。饲料多，畜产多，厩肥也多；厩肥多，则谷物产量就高。由此得出结论：只要有充足的饲料，自然就有充足的粮食。

创建了这样一种理论：厩肥是一种原料，经过人们的沤制使用，就可以转化为谷物和肉食。这里贯彻了这样一种思想，仅仅禾谷类和一些经济作物是消耗地力的，而饲料作物则相反，它能维持和改善土壤肥力。

如果在一块地上不种三叶草和甜菜之类的作物，而只是谷类作物连作，那么大都不能高产。这足以证明：地力已被消耗，人们就说这种土壤出了毛病。

由此可见，解释一个现象存在着两种不同的观点，一种认为谷物低产的原因是由于缺乏某些物质；另一种则认为是由于破坏了土壤的"生产力"及其正常的活动。种植谷类作物所消耗的地力，可以由施用厩肥来得到恢复。种饲料作物对养地来说是一副良药，就好像为一匹懒马找到了合适的鞭子。

农民种庄稼不像皮鞋匠干活那样。皮鞋匠能天天看到自己还存有多少皮子。也就是说他知道家里收藏的皮子到头来是越来越少，而农民却不理解植物是一个有特殊要求的有机体。德国农民把自己的田地当做取之不尽的"皮革"，把上面的割去了，下面又长出来，把施用厩肥当做一种措施，帮他把皮革拉长、揉软，以便裁剪。

在农业院校里要教授这样一种技术课，即不消耗土壤中储存的"皮革"，又要做出更多的皮鞋来。在精耕细作方面走得最远的就是最好的老师。这样的农业生产理论曾在当时农业文献中占统治地位。例如：瑞典神父沙苏尔（Theodore de Saussure，1767—1845）和英国化学家戴维（Humphry Davy，1787—1829）的最有价值的、最重要的研究工作，都没有引起农民的重视，因为根据农民的意见，这些研究工作与生产没有任何联系。

在缪格林斯基农学院附设的实验农场[①]进行的小面积的种植制度实验可以作为德国各农场的典型。例如，这个农场得出了这样一个结论：一定数量的厩肥提供一定数量的

---

① 实验农场附设在著名的缪格林斯基（Mёгленекий）农学院，泰伊尔（A. Von Thaer）于 1802 年创立的世界上第一所高等专科农业学校。——译者注

谷物。根据这个结论，就形成这样一个概念，即在任何地方，甚至任何国家，同一数量的厩肥就能生产同一数量的谷物。厩肥变成了农民生产谷物和肉类的物质基础。有人认为，所有的天然牧草或人工牧草都有同样的营养价值。干草的营养价值是饲料价值的标准，甚至食盐也用饲料价值单位来表示，各种饲料都用厩肥价值来表示；羊粪叫做"热粪"，马粪叫做"干粪"和"温暖粪"，而湿牛粪对各种田地都同样有用。

假定，在缪格林斯基农学院附设的实验农场里有效的肥料应当到处都有同样的效果，例如，骨粉在缪格林斯基农学院附设的实验农场的农田里不增产，那么在整个德国的土地上也都不应该增产。

当农民交谈或者讨论改善经营管理的时候，他们往往不注意许多重要的事情，如该国家、该地区所在地的纬度，海拔高度，年雨量及其季节的分布，晴天和雨天的平均数，春夏秋冬的平均温度，一年四季的最高和最低温度，以及土壤的物理、化学和地质上的性质。[①]

经验主义者认为理论仅仅是某些人用以解释农业现象的一些偶然臆测。这样一来，理论就被认为是完全没有价值的了。并且认为实践者用不着要理论来指导，而只要根据当时"情况"和"相互关系"来办事就行。但是什么是这些"情况"和"相互关系"呢？大家却搞不清楚。而认为只有"天才"和"经验"才是重要的。认识"天才"的实质，也没有任何意义。

应当遵照实践经验行事，而理论不能使瘦田变肥。

农业也是一种艺术，几百年来的实践告诉我们，农业上的成就完全靠科学技术，现在作物都种在肥地上，也不需要什么技术。当出现这种需要的时候，就是连饲料作物也长不起来了的时候，甚至在腐殖质丰富的田地里，也生产不了好多厩肥。在这种现象面前，仅仅只有一点实践经验的人，就会像一个小孩一样无能为力；他那点从实践中得来的片断知识，也会显得束手无策，他的经验，也不是经得起考验的本事了。

假如老天爷给人以妙法，能够在一块地上经常成功地栽培三叶草、苜蓿、驴豆等一类的作物（比实验结果更密），那么就算给农业找到了仙丹妙法。因为这类作物是人类最需要的，人类可赖以谋生。当代有名的实践家，葛根格姆农林学院的校长这样求助于科学。

在上世纪末叶，农民利用石膏，更早一些时候，农民利用泥灰土而不用腐殖质和厩肥来提高三叶草的产量，从而增加了厩肥来源。因为过去的这些办法已经不起作用了，他们所掌握的经验技术也都显得无能为力了，所以他们希望自然能恩赐一小块"仙丹"，以便重新栽培三叶草与甜菜、豌豆或豆类。

诚然，任何实践者都知道，从前在这一块地里不施任何肥料都能获得很高的产量；但是现在没有一个人想到，为什么饲料作物不再如过去那样高产，也没有一个人想到现在厩肥缺乏的原因，应该到土壤里去寻找。

盲目实践的人仍然停留在几千年以前的水平。任何理论似乎都是他的"死对头"，当时他自己创建了一种"理论"，似乎他的土壤肥力是永远不会枯竭的。现在许多农民还在

---

① 李比希在例举中所给与决定高产的，特征性的自然—历史条件的完整性使人惊讶，现时代又没有什么可补充的。在原书中不是土壤的地理性状，而是"地球的结构性状"。我们看到这个已经消失的名词比较习惯。——译者注

这种土壤资源永不枯竭的"理论"指导下从事农事活动,目前他还能想办法恢复自己田地上的产量。

假如这个土地资源事实上是在不断枯竭,他的土地,他的国家,他的人民将会发生什么事情呢?他无动于衷,他还在漠不关心地、无知地幻想明天还会同今天一样。

0.2 1840 年以后的农业

1840 年以前在自然科学领域里,化学发展到这样独立的境地,它可以促进其他科学的发展,因为当时动植物生活条件的研究属于化学的范围,因此可以说,化学已经涉及了农业生产。

植物生理学的发展,已经能够辨别植物生长过程中空气成分的变化,已经有了关于二氧化碳能增加植物含碳部分的概念,已经明确绿色植物在阳光作用下能放出氧气,[①]但是关于植物中氢和氧的来源问题,还不是很清楚。[②] 占支配地位的见解认为:植物灰分中所含的某些盐类组成和土壤的矿物组成常常是有出入的,它随植物所处的地点和土壤的地质性质不同而有变化。化学用自己精确的方法对植物整体和各个部分进行了非常详细的研究,分析了植物根、茎、叶、果实的化学成分;研究了动物营养过程及养分在动物机体内转化情况,它对世界各地区耕作层土壤也进行过分析。

结果表明:植物的种子、果实、根系、茎叶都从土壤中吸收某些成分,况且,不管土壤类型如何,所吸收的成分老是这样。植物体内的灰分组成,是组成植物有机体的原料,也不是随着生长地方不同而变化的。 因此,这些灰分成分对于植物来说,正好像人和牲畜需要面包、肉类和饲料一样,[③]肥沃的土壤含有这些营养分的数量大,瘠薄的土壤所含的数量少,如果增加上述灰分营养元素的数量,则瘦土可以变为肥土。

由此可见,正因为栽培作物,并从上面拿走作物产量,致使土壤肥力逐渐衰退,其所含的营养分将越来越少。因此要维持地力必须全部归还从土壤中拿走的东西。 如果拿走的东西不全部归还的话,那么不可能指望再获得那么高的产量,只有增加土壤中那些灰分成分,才能增产。

后来化学证明,让我们打个粗浅的比喻:人畜机体内营养元素所起的变化,好像柴火中遭到的变化一样:食物残渣——粪尿,就像没有燃烧完的灰烬一样。

由此可见,厩肥在养地上的作用就在于它将产量中拿走的一些东西又归还给土壤。但是光靠厩肥来维持地力也是不行的,因为许多粮食、畜产品,都运到城镇里去了。 在这种情况下,其中所含的灰分元素根本无法归还给土壤,如果人们想长期获得高产,那么就

---

① 那时,普里斯特利、因根豪茨、谢尼泊(Jean Senebier)以及沙苏尔都解释过植物同化空气中的 CO_2 并放出氧。——译者注

② 不可全信,因为那时候已经有了沙苏尔(Recherches Chimiques Sur la vegatation,1840)的工作,证明植物同化过程不仅吸收 CO_2,而且吸收水的元素即氧和氢。——译者注

③ 两个原理仅仅对于主要的矿质元素是可信的,而且大致相似。因为实际上,如我们现在知道的,灰分成分很少决定于生活条件,并且在其中包含很多偶然的对植物不需要的混合物。——译者注

应该想其他办法来补充厩肥不足的营养物质，因为在土壤中这些营养物质是非常有限的。这个情况已经由化学验证了。倘若这些元素是取之不尽用之不竭的，那么，归还这些元素就没有什么意思了。如果农民不把从土壤里拿走的养分归还土壤，那么什么土地都是一样，总有一天会变得颗粒无收。

如果农民稍为考虑一下自己的事业，那么他会觉得他没有支配自己土地的起码权力。因为，如果土壤不适合种该种作物，任何技术和措施都不能保证获得理想的产量。人们看到，表面上是人们自己挑选植物种类，其实是田块在那里挑选最适宜的植物。农民仅仅只能做到把田块准备好，以供植物挑选。他应当懂得田地的要求，农民的作用仅仅在于阐明田块缺少什么，采取什么措施，以及消除障碍，取得劳动报酬。

老农常说的"情况"或"相互关系"，并根据它来安排自己的家业和农事活动的，其实就是一些"自然规律"，大家都应当知道这些规律，以便掌握它们，不要做它的奴隶。

科学不会引导农民脱离自己的根本目标。相反地，它能保证农民劳动的实际效果。老农的技术及其经验都必须符合自己得到的"情况"和"相互关系"的认识，并得到实际好处。

"知识"和"聪明"不是对立的——它能够使人变得真正的"聪明"。

科学和实践不是毫无关系的，两者紧密联系着，它支持最新的正确的实践成果，它使农民少犯错误以免导致危害。它告诉农民田里需要什么，多余什么，以及如何合理利用土壤资源（财富）。

简略回顾一下自然科学的历史就可以明白：每当一个新理论取代占统治地位的旧理论的时候，新理论往往不是旧理论的继续，而是以直接的对立面出现的。当一个理论正在没落，直到彻底被否定，另外一个真理正在产生和发展的时候，假学说、伪理论趁机发展，这好像是一个规律。错误的学说进一步引申出来的结论和观点，终究要被人们认识。这些观点，或者与理论矛盾，或者在实践中不能被接受，这时这个学说就被另外与之对立的学说所代替，因为真理与错误始终是不能调和的。[①]

燃素学说[②]认为燃烧是分解过程，后来被反燃素学说代替了；后者认为燃烧是化合过程。这里应当特别指出，新学说是旧学说发展的结果，旧学说应当垮台，因为它得出了一个荒谬的结论，认为燃素具有"负重量"，所以物体和它结合时就变轻了，和它一分开的时候就变重了。

在植物生活的问题上，新理论和旧理论的关系，也有同样的情形。旧理论认为决定农作物产量的植物营养分来源于有机质，即来源于植物或动物的机体。

与这种理论相反，新学说认为：绿色植物的养料来源于非有机质。因为，在植物机体里，无机元素转化为有机活动的体现者。按照这种理论，植物的各部分都是由无机

---

① 因袭 20 世纪三四十年代在受教育的德国人中广泛流传的黑格尔哲学。李比希描绘知识的辩证发展过程。——译者注

② 1731 年施塔尔(Georg Ernst Stahl,1660—1734)创造的燃素学说在于：所有燃烧的物体都包含有一种"燃素"物质，燃烧时这种物质呈火焰状分离出来。因此，燃烧的过程被看做复杂体的分解过程。燃烧产品的量的计算证明，产品总量大于燃烧体。这样一来为了挽救该学说，就做出了逻辑上不可避免的结论：燃素具有负重量，与它结合的物体体重要减轻。——译者注

元素组成的,它是一个由简单化合物变成最复杂的机体组成部分,从而形成了活的有机体。[①]

与旧学说相对立,这个新学说叫做"无机营养学说",即"矿质营养学说"。

0.3 无机营养学说的历史

正因为我公开地参与了无机营养学说的创立和发展,请允许我在这个问题上,特别是对支持这个学说的一些基本原理,论述得详细一些。我请求这本书的读者原谅。因为只有这样,他们才有可能对 20 年来反对这个学说的种种议论和怀疑,作出自己的判断。

关于植物营养有下列原理:

"绿色植物的养料是无机质或矿物质。"

"植物吸收二氧化碳、铵盐、硝酸、水、磷酸、硫酸、硅酸、石灰[②]、钾(钠)和铁,有些植物还需要一些食盐。"

"在土壤各个组成部分之间,那些参与植物生命活动的水和空气,及其与动植物机体的各个部分之间存在着一定联系。如果在无机质转化成为有机体(活动的体现者)各环节中丧失一个环节,动植物生命就将停止。"

"厩肥、人畜粪便对植物生活的作用,不是其中有机营养元素所起的直接作用,而是由于间接的作用(这些东西腐解的直接产物和分解转化的结果是碳酸气和碳素;氮素化合物转化成铵盐或硝酸),因此,动植物残体组成的有机肥,在土壤中分解成很多无机化合物。"

我的这些原理不仅与目前存在的许多观点毫无共同之处,而且与它们直接对立。

关于碳素的来源问题,大家公认的是沙苏尔的理论。沙苏尔认为,植物吸收二氧化碳,其中的碳素转化成为植物组成部分,这是无可争辩的。并认为野生植物与栽培植物存在两种不同的营养规律,几乎没有经营价值的野生植物用二氧化碳创建自己的有机体,而栽培植物与野生植物相反,它吸取肥沃土壤中的可溶性的有机质和腐殖质组成自己复杂的有机体的基本物质。[③] 这种情况,对肥料学有非常重要的意义(Annal, d. Chemie u. Pharmacie, Bd. 42, S. 275)。

如果把植物看做孤立存在的东西,把它看成与别的生物种类、别的变化过程没有任何关系的东西,在植物中进行着永远存在的碳素循环,植物死后所留下的东西,又重新加入生命循环中,植物所缺乏的东西,都由空气来补充,那么上述观点是可以接受的。

---

① 我们注意到,李比希在他过去一系列著作中所表明的这些原理完全是直观的,被很多其他学者,主要的是沙苏尔、施普伦格和布森科的实验证实。所举现象在土地生活中的意义说明,以及这种思想在对农业有兴趣的广泛的人们中普及的主要作用属于李比希。——译者注

② 指如今通称的"钙"。——编辑注

③ 沙苏尔承认空气中的二氧化碳是碳素营养的主要来源,但是他不反对利用土壤中有机化合物中的碳素的可能性,因为他没有反对这点的事实,我们注意到现时代也没有这事实,从土壤的有机质中吸收碳的问题至今在很大程度上仍然是公开的,虽然对于绿色植物主要碳素来源是 CO_2,这是毫无疑问的。——译者注

这种观点正确与否，本身尚未证实，当我详细地检验其所引用的全部论据时，我得出结论，这种观点是不可被证实的。我个人的观点，其理论前提不是建立在经验上的，而是建立在对自然规律的考察上的。这些规律规定植物和空气，植物和动物之间的内在联系。当我把植物生活和动物生活和空气中氧气含量不变的事实联系起来的时候，我发现植物体内碳素的主要和唯一的源泉存在于氧的循环之中，这就是二氧化碳。[①]这种观点的正确性，直接而确切地为诺普（W. Knop）和斯多曼（Щтоман）的实验所证实。

关于氨作为植物中氮素来源的问题（动物也是一样），严格地说，在我以前不见得有谁能够为这种观点举出什么证据。因为这些观点主要建筑在我研究动物机体的过程中，建筑在我所确定的动植物含氮物质腐解过程中。我记得我第一次提出这样一个思想，即在人畜整个生命过程中，从食物中摄取的全部氮素，都从自己的粪尿中排出来，大部分是尿素形态。即在常温条件下很快就转化成碳酸铵的那种化合物。我同时还提出这样的概念，含氮物质转化的产物是铵（硝酸）和二氧化碳。

舍勒（Scheele，opus c.，Ⅱ，273）、沙苏尔（A. Gehlen，Ⅱ，691）、科拉尔、德玛林尼（Colard de Marlingny）等人所指出的现象是，在室内用细口瓶装着盐酸，或者用黏土硫酸溶液，或把硫酸敞开放着能合成铵盐。其实这对我的观点没有什么意义，因为我本人在35年以前，就已经发现在雨水中有硝酸和铵盐的事实。我能提出一个原理，证明在雨水中，在空气中，确实经常有铵盐的存在；除了铵盐之外，在自然界没有任何其他氮素化合物可以供给植物的氮素。

沙苏尔认为，可以设想有几个氮素来源，但是铵盐一般不是其中之一，他完全肯定地说出这种意思。在这篇文章里他以反对者的姿态来否定我的观点——即铵态化合物作为营养物质被植物吸收。他声称：铵态化合物对植物生长的益处仅仅在于它可作为空气中、土壤中腐殖质和有机质的溶剂。

在我的著作里硝酸在植物营养上的作用没有给以特殊的意义。并不是因为我低估硝酸在这方面的重要性，而是由于我的观察使我得到这样的结论，即在土壤中形成的硝酸，在所有的情况下都是铵盐分解氧化的产物。植物生长所利用的硝酸，据我看，本质上是来自于铵盐，因为取代了铵盐的作用。

我在20年以前的著作中以及以后有关化学的书信中对形成硝石的解释，同最近一个卓越的法国化学家的实验和观察结果几乎完全一样。我那关于硝酸形成的观点，是建筑在多年观察上面的，当时我有一个机会在一个真正的"工厂"里——隔我的房间不远，吉森兵工厂的工人宿舍和马房的西墙上生产硝石。在干燥和暖和的日子里，这个墙壁被那结晶的、闪光的、针状的可溶性硝酸盐掩盖了。把这个东西弄掉以后还会再出现。我

---

① 李比希所指的同化过程的意义不仅是对于植物生活的，而且也是对于动物生活的，因为在这过程中，从空气中拿走动物呼出的 CO_2，同时放到空气中动物所必需的氧。如果植物的碳素营养主要靠土壤中的有机质，那么，CO_2 就不从空气拿走，而是积累在那儿，那很自然地空气就变得对维持动物生存不利。如果这种情况在实际中没有见到的话，那就是说，植物的碳素营养仅仅是靠空气中的 CO_2 来完成。所用的证明方法——从一般到特殊——李比希在他的著作中，所做的广泛的概括，是很有特征的。——译者注

把墙上的液体从墙根到墙顶都分析过,除了很少一点分解产物外,发现只有碳酸铵。[①]

至于植物营养分磷酸,正如我所指出的一样,在 40 年以前,沙苏尔就提出这样一个论点,即植物的生长必须要有磷酸钙存在。然而这个意见对他本人来说,没有引起任何重视。沙苏尔说:"在我研究的许多植物灰分里都发现了这种盐类(指磷酸盐),我们没有任何根据证明,植物没有它也能生存。"(Recherchessur la Vegetation)

沙苏尔也研究过植物对营养元素钾、钙、镁的需要问题。当然,那种情况对植物生理的发展是一个意外机会。他在生产中仅仅局限于对两棵树灰分的观察,其中钾、钙、镁的含量以植物年龄和土壤性质等为转移。这种性质变化发生在植物的茎秆和叶子上,而种子的灰分成分是非常稳定的,如果说有变化的话,那个变化也是非常小的。磷酸、钾、钙和镁与植物形成的可塑性物质的含量有一定的关系,而钾对形成糖类物质有关系,而在种子的成分中,这种关系表现得更为明显。植物灰分中的碱族和碱土族元素也是植物的养料,而不是偶然的混合物。这种理论是斯普林格(Springel)常常提到的。真的,他在自己的"土壤学"里证实,全部灰分元素都是植物所必需的。这些物质对植物生活是有益的和必要的。可是,他的这个意见没有在科学上,也没有在生产上引起同情与支持。因为根据沙苏尔的试验,植物的根系具有特殊的能力,它能够从不同的溶液中摄取各种溶解性的盐类,因此在灰分中发现这样或那样的元素,也不可能证明都是植物所需要的。这种情形,当然也不排除农民从斯普林格理论中得到巨大的益处。如果各种灰分的作用被农民确定和认识,那么也可以从实验中或借助于理论的帮助,得到同样的成就。[②] 从很早的时候就明确了灰分是一种作用很大的肥料。

斯普林格实际上不知道植物的灰分成分,这种情况阻碍了他理论上的成就。他认为大部分植物的灰分组成都和树木灰分一样。例如他认为豌豆灰分含硅酸 18%,含磷酸 4%;而黑麦种子的灰分含硅酸 15%,磷酸 8%。其实,无论豌豆和黑麦都不含硅酸。豌豆灰分含磷酸 38%,黑麦灰分含磷酸 48%。

目前还不能确定各种灰分与植物生长过程之间的直接联系。例如,石灰和纤维形成的联系,磷酸与含氮部分形成的联系(这两个联系到现在还没有弄清)。直到现在,灰分元素对植物的必要性,以及灰分是植物的营养料,这两点也只是根据别的,没有疑问的相互关系来确定的。植物中的钾素常常以植物酸的化合物存在——如酒石酸钾、草酸钾等等。作为人畜的食物的植物,固有的全部灰分中没有磷酸和磷酸钙的经常存在,对形成大脑和骨骼是不可以想象的;没有碱和铁质的存在,血液和肌肉的形成也是不可能的。根据这些,我得到这样一个结论:如果这些物质对动物有机体生活过程是必需的,那么,它们必然是植物生长过程所必需的。如果说植物中这些物质的存在是偶然性的,那么动

---

① 在李比希时代,关于氮的认识还很不确定,沙苏尔著作仅仅确定了一个事实:空气中游离的氮不被植物利用。李比希用大量分析证明,在空气中及土壤中铵盐和硝酸经常存在;并且得出结论,这些物质是植物普通的氮素营养。证明这个原理的实验材料是在那以后不久由法国的农业化学家布森科得到的,同时在更晚一些,19 世纪 80 年代赫尔里奇尔(Hellriegel)才揭开了空气中游离的氮作为植物养料的这一个谜。——译者注

② 李比希在下一页说明了"理论性",解决关于植物生活需要一定的灰分,但对其成分问题的方法,他是用动物有机体对这些东西的必要性来说明的,因为动物世界与植物世界是互相联系着的,那么这些物质在植物体内存在不是偶然的。——译者注

物的生活也就没有了保证。

0.4　无机肥料的历史

把那些从农田和农场运走的农产品中所损失的土壤成分全部归还给土壤的必要性，或者说，至少把厩肥中供养庄稼的那些土壤成分补偿给土壤的必要性，我认为，已经完全清楚了。没有这种归还的办法，那么土壤肥力就不可能保持不变。

我在 1844 年到 1845 年研究了这个问题。通过分析种子和其他大田作物的方法已经确定，为了维持土壤肥力必须将取之于土壤的东西归还给土壤。问题在用什么方式来归还给土壤。

关于归还磷酸的问题没有什么困难。相反地，归还碱，那事情就很困难了。磷酸，可以用过磷酸钙施入，很容易均匀分布在土壤内，如果溶解性的磷在土壤中遇到游离的钙，就很容易转化成普通的磷酸盐。这个东西只能慢慢地溶解于含有碳酸的土壤水中，成为植物营养的给源。同时，由于雨水溶解磷酸盐的能力很弱，因此不会给磷酸盐造成明显的损失。钾素则有些不同，如果用草木灰，或其他溶解性钾盐当钾肥，那么落到田地里的雨水在很短的时期内能够把这些盐类溶解并渗入土中，同雨水一道渗透到植物根系不能达到的深度。

植物只能吸收利用溶解或已溶解于水的营养成分，这个论点是公认而无可争辩的。任何人，任何时候也不会有别的见解。[①]

经过一些试验以后，我制造出碳酸钾和碳酸钙的化合物。其中的钾素溶解缓慢，从而避免了农民施肥时，钾素易被雨水淋失的缺点。我认为这是无机肥料的制造中应当解决的重要任务。

我制造的肥料中包含了水溶性磷酸盐、钾素和硫酸盐。氮素，即厩肥中的含氮化合物，以铵盐形态加在这种肥料中。至于硅酸归还土壤的问题，我认为没有必要，因为在农村，作物秸秆都回到田里了。

关于我所说的在肥料中要包括铵问题，对于一系列多叶类作物，如三叶草、豌豆、大豆来说，"铵"很可能是不需要的，农民也注意到了。但是如果肥料中去掉了氮素，其价值马上就要大大降低。不管怎么样，在我的各种类型的肥料中，还是按作物需要配给了"铵"。

虽然，在我的肥料配方里，已经包含了目前通用的最有效的各种肥分，但是使用起来还是没有得到预期的效果。

在英国洛桑实验站农场，劳斯进行了一系列的化肥试验。在这些试验中，这些肥料效果却很少。在吉森城郊田块里，我做了化肥肥效试验，我确信，第一年效果不明显，要到第二年、第三年效果才明显。不能认为施用化肥没有任何作用，而是因为它的作用很

[①]　在那时候（1844—1848）对土壤的吸着能力尚不清楚，汤普森的第一个著作《吸着氨》是在 1845 年出版的，而乌埃的《钾、铵和磷酸》出版于 1850 年。——译者注

慢。但其在农业上未能推广开,这个原因我曾经不很清楚。

劳斯进一步用另外的混合肥料布置了试验,一方面使我对自己理论的正确性感到安慰;但是也使我更加糊涂,为什么我配制的肥料会没有效果?!

劳斯把我发现的无机营养元素一个接一个地进行了试验,钾、钙、镁在他的试验田里都没有任何效果。相反,铵盐和过磷酸钙的效果最好,我认为后者对英国的土壤是最需要的;这两种肥料也是无机元素,其作用与无机营养的理论相符合。我有一个论点,即有些植物不需要铵态肥料,结果在试验中找到了根据;萝卜正常生长就不需要施用铵盐。

在英国,萝卜是一种最重要的饲料作物。如果铵盐对提高谷类作物的产量最为需要,那么过磷酸钙对提高根茎类作物的产量最为需要,英国的农业就靠这两种化学肥料获得粮食和肉类,一般说这是科学所提供的最高礼物。但是,在没有了解矿质营养学说以前,一个农业工作者对过磷酸钙、铵盐等都没有一点认识。

在本书的第一版中,我把氨作为氮素营养资源,给了过高的评价。因此我在《农艺化学》第三版中,对农作物作了近于正确的介绍,以此来消除我过去不正确观点所带来的危害。在法国和德国,认为肥料劲头的大小主要靠其中氮素含量,因此,如果把肥料进行排队的话,则含氮丰富的就放在第一位。在农民眼里,把氮素看做是肥料价值的标准,由此可见,含氮丰富的化合物——氨,就认为是最值钱的、肥劲最足的肥料。

相反地,我的许多研究使我确信:如果为了改良我们的田地,提高我们的产量,仅仅只依靠氮肥,那么农业就会永远不能进步。现在继续阐述我的无机营养学说,我将在以后更详细地谈到这个问题。

我非常坚决地相信,农民一定不同意那些把氨作为比其他肥分更有价值的意见。根据我们试验室大量分析的结果,使我感到惊奇的是,各种土壤,而且正是最瘦的土壤,在大多数情况下,氮素的含量都比磷、钾丰富。

根据空气中氨的测定,我认为不要土壤的帮助,光是大气本身所能提供的氮素,对精耕细作的农业都已经足够了[①]。但是话应当这样说,就是借着正确的轮作和适宜的土壤耕作最大限度地把大气所给予的东西浓缩转化成粮食和饲料。

根据我的理论,为了长期维持土壤肥力,必须把土壤缺乏的东西全部归还土壤,所以不能满足于对大家作些一般化的建议。因为究竟这个或那个农场(如波根海真、斯列斯黑姆或洛桑实验站)土壤里有哪些不足,完全不能知道。他若知道,其土壤里首先缺钾、缺磷或缺氮,那当然就不要有任何指导。但是大部分农民一点也不知道他的田里究竟缺乏些什么。因此必须同那些知道需要施什么营养元素的地块对比一下。根据这个对比,很自然地了解必须首先关心那些以农产品形式从土壤里带走的营养元素,需要施多少,这个由化学分析来确定。

并不是说,农民所知道的在含有千百万斤石灰,或者在钾素非常丰富的土壤中,也一定要归还从农产品中带走的那几磅营养元素。但是对那些知道土壤中什么元素最丰富的人应当这样做,因为这并不费事,况且完全可能在那些缺乏钾素和石灰的土壤上,施入

---

① 李比希的典型嗜好之一,据我们所知,在他的支配下没有这种材料。至于土壤氮,那么他不知道氮的主要部分不被植物吸收,这点是布森科第一次证明的。——译者注

几磅钾素和石灰，对保证三叶草和甜菜的产量可能很有意义。把一个轮作周期运走的营养元素归还给土壤，以保证下一个轮作周期的产量。大多数农民照例是不施厩肥的，如果他要获得高产，那么他应当相应地还给土壤。例如要恢复 50 年以前土壤的肥力状况，就应该把 50 年以来从这个土壤带走的东西都归还土壤。

在本书中，我把又发展了的我的理论的基本原理归结起来是：产量的上升和下降，主要看恢复土壤肥力的因素是增加了还是减少了。而且，因为这些因素都是无机元素或称矿物元素，那么可以说，产量就决定于无机营养元素的增加或减少。我完全没有把有机和无机营养元素对立起来。

在奥德尔富饶的河洲上，一连许多年，光靠施用厩肥而不要其他营养元素，也使甜菜和谷类作物的产量很高。在洛桑实验站，只要氮磷肥配合，不要钾肥和石灰也能使小麦丰产。但是我指出过，英国农场的试验给大家清楚地描绘出了我的思想，每年大不列颠农场通过自己的农产品把大量的土壤有效成分运往大城市里，消耗到江河里，一去而不复返了。

他们也确实知道，如果不把这些营养元素重新回到田里，那么他们田里的产量就要降低。他们知道，每年英国应当纺织、漂染很多磅棉制品，生产很多很多刀片和其他钢铁商品，他们只关心把这些商品往哪些地方倾销，仅仅只为了赚回许多钱，以供给农业买一点肥料，或者买大量的粮食。要想把英国农场的肥力水平恢复到从前生产粮食和肉类的状态要花几百万英磅；他们确实知道，如果他们不这样做，英国将花费好几百万英磅来购买粮食和氮素。英国农民购买许多海鸟粪、骨灰，并非出于他们喜欢这些东西，而在于屈从于自然规律。由此可见，在英国，在其他各地，如果把取出的那些东西都归还给土壤，则产量上升；如果任何营养成分（如海鸟粪、骨灰等形式的东西）都不施，不保持无机营养元素的收支平衡，那么产量则会下降。假如大不列颠岛所有的土地都是一个农民的，而肥料归一个商人负责供应。同时，首先很好知道了自己田地的性质以及它需要什么，其次对其肥料的成分也很清楚，那么这个农民就可以对这个商人说：在约克夏（Yorkshire）、牛津郡（Oxfordshire）、格洛斯特郡（Gloucestershire）、伯立克夏（Berwickshire）主要分布侏罗纪层，需要施一些钾肥而不需要施石灰，需要施一些骨灰，而不需要过磷酸钙，最后还需要施一些铵盐；而在洛桑实验站的土地上需要较多的铵盐和过磷酸钙以及一些石灰，而不需要钾肥。这样肥料商就可以根据不同的需要来供应其肥料。

因此，在我的学说里从来不认为所有的土壤都同样的缺乏钾、石灰、磷酸等等，我完全不能知道，这我仅仅说过，如果某一个农业化学家，例如劳斯作出这样一个结论，即某土壤中含钾量很富裕"10 英寸的土层里就有 50 000 多磅"，那么就可认为牛津郡和英国其他地方的农民确实不要施钾肥了。但是劳斯指的是自己的田，因为别的田究竟哪些营养元素很富裕，或者缺乏哪些营养元素，他完全不可能知道。

至于说到我的学说中，谈到大气中含有铵盐的问题，在其中并确定了，如果人们用正确的方法把铵盐充分利用，则能使自己田中栽培的植物都能得到满足。

在我的著作里，我指出，虽然总的说来，大气中所含的铵盐对任何植物都能用，但是在植物某个发育时期，有些植物不能及时得到足够的氮素。在"氮素的来源"一章里，我坚决向农民证明，在厩肥中含的氮素，应当妥善保管，以免损失，因为很多作物的产量都以此为转移。土壤中氮素富裕,则厩肥中的灰分就能充分发挥作用。任何一种营养元素都不足以单独起作用。全部营养元素所需要的数量和时间都在植物控制之下。很多作物,如春作物,其生长期不长,为了尽最大可能形成营养体所需要的氮素,比实际在这个时期能从空气中摄取的氮素要多得多。相反地,农民有一种办法把空气中的氮素聚集在饲料作物里,从而积攒在厩肥[①],这样他就有可能为其他的作物供给其所需要的氮素,农民的技巧就是经常有意地在作物中保持这个平衡。形象地说:一个农民应当像一个磨房主人一样,磨房一年只有几个月开工用水,这个磨房有一条河,虽然这条河常年流着,可是到了夏季它没有足够多的水以供开工磨碾粮食,所以这个磨房主在空闲月份会把这条河里的水都蓄积起来,使它在生意兴隆的那些月份蓄有足够的水以供大量碾米磨粉之用。同样的情况,农民通过正确的轮作,在牲畜厩肥里面聚集丰富的氮素养分以供谷类作物的需要。

劳斯根据其试验结果指出,我那些肥料配方的效果,在加了一些铵盐以后显著提高。

劳斯说:施氮肥对农业生产非常重要,因为大田作物的产量与施入氮肥的数量比施入灰分元素的关系更加密切。

因为劳斯进行了一系列的试验,在试验区内他按照自己主观的意识将铵盐、过磷酸钙、和其他一些盐类混合施用。这样,他没有利用化学分析的结果,以选择作物所需要的营养元素及其正确的比例关系,那么,他收获的产量与他那小麦施肥指标上加铵盐所获得的产量同样多,或者还要高得多。这样他完全能够得出结论,即劳斯的混合肥料虽然没有什么科学依据,但是,他比李比希根据小麦灰分分析结果和科学原则来合成的混合肥料效果要好些,其产量还要高些。从而得出,农业实践者不需要化学分析结果和科学理论来指导,而只要靠自己的实践就行了。

我的理论在劳斯的阵地上又重新被打倒了,并判了罪。化学对农民也不再起指导作用了。现在几乎使我完全站不住脚,并剥夺了我参加农业活动的任何权利——这些权利是那些农民管理承认过的。

但是我的理论幸运地经受了这个考验,我应当指出,现在反比任何时候都变得更健康和有生气。在1851年劳斯的论文发表的时候,我还不知道在他的作品中阐述了我的肥料效果不高的原因。假如他归结于缺乏铵盐,那就没有什么可以做的了,因为在这种情况下我的理论的基本原理之一是不可信的了,对农民也不可能有什么帮助了。劳斯的试验证明,要比无肥区产量提高1.5倍的话,每1英亩(acre,1英亩=4.047×10³ 平方米)土地要施3公担[②]铵盐。如果铵盐数量少些,那就不能得到这么高的产量。据统计资料证明,在英国、法国、比利时、德国、奥地利每年可由水煤气和铁渣生产25 000~30 000吨硫酸铵和氯化铵。

如果要通过施用铵盐,在现有的基础上提高1.5倍籽实和秸秆的产量,那么上述这点产量的铵盐还不够一个州的土地使用。如果把普鲁士、奥地利、巴伐利亚和德国的其

---

① 栽种某些作物,常常扩大到整个"饲料"或"阔叶"植物的土壤里积累氮的事实,在那时候已经知道了,但是没有得到解释。——译者注

② 1公担=100千克。——编辑注

他联邦包括在内，以及英国、法国、斯堪的那维亚上的一些国家计算在内，那么整个欧洲生产的全部铵盐，每年在每1英亩土地面积上也只能施0.5千克。

水煤气的生产不可能任意增加，的确，从动物的废料中，如从其角、脚、骨骼中也可以提炼出铵盐来，但这是非常有限的。因此不可能根据大家的愿望来增加铵盐的生产。就是把它的生产量提高10倍，也不过是沧海一粟而已。

如果，氮的作用确实如他描述的那样，那么将动物的废料直接上地，无疑比上铵盐更要合理些，因为在动物的废料中可以得到铵盐。在这种情况之下，田地至少可以得到两倍的氮素，因为在提取铵时有一半的氮存留在渣子中，或者损失掉了，不能利用。

用来自动物的物质代替铵盐，还有一个优点应考虑在内，就是同铵盐一道施入土壤的还有其他灰分营养元素，如磷酸和钾等等。关于这一点，一般人可能不大关心。如果以含氮素丰富的人粪尿为例来说，那么可以相信其中除了氮素以外，还有植物所需要的其他元素。

然而，如果实际想一想，用积攒的人畜粪尿来代替肥料中的铵盐，这种论点归结起来就是说，农民应尽全力，尽可能多地在自己田地上施用牲畜粪尿以获得丰产。无疑地，这种理论是非常庸俗的。人畜粪尿——恰恰是我们感到不足的，我们根本不可能增加它的数量。

在这种情况下必须施铵盐，正好比是一个小孩在粮食非常昂贵和非常缺乏的时候，对他妈妈说：现在粮食这么缺，又这么贵，那穷人就只有吃油炸糕和饼干了。

由此可见，关于氮素，有两种互相对立的见解。

李比希对农民说：增长的人口等待粮食和畜产品，而要求你们学会生产，取得高而稳定的产量而不要靠向别处购买铵盐。你们进步的主要条件就在于你们善于向自然去索取你们所需要的植物氮素养料。大量的事实说明这完全是可以做到的。

劳斯对他们说的是另外的一套，要提高粮食产量，就要求你们购买它所需要的铵盐。为了这个目的，其他的途径是不存在的，因为作物产量就全靠施这种盐类。

这样说来，则应当承认农业问题的本质与我的肥料没有任何联系：无论我哪一本书都没有一个字这么说过。是我第一次试图生产人造肥料。如果肥料没有效，那么应该详细研究制造组成肥料的基本原理；如果承认这些原理是对的，那么肥料没有效就不能说成是我的学说也错了，而是肥料没有制造成功。

已经多次指出，我的肥料中也含有氮素。但是，肥料中氮素数量不多，因为我们主要从经济方面来考虑。

农民把1公担肥料所花的成本及其肥料所得的收益拿来对比，肥料的价值与增产的大小应当是正相关。通过施肥所增加的产量要能抵偿开支，而且还要有一些盈余。如果肥料中每磅（lb，1磅＝0.4536千克）氮素所增加的产量，等于5磅牛肉中所含的氮素成分，那么从经济上来说就是：出卖5磅牛肉的报酬是不是比1磅肥料所花的费用高呢，假如是这样，那么，对实践是有好处的。如果不是这样，那就只是一个有兴趣的事实，而对农民的实践活动没有任何作用。因为农民不仅要为旁人生产粮食，而且要保证他自己和他的家庭对粮食和肉类的需要。如果一个农民收获的粮食和肉类完全被用到再生产费用上，一点盈余也没有，自然他生产的东西对他自己和他一家来讲是一点意义也没有了。

在劳斯的那些试验中,令人惊奇的是,出乎意料而公正地提供了深刻阐明施肥理论的全部因素。我在许多年以前,就提出了自己的观点,即在农业实践的条件下,铵盐是不能应用的,但是很难找到有决定意义而又令人信服的证据,比这个事实更能简明地把它阐述清楚。

他的试验,一般说,得了这样一个结果,即 0.5 磅氯化铵或硫酸铵,可以增产 2 磅小麦。这就是说,正如马隆在报告中所说的那样,日本的农业用 30 文钱施到地里,而收回 20 文钱的产量,或者是用 1 先令来换 8 便士。还应当注意到,这样的结果是在农民没有可能施用大量铵盐的条件下获得的。

在这方面劳斯表明如下:"我倾向于这样想是为了实践的目的,施用 5 斤铵盐应当收到 7 蒲式耳①小麦(60～63 磅)才含有 1 斤氮素"。接着在第 482 页上他说:"顺便指出,在所有的情况下,甚至在最好的条件下,铵盐也不能像我估计一样增产那么多"。我在这里援引他的这段话,是因为我不敢用自己的话把它记忆下来。

假使实践者花点力气稍微考究一下劳斯的试验结果,他就会提出问题,自然有没有这样一种矿井,从地里出产铵盐就好像出产煤炭一样,而且比煤的含量还要大得多。那么他无疑会得到这样一个结论:从人类这方面来说,把这种盐类作为提高粮食产量的主要手段完全是不可能的,因为人们不是铵盐商,而且对它没有特别的偏爱。

相信铵盐效果的实践者可能有这样一个设想,那劳斯所说的 5 磅铵盐在第一年里只增产 1 磅氮素,也许是搞错了。因为不排除其余的 4 磅铵盐以后的增产作用。可能以后的增产效果会补偿第一年没有得到的产量?! 斯佩兰札(L. Speranza)对劳斯说:你所希望得到的结果,已经绝望了;实际上每年都必须购买铵盐,你想给土壤加足铵盐为以后增产是不可能的。有这样一些事实,在整个 6 年的过程中,每年施在田中的铵盐,积累起来达到 1250 磅,收获 21 倍的产量,但是以后的产量表明,这 6 年在土壤中积累的许多铵盐根本没有发生任何效果。为了得到过去那样的增产量,每年还必须施 3 公担铵盐。

劳斯在农业方面的观点表明,他对于决定高产的条件,以后关于土壤肥力和肥料效果的实质缺乏正确的认识。

如果承认二氧化碳、水、铵盐、磷酸、钾、石灰、镁等等都是植物营养元素;承认这个真理是对的,是不可辩驳的,那么它在任何时候,任何地点都是对的,不可能在另外一个什么土壤上,这些元素又不是植物的营养了。

如果钾、过磷酸钙在某个土壤上不增产,这绝不是意味着这种肥料就没有效了。

相反地,假如铵盐、氨或者硝酸盐在某块田上提高了产量,那么也还不能表明它们的效果就是这样。②

所有这些元素的作用是确切而肯定地论证了,完全不允许否定它。

因此,当认为施在土壤中的肥料有效地促进或者不促进植物生长的时候,这个事实的本身不表明别的什么,而表明土壤的某种性质和情况。

---

① Bushel,缩写 bu,类似我国旧时的斗、升等容器,1 蒲式耳=35.24 立方分米。——编辑注
② 就本章来理解氨的作用,因为还可能有间接影响,特别关于铵盐,李比希假定它们可能像氯化钠一样有间接作用。——译者注

假如，铵态肥能提高土壤的生产力，这就表明在土壤中有某些元素与铵有某种联系，当施入铵盐的时候，它们就活动起来了。当钾和过磷酸钙不增产的时候，这就表明，在土壤中缺乏那些元素，而这些元素对发挥钾肥和过磷酸钙的增产效果是完全必需的。

在生产实践中农田的收获量决定于两个因素，其中主要的是土壤，而肥料仅仅起辅助作用。作物产量主要决定于土壤中含有什么，肥料仅仅起这样一种作用，即维持一定的产量水平使不降低。因为不同国家、不同地区，土壤的性质也是不同的，其中植物营养元素含量不同，比例不同；而肥料的作用决定于土壤中可给性养分的作用。由此得到这样一个结论，在成千块不同的土壤上施等量的某种肥料，会有成千个不同的产量结果。土地生产力的差异性是明确而公认的。有的国家根据土壤肥力基础来征收土地税，有些国家把土地税分为16类。

问题不在于土壤中缺乏什么元素，而在于对它的认识，可是劳斯对于这一点是很少关心的。如果他为了自己高兴，要想试一试各种肥分的效果，那么他应该选择性质完全不同的田块进行试验。正如劳斯所希望的那样，想了解钾肥显著的增产效果，而在一块含钾非常丰富，甚至根据他自己的材料，在连续栽培8年甜菜，而仅仅施一点过磷酸钙也能每英亩平均每年获得164公担产量的那块地上，进行试验行吗？

过磷酸钙对这块地的效果（它并不是常常有效）已为连续8年的甜菜高产清楚地证明了。但是问题在于：假如，第二年在这块地上施磷肥而甜菜产量却很低，而第三年竟完全没有产量，那么这无论如何也不能说肥料没有效果，无效的原因不在于肥料，因为它在第一年已经表现出良好的效果了。问题是出在土壤上。连续8年甜菜产量说明了的并不是纯朴的农民能够想到的他那块田里过磷酸钙有什么了不起的效果，恰恰是那块田里钾肥非常丰富。如果土壤条件不提供形成甜菜所必需的钾素和其他元素，不言而喻，过磷酸钙也将没有一点效果。因此，没有一个有理智的人会想到，在所有的土地上仅仅单施过磷酸钙能连续8年获得这样的产量。假如劳斯揭露的这一事实确是真理，那么这个真理也只有在他的那块田里是有用的，而对其他广大地区是不适用的，也是不存在的，因此，这样的试验对于实际的农业能带来什么样的好处呢？因为在连续8季甜菜的收成中，通过块根和茎叶从田里搬走的钾素通常相当于40季小麦中所含的钾素。这样，这个甜菜试验表明，这块田含钾非常丰富，至少可以满足40季小麦的需要。不言而喻，在这块田里施用钾肥对小麦产量没有任何影响，因为，在没有施肥以前，那块田里所含的钾盐比一季小麦所需要的钾素要多得多。

根据这个事实完全不能认为在洛桑实验站田地里钾肥没有一点作用，连续几年都不需要施用钾肥。正如劳斯得出的一个普通的结论，在英国的土壤里仅仅需要施用氮素和磷酸，就可以为谷类作物和甜菜提供肥沃的土壤。

我的《农业化学原理》总结了如下几点：

（1）劳斯表明在他的田里无机营养成分能连续7年保证小麦籽实和茎秆完全发育的需要，并且还有剩余。

（2）劳斯表明，正如理论和理智所暗示的一样，在这块田里施用这些矿物元素，其产量不可能显著提高。在最好的情况下，可能增加其土壤中那些矿物元素的含量。

（3）劳斯证明，为理论所指导的，其产量可以通过施用铵态肥料而提高。

（4）劳斯自己推翻了他曾证实了的原理，即在这种情况下增产与否决定于土壤中的氮的含量，因为增加两倍到三倍的氮素，其产量并不是两倍三倍的增加，而保持常态。

（5）劳斯自己证实了他曾推翻过的原理，即整个产量都依赖着他试验中唯一的有效常数，这就是说，产量依赖着土壤中有效态的无机营养物质的总量，正如其理论教导的。他证明，铵盐能提高土壤矿物成分的作用，换句话说，由于铵盐的作用，大量的矿物元素都能转化成有效状态。

我在我那本《农业化学原理》中，非常坚决地提请读者注意，即劳斯的试验结果，归纳起来证明了有机肥料（厩肥）存在被矿质肥料完全代替的可能性，因为硫酸铵和氯化铵都是无机物。

我没有阐明我的肥料增产效果很慢的原因，这确实使我长期以来非常苦闷。一般说，我成千次观察到每一个组成成分在单独施用的情况下都表现有效；可是，像我的肥料配方那样把它们混在一起，它们就没有效了。

最后，当我一步一步地将所有的事实重新仔细研究之后，在 19 世纪 60 年代末期我成功地揭露了这个原因，我藐视了造物主的英明，因此得到了应有的惩罚。我曾想改正他的制造法，却盲目地想到那些支持和不断更新的地球表面的生命规律的链条上还缺少一个环节，而我这个才疏学浅的卑微小人应当把它补上，但是关于这一点，无疑地，从前已经有许多人关心到了。非常奇怪，即使关于可能存在规律的想法，都很难为人所理解，虽然有许多材料已经指明了这一点，而对真理的论证也被当时谬误论断的喧哗压了下去变成寂然无声和不被人听见。

我也是这样，我曾确信必须使碱①变成不溶解的东西，因为雨水可以把它从土壤中冲走。我当时还不知道而只有其溶液与土壤开始接触时，碱才被土壤紧紧地保持住。我从耕层土壤研究中得出这样规律（其内容是这样的）："在地球的表面，在阳光的影响下应该发展有机生命，因此，伟大的造物主使地壳表层形成的黏土胶体具有吸附、保持那些植物以动物所必需的营养元素的能力，正如磁石吸附铁屑而没有一块铁屑损失一样。

在这个规律中还包含了第二部分，即植物生长的土壤是一种不断起作用的水分清洁剂，由于它以上的作用可以除掉水分中的那些于动物和人类健康有害的物质，以及动植物尸体分解腐败的全部产物。"

在我的肥料配方中，我除去了碱的溶解性，因为溶解的磷酸盐在溶解过程中具有运用这个目的的物质，那样它们就丧失了在土壤中扩散的能力，一句话，使我的肥料效果减低了。

因此，只有在现在，经过了许多年，我才懂了，为什么在劳斯实验以及其他许多的实验中，我那肥料配方中的个别元素，单独施入土壤都表现了效果，而混合起来，则无效。我现在懂得了我在人为地使它不起作用。

那种情况应当原谅我，那时的人在强大的习惯压力下，仅仅为了从当时普遍流行的、起统治作用的思想观点中解放出来，往往需要集中全部力量抛开那些错误的束缚。植物从直接由雨水组成的土壤溶液中吸取养分的观点是普遍公认的，它已深入到我的骨髓中去了，而这种观点是错误的，它是我不正确的根源。

---

① 本书中，应指现在通称的"碱金属元素"。——编辑注

当我知道了我的肥料配方没有效果的原因之后，我好像获得了新生，因为它解释了农业生产的全部现象。现在，当这个规律被揭示出来并为大家所了解的时候，大家都会为过去不明白它而表示惊奇，但是，人的精神——也是一种奇异的现象，在周围的客观事实没有形成以前，它是不会形成概念的。

弗罗列尔、古克斯切布尔、托姆桑和威伊（Way）等在 10 年的过程中所观察到的事实，在科学上却没有什么地位，任何人都知道这些事实是存在的，正像大家都知道在空气中有灰尘一样，但是，它们只有在被太阳光照射的时候，才被人们看见。科学的事实也只有在被智慧之光阐明的时候，它才能具有真理的意义，它才变为物质财富。

0.5　农作学及其历史

现在，自然科学的研究方法与任务和过去比较起来是完全不同的；在菲鲁拉门斯基（Б. Веруламский，1560—1658）时代，还没有什么"观察"、"解释"、"原因"等概念。这个伟大哲学家在《自然史》、《银色森林》等著作中认为自然界是上帝造的，不是人造的；根据我们的看法，他们当时的许多解释是没有根据的，完全是想象的。菲鲁拉门斯基所解释的大部分内容，我们认为是没有弄清楚的，而我们现在许多弄清楚了的问题，对他们当时来说是完全不清楚的。不可动摇和不可改变的自然规律制约着宇宙间的各种现象，关于这一点，当时是不清楚的。在那个时候，每一个现象都被认为是孤立的，并且认为只有借助想象的办法才能确定现象间的联系。在自然现象中加进去许多主观臆造出来的原因，然后，根据这些设想出来的原因和现象内部的内容来对现象本身及其与其他现象的关系进行解释。他们解释说，每一个事实，甚至事物每一个特性都具有独特的原因。老实说，这样的解释，只能是简单的描述和就事论事。

现在的自然科学，是建立在这样一种信念上的，即不仅在两个或三个现象之间，而且在整个动物、植物、矿物界各种现象之间，存在一种规律性的联系，这个联系是地球上生命存在的原因，由于存在有这个规律性的联系，所以没有一个现象本身是孤立存在的，而常常是由一个和几个现象彼此联系着。同样，这些现象又同其他一些现象处于连锁状态，所有的现象彼此联系着，既没有开始，也没有终结，他们发生、消失、彼此交替，好像循环运动。我们把自然界看做一个整体，所有的现象是互相联系的，好像网节一样。我们认为"观察"——就是对事物的感觉，也就是对运动和变化着的事物的感觉，感觉本身也要随着事物的变化而变化；"研究"——也就意味着寻求两个或两个以上的事物之间的联系。如果两个现象经常同时出现，或在经常一个接一个出现，我们就可以找到它们之间的联系，因为任何自然现象都是复杂的，也就是说是由许多部分组成的。自然科学工作者的首要任务就在于分析、认识这些部分，确定其本性和特性（即它们的性质），并确定它们彼此之间的关系。

我们不是就事论事，而是由事实彼此之间的联系来说明它。我们认为只有各种现象彼此之间的联系弄清楚了，才有一定的意义，这个联系就叫做规律。我们解释现象，不是单纯从现象内部而且从现象外部，去寻找现象存在的条件和现象间的相互作用，弄清哪些现象在这个现象以前发生,哪些现象跟着发生,哪些在最后发生等等。

从前,认为自然界很简单,似乎在自然界只要以最直接的途径、最简便的方法和手段,就能一个扣住一个地达到所有的目的,犹如完善的钟表机件一样,这种想法是不符合实际的。但是,在简单规律的作用中,我们揭示了更高级更复杂的规律。我们知道,如果用人们主观意识中幻想出来的联系来代替自然界真正起作用的因素,那么人们是不可能研究出自然规律的。

钟摆摆动和指针移动是每一个小孩都能觉察出来的;谁要是长时间地注意观察钟表就发现钟摆的摆动和两个指针的走动是一致的,同时的;钟摆来回摆动一次,两个指针在字盘上移动一定的距离,长针比短针走动的距离大 12 倍。观察的人进一步注意到垂坠往下移动,即下落。如果阻碍垂坠下落或阻碍指针移动,那么钟摆就会停止摆动。由此可以明白,在垂坠、钟摆和两个指针之间的运动有明显的联系,或称"关系"。这正是由这个事实确定在这两个现象之间存在有明显的依赖关系,这就是所谓现象的本质。

当观察者把时钟拆开,并且掌握了时钟的垂坠、指针与钟摆运动之间的联系及其内部机件的构造,这时,他才能对时钟走动的机理完全理解。

研究自然现象当然不是这么简单,它不像一个机器可以被人拆开,以供我们探视其内部。通过我们的感觉观察自然时,正好像我们观察时钟一样,在相当于接近拆开时钟的时候停止不前了,以致自然科学中的许多研究工作没有彻底弄清楚。其实通过改变其存在的外部条件,许多明显的自然现象是能够弄清楚的。这样,自然科学研究工作于是就产生了。老实说,研究工作是一种思维的工作,现在称它为"思考"。感性的观察被理性的观测来代替,其理性的观测服从外部现象研究的法则。思维加工过的材料叫做"意识"。自然科学意味着人们对其感觉器官所获得的、无穷的、各式各样的自然现象、自然规律、自然力量的认识。自然科学研究者根据自己观察所得来进行思考,力图把经常重复出现的现象和那些已经知道了的自然规律联系起来,并在自己脑子里设想出自然现象内部机理的蓝图(假设),并力图证明他们的那些"假设"的原因和它们之间的联系在实际中存在与否。现在自然科学研究者的任务在于借助于人工条件,也就是借助于试验,以严格检验其对某些现象的理解,使自己相信,同时也使其他人相信其理解的正确性;自然科学研究者所布置的试验,首先是考验其思想的试金石,然后才是提供别人引用的证据。那些经自然科学研究者在一系列的观察中确定了的现象就能利用其提供各因素在逻辑上的联系,来布置试验,并使旁人也懂得同样的规律。正好像一个人对于钟表有正确的认识,他就能够掌握钟表的运行,可以使钟表走快些,走慢些,或者完全停止。同样的道理,谁能理解各种起作用的因素相互之间的关系,他就可以控制其现象和过程。对于不懂得自然规律、不能判断论证过程正确与否的人,当然也就不存在论证本身,他只能经常进行无根据的瞎说,即最原始的解说。实际上自然规律表现得错综复杂,他不能再进行解释了。科学工作者公认的正确的解释,就叫做"理论"。对于内行的人来说,理论是无可争论、不可辩驳的,只有那些不学无术、自认为一贯正确的人才经常反对理论。当然,经验就是艺术和才能,这也和任何其他艺术一样需要进行研究。

在讨论这个与国家繁荣昌盛、民族存亡及人类生存密切相关的现象和情况之前,我想引导读者注意我们现在的研究方法和试验方法,这种方法即完全排除了假设的游戏,也没有任何一点主观武断的成分在内。我这样做仅仅是为了消除读者的怀疑和冷淡，引导读者对这类问题的各种见解给予严格的检验。很可能，当他具有这样的观点时，那他就是一个自然科学研究者了。

假如人类单靠空气和水分就能够生存，那么就不存在统治者和奴隶，君主和平民，朋友和敌人，仇恨和爱情，道德和恶习，忠实和奸诈等等概念了。国家的、公共的、家庭的生活，全部人与人之间的关系，手工业、工业、艺术和科学等等，一句话，所有那些使人类成为主宰者的，都被一件事情制约着，即每个人有一个肚子，它要服从自然规律，为了维持生存，每天一定要消耗一定数量的食物。这些食物都是人类通过劳动与智慧从土地里获取来的。因为自然界本身不能给人类提供食物，如果能提供的话，也是非常不够用的。所谈的这些，都是大家非常清楚的真理，甚至几乎可以无需再重复阐述了。

非常明显，影响这个自然规律有这样的或那样的——有利的和不利的因素，都应当用适当的形式表现在人类生活关系上。在这些复杂关系中，很多早已弄清楚了。可是，恰恰对其中最重要的关系几乎没有重视，没有给予应有的评价。

大多数人对于保证自己最重要的生活需要的来源只有模糊的概念。好像大家认为太阳升起和落下，随着地球绕着太阳转动一周，一年四季循环一次，庄稼也从种到收循环一次，而且这是数百年以至数千年不断进行着的。那么，很明显，这一切都是自然规律事先安排好的，以便使人们不致于由于缺乏维持自己生存的生活资料而死亡。

没有那样一个主动关心人类的自然规律。因为自然规律都是人类的奴隶，而奴隶为自己的主子服务，但它并不关心主子。人类赖以生存繁衍的资源都蕴藏在土壤里，这是我们非常清楚的。我们也知道，即使在非常肥沃的土壤里，其资源也是相当有限的，其储藏量只能维持一个短的时期。

在有机界，每一种动物与其他动物之间是有矛盾的，因为每种动物都要给自己寻觅必需的食物，某一种动物占据并散布到一定的规模，一种动物又不能挤掉另一种动物[①]。自然规律保证各种动物生存和延续种族的权利。假如人就是和动物一样，那么这个自然规律对人类也起同样的作用。不过自然规律不是统治人类，而是人类自己管理自己。在一系列的进化中，人是最高的一环，只有人类自己反对自己，养料的储藏是和人类需要量之间所存在的不适应性迫使最进步的民族采取减少自己数量的办法以恢复其平衡；某一民族残杀另一个民族，从实质上来看，人，也和上帝统治一样；它与老鼠的区别，仅仅在于饥饿时不是常常直接吞食自己的同类。谁要是在公共的饭桌上没有获得充裕的位置，那么他就会立刻遭到饥饿而死亡或者流亡或者受奴役于别的民族，个别的沦为盗匪和杀人犯。世界历史的每一页都告诉我们，这条严酷的规律在许多流血斗争中所起的骇人听闻的作用。因此，人类应当特别重视培育肥沃土壤。

从大的和整体的观点来看，在某一个国家内。肥力逐渐消耗，饥饿日甚一日，有没有民族，将来反正几乎一样，归根到底，最后都是死亡，或者转嫁；情况更严重的民族，强迫

---

① 很难看到这些写在19世纪40年代的言辞，虽然对某些生存斗争法则的预见还很不清楚。我们看到，达尔文的著作《物种起源》，在1859年年底问世，而关于该书的简单说明，在前一年在林涅也夫斯基协会已经有了。——译者注

那些占有较肥沃土地的弱小民族绝种,以便占领他们的国土,这样,肥力消耗殆尽的国家大规模地移民搬迁。

罗马民族出现在历史舞台之前,即远在罗马城奠基之前,意大利是欧洲栽培水平最高的。关于这点,在国内保存下来的、古代拉丁式宏伟建筑物,成了我们现在历史的见证。我们以前,全部著名作品,关于古代拉彻姆(Latchum)的报告书中,谈到这个国家的繁荣昌盛的情况(正如斯拉舍尔在《世界史》记述的情况一样,三卷140页),可以断言,没有别的哪个时代,意大利的人口,普遍繁荣的鲜明景象,能和这一百年初期的历史情况相比。

甚至,后来强盛的罗马民族在拉彻姆把全国的金银财富都集中的时候,其财富也不能和从前相比,甚至相差很远。在罗马帝国存在的时候,在拉彻姆我们看到的,仅仅是几个富有的家族有钱,而在从前则是全国各领地各个居民都很富足。里海沼泽所占的那一大块地方,目前仅仅对牲畜有利并且污染空气,然而从前这里曾有不少于 23 个居民点,有大量居民居住着。因此,多亏拉丁人勤劳,把沼泽地改变为肥沃的良田,正好像伊特拉斯坎人(古代意大利最古的民族,纪元前 6 世纪曾控制意大利大部分地区)用开运河、挖渠道的办法,第一次把沼泽地改变成供人民居住的罗门巴尔矶!

根据罗马史料全集记载,在拉彻姆的大量的大小居民点,这个不大的范围内密集了大量居民,这同时也证明当时这是非常肥沃的土壤。很明显,这种土壤一定是用种菜园的耕作方式进行耕作的,以便保证居民维持所必需的食物。像这样高的栽培水平的还有居住萨姆尼特人的国家,即从伊特拉斯坎到意大利南端的全部阿比林山脉。芒蒂、马蒂兹全部地区,每年有一段时间被雪覆盖着,在萨姆尼特人居住时,大部分地区都没有开发,在那个时候,多亏忠实老练而勤劳的人民,把一部分土地开垦为农田,一部分辟为草地。人口是料想不到的稠密。在萨姆尼特人居住的国家中,整个国家都被萨姆尼特人住满了,到处都是山,剩下只有很小的面积没有被利用。国家的宗教和国家的盛典,都与农业和畜牧业紧密联系。高超的牧师组成农业社团并进行耕种,不仅是由于宗教上的职责,而且带有研究的目的,所有宗教上的仪式,各种各样的民族盛典,都要考虑到这一点,以便保证政权对农业的监督作用。同时,用宗教的祝愿来鼓励农民在土壤上的劳作。由于林业对国家气候的影响,所以萨姆尼特人的林业也归社会监督。

过去曾经有的和现在所见到的其间有多么大的差别呀!蔷薇的花园,高产的麦田,彼斯突姆(Пестум)教堂,现在取而代之的是荒芜的灌木、萧疏的牧草和满目的薛草(藜蒿)。

没有知识的人,把人口的增加和减少,同和平与战争及毁灭性的疾病联系起来,并根据自己主观的想象来解释国家的现状。这些人知道,这个或那一个皇帝在杀戮大批人民的强悍作用,他知道某个国王企图掌握某些大量杀戮人民的武器而享受光荣,他们知道某一个元帅荣获桂冠的天才,他们把这些叫做自己的历史,同时也称是一小块土地的历史;可是与人类生存有紧密联系着的事物,他们却茫无所知。和平本身还不能养活人民,而战争也不能消灭整个民族。这个和那个仅仅产生暂时的影响。土壤是人类社会统一和分裂,民族和国家建立和消灭经常起作用的因素;在整个期间人类在土壤上建造赖以生存的小茅草房。土壤的肥力是不受人类所支配的。但是在人类的手中,这种肥力多少可以继续保持一段时间。

远在传说中的罗马古城奠基之前，在古希腊和小亚细亚沿岸一带都住了居民，希腊已进入文明和繁荣昌盛的时期。在这以前，罗马帝国当时是在世界上有名的。他们就已经发现国土衰落下降的全部象征，叫做"土壤耗损"。在我们这个世纪前 700 年间，由于土壤肥力的降低，迫使希腊人成群地迁移到黑海和地中海沿岸，而其国土则变成荒无人烟的了。

在柏拉图时代（公元前 479 年），斯巴达在反对波斯的 8000 名战士中，还是出人头地的。过了 700 年，根据亚里士多德记载，适于战斗的男子汉总共不到 7000 人；再过 150 年，斯特拉邦诉苦说，700 多个斯巴达城，到那个时候剩下来的，除了斯巴达以外一共只有 30 个小村庄了。再过 100 年，普鲁达尔就在谈论希腊和古老世界悲惨而荒凉的景象了。罗马帝国甚至也遭到同样的命运。康德在自己关于农业的笔记中（公元前 230 年）还没有提到罗马帝国土地肥力降低，而只讲到改良其掠夺性的栽培利用方式。康德过后 300 年，加鲁米拉（Колумелла）在自己 12 卷耕作学著作的前言中说："我们的知识苦于对土地贫瘠和气候变化缺乏认识，这两者很久就已经对产量不利了，有些人认为由于过去许多年来非常肥沃的土壤，现在已经耗损了，已经变成软弱无力的了。"但是，他继续说，没有一个聪明的人，确信土地也能像我们人一样会变得衰老。土地的贫瘠化，根本原因在很大程度上是我们行动的方式造成的，是在于土壤的耕作法被我们交给无知识的农奴弄坏了。

在利奥（Leo）统治时期，开始出版农业方面的著作，这个简单的事实本身是农业衰落的象征；但是，还有更确切可靠的证明，就是最后的普鲁斯战争开始以来，人口的减少；联合战争，马尔（Марь）和苏尔（Сулль）之间的内战，对于人口数量只起暂时的影响。要不是土壤丧失了其原来的生产力，甚至还可以假设在这两个事件中能召集出 50 万人来［也就是比阿皮安（Аппиан）和基阿多尔（Диодар）计算的多 5 倍］。

假如这些地方的土壤还没有耗损，那么就是最血淋淋的战争，对每个国家的人口数目影响到什么程度，我们都可以从法国的近代史中知道。从 1793 年到 1815 年这些战争年代里，法国死了 300 多万人。在王德内战中法国损失了 100 多万人。自 1815 年以后若干年，法国的人口终究还是增加了，比 23 年以前还要多。这个解释是把劳动力解放出来，开垦了好几千万公顷（ha，1 公顷 = 10^4 平方米）的良田，对民族生存提供了良好的条件。

在尤利·车扎尔（Юлий Чедарь）时代（公元前 46 年），生产用的土地册已经完全确认人口减少的事实，况且，仅仅这个大人物，没有忽略这个现象的外部原因。但是，他制定的土地法，也不可能使卡门潘斯基地区中衰竭了的田地恢复其已失去了的肥力。他们分配给 2 万贫苦公民，这些公民每个人有 3 个以上的小孩，而这些贫苦公民没有达到他们所规定的目标。

曾经赫赫有名的奥斯汀（Austin）帝王时期，后来能拿起武器的人是如此奇缺，以致瓦尔罗在特夫托尔斯吉森林中丧失了一支不大的军队，就使首都陷入混乱，皇帝本人也吓得发抖。罗马已经不再夸耀他能建立两个军团的人员了。根本谈不上什么志愿军，哪怕是收集一支很小的军队，也需要应用很残酷而强制的手段。李费注意到了意大利的严重荒凉,关于这个好战的古老的民族曾说:"现在,人们应当关心使这个国家不致完全荒凉,如果在这个国家中还能保存哪怕是一个小小的兵源地也好。"

反海盗战争(公元前79年)的幸运结束,为波门彼(Помпея)的强大奠定了基础。这场战争证明了罗马是多么依赖于外来的粮食,正如莫门森(Момсен)所指出的一样,如果说在尤利·车扎尔以前,罗马居民就经常受到面包和涨价的危机(而且,他们还经常挨饿),所有这些总起来说明一点,即意大利的农业只是在例外的情况下,才能满足军队和城市人口对粮食的需要。

这在奥斯汀以前,由于对占领区残酷掠夺的结果,在罗马集中了非常巨大的财富。而在奥斯汀帝王统治时期,由于利用世界城市获得非常大的地方税收,其财富更大大增加了。国家的一部分财富,用来建筑巨大的公共建筑物——澡堂、桥梁、军事道路和自来水。但是,即使工业和商业发展得这样迅速,也无法恢复罗马土地的肥力,不能给居民继续生存提供有利条件。相反,这些条件是继续不断地越来越多地损失着。

当时,从外表看,罗马帝国是强大、昌盛、幸福的样板,它的政府机构已经开始消除这些很伤脑筋的事情,而在欧洲其他国家要迟两百多年才开始这项工作。

在罗马帝国统治时期头100年中,该有多少聪明能干和具有善良愿望的执政者!但是,尽管这些执政者能以自己的骄傲为自己建立祭坛,迫使别人尊重自己的淫威;许多哲学家的天才,法权方面的价值和渊博知识,优秀统帅的胆略和组织良好的精锐部队,却都不能忽视自然规律的作用,所有这些岂能反对自然规律!

那些曾经是非常强大的东西,已经转化成衰弱和渺小的东西,而且丧失其固有的光辉!

当时,当文明和天才教育广泛流行的时候,艺术、手工艺达到异常的高峰;那些满足高级需要的东西,不断的进步;新的宗教似乎应当使旧世界充满新的生命力量,但所有这些都只能加速罗马帝国的灭亡。

农民比其他什么人都生活得自由和自主些,不超过他们本人及其子女的双手所能耕种的那一点土地要非常肥沃,以便能保证他们家庭必需的生活资料和收入,并能交上皇粮。像这样的农民,才是真正幸福的。

但是,假若由于他的无知,忽视或违背了自然规律,那么他就要因此而受到惩罚;纵然对他自己那块土地关心照顾、勤劳耕作,也只能加速其耗损土壤。只有当他掌握化学方法来管理农业并能夺取高产,赡养自己家庭,而不降低地力,耗损土壤,这对他来说,是求之不得的时候到了。他不了解自己贫穷的真正原因,而把产量的降低归结为想象的、往往是不确切的原因,他把希望寄托在最好的年景上,实际也是用借贷的办法来满足自己最迫切的需要。债主终究要强迫他把尚未收割的、没有成熟的粮食交出来,这样过了几辈子,他占有的那一点产业,免不了要落入债主的手中。从许许多多小农户慢慢兼并出大农场主,大农场主赶走了农民的妻室儿女,仅仅把需要的劳动力留下来。虽然他们的生产力比原来兼并以前不会太强,但是他们从其领地所获得的产品总量,比起原来各小农户耕种时要大得多。因为原来的农民,需要拿一大部分产品,养活家庭和饲养牲畜。

在整个这一百年中,罗马法与自然规律之间,经常出现的斗争是非常精彩的和很有教益的。

立法的人，他根本没有一点关于自然规律的概念，他所见到的土壤现状及其他存在的条件，似乎都是稳定的、不变化的。其实，没有这回事。他看到田地里产量下降和居民减少的原因，而按照人类的本性来说，力图维持自己生存及延续自己种族的特性是不变的。他们幻想通过其所颁布的法律，把人类活动引导到固有的轨道上。他认为他的命令有足够的威力，可以保持和恢复在本质上自己无法恢复的那些条件。法律可以使农民放下锄头而变成战士，但是，没有那样一个力量能够把市民和军队转变成农民或雇农，因为农民的劳动是非常繁重的劳动。在长时间里，从太阳一出，农民就要起床，一昼夜要劳动16小时，他在前一天就要知道第二天要做什么——每一天，任何一天都是一样。节气、天气不等人。他每天忙于农活，而没有空去研究它，不像一个掌握手工艺的人那样，必须精通自己的业务。

无论是在加依·格拉克（Кай Граки）时期所实行的强迫分配土地的办法，还是尤利·车扎尔和奥斯汀等执政者所进行的许多努力，在恢复居民需要和生产力之间的不平衡状态上几乎没有什么成就，贫穷使当权者不顾一切用掠夺地方的办法来补充粮食的不足。

在斯泽皮昂（Счипион）时期（公元前196年），就开始从皇粮库中向贫困的罗马市民配给粮食。在加依·格拉克时代，每人每月供给5莫矶（Модий）粮食（合每年550公升）。在尤利·车扎尔时代，靠国家供应口粮的人数达到35万人；在奥斯汀以及以后几个皇帝的统治时期靠国家供给口粮的达200万人，所以国家每年发放的粮食总量为150万到250万公石。很明显，这仅仅是拉彻姆地区的居民和军队所需要的一部分粮食，因为当时罗马的资本家还进行着繁荣的高利润的粮食生意，从亚细亚、非洲沿岸、西西里和萨丁岛，生产总量的1/10都运到罗马。这在格拉克时期，亚细亚省就宣告为国有财产，可以想象得到的，对这些国家来说，在整个一百年期间，这样继续不断地掠夺，对土壤性质来说，该会产生怎样的影响。不断地往罗马帝国输入粮食，归根到底，要使这些国家的自由居民统统死亡，使残酷剥削的企业主能大规模地利用大批奴隶。

往后许多皇帝执政期间，不仅是罗马城市居民，而且有一半意大利人是靠救济生活的。满足这大批人的最低的生活资料，全靠统治者的恩赐。强大的国家机器发生障碍的时候，就会威胁到居民本身的生存，为了维持国家机器的存在，要耗费全体居民的精力。由于对国家的依赖性，罗马民族中劳动培育出来的独立自主的精神力量也消失了，而在道德退化的基础上出现了以强凌弱的利己主义的行为和奴颜婢膝的心理以及各式各样的恶习。

从吉克列契安（Диоклетиан）王统治时期（奥斯汀王以后300年），自由农民阶级消失了，取代而起的是殖民者和那些隶属于地主的不自由的农奴，一千年的过程就这样结束。而最近100年来，巨大的国家机器也开始消亡和内部瓦解。真是，机体腐解促进蛆虫繁殖，不断扩充的新兵消耗了大量的生产者的血汗，社会成员之间的相互联系也消失了，反而促进国家瓦解。最后，康斯坦丁（Constantin）放弃了支离破碎的国家，企图在世界上别的地方重新安排这个已被破坏的过程，就像濒临死亡边缘的老鼠从夜壶里挣扎出来一样。

希腊人口不足的基本原因是土壤贫瘠化和即将贫瘠化。这在波里比（Полибий）时代就开始了,在罗马帝国表现得最充分。从奥斯汀帝王起他们应用了所有的管理支配的手段,但是还是没有成功。这说明统治者在消除国家病症工作中的无能。关于这个问题,他们仅仅根据外部特征进行议论,而不知它们的真正原因。

任何一个自然规律对所有的动物繁殖起决定性的作用,这是很清楚的。由于这个规律的作用,在对数量增长最有利的情况下,个体是成比例繁殖的。婚配以及小孩出生率和面包的价格有一个一定的关系,面包价格便宜,婚配和小孩子的数量就增加;面包和生活物质价格高涨,而结婚和小孩子的数量就下降。

在西班牙,正在进行着完全类似的过程。西班牙在封建帝王统治时期,特拉扬(Траян)、安德利安(Адриан)、马克·阿夫列里亚(Марк Аврения)的故乡是世界上非常富庶、非常繁荣的地方。

李费和斯特拉邦谈到西班牙的土壤肥力,和安达鲁西亚地区上百倍的产量。李费谈到每一次新的进军,都发现许多新的武器和财富。似乎,还没有哪一次战争不把这个地方毁灭。

在阿布德尔拉赫曼第三时期,在伊斯兰教统治的西班牙[现在是安拉各里亚(Apparoния),法林斯亚(Валенсия),新卡斯蒂利亚,穆尔西亚,埃斯特雷马杜拉(Эстрамадура),安达卢西亚,格拉纳达以及葡萄牙的南半部],曾经有 2500 万居民到 3000 万居民,当时,这还是欧洲人口最多的国家。塔尔拉各拉(Таррагаn)在罗马统治时期是全国第二大城市,有 100 多万居民。而在阿布德尔拉赫曼统治时期就只有 35 万居民了。而现在全部加起来仅仅有 1.5 万人。

根据阿拉伯作家们关于"卡尔多夫"的记载,格林达一次就能征集 5 万个作战的战士。如果是真的,那么这个城市将有 21.2 万户人家和 600 个清真寺,其规模与本世纪初期的伦敦差不了多少。

在阿布德尔拉赫曼之后 600 年,赫拉拉(Xeppapa)在菲利浦二世死去的那一年出版的一本著作中,谈到西班牙的农业情况。他写道:"这是什么道理,为什么现在在全国范围内都感到粮食不足呢?为什么现在在这个和平时期,1 斤牛肉的价钱几乎相当于战争时期 1 头羊的价钱呢?这不能够用人口过剩来解释,因为在那里当时曾经有 1000 个摩尔族人找到了工作,而现在在那里生存的仅仅有 500 个基督教徒。从印度输入黄金,也不能认定是一个原因。"接着他问:"土地要不要休息?难道这田地就不需要像冬眠一样休息吗?从而积累许多冬天的雨雪,以保证土壤中有足够的水分,使土壤活跃起来,使土壤具有新的力量,以供栽培新的庄稼。在这种情况下,原因在哪里呢?是不是土壤总是不想我们培养它呢?从 18 世纪中叶起,西班牙开始穷困衰落。骡子是一个原因——因为骡子没有力量进行深耕。"

天主教国王指示要描绘一个西班牙的土壤肥力逐渐消耗的蓝图。远在 12 世纪安朗佐·昂兹洛和彼德罗·日斯托基曾颁布法令以拯救草地和牧场;加尔罗五世帝王也发布命令,把开垦不久的草地重新恢复成牧草场。现在,在加泰罗尼亚的田地里,每两年种一季庄稼,而在安达卢西亚是每三年种一季庄稼。

基督教徒和摩尔族人长期斗争,从自然法则来看,这就是为生存而斗争。这种斗争是完全可以理解的,因为其本质是两个民族争夺基本的生活资料。

由于基督教居民的增长，而他们只占有一小部分肥沃的土地，因而生活资料感到不足。在旁边居住着别的民族，这些民族信奉自己的宗教，虽然他还占有富裕的土地，在当时这些民族被认定没有任何生存的权利，只有十足的理由认为这些所谓野蛮的民族注定要遭受灭亡！在赶走了摩尔族人一两百年后，粮食又变空了，过去依靠它填满谷仓的源泉也消耗尽了。"新世界"的宝贝和大批金银财宝，都集中到了西班牙，而满足日益增长的居民的生活资料却出现了不足。民族的力量，归根到底消耗在争夺食品基地的战争中去了。

不要轻视农业掠夺式的经营管理，致使土地肥力下降是古罗马和西班牙统治者垮台的原因。在这两个国家，原因相同，后果也相同。

掠夺式的经营方法，使国家陷于荒凉和渺无人烟的境地，其过程简述于下：在最初的时候，在未开垦的处女地上，农民一茬接一茬地种粮食，*当产量减少时，他们迁移到另一块地上。当人口不断增长，这样从一个地方游牧到另一个地方的游牧范围逐渐变小了，而产量继续降低，农民不得不在同一块土地上耕种，而把某一部分土地撂荒或休闲；这样，为了恢复地力，农民开始施用那些天然草地里聚积的肥料（三田制）。

这种补偿地力的办法，现在知道是不够的。它为了要提供更多的肥料，因此在自己那块地上种植饲料作物（轮作倒茬制），在这种情况下，能充分利用底层土壤，好像以前利用草地积肥一样。继续不断地这样作，后来，慢慢地把多年生牧草也当做饲料作物；最后，底层的土壤也消耗尽了，大部分的禾本科饲料作物在田里都不生长了。起初是豌豆长不好，后来三叶草、甜菜和土豆也长不好了，事情变得不得不停止栽培，最后土地也就再养不活人了。

有记载的过程，可能继续了百年，可是当人们还没有自觉认识到的时候，有些个别地块进行这样的农事活动已经整整一千年了。当时人们也力图用各种办法来解决这个问题，但这些办法的本身，都变成了耗损地力的实际例子。

北美农业的历史，从时间上来说是比较短的，但也以无数不可辩驳的事实证明：在初期，土地不需要什么休息，也不要施肥就能生产粮食和工艺作物。可是过了几代以后，从400年来储藏的土壤养分消耗完了以后，这个土壤如果不施肥，就得不到收成，甚至抵偿不到耕翻土壤所耗费的费用。

在华盛顿国会下议院中，议员摩里费尔蒙特根据一系列的统计资料指出在康涅狄格、马萨诸塞、罗德-依斯兰德、纽格门西尔曼和佛蒙特州，从 1840 年到 1850 年的 10 年中，小麦产量减低了一半，土豆产量减少了 1/3；而在享利斯堪图基、郭尔基、亚拉巴马的小麦产量也是一样；在纽约州，这一段时间中，小麦产量比过去也减低一半。在弗吉尼亚和北卡罗来纳 1850 年小麦平均产量每公顷将近 7 蒲式耳，而在亚拉巴马仅仅 5 蒲式耳，折合每亩 85.3 斤和 61.3 斤。得克萨斯新开的土地上平均棉花的产量每公顷 500～700

---

* 自然，农民的前身是猎人和游牧人，在古代历史的典籍中，也可以看到耕作对民族文化的影响。其中《摩西亚集》第四章指出：农业夺去牧民的牧场，并把它烧掉，农民卡恩消灭了阿维里牧民，农民的儿孙（卡恩的后代）大部分都定居下来，不再过游牧生活（亚当生了依雅法里亚，从他起，人们就住在小茅屋里开始饲养牲畜）。由于农业发展，开始了自己的艺术（他的兄弟叫做尤娃，从他起大家开始玩琴和笛子）和手工业（琴拉生了拉巴尔加以拉，他是矿物和铁器的工匠）。农业是男人的职业，按照上帝的安排，农业是到处都有，而是没有故乡的（农民卡恩是长生不老的）。

磅,而在南卡罗来纳耕种年代较久的土地上,棉花的单产只能收到过去的一半。

亚拉巴马州的议员说:"只要你在全国走一走,你就会经常碰到许多农场的空房子和那些勤劳谨慎的自由农民所居住的小屋,现在它们空了,被荒废遗弃了。看一看田园,过去是很肥沃的,现在是一片荒草枯杨,墙头上长满了青苔,这个地方任何生物都不长了;过去曾供给 12 户贫苦农民幸福的生活,现在都集中在一个主人手里。这个很年轻的国家,在我们的印象中,正如我们在亚拉巴马、弗吉尼亚和卡罗来纳看到的一样,已经是衰老萧条的样子了。"

普天之下,在世界的每一个部分,在所有的国家中,只要一注意就能发现有一个基本规律制约着土壤的状态。哪一个地方不曾有过繁荣强大的国家,那个地方的土壤就能为大多数居民提供足够的食物和财富。反之,那里的土壤就不能生产足够的产品,甚至补偿不到土壤耕作所需要的费用。

没有哪一门科学,像物理化学一样,能给我们提供明确的和令人信服的概念。任何自然现象都依赖着某一个直接原因,同时还被一系列的总的因素制约着。最简单的化学现象的产生也不少于三个因素,这些因素都在一定的相互联系中,这个现象才能出现。因此,描写某一个民族的衰落,仅仅归于某一个原因,显然是不正确的。这里,无疑地有许多别的原因在起作用,可是,相反地,这些别的原因,还是一些相对的因素,而掠夺式的经营方式和土壤肥力的耗损却是基本的、不可否定的、经常起作用的因素。人民群众常常倾向于观察国家和家庭生活方面的现象和某某国家居民的情况,这些事实只能称为某一方面的原因,况且根据这些原因所做的结论,没有一个是可靠的。真正的原因对群众来说是隐蔽着的。引起这些现象的原因,其实还是一些表面现象和这些现象所起的作用。

群众把面包价格昂贵归咎于烤面包的人和高利贷者的盘剥,把瘟疫现象推到水井的毒害上面;他们消灭了鼹鼠和对人们利多害少的麻雀。在政治问题上,某些国家活动家的见解往往与群众的见解完全相同,他们把人民的政治情绪和政治运动甚至革命运动方面和某些对自然规律的要求毫无所知的个别人联系在一起。没有任何一个使民族衰败的政治原因不联系到土壤和土壤性质的变化。一个民族长久衰败下去,仅仅只有一种情况,就是土壤性质发生了本质的变化。

农民抛弃田地,多半是这些田地养不活他了,不得不背井离乡去另找新的能够提供丰富食品的田地。出现这种土壤情况的变化和迁移,有的国家还伴以民族文化和文明的转移。民族的发生、发展和国土的肥沃性是相关联的。随着土壤肥力衰竭的来临,民族也会绝迹,但是人民所创造的精神财富和文化成果不会随之消失,它只会传播到别的地方。

自然规律制约着民族的兴亡。否定了维持土壤肥力的条件,国家就要灭亡;保持这些条件,就可以保持这个国家的富强和永世长存。

在世界最伟大的国家的历史上,不存在民族的发生和消亡问题。从阿富拉姆前往埃及的时候起到现在,我们看到中国的人口是一直平衡增长的,仅仅由于内战有时出现暂时中断。在这最广阔的国家中,任何一部分土壤的肥力都能补偿农民在其上投入的劳动消耗。日本这个多山的岛国,宜于耕作的土地不超过总面积的一半,而其人口数量超过了英国的人数，它不仅为自己的居民生产了丰富的食品（况且他们没有草地，不栽培饲料作物，不进口海鸟粪、骨粉和智利硝石），而且港口开放以后，还出口了大量的粮食。

观察和经验使中国和日本的农民在农业上具有独特的经营方法。这种方法可以使国家长期保持土壤肥力，并不断提高土壤的生产力以满足人口增长的需要。

中国和日本的农业是建立在这样一个原则上的，即从土壤中取出多少植物营养分，又以农业品残余部分的形式全部归还给土壤。日本农民根本不懂得轮作的必要性，他们种什么作物，仅仅考虑哪些作物对自己是最必需的。他们从土壤中获得产品，就是土壤的生产力，好比是资本的利息一样。这种资本给他们带来的好处，任何时候都不会减少。

在西班牙、意大利、波斯，一句话，在所有那些逐步荒凉贫瘠的国家中，其农业与日本是完全对立的。他们的农业是依靠掠夺那些决定土壤肥力的元素。在欧洲，一个农户生产的主要任务和基本目的就是从土壤中获得最大数量的粮食和肉类，以满足其需要，而尽可能不归还或少归还从土壤中取出的决定其产量的物质。在德国的农民中间，认为那些在市场上出售粮食和肉类的数量最大，而又不买任何肥料的人是最有经验的。这样的人常常以自己的成就而自豪，而别的农户还特别赞赏他的种田的技术和才能。任何有头脑的人都不能不承认这种掠夺式的经营是不能长久维持下去的。这种经营方式不能不给欧洲的国家造成与其他国家同样的后果。如果注定要照顾人类的自然规律不存在，如果保持土壤肥力的责任全掌握在人类自己手中，以及人类应对用自己的行动为自己的子孙后代所造成的许多灾难负责，那么当人们从生命循环中，把那些维持人类本身及其子孙的生活，保证下一辈及其后代繁荣昌盛的必要条件挖掘出来，而无谓地消耗掉；仅仅由于培肥土壤和保持土壤肥力，需要花费一些成本和克服许多困难，就有意识地和自觉地这样掠夺下去，这对整个人类来说是一种犯罪行为。

舒伯特（Schubert）和其他作者所记载的，关于上一个世纪的中叶和末叶的耕作情况，清楚地告诉我们：如果对土壤肥沃性普遍的误解不被农民认识；如果他们不采取适当的措施改进自己种植的方式，那么我们也不可避免地要得到同样的下场。

"除了酸性的、质量很差的干草以外，除了很少量的饲用甜菜、胡萝卜、白菜、菊芋（*helianthus tuberasus*）以外，农民再没有其他的冬季饲料了。因为田地本身已经什么也不生产了。这种毫无营养价值的饲料，暂时是够了。但在整个冬季，牲畜劳累了，饲料不够，最后牲畜只有吃大麦秆、燕麦秆和豌豆秆，所以牛乳、黄油、乳酪的数量很少，质量也很差。渴望到春天到来，以便收集一点小麦根茬，或者把牲畜赶到牧场去，当时草还只有指头高，在这样一个牧场上，牲畜同它去的时候几乎一样，饿着肚子回来，样子也跟幻梦中的'神牛'一样，瘦弱不堪。"舒伯特这样描写着当时的农业状态，受到执政者约瑟夫二世的赏识，并封为神圣的罗马帝国的贵族，并为他种植三叶草的功绩赐以"Von Kleefold"（范克利福德）的大名。

如果不是一些人把掠夺地力的耕作法当成正确经营方式的失误，纠缠了整整100年，或许在当时，由于不断的需要，就已促使耕作上形成了比较正确的观点，使农民认识到他们所采用的方法是错误的了。

在种三叶草时施用石膏，在栽培土豆时施用海鸟粪，就是这类的事件。

在英国和法国，当时就已开始使用厩肥，其农业已经进入了一个进步时期，由于在整个一百年的过程中安排着三田轮作,整个耕作层的肥力已经耗损殆尽了。只有依靠底层土壤种植一段时间的三叶草和饲料作物的办法来使耕层土壤的生产力得到恢复。

在很多地方,施用石膏能大大地提高三叶草的产量,这样就开辟了增加厩肥的途径。事先没有施肥的田,借着厩肥的帮助,也能提高粮食的产量。而土豆这种作物,把它种在被谷类作物耗损过的田里,比起种别的作物来,能给人类和牲畜提供更多的食品。

为了充分评价当时土豆的意义,只要看一看 1847 年的情况就够了。这一年,虽然谷类作物高产,但是土豆失收,结果引起各种食物涨价。甚至在斯皮沙尔特(Шпессарт)、西里西亚和爱尔兰还挨饿呢!

可以认为,在德国、法国有三分之一的居民,把土豆作为基本食品。不难想象,如果长期把土豆从农民的轮作中除掉,那么将是一种多么严重、甚至是可怕的情景。

现在欧洲人口的数量,应当归功于石膏和土豆的作用。毫无疑问,如果在农业中不把石膏当做肥料使用,同样,如果不种土豆,那么欧洲居民的数量,如果是 100 万人,就要少 20 万~30 万人。在上一个世纪,把栽培土豆看成是很大的恩惠。特别是因为有些很重要的供人类和牲畜食用的作物,如豌豆以及别的豆科作物,当时都被当成最消耗地力而不可靠的作物看待了。自然而然地农户都不愿栽培这类作物了,因为在具体气候条件下,基本不能指望这些作物顺利成长和提供稳定的产量,因此,土豆占领了谷类作物的位置,对全体劳动居民来说,它成了肉食的代用品。

土豆,由于其根系广泛伸展,好像野猪一样能疏松土层,况且它能在相对比较瘠薄的土壤中顺利生长;而在这样的土壤上,谷类作物只能勉勉强强收回种子。土豆与穗状花序的植物共同吸取聚集在肥沃耕层中的植物营养元素,它是许多作物中最耐瘠薄的一种,它能在许多作物已经不能生长的土壤里生长得很好。[①]

栽培土豆和施用石膏,在当时被认为是农业生产上有效的改进,并不由于它增加了劳动资本,而是由于它增加了农户的实际收入,当时农户还不懂得这一点。一定要到那个时候,当土壤再也不能生产土豆了,而石膏对提高三叶草的产量也不再起任何作用了,他才能理解。对一些高产田,长期以来一点也不偿还,而仅仅向它越来越多地掠夺的时候,那么,这些田地的生产能力就会耗损殆尽,而且是产量愈高,则地力耗损得越快。可以说,在整个一个时期内,他的事业就是建立在一个错误的观念上的——即土壤的生产能力越耕作,越提高;反之,就越降低。

如果某个农户有兴趣,把自己从农业中观察到的整个现象总结一下,那他马上对某些现象会感到惊奇。很多地方在种三叶草的土地上,10 年前,当时还没有耗损地力,产量很高,现在纵然施肥和使用石膏,也得不到过去那样高的产量了。同时他还会发现,所有那些种三叶草的地方,其土壤肥力都已经到了这样一个程度,即栽培其他的豆科作物,例如鸡眼豆类等,已经只能把它们从正常农业生产中排除掉。

假如没有土豆吃,那么由于生活需要,德国的农民就会想起,为什么英国的农民非常重视使用骨粉作肥料。这个事实,一直不被认识,以致完全以一种麻木不仁的态度持续

---

① 李比希的这断言大致是可信的,不同于土豆的所有植物的要求,终究没有土豆那样尖锐;如土豆在这样的土壤上产量极低,甚至不能补偿他的栽培,但这种土壤种燕麦可得到中等收成。——译者注

了 70 多年,眼巴巴地看到从这个国家运走了上百万公担的骨粉。

不难理解,在非常缺乏磷酸盐的德国田里,难道施用在英国有利的骨粉会带来危害吗? 假如这个东西能够提高英国田里的三叶草和谷类作物的产量,那么在德国田里栽培的禾本科作物的产量就活该要降低吗?

在那些粗鲁无知的农业主手里,土豆和石膏已经变成了掠夺土地生产力的强化手段,从而更加速了土地的损耗。

也许,栽培土豆所引起的另一最大的罪恶是那些主要以土豆为生的居民发生劳动力下降,这是在别的情况下不可能发生的,如果发生了,也可能达到那种程度。我们不能详细地述说该现象之间的联系,应当指出,从国民经营土豆栽培时起,德国和法国男子平均身高减少了。由于这个原因,最近 70 年来,士兵高度的标准也已经降低了。*

在上一世纪末,由于栽培三叶草和土豆,维持居民生存和满足人口增长的营养物质总量与过去相比,虽然已有了明显的增长,然而,经过 12 年以后,在这段时间,按照自然增长速度,人口的数量增长了,可能这些东西的生产还要感到不足。

一系列的毁灭性的战争,一个接一个地减少所有欧洲国家的人口,以阻碍了人口的自然增长,因此,在战争期间,没有感到有什么明显的食品不足和食品价格高涨的负担。

如果没有这些战争,那么 1790—1815 年这一段时间内,欧洲大陆上的人口一定会像现在这样迅速增长。那么,在 1816 年和 1817 年挨饿的人群估计应当超过 200 多万人。如果确是这样,那么在许多欧洲国家,就会发生许多中世纪前所未有的灾难。凡是能记忆起这个时期的人,无疑地都会承认这一点。

最近许多年,生产和需要的关系表现相反,粮食和土地的价格猛跌,直到 19 世纪 30 年代中叶,由于人口的增长才逐步稳定平衡起来。从那时起,开始了群众性的向外侨居,主要原因,归根结底是劳动人民在自己祖国里的生活没有保障。

除了上面所指出的,从 1816 年到 1848 年大规模的人口外流的事实以外,在普鲁士王国吃供给粮的人口还是增加了 54%,在萨克森也接近增加这么多。在奥地利和巴伐利亚增加了 27% 和 26%,其余的一些国家也几乎是相近的比例。有些地方,能够满足食品的需要,无疑是由于那里很多土地过去没有耕种,现在已经种起来了,并且有了收成。假如不发生一些偶然的情况,包括在那个时候,即在 1841 年开始进口并在农业上施用海鸟粪,致使饱受掠夺的欧洲田地上强化了食品生产,那么可以设想在欧洲的居民将会处在

---

* 著名的解剖学和生理学权威狄吉曼身后遗留下一本札记,很幸运地由他的女婿毕幸夫教授转给了我。上面这样写道:有关人体高度的认真观测,可以对一个民族的生理状态和繁荣昌盛情况作出可靠的结论。一般说,在一定的范围内,超过平均身高的,说明那个人物质条件好。至于说到人类也证明了当其发展受到生理方面和社会条件方面的制约的时候,人类的身高也要变小。研究某一个民族身高大小,对测定民族的遗骨提供了重要的基础。人民体质虚弱到一定的程度,就减低其身材的平均高度。富裕阶层的成员身材高大,而低贱阶层成员的身材矮小。"服兵役的名册"是研究人类身材的重要根据。

从各欧洲国家服兵役的情况比较说明,从开始服役时算起,成年男人平均身高以及他们在年事上的作用等方面都已经降低了。

1789 年革命前,法国的步兵最矮的身高是 165 厘米,在 1818 年(按法律规定从 3 月 20 日起)就变成 157 厘米,1832 年(按法律规定到 3 月 21 日)又变成 156 厘米。在法国由于身高不够和身体受伤而被开除的士兵在一半以上。在萨克森队伍里,要求身材的高度,在 1780 年是 178 厘米,现在是 155 厘米;在普鲁士现在是 157 厘米;在奥地利是160 厘米;在瑞士是 162 厘米。

什么样的状态。

可以认为,在田里施用 1 斤[Фунт(德斤)=0.5 千克]海鸟粪,可以增产 4～5 年,能增产 5 斤谷物或等量的小麦、大麦、燕麦、土豆和三叶草。

1855 年在格拉斯哥(Glasgow)召开的英国自然科学工作者代表大会开幕式上,阿尔齐里公爵在演说中谈到:1841—1855 年间英国进口的秘鲁的海鸟粪 150 万吨,我们欧洲远远超过这个数字。如果我们来看,那么在那一段时间内,在欧洲总共进口这种肥料有 200 万吨。由此,我们可以计算出,在这 15 年中,由海鸟粪已经生产了 1 亿多公担谷物,或其他同样重要的产品,比以前在欧洲田地上施过的那些肥料更能增产。这笔肥源比进口谷物和牲畜同样重要,它能满足 2666 万人一年生活的需要,或在供 180 万人吃 15 年。在这种情况下,没有料到从 1855—1862 年进口的海鸟粪比过去 15 年所进口的数量反而要少一些。

在彼得海岸停泊站,海军上将莫烈斯切在 1853 年向英国政府报告,根据他们进行的测量和勘测,契卡斯基岛屿上储藏的海鸟粪总量估计为 17200 万公担,从那时起,仅仅一个英国每年就要输入 300 万公担[根据皮尤兹亚(Пьюзия)的材料]。我们注意到,从契卡斯基岛屿运到美国去的海鸟粪超过运到英国去的船只,莫烈斯切声明说:"根据平均运出量计算就得出一个结论,在这个海岛上储藏的优良的海鸟粪,可能过 8～9 年就搞光了"。

"真的,——皮尤兹亚说,根据秘鲁的材料,在北区和南区还有 800 万吨海鸟粪,但是,考虑到像西班牙数学式的漫无限制的使用,就会担心这个地区不能长期满足我们对海鸟粪的需要。海鸟粪的生意为国家所垄断,并且通知我们,在这个自由的国家里,多名哥·埃利阿斯(Доминго Элиас)在去年夏天已被逮捕了,因为他竟敢公开宣传似乎海鸟粪的陈货在 8～9 年就要用尽了。"

所载的事实,仅仅能证明一点,即按照秘鲁当权派的意见,秘鲁海鸟粪的储藏量,维持不了很久。

我们姑且承认,海军上将的估算错了,而且海鸟粪的储藏量是 1853 年所测定的数量的 3 倍、6 倍,甚至是 9 倍。即使在这种情况下,的确,在一个短时间内能满足欧洲农户对海鸟粪的需要。但是以后又怎么样呢?

于是大家不得不考虑开辟新的海鸟粪的来源。最近几年,为了寻找海鸟粪,走遍了整个海域,简直没有漏一个,哪怕最小的岛屿和海岸,没有不被调查过的。但从获得海鸟粪来说,却是毫无结果。

至于从欧洲以外的地区进口粮食,那么很明显,在世界上没有哪一个国家能够经常出口粮食,特别是像美国那样,就我们所知道的,其农业生产的条件变化很大。当英国开始进口海鸟粪最初几年,美国农场主带着民族的骄傲眼光,看待自己肥沃的国土,而对损耗殆尽的欧洲抱着一种怜悯的神态;后来,北美所需要的海鸟粪数量比全部欧洲所需的还要大。

肥料一年比一年显得不足,迫使每一个农户逐步认识到了,欧洲的土地缺乏植物营养元素,需要从欧洲以外进口肥料的数量不断增加。这一切,无疑地提供了确凿的证据,证明欧洲的土地是严重损耗衰退了。

许多偶然情况凑在一起,使欧洲各国人口大大增加,而与这些国家的生产力处于矛盾和不正常的关系中。人口的数量达到这样高的程度，在这样的情况下，只有把现在的农业转到真正的、合乎自然规律的、把植物营养元素归还给土壤的轨道上来，才能维持这个人口数量。正像我们已经证明过的一样，仅仅借着海鸟粪的残余部分是不可能实现的。为此，我们应当拥有新的、丰富的植物营养资源，或者学会把那些从地里以产量形式拿走的营养物质保存起来，以便把它们完全归还给土壤。如果这些前提不能实现，那么经过一些时间以后，已经不是需要什么科学的或理论的讨论，以证明自然规律的存在，支配着人类为自己的生存而斗争。正等于要人类破坏自然规律，为了维持自己的生存，迫使各民族彼此不断地进行残酷的战争，互相残杀，以恢复破坏了的自然平衡，使 1816 和 1817 这两年的悲惨遭遇重演。凡是能活到那个时候的人，都将见到成千上万的人被惨杀在街头。假如一个战争接一个战争，那么正如 30 年战争时期一样，母亲把敌人的尸体拖到自己家里，以供自己的小孩充饥，*人们都将像在 1847 年西里西亚一样在土里挖掘出病死的牲畜充饥，以作垂死挣扎。

这不是悲惨的、暗淡的预言，也不是虚幻的胡言乱语——科学不是猜测，而是切实的计算。问题不在于我们所说的一切应验不应验，而恰恰在于这一天不可避免地要到来。假如从 1000 块金币中每一天锯一点点金子下来，让它的总重量等于一金币的重量，那么每天这些金币的差异是非常小，在一般市面上流通中起初没有一个人注意，但是在铸币厂检验员的眼睛及其精确的天平下，就是这一点点的差异，也是逃脱不了的。不是每一块金币都磨成一样的，如果只用两块金币相比较，那么其差异很可能是偶然的，假定我们把金币重复磨一千次，那么这么大的数量就会一无所存了。

英国的农业就是一个明显的例子，这个具有高度文化的民族，也破坏性地干扰生命循环过程。

在上一个世纪的最后 25 年，英国开始进口骨粉。英国开始进口海鸟粪始于 1841 年，到 1859 年止共进口 28.6 万吨，每年进口骨粉的平均数字将近 6 万到 7 万吨。在三田轮作中，1 斤骨粉可生产 10 斤谷物；1 斤海鸟粪在区轮作中能生产 5 斤谷物。**

我们毫不夸张地说，从 1810—1860 年，也就是 50 年间以谷物、蚕豆、油菜、骨灰和亚麻饼的形式进口的磷肥，折合骨粉 400 万吨。所有这些东西，提供了 10 倍，即相当于 4 亿公担粮食，或者说满足了 1.1 亿人一年的需要。

我们设想，从 1845 年到 1860 年，也就是说这 15 年间，英国的土地每年得到了 10 万吨海鸟粪，总共这段时间加入了 1500 万吨。在这样的情况下，由于这批肥料的作用，生产了 750 万吨谷物，足够养活 2000 万人。

由此可见，假定从 1810 年起拿走的磷素，和从 1845 年以海鸟粪的形式施入的磷肥，一直都保存在英国的土地里，不断地运动转化，而不损失，那么在 1861 年在英国的土地里，就应该具有生产足够供 1.3 亿人需要的营养物质的基本条件。

---

* 当时在洛尔德宁德（Нордлингене）从被包围的炮台里，抓到一个敌人，被处以火刑，有一些饥饿的女人，猛扑到仍在燃烧着的敌人的尸体上，扯了一块尸肉，回家给自己的孩子吃。

** 这个数字是我们从实践中获得的，这没有完全说明骨粉和海鸟粪的有效作用。100 斤骨粉，其磷酸的含量相当于 2600 斤小麦，或 5700 斤三叶草干草，或 1700 斤土豆中所含的磷酸量。100 斤海鸟粪相当于 1300 斤小麦或 2850 斤三叶草，或 8500 斤土豆中所含的磷酸量。

所援引的计算结果与一个严酷的事实直接矛盾着。即在实际上,英国不能生产那么多生活资料,以供每年养活自己 2900 万人。在英国大部分城市实行抽水马桶,以致不能回收粪便。肥料的损失很大,本来这批肥料可以再生产出 350 万人生活所必需的营养品。

每年,英国从海外进口的大量肥料,大部分流失到江、河、海里,由于这个原因,国家生产的产品,满足不了日益增长的人口。

最不幸的是,那些自己毁灭自己的过程,虽然规模不大,但在英国和欧洲各国却正进行着。在欧洲大陆大城市中,一些行政单位每年花大量经费搞些设施,结果使农民不能回收那些元素,以创造必要的恢复和保持土壤肥力的条件。

任何一个国家的繁荣昌盛,最根本的要保持其繁荣昌盛的资源,特别是农业国家比其他国家更加需要保持土壤肥力。也只有对维持土壤肥力所必需的那些条件不再被忽视和无谓的浪费时,才能最后实现。

谁也不知道,土壤中植物营养分的储藏量究竟有多大。只有糊涂虫才认为这种物质的含量是取之不尽,用之不竭的。谁也说不出,在土壤中植物营养物质究竟有多少,但是土壤中的营养物质被利用了多少,则是能知道的。我们的任务不在于为了能够更多地从田里吸收出这些营养分,而是为了学会合理安排我们的农事活动。一个小孩儿都能算得出,假如我们每年仅仅减少 0.5% 的生产力,那么经过 10 年以后,这块土地该剩下多少生产力。反过来,如果每年提高 0.5% 的生产力,那么这块土地在整个 100 年过程中,或在更多的时间内,将会不断地提供那么多的产量。

让我们设想,在某一个有 450 万人口的国家中,所需的土壤力量,假如每年损失掉 1/4,为了养活这些人口,必须购买的粮食或别的等价食品,那么 100 年后,这笔损失就是 8.6 亿公担粮食。没有一个这样富足的国家,能够在相当长的时期内重新得到她挥霍浪费掉了的赖以生产食品的财富,假定就是有足够的财富,那么在世界上也找不到这么一个市场,可以在那里买到这么多食品。

要防止威胁欧洲居民生命的慢性病时,应当采用必要的单方,这时,特别感到困难的是,这个病人不相信自己有病。欧洲居民所处的状况,可以同一个害肺病的人所处的状况相比较。这个肺病患者,从镜子里一看,他自己的样子像一个健康人一样,所以他对他的痛苦遭遇寻找一个最乐观的解释,仅仅抱怨自己有些疲倦。农民也是这样,仅仅抱怨他的田地有些疲倦,其余的一切都很美满。肺病患者想喝一点酒能够提一提精神,但是医生不准他喝酒,因为这只会加速他疾病的恶化。确实,施用少量的海鸟粪能够给他的田地带来好处;其实施用少量的海鸟粪仅仅加速土壤损耗的过程。一年年过去了,首先是那些生活贫困的、无力偿还债务的农户承认自己破产了。仅仅只有在他的亲友都搞穷了,并且在典当铺里抵押了他最后的一根银汤匙以后,那时他才最后抛弃他的那些将要进入天堂的欺骗性的幻想。

繁荣昌盛的民族慢慢地衰败下去,一直到彻底贫穷,人口逐渐减少,这是一个长期的过程,往往要拖延整整一个世纪。但是到了那一天,当欧洲各国的子孙后代最终认识到,由于他们先辈的罪过,他们不得不遭到惩罚。

世界上任何民族,如果不会保持他们生活和繁衍所必需的条件,那么它就不可能生存下去。我们看到,在世界上所有的地方,那些国家的田地,没有劳力去维持其收成的条件,那么这个国家就由人口非常稠密的状态向荒无人烟的状态过渡着。有些人还以空虚的希望聊以自慰,他们希望那些众所周知的、任何时候都不会提供高谷物产量的希腊、伊朗、西班牙或意大利的某些损耗了肥力的田地,或许会在某个时候,在优良的耕作条件下,又重新变成永远肥沃。从伊朗来的侨民还将继续到整个世纪,西班牙和希腊的人口数量将不能高于现有的最大限度。

我知道,几乎全体务农的人都坚信他们自己安排农业生产的方法是正确的,并且认为他们的田地在任何时候都不会没有收成。这就导致在人民中养成完全无忧无虑的情绪,以致对自己的前途都漠不关心。其实,每个人的前途都依赖着农业情况。很明显,事实就是这样,所有的民族都用自己的双手为自己准备着死亡,无论什么国家的天才也不能避免。如果欧洲的国家,假如它们的政府和人民不听一听历史和科学预先警告的声音,对他们的田地已表现出来衰竭的象征不给以应有的重视,那么很明显,结局都是一样。

0.6　政治经济学和农业

关于民族繁荣昌盛的源泉问题,亚当·斯密(Adam Smith)在其不朽的著作中说过:"某一个国家人口的数量,不决定于这个国家能保证多少人穿衣住房的数字,而决定于她能保证多少人吃饭的数量。"

"假如人类不改变事物自然的过程,那么社会公共财富的积累,城市的发展,都建立在农业的改善上面,如何过活也与农业有关。"

如果我们在这里引用亚当·斯密在农业上的观点以及国家财富的来源,人口生存、繁殖的源泉等方面的论点,我们这样做不是因为这些观点中包含了什么在 100 年以前谁都不知道的新东西,而是因为他在自己的作品中,第一次证实了这个真理,并且提高了人民的认识。尤其值得惊奇的是亚当·斯密所著的《政治经济学》,已经在将近 100 年的过程中,开始注意到对自然界及其源泉的丰富程度和持续时间进行比较接近的研究。研究解决这些问题,对他来说,没有丢掉什么,因为这些问题不属于别人的和别的学科的范畴,恰巧是,这些问题正是政治经济学的基础,因为所有的社会生活的规律,都与这些问题有联系。

因为人类赖以生存的食物,其特点就在于他被机体消化以后才起作用,那么要保持一定数量的生命个体,就需要经常不断地生产这些食物,而食物的生产又依赖着增加它所需要的生活条件。政治经济学,自然而然地不是别的,而是借着人的劳动力和农业生产经验,重新不断地恢复土地的特性,以获得产量。这样一来,对提供产量具有特殊作用的土壤,任何一部分都不能耗损。

"耕作土壤的优良状态——亚当·斯密说——与厩肥的数量有一定的关系,而厩肥,大多数情况来自于农家本身,决定于牲畜的多少。"

在亚当·斯密时代,关于田地肥沃的原因问题,是完全没有或仅有一点糊涂的概念。在 100 年以前,有的聪明人开始有这样一个想法,劳动农民从自己田里得到收成,只有靠自己的劳动和技术。"在葡萄园里埋藏的财宝,也可能在翻地时找出来。"上个世纪冶金学家认为,他们的技术就是从铅铁矿中得到铅和铁,并且认为,有那么一种办法可以从铝矿中提出金子和银子来。生理学家确信,在动植物生活过程中要吸收铁、钙、磷;并且认为肠胃有一种玄妙的作用,能将蓟属植物、牧草、干草和种子,转变成人的血和肉,米淀粉叫做精制过的面粉,肉汤叫做精制过的汤,他们认为这两者是优等的营养物质。

机械师确信,什么都可以发生力量,齿轮和杠杆精巧的结合可以造出机器,它可以永远作功。

"土地的生产力——亚当·斯密说——生产农产品,而土壤耕作和播种更多是调整这种力量,但不是加强这种力量;土地所有者的地租可以看做农场佃户在使用过程中自然生产力的损耗。"按照这个意思,就是说好像某某瀑布所有者,让磨房佃户去利用瀑布而每年索取一定的报酬一样。

研究和观测的正确基础很少被理解,也很少被利用,以致所有那些确定了的但是未被解释的现象,就认为是自然而然发生的。还在这个世纪的初期,甚至在学者中有一种普遍流行的意见,即植物生长过程中,土壤不参加任何作用。

伏伊特(Фойт)博士把沙苏尔对植物生长的研究报告翻译成德文。在其书附记中第187页上这样说:"我想,我们读者对沙苏尔那毫无根据的观点会感到非常惊奇,他认为植物的全部成分都是有规律的,从土壤中吸取的。这些成分的形态就是植物体内存在的形态,完全可以用化学方法把它测定出来。"伏伊特博士承认,在燃烧的化学过程中得到植物灰分中的钾和碱石灰,因此,他提出了一个假设以解释植物中这些物质的来源。"我勉强同意特拉莫斯多尔夫(Траммсдорф)——他在第62页上说——所谓氮素在灰化过程中起了很大的作用,也许,在很大的程度上,它形成了碱石灰,特别是形成碱和其他等物质。"对我们来说,这些思想认识好像是1000年以前的事了。应该指出它们来,以便理解在这些观点的统治下,取得今天农业上的进步是如何的不可能;这些进步仅仅表现在它能使土壤提供更高的产量。

由于自然科学的发展,这些观点已经起了根本的变化。

现在矿冶学家知道,在他那些铝矿中,本身就含有铝、银、金,可以提炼出这些东西来。人们的技术并不是创造了这些物质,而是在冶炼中把这些物质彼此分开。

现在的医师不再考虑,在不同的药物中存在有某种特殊的有益于健康的力量,起抑制或兴奋的作用,或者说在软膏中有什么力量可使伤口愈合。

生理学家知道,组成血液的主要成分,在牧草中、在种子中,甚至在杂草中就以现有的形态形成了;而在人的肠胃中,并没有创造什么,仅仅是对其重新改造和分离吸收而已。

机械师知道,机器本身并没有创造力量,机械作功,仅仅是那样一种情况,即对其加多少力量,它就作多少功。

同样的,我们现在也知道,土壤本身生产的产量愈高,它就损耗得愈厉害。

在那时,手工业者按照某种式样工作,艺术家依据某种思想创作,农业主的活动方向被自然规律制约着,其任务在某些方面与化工厂的任务相似——力求把某些起作用的物质加入某种组合中,不需要它们进一步参加作用,就能得到他所感兴趣的产品。

我们不能直接种植苏打和肥皂,这些产品是利用化学的力量创造出来的。因为只有化学力量表现为直接的密切关系,而工厂的工作归结起来是应用机械的手段,或者利用热力熔解，或者使用其他的燃烧方法，将适当的元素紧密结合成为适当的新形式，并用这些手段排除某些化学现象中的干扰。

同样的，农业主自己不能制造作物产量。但是人的劳动达到了这样的结果，即在阳光、热量、一定成分的空气、水分、土壤等和储藏在种子里起特殊作用的力量相互作用之下，就能保证种子发芽而形成植物和产量。农业主应当在自己的工作中考虑到，植物是一个活的东西，它需要光线、空气和空间，因为它要伸展它的工作器官到地上和地下，农业主应当消除那些对植物活动有阻碍和有害的现象，他应当关心使土壤不缺乏那些构成植物这个复杂机器所必需的物质。这样，以便植物能够创造和生产更多的产品。

假如土壤不含有这些物质，那么种田的人起不了任何作用，因为劳动本身不能使土壤变肥。土壤是一切宝贵东西的源泉，人类需要这些宝贵的东西，以满足自己生活的需要，因此国家财富的增加是以农业为先决条件的。归根到底是依赖于土壤的成分，只有借助于土壤才能获得农产品。

同样，很清楚，要保持国家的财富，在实质上就应当保持土壤中起作用的物质总量。

每生产一斗（Mep）谷物，实际上就是农业主从田里夺去了构成一斗谷物所需的条件。而国家每年生产上百万斗谷物，也就是以这样的规模丧失在将来生产谷物的能力，丧失将来维持人民生活的必需品。国家出口谷物，换取金银，实际上就是用别种宝贵的东西来换取国家土壤中宝贵的东西。金银财宝本身不能满足人类的任何需要，这样做实际损耗了自己国家将来创造财富和积累财富的可能性。

由此很自然地得出的结论是，一个国家长期出口农产品，而同时又让那些堆积在城市里的供物质交换的产品随便浪费，那么这个国家不可避免地要贫穷下去。由城市里所浪费的谷物或其谷类作物所含的土壤成分所造成的损失，正等于向其他国家出口这么多数量的谷物所造成的损失一样。

很清楚，单纯土壤耕作，纵然使用最完善的机具，也不能保持其农田的产量。这个问题没有什么讨论的必要了。就是在某个时候曾是非常肥沃的农田可是在许多年以后，产量也要降低，而恢复最差产量的途径就是施肥。改善土壤的物理性质及其排水性能，对施用厩肥能起有利的作用，这就是说，在这种条件下施用一定数量的厩肥，土壤能提供较高的产量。或者是施用比较少量的厩肥，在一段时间内，土壤提供常年的产量。根据这些现象，农业主把轮作、施用厩肥和土壤排水看做是改进农田耕作方面的一个进步，当时，上述措施本身还不意味着有这个进步。*

对任何人来说，都很明白，土壤耕作本身只能使土壤越来越贫瘠化；任何人都知道，耕作时没有给田土里加入任何东西，相反地增施营养物质，就能提高产量。在农田里使厩肥而得到的收成同排水和机械翻耕一样，对农田反而有不好的作用，这种情况，很难解释清楚。

为了理解这点，需要弄清楚土壤机械耕作的目的是什么。除了把土壤因前作植物利用而营养分贫乏的部分与另外的完全保存了有这些物质的部分充分混合以外，土壤耕作

---

* 在此处以及后面所讨论到的，所谈到的土地是包含有那些条件的，即由于耕作、排水和休闲的结果，土地的生产能力提高了。

还要使营养物质均匀分布在土壤里，便于下一季作物根系吸收。但是提高营养元素的吸收率，主要靠空气和水分的化学作用，而不是靠犁耙本身的作用。这些工具的作用仅仅在于使空气和土壤成分彼此接触，促使土壤中所含的这种或那种数量的营养物质能够成为有效状态。这个需要有时间，需要有空气的持续作用。进一步破碎和重复翻耕，可以加强土壤孔隙内部的空气交换，同时增加土壤接触空气作用的表面积。

不难理解，产量的增长常常不能与投入农田耕作的劳动成比例的增长，如果增长，也是很小比例的增长。*

一般说来，增加一倍劳动量，在某一段时间内通常不能增加一倍营养物质的数量以供植物吸收和有效利用。

关于这个现象，其解释是，营养物质的数量并非在所有的土壤里都是一样的。甚至是这样的——在某处这样的物质含量丰富，这些物质转化成为活动性的，不直接依赖于土壤耕作，而依赖于外在因素。这些外在因素，例如空气，仅仅含有非常有限的氧气和二氧化碳。从数量上的关系看，应当增加这些外在因素的比例，为了让它能成比例的起有利的影响。因此在许多田里，由于改善了土壤耕作，而产量就因为这些外在因素的原因而增加了。如果仅仅是由于耕作，那就是因为耕作增加了空气和水分，对土壤各组成部分起持续的作用。农民知道，如果延长劳动的持续时间，那么，照例按所花劳动成比例地增加产量，有时甚至按很大的比例增产。根据空气、水分同土壤相互关联的自然规律，构成了土地休闲制的原则。

所以，如果投入了一定数量的劳力，而这个农田比那一种不投入劳动，但是和投入劳动一样的增加空气对土壤的作用的田当年给植物提供更多的营养物质；在稳定、平衡的条件下，应更充分发挥劳动和空气的作用，尽可能增加土壤的产量。现在不难明白，排水对提高土壤产量起什么样的作用。

水分，在土壤中成静止或运动的状态，它能阻止空气渗入深层土壤，这样就减少了空气对土壤表层往下渗透的途径，而且最重要是排水自然产生一种可能，以便空气从流水的非毛管孔道向土壤各层循环流通，虽然这点是很微弱的，但这是经常进行着的。

正如我们已经在上面指出的，土地翻耕的任务，除了使土壤各组成部分充分混合以外，还要促使空气与土壤颗粒接触。由于翻耕在土壤底层铺设了渠道系统，促使空气对土壤颗粒的作用加强了，也就是因为土壤内部排了水，所以某一段时间内，大量的空气与土壤组成部分相互作用。很明显，田间排水在一个短期内能够具有这样一个对植物生长有利的特性，比没有排水的休闲地还要好一点。犁地时，使土壤各部分翻动，加强其与空气各成分的相互作用，排水也加强了空气各成分的活动性及其与土壤各组成部分的相互作用。这样，机械耕作和排水归根结底对土壤起同样的作用，这两种方法的效果，都归结为加强了空气对土壤的作用。

在同样耕作和均匀稳定的条件下，田间排水给植物生长提供的养分较不排水的要多。

用自己生产的厩肥上地的经营方式是土壤机械耕作的一种特殊形式。

---

* 这个规律是斯图尔特（Mill John Stuart）在他的《政治经济学原理》第一卷第 17 页中提出的。

如果农民安排了一系列的措施，排水，还有机械手段。借助于机械，它能把均匀分散在深层土壤中的营养物质聚集起来，翻到表面，集中在耕作层中，那么没有人会怀疑花费这么多机械劳动所得到的结果。而同时农业主所栽培的饲料作物，实质上是为了这个目的，由于这些植物的根系分支茂密，深深地穿插到土壤中，并吸收分散在土壤中的营养物质，大部分的营养物质都储聚在三叶草的茎叶中和甜菜的块根中，最后作为提供牲畜的饲料。这样，这些营养物质又可以厩肥的形式变成肥料施在地里，使耕作层的营养物质丰富起来。

由于厩肥有丰富的有机质，在土壤中分解后不断产生二氧化碳，积极促进土壤中营养物质的风化、溶解、分解的过程，这个过程又加强了土壤耕作以及空气作用的效果。

一块田中面积相同的两部分，一部分籽实产量比较高，这些籽实首先从土壤表层吸取养料，这部分的耕作层由于施肥的关系，剥夺了深层土壤而使这层富有营养物质。从两块相同的田里施入等量的厩肥，其中一块排水，一块不排水，则第一块的产量高于第二块，由于在排水的地里形成二氧化碳多些，它的作用也要强些。所提供这两种情况，收益比较丰富的地块，不言而喻，其土壤营养物质的损耗也要大些。所有的这些手段，归根到底给农民提供一种可能性，即以营养物质的形式耗费土壤更大量的资本。

因为在农产品中，不可能从土壤中吸取比它本身所含的更多的营养物质，因为土壤中营养物质是有限的，由此可见，进行土壤耕作，包括排水和施肥来提高产量，也不可能是长期有效的。提高产量不是一种使土壤营养物质丰富的情况，而是人为地加速土壤中营养物质的贫瘠化。

农业企业，同一般的工业企业没有根本上的区别。工厂主和纺织厂主都知道，如果不想使他们的企业倒闭，他们的固定资本和流动资本就不应该减少。同样的，合理的农业应该向夺取高产的农民建议，应该增加土壤中的有效的营养物质，借此而收获自己的产品。

在德国，有几个做农业实验的教师，还坚持和推广这样的观点，即在土壤中有效养分的总量，由于土壤的风化作用，正像休闲地的实践指出的那样，每年保持一定的数量。所以不需要考虑完全把营养物质归还，也能使作物生长，土地里的有效养分始终是丰富的。因为自然界经常补偿从地里带走的那些营养物质。

这个意见可以认为是正确的（如果那个国家的人口数量不增长的话）。由于植株吸收营养分以前，可能对土地里因作物产量带走的物质有适当的补充，除此以外，就不会发生这种情况。

完全明白，这仅仅是肤浅地美化这种将来会补偿的掠夺式的经营方式。由于缺乏知识，或者怕麻烦，这种美化本身是不能完成这个任务的。

按照自然巧妙的安排，在土壤中的营养元素是这样一种状态，它只能缓慢地和逐渐地在人工劳动的促进下，才变成植物能吸收的状态。如果土壤中的全部营养物质，一开始就被植物吸收，而人们和牲畜又过度繁殖的话，那么人类的历史早已不能继续了。人类之所以能一代一代繁殖下去，其秘密在于人类在一个短时间内不可能像一个笨蛋那样，竭尽全力地去窃取土壤中的肥力。

那些营养物质，由于风化作用，每年转化成活化状态，而岩石的风化又增加了土壤中营养元素的数量，以备人口增长的需要。

现在这一代人相信他有力量消灭营养物质的增长,这种狂妄之心破坏了这个巧妙的自然规律。那些正在转化的物质是属于现在这一代人的,也是为他们准备的;但是,土壤中所含的那些不可给状态的营养物质,不是现在这一代人的财富,而是属于下一代的。

农田,在没有补偿的条件下,每年供给一部分有效的营养物质,产量一年一年地逐渐减少,但是终究不可避免地要达到那样一个限度,即它变得不能补偿在其上所耗费的劳动。

同样地,把从田中取走的营养物质,系统地归还到田里,虽然每年的数量不很大,但是经过一些年以后,农业主就会感到惊异,正好像他把银钱存入储蓄银行一样,他不仅提供高产,而且逐渐提高利息。从某个时间开始,它的产量就按照一个比例增长。因为,由于风化过程,在土壤中的营养物质含量,每年都有某种程度地增长。由于它这个"流动资本"系统增长的缘故——如果某农业主用正确的方法进行补偿,那么在将来,他将得到一个愉快的信念。改进农田耕作技术,过去在他手中作为一个掠夺手段,而现在会成为经常有效的改良措施,而其劳动也会得到有效的报酬。

今后,或许在居民里面,也会出现对简单的自然规律有比较确切的认识。遵守自然规律,就永远保证他们将来幸福繁荣。如果人民群众注意了这一个问题,那么任何一个农业实践家就不能信服地证明:该国家土地的生产力,不要施肥也可以不断地恢复。如果群众都清楚了,从外国进口这些肥料物质,以保持和提高产量,借以养活日益增长的人口,是不得已的。偶然的情况,如果最后另外的调查统计证明,从外面进口肥料的事,最好应当结束(半个世纪或一个世纪在这方面来说,不是很长的时间)。那么只要人民群众理解了,保持国家的财富,社会的繁荣,文化进步和文明,都有赖于解决这个问题,就是建造城市的厕所。

如果,农业主在自己的经营管理中,还没有养成这种正确的观念,并给他必要的手段,以提高他的生产效能。那么从某个时候起,战争、饥荒、流亡、穷困和流行病等自然会建立一个平衡,这个平衡从根本上暗地破坏国家的繁荣幸福,归根到底要导致农业破产。如果在地球上所有生命赖以生存的唯一基础——农业——不能保证永远存在的话,那么,所有爱国志士为建设国家的统一,加强国家的力量,抵御外来的敌人的努力,所有由政府和会议主持的,其目的在提高我们这一代和下一代人民的福利等国家大事的改进以及那些建筑在私人利益上的,没有良心的统治者的荣华富贵,都会在不可抗拒的自然力量面前,统统垮台。所谓"檐滴之水,可以穿石",就是这个道理。

第一部分　植物营养的化学过程

内 容 简 介

有机化学把生命和所有的有机体充分发育的化学条件作为自己的研究任务。全部有生命的物体,其生存要求有一定的化合物——营养料,它在有机体生存、发育的过程中被消耗掉。

研究认识有机体生长及其生活条件的任务有三:测定它的营养物质;研究这些营养物质的来源;研究这些物质被有机体同化后所起的变化。

植物有机体是供给人类和别的动物以维持其生存发育的最基本的材料。

植物营养料的原始源泉,只有从无机界去寻找。

这部著作的任务就是阐述植物营养的化学过程以及农业上的自然规律。第一部分讲一讲营养物质及其在有机体内部的变化,这应当考察那些植物吸收并以其作为自身主要成分的化合物,如碳、氮、氢、氧和硫;这里,还应当研究动植物的生活机能和其他自然现象之间的联系。第二部分谈谈与土地栽培施肥有关的自然规律。

1.1　植物的组成成分

碳、氢是各种植物和植物的各种器官的成分。

植物的基本成分是由碳水化合物组成,其中氢和氧的比例和水一样,植物的细胞、淀粉、糖和树胶等都属于这一类。另一类含碳的化合物,含氧的比例比水高,包括植物中种类众多的酸,只有少数例外。第三类是碳氢化合物组成的,或者完全不包括氧,或者含有少量的氧,这些没有水中所含的氧的比例大,因此,这些化合物可以看做碳和水的元素再加上一些氢组成,属于这一类的,有挥发性油、脂肪、树脂、毛,其中有些起酸的作用。

全部植物汁液的成分是有机酸,除少数外,它们都与无机盐基、金属氧化物相联系。这些金属氧化物,包含在所有的植物中,在植物燃烧以后,它存留在灰分中。

氮素在植物体内都以酸性物质、无关紧要的物质及具有金属氧化物性质的特征的形式存在;后者名叫有机碱,所有的种子无例外地都含有氮化合物。

从重量看,氮素仅占植物体的一小部分,但是它包含在全部植物和植物器官中。即使氮素不直接包含在植物某些器官内,那么它一定包含在植物汁液中而渗透在这器官里。

在植物种子和植物汁液中,经常碰到的含氮化合物,其成分中一般含有一定量的硫。将许多种类的植物种子、汁液和多种器官加水蒸馏时,分泌出具有特征性的挥发性油状化合物,这类化合物含氮和硫特多,属于这一类含硫的化合物有辣子和芥子挥发性油类。

所有植物的成分分两大类,一类成分含氮,另一类成分不含氮。

在不含氮的化合物中,有含氧的化合物(淀粉、纤维素等)和不含氧的化合物(松节油、柠檬油等等)。

含氮的植物成分,又分下列亚类:(1)含硫和氧的化合物(在所有的种子中);(2)含硫的,但是脱了氧的化合物(在芥子油中);(3)不含硫的化合物(有机盐基)等等。

如上所述,植物的发育依赖于含碳的、含氮的、含硫的化合物,所以要供给植物碳、氮、硫;除此以外,还需要水分和水分中的元素以及土壤中的无机元素,没有这些无机元素,植物就不能生存。

1.2　碳素的来源及其吸收利用

在农业科学上以及在某些植物生理学的著作中存在着一种见解,即在土壤耕层和过渡耕层的成分中,有一种叫做腐殖质的,它是植物从土壤中吸收的最基本的营养物质。腐殖质的存在,被认为是土壤肥力的重要条件。

腐殖质是植物各部分腐烂分解的产物。"腐殖质"这个术语,在化学上表明一种难溶于水、易溶于碱的棕色物质。它是植物腐烂分解的产物,将酸或碱处理分解产物,就能得到。由于外部特征的不同,腐殖质具有不同的名称:乌里敏、胡敏酸、腐殖质碳、胡敏素——这些都是化学家给出的各种腐殖质术语。腐殖质的这些变种,可以由两个途径得到:一种是由碱处理泥炭、木质部分、煤烟、褐煤等得到;另一种是由酸来分解糖、淀粉、奶糖等得到。此外,还可用丹宁酸和没食子酸的碱溶液和空气相接触来得到。

我们所指的胡敏酸,就是指溶解于碱的腐殖质;而腐殖质碳和胡敏素,是不溶解于碱的腐殖质变种。

如果根据这些物质的名称,很容易误解为其组成是相同的。假若如此,那是很大的误解,因为这些名称所代表的物质,彼此间的差别,从重量上来说,比糖、醋酸、松香等物质之间的差别程度不会小。

我们看到,到现在为止,化学家已经同意把有机化合物分解的棕色的或黑棕色的全部产品,根据它溶解在碱中与否,叫做胡敏酸、胡敏素。但是这些产物之间,无论按其组成成分,或按其来源,都毫无共同之处。

我们毫无根据地认为自然界里的这样和那样的分解产物,都具有属于植物不同组成部分的腐解物质的形态和性质。我们确实了解,从我们的观点看,没有任何一个可以接受的论证,以证明上述某个产品能作为植物的营养物质。如果我们根据在化学方面已经弄清楚的、从腐殖质中获得的胡敏酸来讨论腐殖质的话,那么每种土壤或者说每一块田,都应当含有化学成分不同的胡敏酸。

化学家所指出的腐殖质和胡敏酸的特性，被莫名其妙地转移到也叫做这个名称的腐解物质上面。关于腐解物质在植物生长过程中的意义和概念与这个特性有关。假设，腐殖质作为腐解物质的一个组成部分，就被植物根系吸收；它里面含的碳素，不事先改变其形态就能作为植物养料，那是毫无科学根据的。在腐殖质含量不同的土壤里植物生长的明显差异，充分证明了这种观点的正确。

如果我们对所提出的前提进行严格的分析，无可争辩地证明：我们在土壤中找到的那种形式的腐殖质，对植物营养没有任何意义。

后来，我们从下面的假设出发讨论问题，即耕作层中所含的腐殖质，具有化学家称为腐殖质的棕黑色沉淀物的特性，这些沉淀物是从泥炭和腐殖土用酸沉淀的碱性提取液中获得的。

新沉淀的胡敏酸是絮状物。这样 1 份胡敏酸在 18℃时溶于 2500 份水中，它和碱、石灰、镁化合，且和钙、镁两者结合产生的化合物，具有相同的溶解度。

由此，可以得一个结论，冬冷夏热，都可以使胡敏酸丧失其溶解能力，也就是说，丧失其被植物吸收的能力，它不能渗透到植物体内去。

上述意见有多少正确性，我们可以从下述分析中看出：由冷水处理耕作层土壤和腐殖质土壤时，从土壤中浸提出的有机质不到万分之一；在这种情况下所得到的，不是棕色，而是无色透明的液体。

贝采里乌斯（Berzelius）也确定了，腐烂的杨树，其木质部主要形成胡敏酸，用冷水处理时，仅仅提供很微量的溶解物质；这个现象，在我布置的杨树和枞树木质素腐解实验中得到证实。

不溶解的胡敏酸不能作为植物营养料，还没有引起植物生理学家的注意。按照他们的意见，在植物灰分中发现的碱族和碱土族元素，就能促使胡敏酸溶解而被植物吸收。

腐殖质具有吸收大量的碱族和碱土族元素的能力，也就是说，它能转化成不溶解于水的状态。这样，1 斤（324 克）风干的雪列依斯格依姆的泥炭，吸收 7.892 克钾和 4.169 克铵盐。由于吸收了这多余的碱，胡敏酸仍不溶解于水，但是这个数量的碱已足够使在这个泥炭中的植物，不能再发育了。在慕尼黑泥炭土和其他土壤上所布置的实验中，由于盐类饱和了，甚至，虽然所有其他的有利条件都存在，植物也不能生长。如果用这么多盐类与土壤混合，以便土壤中所有的胡敏酸能溶解于水，那么这样的土壤，对植物肯定有害。这个胡敏酸盐是棕色的。到目前为止，全部观测证明，所有的根系细胞膜对于这些红色液体的物质，完全不能渗透。

对以上所述补充如下：根系细胞质常常是酸性的，这就证明，在其细胞中有游离酸，这些酸性的根系汁液能穿透根系细胞壁，因此，不难理解，胡敏酸盐被分解出来的酸和浸提出来的胡敏酸盐，根本不可能穿透根系细胞壁往别处输送。仅仅只有胡敏酸碱和胡敏酸碱土族的化合物，它们同根系汁液中的酸在某种程度上形成的溶解性化合物，在一定条件下能渗到植物体内部。

另一个更高的见解，毫无疑问地反驳了胡敏酸盐的作用和性质方面的观点。

土地生产碳素，具有各种不同形式，有树林、有牧草干草、有禾谷类植物以及各种其他的栽培植物，其重量是完全不同的。

在 2500 平方米的森林里的中等质地土壤上，生长 2650 斤风干物质，有枞树、松树、柏树以及其他的树林。

在同样大的草场地上平均能收割 2500 斤干草。

在这么大面积的农田上，能收 18 000～20 000 斤甜菜；在同样大的面积上也可以收 800 斤黑麦和 1780 斤秸秆，共 2580 斤。

700 份风干的枞树含有 38 份碳素，所以 2650 斤这样的树木，含有 1007 斤碳素。

700 份风干的干草，按维尔（Veal）的分析材料，含有 40.73 份碳素。上述 2500 斤干草，应当含有 1018 斤碳素。

甜菜类含有 89％～89.5％的水分，10.5％～11％的固体物质，其干物质中有 40％的碳素（维尔）；因此，20 000 斤甜菜除叶子中所含的碳素未计算以外，还有 880 斤碳素。

在 100 斤风干的秸秆中含有 38％碳素（维尔），所以 1780 斤秸秆中含有 676 斤碳素。在 100 份谷类作物中有 46 份碳素，这也就是说 800 斤谷物籽粒中有 368 斤碳素，籽粒和秸秆加起来，一共有 1044 斤碳素，总之：

2500 m² 森林提供……1007 斤碳素

2500 m² 牧草提供……1018 斤碳素

2500 m² 耕地收甜菜不带叶子……880 斤碳素

2500 m² 耕地种谷物……1044 碳素

这些不可辩驳的事实，引导我们得到以下结论：同等面积宜耕的土壤能够生产等量的碳素，但是在这个面积上栽培这些植物的生长条件是千差万别的。

首先，就发生一个问题，牧草从草地里，树木从森林里的什么地方获得碳素？既然它们一般都需要获得碳素营养，那么，怎样解释土壤每年不仅不损失碳素，而且还一年年丰富起来。

每年，我们从森林里和草地里以干草和树木的形式拿走一些碳素，但是，尽管如此，我们看到土壤中碳素的含量，一直在增加着，其腐殖质也变得更丰富了。

有的说：由于施用厩肥的结果，我们把从土壤中以秸秆、籽粒、果实、茎叶拿走的碳素补偿归还给栽培土壤了。但是这些土壤所生产的碳素比那些完全没有补偿过的森林草地不会多。可以设想，植物营养的规律，可以在耕作的影响下改变；或者是，谷物和饲料作物的碳素来源，和草地的牧草和森林中的树木的碳源不同。

相反地，布置在没有腐殖质的、丧失了任何有机成分的土壤上，正如布置在含有植物营养的水溶液中的无数的直接的实验表明，植物根系不吸收含碳的有机质也能生长，并且能生长非常多的有机质。

我们注意到，后来由维格曼和波里斯托夫、沙里姆、嘉斯特马、布森高、格列布尔哥、克鲁普、斯托曼、荷比等人进行的大量实验，直接证明空气是植物吸收碳素的源泉。

在研究植物体内所含的碳素的发生问题，已被完全忽略；对这个问题如何回答，实际上就决定了腐殖质的起源问题。

全部归结于植物及其各部分腐烂分解产生腐殖质。因此，最原始的腐解物，最原始的腐殖质，不可能在植物出现以前存在。这些植物从哪里吸收碳素？在空气中的碳素以一个什么样的形式存在？

这两个问题，即自然界两个最明显的现象，它们处在不断地相互作用之中，令人惊异地制约着、维持着生物，并是动植物得以长久生存下去的保证。

这些问题之一，与空气中氧的含量的不变性联系着。一年四季，在所有的气候条件下，按体积算，每 100 份空气中含有 21 份氧气；如果这个比例发生误差，那么这个误差也不很大，可以认为是不可避免的实验误差。

不管怎样，用计算的方法算出空气中的氧气的绝对数量是多么大的数字，它的储备总不是无限的。相反的，它的数量是能够消耗尽的。

值得注意，每一个人每天 24 小时内呼吸就需要 57.2 立方英尺氧气（按吉森的计算相当于 896.5 升），10 公担碳素燃烧要吸收 58 112 立方英尺的氧气（即 909 立方米），仅仅一个铁工厂就要吸收 1 亿立方英尺氧气。在吉森这样一个小城市，烧柴火取暖，就要从空气中吸收 100 亿立方英尺的氧气（等于 15 625 000 立方米）。如果没有重新恢复氧气的原因存在，那么，这些数字怎么也无法解释这个事实，即在很长一段时间内，没有任何数字可以说明，空气中氧气的数量已经减少了。在 1800 年以前的波门皮尸灰罐子里的空气，其中氧气的含量比现在空气中的氧气不会多。

要解决这个问题与解决另外一个问题紧密相联系，就是动物呼吸和燃烧产生的二氧化碳究竟哪里去了。1 立方英尺的氧气和碳素化合形成 CO_2，但是在这种情况下体积不变。从空气中吸收几十亿立方英尺的氧气与碳素化合成几十亿立方英尺的二氧化碳，回到空气中。

沙苏尔用准确可靠的实验，经过三年观测的结果，确定空气中一年四季平均含有 0.000415 单位体积的二氧化碳。

考虑到实验的误差，以致低估了空气中二氧化碳的实际含量，我们可以认为空气中二氧化碳的重量，占空气重量的千分之一。*

二氧化碳的含量一年四季有变化，但是年与年之间保持稳定。

大家所了解的事实，允许我们设想，几千年以前，空气中二氧化碳的含量比现在观测到的要多得多。更可能会想到，大量的二氧化碳和每年空气中已经贮藏的二氧化碳汇合在一起，它的数量应当是逐年增加的。但是，早前研究者所得到的材料，当时二氧化碳的体积比现在多 2～10 倍。由此可以得到结论，即二氧化碳的储备从那时起一直

---

　　* 如果大气层各处的密度一样，在海拔高 24 555 巴黎尺（1 英里＝22 483 巴黎尺）的地方还有水蒸气。地球直径是 860 地理英里，所以

$$大气的体积……9\ 307\ 500\ 立方英里$$
$$氧气的体积……1\ 954\ 578\ 立方英里$$
$$二氧化碳体积……38\ 627\ 立方英里$$

一个人每年需要 45 000 巴黎立方寸氧气，即 9505.2 立方英尺，因此，10 亿人口每年就需要 95 052 万亿立方英尺。动物的呼吸和燃烧所需要的氧气，毫不夸大地估计为这个数字的两倍。由此可见，平均每年需要 2.4 立方英里氧气，也就是说，经过 80 万年，大气中就没有一点氧气了。对于呼吸和燃烧来说，这个不利过程还要早得多，因为当空气中氧的含量减少到 8％，动物就要死亡，而且不能维持燃烧了。

是减少的①。

不难理解,空气中氧和二氧化碳的数量,在任何时候都不会变化,彼此保持一定的比例关系。有某种因素阻碍二氧化碳的积累,随着二氧化碳的形成就把它弄走;另外还有某种因素补充空气中因燃烧和分解以及人畜呼吸所消耗的氧气。两个原因结合起来,就在于植物生活的过程。

上述的观测证明,植物的碳素来源于空气。

在空气中碳素仅仅以二氧化碳的形式存在着,也就是说以氧化物的状态存在着。

植物的主要组成成分,和别的成分相比,重量最大的,就是上面所提到过的碳素和水。就整个植物来说,它所含的氧比二氧化碳还要少些。

由此可见,植物是从二氧化碳中获得碳素,所以它具有分解 CO_2 的能力。植物主要成分的形成,仅仅在碳素与氧气分开的条件下进行。在植物生长过程中,碳素和水或水的元素结合在一起,而氧气排到空气里面。每一个单位体积的二氧化碳,碳素变成了植物的组成部分,而空气应当得到同样单位体积的氧气。

植物的这个特性,毫无疑问的,已被无数的观测实验证明,可以借着最简单的方法,就能验证它的存在。所有的植物的叶子和绿色部分,都吸收二氧化碳,在阳光下放出同样体积的氧气。植物的叶子和绿色部分,甚至当它们从植物体脱离时,还一直保持这种能力。如果在这种情况下,叶子掉在含有二氧化碳的水里,在阳光下面,经过一段时间水中的二氧化碳完全消失。如果这个实验放在装满水的玻璃盅里进行,那么它放出的氧气还可以收集起来,以供研究。如果放出的氧气停止了,那就说明水中所溶解的二氧化碳已经没有了;如果继续补充二氧化碳,那么又重新放出氧气。

在水中,如果含有碱或者没有溶解二氧化碳,那就能阻碍植物吸收二氧化碳和放出氧气。

普里斯特利(J. B. Priestly,1894—1984)和申列比尔(Сенебье)第一次进行这样的观测;后来,沙苏尔在一系列的实验中证明:植物分解 CO_2 放出氧气的同时,植物的重量也增加了。而且在这种情况下,其所增加的重量超过它所吸收的碳素。再也不能找到比这更有力的证据表明植物吸收消化碳素的同时,还同化了水分元素的意见是正确的。

总之,多么英明和崇高的目的也紧密地与平凡的动植物生活联系着。可以设想,没有动物的参与,也存在着丰富而繁茂的植物界,而动物的生存,毫无例外地依赖于植物的存在和发展。

植物不仅给动物提供营养和身体增长的原料,不仅从空气中弄走那些对动物生长有害的物质,同时,它,也只有它能保证高级动物的生命过程——呼吸所必需的原料。植物是清洁、最新鲜的氧气的取之不尽的源泉;植物每分钟都在补偿空气中所损失的氧气。

---

① 这里李比希的断言是难以置信的。在文献中批判性的选择的数字证明,CO_2 在空气中的含量在近一百年来没有变化,仅有某些间接的证据允许人想:在以前的地质纪,CO_2 在空气中的含量高得多。这含量的大小对我们的星球有极大的意义,因为 CO_2 和水蒸气是防护宇宙空间辐射热的遮热层。假如 CO_2 自大气中消失(与之相联系的水蒸气也将消失),按阿伦尼乌斯(Arrhenius)的估算,地球上的温度将降低 42°,CO_2 增大两倍,则温度增高 4℃,足以使莫斯科的纬度创造出克里米亚半岛的气候。——译者注

已经证实：在其他相同的条件下，动物呼出二氧化碳，植物吸收二氧化碳，这种情况下，发生这些过程的环境——空气——却不改变其成分。

现在就有一个问题，空气中的二氧化碳是如此的少，只占空气重量的1%，那么空气中的二氧化碳能不能满足地球表面植物的需要呢？植物的碳素是不是来自空气呢？

回答这个问题比其他任何问题都简单。我们知道，在每平方英尺的地球表面上所依靠的空气柱子，其重量是1295吉森斤（1吉森斤等于500克）。由于我们知道地球的直径，也就可以对地球的表面和空气的总重量计算得很准确。二氧化碳的重量占空气的千分之一，其中所含的碳素比27%稍为多一点。这个计算告诉我们在空气中含有28 000亿斤碳素，这就是说，比地球上全部植物的重量以及全部褐煤、石煤等等加在一块的重量还要多得多。因此，自然界中碳素的数量，比自然界对它的需求还要多些；在海水中所含的碳素更多。

现在假设，植物的面积和绿色部分，这些吸收二氧化碳的器官，其表面积为生长植物的土壤的表面积的2倍还要多。至于森林、草地和农田，这些地方生产大量的有机质，而其土壤的有效面积还要少些。进一步设想，从离地面2英尺高的空气层中，也就是说，从体积8万立方英尺的空气中，每一秒钟从空气中吸取的二氧化碳，按体积算是0.00067，按重量算是空气的1/1000，在这种情况下，在200天内被叶子吸收的碳素将是1000斤。*

植物器官的机能，直到某种阻力使其停止以前，器官的生命活动不可能停止。植物的根系和其他部分，都具有不断吸收水分和二氧化碳的特性。植物的这个能力不决定于阳光。在晚上，二氧化碳在植物体内积累。在阳光下，它很快被分解，放出氧气，而碳素被吸收消化。从幼苗刚出土的那一瞬间起，植物从顶端到底下都染上颜色，从那时起，植物开始形成木质部分。

大气经常处在运动状态，成水平和垂直方向运动着。在任何一个地方的植物，不断被从赤道来的或从两极来的空气洗涮着，微微的和风以每小时6英里的速度吹着，在8天之内扩散到我们这里、到两极或到热带那样的距离。当在寒带或温带的冬天，植物界不再补充空气中由于燃烧过程和呼吸过程所消耗的氧气。但是在其他国家，植物生长过程还继续正常进行；植物放出来的氧气，从这些国家吹到我们这里来，空气的气流按照自己的路线，从赤道吹到两极，使地球变暖和，在地球不同纬度以不同的速度回转流动，这样就把它们那里产生的氧气带到我们这里，也把我们这里的冬天所产生的二氧化碳带到赤道那里。

沙苏尔的实验证明，在上层的空气，比和植物接触的底层空气所含的二氧化碳多；植物分解二氧化碳的时候，晚上空气中所含的二氧化碳比白天的多。

_____

* 在那一段时间内，究竟能从空气中吸收多少二氧化碳，可以看以下的计算：用粉白的小房间一间，总面积为105平方米（包括墙壁和天花板）。在4天内，六面都喷石灰乳，这些墙壁与空气中的CO_2起化学作用形成碳酸钙。精密测定表明，每1平方分米面积上粘了一层碳酸钙重0.732克，因此，105平方米面积上就粘盖上7686克碳酸钙，其中包含有4325.6克二氧化碳。如果称1立方分米的重量就等于2克（实际称的重量是1.97978克），这就说明在105平方米的面积上，4天之内，吸收了2193立方米的二氧化碳。

1莫尔干土地等于2500平方米，在同样的处理下，同样也是4天吸收51.5立方米或者说3296立方英尺的二氧化碳，在200天内吸收2575立方米或164 800立方英尺的二氧化碳，亦即10 300斤二氧化碳，或者说2997斤碳素。这相当于这么大面积的土壤上，植物所生长的全部叶子和根系所吸收的二氧化碳的3倍多。

氧气,对人类活动直接有益处。植物能改善空气,消除空气中的二氧化碳,增加空气中的氧气,空气成水平方向运动,带来的和带走的一样多;由于调整温差的结果,引起垂直方向,即从表层到底层的气体交换,但是,所引起的变化则不算什么了。

土壤栽培植物,给国家、人民提供良好的条件;相反地,如果栽培植物没有了,良田沃土也要变成荒无人烟。

地底下储藏的褐煤、煤炭和泥炭,都是数千年以前茂盛的植物的残体,其中所含的碳素也是来自于空气,它是被植物以二氧化碳的形式从空气中获得的。

现在空气中的氧气比地球原来空气中的氧气要多些,这自然是很清楚的。多出来的氧气,相当于原始植物所吸收的二氧化碳的体积,同时,应与我们发现的原始植物残体中碳与氢的数量相适应。

70 立方英尺厚的石煤[根据纽·克斯特里(N. Kerstley),比重 1.228,分子式 $C_{24}H_{26}O$]在其形成过程中,从空气中吸取了 18000 立方英尺的二氧化碳,因此也就给空气中增加了这么多数量的新鲜氧气;除此以外,由于 70 立方英尺煤中水分分解的结果,还增加了 4480 立方英尺的氧气。

因此,在原始时代,空气中所含的氧比较少些,而二氧化碳则比较多些,这种空气是那个时代植物繁茂的重要条件[布洛雅尔(Броньяр)]。高等动物界的发生和进一步发展的必需条件一出现,就伴随着高度发展的植物的没落和停止。

在地球表面,由于生活的物体的聚积或者燃烧过程,增加了空气中二氧化碳的数量。多亏植物界有时在这里,有时在那里,获得这些过剩的营养物质——二氧化碳,由于多余的碳素变成了野生植物或栽培植物的组成部分,所以氧气含量的比例恢复了。人类出现以后,空气中氧气和二氧化碳的比例的稳定性就永远地确定了。

植物的生活,特别是植物吸收碳素的过程是一个很重要的生理机能,它与经常放出氧气有密切联系。也就是说,它生产氧气,因此无论哪一种物质,如果吸收这样的物质没有同化碳素和放出氧气的话,即令它的成分和植物体内的成分一样,或者相似,也不能认为是植物营养分。

很明显,在晚上,光线也没有时,关于植物吸收同化碳素从而改善空气的说法,是值得怀疑的。

那些反对植物改善空气的原理,主要是根据伊格宁古斯(Ингенгуч)的实验。他们提到一些现象,绿色植物在黑暗的条件下放出二氧化碳,这就是沙苏尔和格列索夫(Грищов)实验的根据。他们确定植物在黑暗中真的吸收氧气,放出二氧化碳,在黑暗中植物完成这个生活过程,空气的体积从而减少。这就说明,植物吸收的氧的体积,超过它所放出来的二氧化碳的体积。如果两者都相等,那么空气的体积就不应当减少。其所记载的事实本身,不可能有什么怀疑,但是,它的解释非常错误。其所以发生错误,只能说是完全无知,或者是轻视植物和周围空气之间的化学联系,除此之外,别无其他解释。

根据上述,可以认为证实了植物体内的碳素是从空气中来的。空气中的二氧化碳就是供给植物碳素的源泉。

1.3　腐殖质的来源及其特性

任何植物的各个部分，在其生命停止以后，就要遭到分解，其分解过程分两种类型：一种叫发酵，又称腐解；另一种叫腐烂。

腐烂是一个缓慢的燃烧过程。在腐烂时，物质的可燃部分与空气中的氧气化合。

木质部分是所有的植物主要组成部分，它的腐烂是一种特殊的类型。

腐烂着的木质素与周围空气中的氧气接触使氧气转化成同样体积的二氧化碳。随着氧气的消失，腐烂就停止下来。

如果将二氧化碳弄走，补充其氧气，那么腐烂又重新开始；也就是说，氧气又重新转化成二氧化碳。

木质素由碳和水的元素组成。但是，木质素的腐烂过程，正如我们常见到的，在高温条件下，和煤燃烧一样，也就是说在木质素中，完全没有氢和氧出现。

完全完成这个燃烧过程，需要持续很长的时间。保持这个过程的必需条件，就是水的存在。碱能促进这个过程，酸则相反，能阻止这个过程。所有的防腐物质，例如硫酸、汞盐、石油产物则能完全阻止这个过程。

处在腐烂状态的木质素，就是我们称做的腐解物质。随着木质素的腐烂，进一步腐烂的能力降低了，也就是说，把周围的氧转化成二氧化碳的能力降低了，最后，从其中剩下来的一些棕色的和褐煤状物质，这就叫腐殖质。因此，腐殖质就是木质素腐烂的产物之一。腐殖质是组成褐煤和泥炭的主要成分，它与碱、石灰和铵接触，腐殖质就继续进一步腐烂。

在空气自由流通的土壤中，腐解物的性质就像处在空气中一样，它是二氧化碳的经常来源，它供应二氧化碳的程度很高，供应速度很缓慢。*

在每一腐烂着的腐解物周围，依靠空气中的氧气形成一个饱和的二氧化碳。

栽培土壤，由于耕作松土的关系，空气自由流通，所以腐解物很容易形成二氧化碳。

---

* 布森高在测定土壤空气里面二氧化碳含量时发现在 1000 份空气中含二氧化碳的份数：

在大气中 ······	4.5
施新鲜肥料后沙土中的空气 ······	217
施新鲜肥料雨后沙土中的空气 ······	974
施肥前很久的沙土中的空气 ······	93
沙性很重的葡萄园土壤中的空气 ······	106
沙石土中的空气 ······	87
前两种土壤的底上层的空气 ······	46
远在施肥以前沙性土中的空气 ······	74
施新鲜肥料后沙性土中的空气 ······	85
施肥前 8 天沙性土土壤中的空气 ······	154
老树旧穴里的空气 ······	364
远在施贝壳石灰肥之前土壤中的空气 ······	87
远在施贝壳石灰肥之前土壤中的空气(在苜蓿下面)的空气 ······	80
重黏土(在菊芋下面)中的空气 ······	66
肥湿土(在牧草下面)中的空气 ······	179

真的,毫无疑问,植物的生长发育,不需要土壤中的二氧化碳。* 叶子不张开(植物的绿色部分),植物不能从二氧化碳中吸收同化碳素。从种子中储藏的,或者由植物所保存的物质,形成植物的吸收器官——初生根和叶子或者茎和叶子,但一有了叶子,空气中的二氧化碳对植物生长就完全够了。在蒸馏水中培育植物,可是植物发育过程中,碳素含量大量增加,毫无例外的,植物所必需的二氧化碳只有通过叶子从空气中吸收。

但是,即使已经确定,植物的发育可以不需要向根部供给二氧化碳,或者供给其他什么含碳的物质。那么,仍然应当防止对土壤中二氧化碳含量的意义,以及植物根系吸收二氧化碳的意义估计不足。

我们不知道,每一株植物该长多高多粗,我们仅仅知道某种植物一般的大小。

有些很稀罕的现象,如在伦敦、阿姆斯特丹展出的中国园丁培育的橡树,只有一英尺半高,可是其茎杆、枝条、皮壳和整个外部面貌说明它有相当大的年纪了。同时,在土壤中很小的肉质芜菁,从土壤中自由地吸收所需要的养分,使它长得很肥,称起来有好几斤。

在一定的时间内,植物重量的增加,直接与吸收养分的器官多少和表面积有关系。两个吸收器官表面积相同的植物,其重量增加与其有效的吸收时间成正比。针叶树吸收养料的表面积大,一年中大部分时间都处在有效状态。吸收营养物质,在其他条件相同的情况下,阔叶树吸收的养分要多些,因为阔叶树在秋天里叶子落了,新长的叶子就好像是植物新长的口和胃。对植物吸收养分活动的唯一限制是养分缺乏。如果供给植物的养分过剩,植物现有的器官不能完全利用这些养分,那么植物就形成新的器官,并不把多余的养分归还土壤。

如果植物吸收碳素所必需的其他条件都具备的话,那么二氧化碳从腐解物丰富的土壤中连续不断地供给植物,对植物的进一步发育有决定性的意义。

在现有的细胞旁边产生新的细胞,在细枝和叶子的旁边,发生新的枝条和新叶子,如果不是有过剩的营养物质,那么它的发育是不可能的。

在植物发育的同时,植物器官的数目随之增加,从而增加了器官的比例,加强了它吸收养分、增加重量的能力。因为,随着器官表面积的增加,上述能力也就增长了。

发育完全的叶子不再需要养分以供它们生活了,但是它们作为植物的器官,仅仅是维持植物的工具。为此,自然界早已安排好了,它的存在已经不是为了它自己本身。

我们知道,叶子的用途由其作用决定。它不仅能从空气中吸收养分,而且在阳光的作用下,在水分充足和其他必需的条件具备的时候,它还能同化其他的无机元素。

叶子这个机能,在第一个发育阶段就具备了,在它完全损坏以前,这个机能不会停止。

但是在土壤中不断同化而形成的新产物,不再用于叶子本身的发育,它们进一步形成木质素和根系、芽和种子——它们作为后备养料的形式储备起来。

实际上,叶子长成以后,它仅仅是一个为了形成细胞进行原料加工的地方,它本身不再增长,也不增加重量。

---

* 新的研究成果否定了根系吸收二氧化碳的可能性,仅仅只有叶子能吸收二氧化碳。但是后来的实验证明,这个问题还没有得到彻底的解决。

在慕尼黑植物园里的米心树（Fagus Sytvatica）的叶子，发芽以后 4 天就达到正常的大小，也就是其大小不再变化了。1000 片大小一致的新叶子(a)，从一生长出来就直接称重为 32.62 克；经过一天(b)，再称为 73.16 克；经过两天(c)，为 151.54 克；1000 片生长 4 天完全发育的叶子(d)，为 278.31 克；以后，在整个生长时期叶子的大小和重量几乎是完全一致的。1000 片叶子从 7 月 18 日称重(e)是 263.2 克；10 月 15 日称重(f)，为 271.86 克（车列尔，见下表）。

为了使叶子达到正常的大小，在没有长大的叶子中，物质颗粒当然要渗透进去，可是因为所有的养料储备和在 4 天之内所形成的有机营养物质是不够的，就需要渗透水分到叶子中去，这些水分在以后被其他的有机物质所代替。1000 片新鲜叶子重量如下：

日/月	16/5 (a)	17/5 (b)	18/5 (c)	20/5 (d)	18/7 (e)	15/10 (f)
干物重（克）	10.01	15.90	32.63	60.00	116.16	117.53
水分（克）	22.61	57.26	118.91	218.31	147.04	154.33
湿重（克）	32.62	73.16	151.54	278.31	263.20	271.86

注意到水分渗透后来又被有机物质所代替。从这个例子我们可以看到，自然界能利用所有的办法，促使有机体能够达到发育的顶点。

米心树叶子中干物质的含量，7 月 18 日以后变化很小。叶子从发生直到其生长末期，已经不是为了它自己的发育，而是为了植物生活中的其他目的。但是，毫无疑问，叶子中干物质含量很早就达到了恒重。所以，由于叶子同化过程所获得的产物可以在别的地方利用。

很明显，植物从空气和土壤中获得的养分越多，如果别的条件都相同，那么植物吸收和消化养分的机能的连续程度就越大，就越能促进植物发育。植物有机质就增长得越多，从这个意义说，不能不承认土壤中腐解物的意义。

植物留在土壤中的有机质，例如根系分泌物，牧草的老根，一年生作物、各类作物和蔬菜作物的根系，秋天落的叶子等，在空气和水分影响下变化很大。它们分解腐烂变成腐解物，因此它们转化成能给新的植物提供二氧化碳的物质。一般说，从这些残渣中，土壤获得碳素，比充分腐解过的腐殖质提供的碳素要多。

因此，土壤腐解物的来源是植物的死亡部分，但是这些植物是由空气中的营养料组成的，因此，我们应当承认腐解物来自空气。

一般说，没有哪一种植物，在正常生育条件下，在碳素方面是耗损土壤的，相反地，它还使土壤中碳素更加丰富。但是，如果植物能使土壤中碳素丰富起来，那么很明显，我们在收获时从土壤中拿走的碳素，不论其数量如何，它都是来自于空气。一个简单的观察，公园里的井水腐殖质很多，也就是说，腐烂的植物、动物多，但其中的水是无色透明的，像结晶一样，它不含任何胡敏酸和胡敏酸盐。同样在我们草原泉水中、溪沟里、河里的水中，和盐碱很重的水中，都没有发现胡敏酸。这就说明：在肥沃的菜园土中，不含有真正的胡敏酸。或者，胡敏酸也不进入植物体内，因此，过去占统治地位的、关于腐解物的性质和作用的观点是建立在错误的基础上的。从大部分井水和洋葱穴里收集来的水中，二氧化碳的含量和其中溶解的碱量,都可以明显地看出腐解物和正腐烂的植物物质对植物的作用。各种类型的水,从前都是雨水经过含腐解物的土壤,好像经过过滤层一样,吸收了由于腐解产生的二氧化碳。由于水分中含有二氧化碳,所以它就具有分解某些土壤矿物的能力,使其变成植物根系能吸收的有效成分。二氧化碳对土壤肥力有很大影响。

腐解物作为植物的营养分,并不是由于它能溶解成植物吸收的状态,而是由于它是二氧化碳经常的源泉。二氧化碳是植物某些必要成分的溶剂,而且它是一种营养物质,它以多种多样的形式保证提供植物根系的营养料,一直到土壤中不具备植物腐烂所必需的基本条件为止(如水分和空气)。

耕作层中的一部分二氧化碳,扩散到空气里由于植物密布的叶子在土壤上面形成一个很厚的覆盖层,使接近地面的空气层含有较多的二氧化碳,而且它和大气中的交换比较慢,因此在这种情况下,植物叶子接触和吸收二氧化碳的机会比依靠大气供给二氧化碳的机会要多得多,它更易于满足其需要。

作为植物分解后的残渣,腐解物中包含了植物的全部氮素,所以它又是土壤中氮素稳定的源泉。*

1.4 氢的来源及其吸收利用

植物各部分所含有的碳素来自二氧化碳,而无氮化合物中的全部氢则来自于水。

二氧化碳的分子由三个原子组成,即一个碳原子和两个氧原子。

没有哪种植物组成部分不包含一个碳原子和两个以上的别的元素的原子。植物体内全部无氮成分——草酸,酒石酸,糖,淀粉,木素等——都是在植物体内,在阳光的作用下,由根系和叶子吸收的二氧化碳和水分化合产生的。在完成这个过程时,从中放出氧气,氧被氢所代替。如葡萄糖最简单的公式是 CO_2 的分子中的一个氧原子被两个氢原子所代替,即

$$6CH_2O \longrightarrow C_6H_{12}O_6（葡萄糖）$$

葡萄糖本身含有碳素和组成水的元素,其中氢氧元素组成的比例关系和水的组成一样,与我们在纤维素、蔗糖、树胶、淀粉中看到的成分相近似。

在纤维素、淀粉和糖中,二氧化碳作为一般的酸的化学性质完全消失了。因为在所有植物中(毫无例外)和在植物汁液中,我们发现一系列的化合物具有二氧化碳的化学性质,例如草酸、酒石酸、苹果酸、柠檬酸、乌头酸、丁烯二酸等等。这些酸大部分都是结晶,很明显,按其性质来说,与二氧化碳,与任何有机化合物相比,比糖都要接近些。

可是糖由碳和水的元素组成,而上面所指的酸是由碳、水还有一些氧来组成。很容

---

* 后来,我们发现,植物根系能够吸收和消化有机化合物。这在很久以前就观察到了,直到现在不断得到证实。前不久,林克(Link)研究证明(工作会议从 1873 年 12 月 17 日开始),在腐解着的枯枝落叶覆盖下面发芽生长的 Corallorhiga innata 的小种子,在自己的幼芽中含有很多淀粉,很明显,这是由它们从周围的有机残渣中吸取的。在某种程度上这个结论是真实的。林克作的进一步的结论认为,在那情况下高等植物依靠腐解物能够满足自己对碳素的要求是不正确的。如果说,腐解物是指所有的有机质,那么,在这种情况下则是正确的。

易明白,这些有机酸处在糖和淀粉一类中,它们是从二氧化碳过渡到糖间的一个阶段。

在所有的情况下,从复杂的草酸分子形成有机物的生活过程,同时分解出水和二氧化碳。在这种情况下,又从水和二氧化碳里面放出氧气。有一部水分子中的氢原子,取代了二氧化碳中放出的氧气的位置。从二氧化碳中放出的氧原子越多,从水中取代氧气的氢原子也就越多。由此可见,这样获得的有机化合物,其性质离二氧化碳也就愈远。某物质的成分中含氧多的,比那些含氢多而含氧少的,其性质更接近于二氧化碳的特点。挥发性的油质不含氧,如松油精和柠檬油等等,比起脂肪酸和脂肪来,在一系列有机化合物上占有更高的位置。

在植物体内和植物汁液中,有机化合物的出现不是偶然的。它们的形成,对每种植物来说都是规律性的。[①] 研究确定这些规律性,是植物生理和植物化学家的任务。关于存在植物体内各种化合物之间的这些关系现在还不太清楚。在尚未成熟的果实中有许多酸,当果实成熟,酸就消失了,而代替酸的是糖、胶质和淀粉。在没有成熟的葡萄中,我们发现的是酒石酸,在成熟阶段,我们发现的是苹果酸;而在葡萄浆果的最后发育中,苹果酸又没有了。在这里我们不能不看到一些连贯性。几乎毫无疑问,糖里面的碳原子原来就是酒石酸的成分。按其成分来说,酒石酸就是草酸,其中一半转化成了糖。各种化学成分,以及它形成化合物的连续性,在植物的这一部分或那一部分,在植物生存的所有时间内——从开始发育到它成熟,都能碰到。从二氧化碳开始形成这些化合物,到成熟阶段还要弄走一些化合物。无可争辩地证明,从二氧化碳转化为有生命力的器官,不是突然发生的,而是渐进的,要产生许多中间产物。由于这些中间产物的存在,就决定形成这些或那些,从第一个到最后一个化合物,从这些化合物形成的每一个器官都必须具备某些起决定性的、内在的和外界的条件,即阳光、水分和温度。

如果这些必需的条件不存在,或这些条件不能同时起作用,那么这些有机过程就不会完成,或仅仅达到某一个限度就结束了。这里所讲的内部条件,就是土壤供给植物的营养成分。

植物的基本成分,是由碳水化合物组成的,如木素、淀粉、糖等等。二氧化碳的重量为22,其中有6份是碳,有16份是氧(2个氧);水分有9份重量,其中有1份氢和8份氧。因此,合成碳水化合物,应当从22份二氧化碳中放出一半氧气,而从水中完全放出氧气,一共要放出16份氧气。[②]

$$从 CO_2 放出一个氧 O$$
$$从 H_2O 放出一个氧 O$$
$$剩下的并放出两个氧 O$$

这里不难计算出,从一块地里生产的植物中,其中有10%碳素来自于二氧化碳,而组成木素、淀粉和其他成分相类似的产物,同时放出2666斤,也就是900多立方米纯氧气

---

① 可以把那个定义看做是我们时代确定的法则的天才引用。根据那个法则,每种植物具有主要形成它身体的、联合的化学组成的特性对它们所具有的形状和特征,并且依这种进化的程度而改变。——译者注

② 李比希采用了不同于现在的另外的化学分子式的写法以及另外的化学术语。例如,他说以"二氧化碳原子以代替二氧化碳分子,并且它的分子式是 CO·O。在译文中碰到了这些地方都用现代写法和现在术语表示。——译者注

到大气中。牧草、森林和种庄稼的土地上，从空气中集中浓缩 10% 的碳素，成木质素牧草、叶子等等，并放出一定数量的氧气。这个氧气的数量，就是燃烧 10% 的碳素，或在动物呼吸过程中呼出 10% 的碳素所需要的氧气数量。

因此，所谓同化过程，最简单的形式可以表示为从水中吸收 H，从 CO_2 中吸收 C，或在从水中放出其全部氧气。或者从 CO_2 中放出全部氧气，正如形成脂肪时放出氧气一样，或者仅仅放出一部分氧气。

从这样的观点来看，在生命过程形成盐类时是一个矛盾的化学过程。例如二氧化碳、水分和锌接触时，彼此发生作用放出氢，得到白色粉状的化合物，其中含有二氧化碳、锌、氧和水分。在植物组织中，吸收的部分元素代替锌，产生化合物包括有二氧化碳和水中的氢气，同时放氧气。①

在本书开头，我们论述了腐解是自然界很伟大的过程，在这个过程中，植物把自己在生活过程中从空气中吸取的碳素，归还空气。植物发育时，吸收了二氧化碳中的碳素和水中的氢气，同时将水中的氧气放出来，或者将二氧化碳中的一部分氧气放出来。在腐烂过程中，由于空气中的氧化作用而重新形成水的数量，正好等于氢的数量。有机物质中的氧气，以二氧化碳的形式全部回到空气中，腐烂着的物质，在腐解过程中所形成的二氧化碳，恰恰和本身包含的氧气数量相等。它们在很大程度上形成酸，而不形成中性化合物。脂肪酸、树脂、沥青保存在土壤中，可以上百年而没有什么明显的变化。

在阳光影响下，在植物里从水和二氧化碳中放出氧气，没有阳光，植物不会增加体积。

有生活能力的幼芽和绿叶子——这两个都应当归功于太阳的作用，致使土壤中的营养元素转化成具有生命力的植物的器官。

幼芽在土中没有阳光的状态下发育，但在这以后幼芽出土。由于阳光的作用，幼苗能够转化无机营养元素成为自己的组成部分。光亮的、灼热的阳光给植物以生命，但由此丧失了自己的热量，也部分地丧失了自己的光辉。如果二氧化碳和水分的分解是由于阳光的力量，那么，在这种情况下，这个力量现在已经包含在形成植物的有机体中了。

使我们的房子暖和的热量——来自太阳的热量；照亮我们的光线——是太阳给我们的光。

在动物的身体内发生的，正好像燃烧过程和腐解过程一样。植物生命活动的产物又重新与氧气化合，这个氧气，就是过去从二氧化碳和水分形成这些产物的过程中，曾经放出来的氧气，现在又重新与它化合。这个氢气又重新变成水分，而碳又重变成二氧化碳。根据能量不灭的定律，在含有碳和氧的植物组织的转化中，又重新转化成原来的化合物。这个化合物所含的能量与原来形成这些植物组织时，太阳所给与的能量相等。

在氧化时所发生的力量，基本上不是别的什么力量，而是氧气氧化时所丢掉的能量。当氧气化学地结合在燃烧的物质中，结合在燃烧的营养元素中，它丧失一部分动力，而在那时候以热和功的形式表现出来。

---

① 李比希所引的两个过程的对立，自然，完全是形式上的。对现代读者，在解释同化作用时，没有什么要说的。——译者注

因此供给植物可燃烧的化合物中，氧气越丰富，为了我们的目的，而同化的植物有机成分所应当花费的太阳能越大。从这个观点来说，植物最重要的营养物质——CO_2 和水——从本质上来说是含氧气最丰富的化合物。

1.5　氮素的来源及其吸收利用

植物的发育如果没有氮素和氮素物质的存在，就是在腐解物最丰富的土壤中，也是不可想象的。[*]

但是，对植物蛋白质、果实种子所必需的这些物质，以什么方式或以一种什么自然形态供给植物呢？

这个问题很容易解决，只要记起植物能够在烧灼过的土壤泥炭灰和煤渣末混合起来的混合物里面浇灌雨水就可以生活。

雨水中可能包含的氮素，仅仅是以溶解在雨水中的空气，或本是以铵盐和硝酸盐的形式存在。

我们没有任何证据认为大气中氮素参与动植物同化过程是正确的，我们所了解的恰恰相反，许多植物呼出氮素，而这些氮素是由根系从空气中或水中吸收的。

除此以外，布森高根据 50 年来从事无数的盆栽实践的结果确定，大气中游离的氮素（非结合状态的）不是植物的营养物质。布森高播种了豆类昌兰菜（lipidium）、燕麦和羽扇豆，把草木灰施到灼热的土壤中（浮面粉）作肥料，生长着的植物周围都是完全去掉了氮和硝酸的空气。仅仅有一组实验（1854 年）布森高在空气中通了二氧化碳，浇灌的水是很清洁的水，在这个条件下，种子顺利地发芽，植物生长和发育了好几个月，其产量的干物质重，仅仅为种子干物重的 1.5～4 倍，但是其重量的增加，不属于含氮的组成部分，收获物中的含氮量和播入的种子的含氮量，相差很少很少，在很多情况下其差异是负数，也就是说，收获量中的氮素比所播的种子中的氮素还要少一点。

从另一方面，很多实验，以及我们关于铵和硝酸的化学特性的知识说明，这两个化合物是供给植物氮素的营养物质。

氨与别的物质接触，发生各式各样的强烈变化，在这个能力上，它完全不亚于能力高强的水。纯氨很容易溶解于水，并且能够和任何一种酸形成水溶性化合物。氨与其他化合物接触时，能完全改变自己的碱性，能采取非常多种多样的直接矛盾的形成，这个特性我们没有在其他的含氮化合物中发现过。蚁酸铵在高温作用下，转化成强酸和水，而不放出任何东西；氨和氰酸化合，变成尿素；氨同挥发性的芥子油和苦扁桃油化合，形成结

---

[*]　我们不了解植物的氮素是从哪里来的，从实验中不可能获得从空气中吸收氮素的可能性，剩下来的仅仅只有从土壤中混合的腐解物中吸取，而腐解物就是别的有机物腐解着的残渣。——（贝采里乌斯，1837）

"李比希仅仅谈到了铵和铵盐（或硝酸）能供给植物氮素，并证明蒸馏水中也常有铵。我们不反对铵作为肥料，泥灰黏土等成分的好处，我们仅仅只想说铵的主要好处不在于它直接成为植物的化合物，而在于它是土壤中腐解物和有机质的溶剂。但是，如果承认这些氮源（NH_4^+、NO_3^-）的意义，我们就离开了实验途径，因为现在还没有任何观察证明植物直接吸收 NH_4^+ 和 NO_3^-。根据观察证明，植物仅仅从溶解的有机化合物中获得全部氮素。"（沙苏尔，1842）

晶物质；氨同结晶形的、苦的苹果树的根的组成部分变成根皮甙（Флоридцином）；氨同甜的物质地衣（Lichen dealbatus）变成苔黑醇（Орсином）；氨同没有气味的物质石蕊的染色发生石蕊试验。氨在水和空气存在的情况下，形成顶好的蓝色和红色的染料。在所有这些化合物中，氨不再作为碱而存在，许多蓝色染料在酸性条件下出现红色；红色染料在碱存在的条件下呈蓝色，许多染色包含有氮素，但是不是盐基的形式。

靛也是一种含氮的化合物。

有机碱如奎宁、金鸡纳树皮、吗啡（$C_{17}H_{19}C_3N$）、鸦片、马钱子碱、烟叶的尼古酊等等，正如有机化学上说的，毫无疑问都是从氨来的。这些与氨同类的化合物，都是由于在复杂的有机分子结构中，代替了一个氢或几个氢产生的。

在适当的化学条件，硝酸也可能遭到很多变化，而形成多种多样的含氮化合物。当它从这些化合物质分解出来时，与氢接触就转化成氨。但是这些特点，都不能够解释那种认为氨和硝酸是供给植物氮素，构成植物含氮化合物的意见。

然而，有一种议论，在一定程度上论证了、完全排除了其他任何同化氮素的形式。实际上，看看管理得好的庄园的现状吧，那里全部氮素的总数，以人、畜、种子、果实、动物、人畜粪便，登记在挂册中。

这个企业没有从外面得到任何形态的氮素。每年这个企业所生产的产品都变成了钱，花费在其他生活需要上，花费在不含氮素的物质需要上。

但是通过谷物和牲畜，每年我们运走了一定量的氮素，这种损耗每年重复进行，没有丝毫补偿。虽然如此，但是经过一些年，在财产清单上氮素增加了。请问哪里来的氮素，代替每年从庄园运走的氮素？

粪便里的氮素，不可能再增加了，从土壤里也不可能再得到氮素——土壤中的氮素来自空气，所以空气可能是氮素的源泉。植物以及动物都从空气中获得自己的氮素。

动物有机体含氮部分腐烂分解的最终产物有两类：在寒冷的气候带，主要是氮氢化合物——氨，在热带大部分是氮素氧代物——硝酸，在地壳表面大多是先形成氨，然后再形成硝酸，氨——动物体腐烂的最终产物，而硝酸——氨氧化的产物[①]。亿万居民每隔30年更新一次，亿万头牲畜死亡，在更短的时间内又重新生殖，这些牲畜活体中所含的氮素到哪里去了呢？这个问题确实可靠地解决了，这些人畜身体死了以后，发生腐烂，其中所含的全部氮素都转化成氨。

甚至深埋60英尺的尸体（巴黎古墓）中的全部氮素，残留着与油脂的化合物都是以氨态氮存在的。这是全部氮化物最终的最简单的形式。氮与氢结合是最明显的表现类型。正如已经指出过的，氨能氧化成硝酸，硝酸在一定还原条件下，又能转化成氨。

但是，氨和硝酸，不仅是由于含氮的有机体腐烂分解的结果而形成的。它也可以由大气中的分子状态的氮素和水蒸气，在其他一些过程中形成，如蒸发、加热、氧化、电解。

---

① 尽管在说明有机物的分解中微生物过程有重要地位，李比希不了解这一点，他完全正确地指出了在这种情况下土壤中的氨化与硝化两个过程的连续性。——译者注

铵是大气中经常性的组成部分。

空气中铵的数量变动非常大，时间不同，地点不同，它是不同的。

霍尔斯伏尔特从 100 万份变量的空气中发现：

时　　期	NH_4^+ 所占份数
7 月 3 日	42.99
7 月 9 日	46.12
7 月 9 日	47.63
9 月 1—20 日	29.74
10 月 11 日	28.23
10 月 14 日	25.79
10 月 30 日	13.93
11 月 6 日	8.09
11 月 10—13 日	8.09
11 月 14—16 日	4.70
11 月 17—12 月 5 日	6.98
12 月 20—21 日	6.98
12 月 29 日	1.22

按照霍尔斯伏尔特的测定，空气中（波士顿）铵的含量直接依赖于气温，在 100 万重量单位中发现：

德-颇耳（冬季）　有 3.5 份重量的 NH_4^+

维尔 1850 年　平均 23.73 份重量的 NH_4^+

　　最大　31.71 份重量的 NH_4^+

　　最小　17.6 份重量的 NH_4^+

　　1850 年平均　21.10 份重量的 NH_4^+

　　1851 年最大　27.26 份重量的 NH_4^+

　　1851 年最小　16.52 份重量的 NH_4^+

克门普，巴比列捷依耳纳金　3.88 份重量的 NH_4^+

格刊格耳，苗里卡马兹因（在 4 个两天中）　0.33 份重量的 NH_4^+

伏列兹因马斯，维斯巴金 $\begin{cases} \text{白天 0.10 份重量的 } NH_4^+ \\ \text{夜间 0.17 份重量的 } NH_4^+ \end{cases}$

（8—9 月 1848 年）

彼罗里昂 $\begin{cases} \text{最低 0.15 份重量的 } NH_4^+ \\ \text{最高 0.26 份重量的 } NH_4^+ \end{cases}$

$\begin{cases} \text{最低 0.13 份重量的 } NH_4^+ \\ \text{最高 0.54 份重量的 } NH_4^+ \end{cases}$

彼罗塔拉耳　（园地）0.06 份重量的 NH_4^+

彼罗卡尔里耳 $\begin{cases} \text{最高 0.02 份重量的 } NH_4^+ \\ \text{最低 0.09 份重量的 } NH_4^+ \end{cases}$

在大气中的氨不可能是自由状态，因为在空气中，作为其组成部分的还有碳酸和硝酸（亚硝酸）。铵的化合物和这两个酸相遇很容易溶于水。很明显，这两种氮素化合物，在大气中不能保持稳定。当水蒸气凝聚成水滴时，铵和硝酸也应浓缩。每一次下雨都清除了大气中的铵和硝酸。

经过严格设计的、精确的实验室的实验结果，消除了任何对雨水中含有 NH_4^+ 和 NO_3^- 的怀疑。在此以前这个事情被忽略了，因为没有任何人提出在雨水中经常存在铵的问题。

那个实验所需要的雨水取自离开吉森城 600 步远的地方，当时风向是吹向城里的。

在非常干净的铜蒸馏器中，蒸馏了几百斤雨水。在头几百斤雨水所获得的蒸馏物中，加入一些盐酸，接着蒸干，冷却以后形成网状的、结晶的 NH_4Cl，其结晶常常带棕色或黄色。

在雪水中也含有极少量的铵，在开始下雪时，含铵最多。铵的存在是毫无疑问的，甚至下 9 小时的雪以后，在雪水中还有铵存在。

每个人很容易验证雨水中铵的存在。如果在珐琅盘子里将新收集来的雨水蒸得快要干的时候，加少量的硫酸或盐酸，这些铵与酸化合，失去了它的挥发性，残余物就含有氯化铵或硫酸铵，可以借助氯化铂来确定它。更容易的办法是加一点粉状消石灰，通过产生强烈的尿的气味来判断。

关于雨水的研究，从 1826—1827 年（Ann, de Chimie et de Phys. XXXV, 329.）开始进行。分析 77 个雨水样品的沉淀，其中 17 个样品是从暴风雨里取来的雨水，蒸馏后的沉淀物包含硝酸。后来对雨水的研究确定，在任何雨水和露水中，都含有硝酸。

最近一些时期，许多科研工作者，准确地确定了空气中雨水中硝酸和铵的含量。关于这方面，在 1864—1865 年，1865—1866 年，1866—1867 年在普鲁士各个农业站进行了极广泛的研究。

下列观测表明，雨水中铵和硝酸的含量在不同的地方，完全不一样：

1865 年所取的 11 个样本（12 个月的平均数）：

	NH_4^+（毫克）	NO_3^-（毫克）
列更法里德（Регенвальде）	2.42	2.49
达姆（Даме）	1.72	1.16
英斯切尔布尔格（Инстербурге）	1.06	1.63

各实验点年降雨量：在列更法里德为 470.9 毫米，在达姆为 433.8 毫米，在英斯切尔布尔格为 504.7 毫米。在雨水中，铵和硝酸的含量，在同一个地方经常变动着，在不同年代的同一个月份中也不一样。

在列更法里德 1 公斤雨水中含有硝酸和铵的毫克数：

年份	1 月		2 月		5 月		12 月	
	NH_4^+	NO_3^-	NH_4^+	NO_3^-	NH_4^+	NO_3^-	NH_4^+	NO_3^-
1865	2.700	5.350	7.050	5.860	6.700	2.891	22.116	4.742
1866	2.972	1.362	1.954	0.661	3.010	2.660	2.010	2.781
1867	2.180	2.056	1.360	1.998				

　　在不同年份的相同月份里，其雨水成分的差异，不仅在列更法里德观测到了，而且在普鲁士的其他实验点上也观测到了。因此，不能根据 1865 年 12 月份测定的雨水中含铵和含硝酸结果来得结论说在别的年份的 12 月份雨水中其成分是相同的，或者是接近相同的。

　　按理，冬天雨水中所含的铵盐比夏季雨水中的要多，根据毕罗（Бино）1853 年在里昂气象台布置的实验，在 1 平方米地面上所降的雨量，其中所含的铵和硝酸的毫克数：

	所降雨量（公升）	NH_4^+（毫克）	NO_3^-（毫克）	氮的总毫克数
冬季	0.808	13.1	0.2	
春季	1.108	13.4	0.9	
夏季	1.878	6.7	3.6	
秋季	2.740	11.2	2.3	
合计	6.534	44.4	7.0	38.2

1865—1866 年在德国的实验中 1 公升雨水中含有：

在依大-马林赫特	夏季	2.14 毫克⋯⋯⋯NH_4^+
	冬季	4.39 毫克⋯⋯⋯NH_4^+
在列更法里德	夏季	1.76 毫克⋯⋯⋯NH_4^+
	冬季	3.63 毫克⋯⋯⋯NH_4^+
在达姆	夏季	1.47 毫克⋯⋯⋯NH_4^+
	冬季	3.08 毫克⋯⋯⋯NH_4^+
在拉乌埃斯伏尔特（1865 年）	6、7、8 月	1.64 毫克⋯⋯⋯NH_4^+
	10、11、12 月	3.66 毫克⋯⋯⋯NH_4^+
在列更法里德	夏季	2.55 毫克⋯⋯⋯NH_4^+
	秋季	4.85 毫克⋯⋯⋯NH_4^+

　　可是，根据霍尔斯伏特的测定，空气中铵盐的含量与温度有密切关系，与雨水成负相关。因此在夏天，在雨水中含 NH_4^+ 的量少，而在空气中含 NH_4^+ 量反而多些；在较冷的季节，在空气中所含的铵盐少，在雨雪中所含的 NH_4^+ 多。毕罗的实验证明，雨水中的 NH_4^+ 和 NO_3^- 的数量之间成负相关，如果其中的硝酸盐提高了，那么铵盐的含量就要降低。除此以外，这个材料还表明，夏天的雨水，其中含的硝酸盐多些，所含的铵盐要少些；而冬天里的雨水，含铵盐要多些，含硝酸盐要少些。

　　卡尔姆洛德在拉乌埃斯伏尔特进行的实验提供了同样的结果。在这个地方发现，从 1865 年 5 月中到 10 月底的雨水中，每一个当量[①]的 NH_4^+ 计有 2.3 到 2.9 当量的 NO_3^-，

---

　　①　作为单位，"当量"已禁止使用。——编辑注

当到 11 月和 12 月每一个当量的 NH_4^+ 就只有 0.5 个当量的硝酸盐了。

在普鲁士其他实验站,测定的结果表现出上述规律性的要少些。毫无疑问,雨水中铵盐和硝酸盐含量之间存在一定联系。当然,不能设想,游离的氧气与空气中的氮形成硝酸,比从轻度氧化的铵盐形成硝酸盐要快些。相反,应该肯定存在一个矛盾情况,只要空气中还含有铵盐,它将优先被游离的氧气氧化。在湿度较高时,氧化过程一般进行得快些。这就证明,在热带在温暖季节硝石施在地里,形成硝酸盐快;在比较冷的季节,形成硝酸盐就比较慢。在 20.2 公升大气的水分所淋过的 292 毫米厚的一层无肥但播种着牧草的菜园土,从 1859 年夏秋季(3 月 20 日到 11 月 16 日)得到 1.125 克硝酸盐;相反地,在冬、春两季(从 1859 年 11 月 16 日到 1860 年 4 月 12 日)用 13.5 公升淋洗土壤只得到 0.025 克硝酸盐[车列尔①]。因此,在 1 公升冬季的水中,仅仅含有 1.8 毫克硝酸盐,而在 1 公升夏季的水中含有 55 毫克硝酸盐。由此可见,在比较温暖的季节中,氧化过程进行得快得多。

所以,如果铵盐的形成,特别是由于含氮有机物的腐解过程,而硝酸盐的形成,特别是由于铵盐的氧化,那么,上面所提到的雨水中铵盐和硝酸盐的比例关系,在大多数情况下,应当如实表现清楚。但是按照我们现在的理论水平,还有其他方法来形成铵盐和硝酸盐,在这方面或许我们的知识还很不完全。

如果空气中的 NH_4^+ 和硝酸有不同的来源,它们是在不同的时间,不同的地点,由不同的力量形成的,那么,在上面所强调的,雨水中这两个氮素化合物之间的比例关系,不会经常表现出来,虽然游离状态的氧和铵盐的联系,无疑是存在的。

大家知道,每年降雨量是以地方的情况而变化的,一般说,离开海洋越远和纬度越高,雨量就逐渐减少,以 NH_4^+ 和 NO_3^- 的形式落到土壤里的氮素数量,在大多数情况下,都与雨量有联系,但是,在这方面常常看到有出入。例如,在普鲁士的大部分实验,在 8 月份雨量最大,同时含有的氮素最多。可是在英斯切尔布尔格,在同样面积的土地上,冬季降雨量比夏季少 1/5;但是在这个雨量少的情况下,其氮素含量比温暖雨多的季节几乎要多 1/3。毕罗也观察到类似的比例关系。

土壤每年从大气雨水中所获得氮素数量,在不同的地点和不同的年份是不同的,按照毕罗的实验,在 1 公顷土地上(1 万平方米)获得的氮素如下:

里昂	在 1853 年总共有	38.2 公斤氮素
按照普鲁士的实验(在 1 公顷土地上):		
列更法里德	1864—1865 年总共有	17.0 公斤氮素
列更法里德	1865—1866 年总共有	11.6 公斤氮素
列更法里德	1866—1867 年总共有	18.2 公斤氮素
列更法里德	1867—1868 年总共有	15.6 公斤氮素

---

① 李比希没有指出,在空气中纯化学过程的硝酸盐的形成和在土壤中受生物因素制约的硝酸盐形成之间的区别。——译者注

下表提供降落在城市和农村中的雨水和雨水中不同的含铵盐量。①

	NH$_4^+$		NO$_3^-$
	每公升中的毫克数	每公顷土地上的公斤数	每公斤水中的克数
巴黎 1851 年(巴拉里)	3.4	15.3	61.7
巴黎 1851—1852 年	2.7	13.8	46.3
里昂 1852 年(毕罗)	4.4	36.8	—
里昂 1853 年	6.8	44.4	7.0
伏尔特、良莫特 1853 年	1.1	77	23.0
良·索里含 1852 年	3.0	21.1	—
乌林 1853 年	0.9	—	—
里帕符拉乌埃贝尔格 5—10 月	0.79	—	—
里帕符拉乌埃贝尔格 5—10 月	0.52	—	—

濛濛细雨，以及露水、霜中所含的铵盐的数量，按比例说，比真正的雨水中含的铵盐要多。在里帕符拉乌埃贝尔格，布森高所收集的露水，发现 1 公升中有 1～6 毫克的铵盐，有一次在雾中浓缩的水分，其铵盐的含量要多得多，并使石蕊质的红色溶液变蓝。在巴黎，从浓雾中所收集的水分在 1 公升中甚至包含 137.85 毫克的 NH$_4^+$，毕罗在 1 公升溶解的霜水中，发现有 70 毫克的 NH$_4^+$，而在 1 公升溶解的冰水中，在元月份，从温度计周围形成的冰块，每公升含有 60～65 毫克的铵盐(NH$_4^+$)。在霍尔斯福德发现，在 1 公升冰河里的冰溶解 2 毫克的铵盐(NH$_4^+$)。

毕罗发现在 4.5 个月(从 1851 年 12 月 16 日到 1852 年 4 月 30 日)内，在雨水中，其中所含的铵盐的数量与霜露和濛濛雨水中所含铵盐的比例是 11.4∶10.9。如果这个比例在全年都不变，那么，由此可见，露水、霜、雾也跟雨水一样给土壤提供更多的铵盐。在美国某高原上，那里常年不下雨，植物所需的氮素，很明显，主要都从露水中获得。

如果看一看，到现在为止，从雨水中测定铵盐和硝酸盐的结果，那么应当承认这些方法不见得能够确定一般的规律性(如果在一定的地点，一定的时间，所做的少数研究)。这样的规律性似乎是显示出来了。那么，别的地方的研究结果与它又直接矛盾了。

由此可见，在不同的地方，甚至持续很长时间，对雨水中 NH$_4^+$ 和 NO$_3^-$ 实际测定的结果，可能比按雪贝衣因的实验计算出来的要少得多。雪贝衣因确切地研究铵盐和硝酸盐的形成、转化的方式，以及在不同时期改变前的条件对这些转化过程所起的影响，那些靠少数研究推测出来的正确性，对将来的研究仅仅是一个指示。应当确定这些正确性能否上升到规律性。那些影响是怎样的，由于这些影响，其规律性常常没有充分表现出来。

铵盐和硝酸盐存在在土壤中，在水中，在大气中，这些氮素化合物经常存在，这是无可争辩地确定了的。现在要解决的问题是铵盐和硝酸盐能否被植物根系吸收？能不能

---

① 后来在各国进行的测定证明，李比希在两个表里引用的数据一般说是扩大了。在大部分的情况下，随雨水带至土壤的氮量，铵盐和硝酸盐一起，不超过 16～20 公斤/公顷·年，在地球各地变化很大。对补偿农作物产量从地里取走的氮素，高达 45～90 公斤，这点数量是太少了。在保证农作物用氮的问题上，李比希的错误是夸大了这个氮的来源。——译者注

作为植物含氮的组成成分？从铵盐和硝酸盐的化学性质来说，毫无疑问，完全能参加形成同类的化合物，也就是说，能参加到多种多样的转化方面。从这些特性和其他的事实中得出结论，这些化合物的名称，就叫做供给植物氮素的营养物质。

铵盐和硝酸盐（或亚硝酸盐）的化合物，存在每一种植物中。阿尔温斯（Alwens）、萨特（Sutter）深入研究表明：在植物里硝酸盐广泛分布，这些盐类在千差万别的农作物中，以及在所测定的植物根部、茎秆部、叶子中都有。当然，所发现的硝酸盐的数量，在这种情况下是很不同的。例如豆科植物长新叶子的茎的干物质（没有含水分）含有 0.02%～0.05% 的硝酸盐，同时玉米的茎秆含有硝酸盐 0.62%，而莴苣的叶子甚至含有 1.54% 到 1.71% 的硝酸盐。甜菜的根在干的状态含有硝酸盐 0.83% 到 3.01%，而白萝卜的根含 0.184%，2.002% 和 3.49% 的硝酸盐。最近的研究表明，同一个器官，硝酸盐的数量也是变化的。

令人惊奇地，阿尔温斯和萨特在大部分的种子里都没有找到硝酸盐，或者最多是一点痕迹。在那些植物种子中也是如此，其根和长满新叶的茎中却含有很大量的硝酸盐。在土豆的块根中，其研究的结果也只发现一点硝酸盐的痕迹。而作为土豆茎叶的干物质，含有 0.49% 的硝酸盐；白桦梨树、杨树，引兰树的锯屑，也不含有硝酸盐。正如谢宾证明的，在许多植物的汁液中，存在有亚硝酸盐。如果从莴苣和蒲公英压出的汁液中混合一点碘淀粉，试剂和少量的硫酸，那么由于放出碘的结果，明显变蓝。事实的可靠性，正如确信谢宾的大部分观测一样。但是将植物液汁放在空气中，很快就不再发生亚硝酸盐反应。

在植物体内经常发现铵盐，但到现在为止数量都不大，已证明植物所有的器官中和汁液中不仅存在有铵化物，还存在其他的含氮物质，或许由植物组织中的 NH_4^+ 来形成中性铵盐。

在 1834 年我偕同植物学教授维尔布兰（Вильбранд）在吉森研究测定生长在不肥土壤上的不同种的枫树的含糖量。所有的枫树种不加任何其他的东西，仅仅蒸馏一下就得到结晶糖。在这种情况下我出乎意料地观察到下面的现象：在枫树汁液中加一些石灰，也就是说用石灰来处理它，好像在制造糖时一样放出大量的氨。原来以为，在树旁收采树脂的器皿中，被不怀好意地倒入了大量人尿，可是到后来，虽然这个器皿一直小心保护着，同样地用石灰处理时汁液完全没有颜色，放出大量的氨，但是不影响植物汁液的颜色。

在距离居民区走两小时远的森林里收集到的梨树汁液中，也观察到同样的现象。其汁液，用石灰处理后蒸发时，发现也放出丰富的氨。

从葡萄蔓上收集来的露水，在蒸发时加几滴盐酸，表现无色的成雾状的胶状物质；当加石灰时放出丰富的氨。

在甜菜糖厂，每年上千立方英尺的汁液，用石灰沉净，使糖从胶状物质和植物蛋白质中解离出来，蒸干后，结晶成糖。刚到糖厂里的人们一定会感觉到有大量的氨和水蒸气挥发在空气中。* 这种氨在这里成铵盐状态，或者成类似铵盐的化合物，** 汁液是中性的，

---

* 在糖的生产中，1 公升甜菜汁液形成 0.653 克 NH_4^+ ［相当于 2.193 克 $(NH_4)_2SO_4$］。一个糖厂每年加工生产 2000 万升甜菜汁，在这种情况下，所形成的氨可以形成 4386 公斤硫酸铵。（列拉耳，Ренар）

** 100 份甜菜汁中含有 0.1490 份氮素（有机态氮）和 0.0116 份铵盐状的氮素。

（M. Ad. Renard. Compt. rend. t. LXVIII, P. 1334, 1869）

蒸馏时呈酸性反应，正像中性的铵盐将氨蒸发后变酸一样。在这种情况下将形成游离酸。很明显，蔗糖要遭受损失，因为由于酸的作用，有一部分蔗糖变成了非结晶的葡萄糖和糖汁。

在药房里用火蒸煮不同的草、花、根所得的水分，以及全部从植物中浸出来的汁液，都含有铵盐。未成熟的扁桃和桃子的种子，透明的凝胶状，在加碱以后，放出丰富的氨；新鲜的烟草叶子的汁液，含有铵盐；甜菜的根、*枫树的茎秆，以及各种植物的花和果子，在未成熟时都含有铵。

动物残渣肥料、海鸟粪中的硝酸盐、铵盐是确切的证据证明，植物从铵态和硝酸态化合物中，获得自己的氮素。

将要证明的，动物性肥料的作用是很复杂的，关于其中所含的氮素的作用，仅仅以形成铵盐和硝酸盐为限。人尿分解时，氮素都转化成碳酸铵、磷酸铵、氯化铵等形式存在，一般说它仅仅以铵盐的形式存在，常常没有任何别的形式。

在法南德林，腐熟的人尿用作肥料有很大的成就。在人尿腐熟时，可以说，非常充分地形成铵盐，因为在温度和水分的影响下，人尿中所含的尿素，转化成了碳酸铵。

任何腐解着的含有氮素的物体，都是氨的源泉。在身体内还是氮素，放出来就变成NH_3。腐解着的物质，在腐解的任何阶段，加一点氢氧化钾马上就产生氨（NH_3），这可以由气味来判断；或者用蘸了酸的东西伸到那里，就会发现很浓的白色气体。这些氨被土壤保持着，或者直接为植物所利用；或者先氧化成硝酸盐，然后植物再利用。

戴维还证明，腐解的厩肥加热放出来的蒸气，对植物的生育有很好的作用，主要的就是有挥发性的氨。**

海鸟粪的增产作用，主要是来自其中的尿酸铵、草酸铵、碳酸铵和一些碱土族磷酸盐。用硝酸盐和铵盐肥田的效果，农民是肯定的。铵盐和硝酸盐作为植物含氮物质的意义，以及无机氮素化合物对提高产量还有别的作用，这也是不容争辩的，但是属于第二位的作用。下面要指明的是，不要小看它作为含氮营养物质对植物生长的意义。如果在这方面还有什么怀疑，那么下列的事实可以彻底消除这些怀疑。

我们掌握的无数实验材料说明：其他各种必需条件的作用下，作物产量和生长在该土壤上的植物中含氮物质的数量同土壤以 NH_4^+ 和 NO_3^- 的形成供给根系的可给态氮素的数量之间存在有一定的关系。

前面已经提到了，如果，植物生长在烧灼过的土壤上，土里只有灰分元素，周围的空气也没有氨和硝酸盐的化合物，那么这个植物的含氮量，怎么也不会提高。布森科的实

---

* 苏尼茨(Г. иЕ. Шульие)在饲料甜菜中发现 0.0158％ NH_4^+（8 个样品平均数字在 0.0084％和 0.0223％之间变化）。在萝卜汁液中发现 0.0118％ NH_4^+（两个样品平均而来，0.063％＋0.0172％）。在白萝卜汁液中——0.025％ NH_4^+（4 个样品测定平均数字在 0.0159％和 0.0285％间变动）。

** 1808 年 10 月，戴维在一个长形蒸槽里装了腐解着的厩肥加热，厩肥是由草和牛羊粪组成的。连接蒸槽，有一个接收器皿，其中盛有收集气体的药品。接收器很快就被内部的水点盖满了，在 3 天之内收集了 21 立方英寸的 CO_2，在接收器里的液体重 10 盎斯，包含有醋酸铵和碳酸铵。第二个蒸槽里也装满热厩肥，我把它倒在院子里一块长草的地方，施到禾谷类作物的根部。不到一周就有了明显的作用，在施了腐熟厩肥的地方，作物比其牧草长得快得多。
(*Agric. Chemistry*)

验证明了这一点,在布森科的实验中只变了一下,把没有除去氨和硝酸盐的空气供给植物(在这种情况下露水和雨水中都含有氨和硝酸盐),植物中的氮素结果还是增加了。在收获时发现,土壤中、植物中的氮素比播种时土壤种子中的氮素增加 1/12。因此,依靠空气中的氨和硝酸盐,土壤和产量中的氮素含量增加了 8%。赫尔里格(Hellrigle)在自己栽培禾谷类的实验中确定:如果在 100 万份砂中,施入 70 份植物所必需的营养物质,再施入 69 份可吸收的氮素(硝酸盐形式),这种砂培小麦的产量最高。在其他条件都相同的情况下,赫尔里格仅仅减少了有效氮的数量,就遭到减产。

增加硝酸盐和铵态氮的数量,或增施动物性肥料,结果不仅增加籽实产量和收获总量,而且还能增加产量中氮素的含量。

的确,最新的研究成果,没有证实格尔姆斯切德(Гермбштедг)指出的,施用含氮量不同的物质会相对地增加谷物中氮素的含量。这个研究很快会就发现,发育相同的种子的化学成分很一致,除此以外,还有氮素营养物质,只有当它们与其他必需的营养物质成一定的比例时,它们才能被植物吸收利用。虽然如此,还是不能否定那个原理,即同一种植物种子中有机氧化物的含量是在一定的,哪怕是在很窄的范围内变动。增加土壤中含氮的营养物质就一定影响到产量中氮素含量。最近基加尔特观察到在其他条件都相同的情况下,铵态氮和硝酸盐肥料能增加春小麦的含氮量。早些时候,布森高,还有巴列里对穗状植物施了含氮丰富的肥料也获得了相同的结果。的确,基加尔特所观察到的含氮量提高不明显。除此以外,还没有肯定,在小麦中含氮量的提高是否也相应地提高了其中有机氮的含量;或者也可能只是提高了对铵态氮和硝酸盐的吸收,而不是提高了对它们的同化。

里特考兹因(Риттгаучен)所进行的最新实验和布森高、基加尔特等得到同样的结果。

最后,直到最近布置的大量的盆栽实验,其中氮素给源仅仅是硝酸盐和铵态氮。

这些实验完全成功,在实验中,植物体内有机氮成分增加就是一个直接的证明,硝酸盐和铵态氮,实际上是植物的氮素营养物质。在早些时候,沙·嘉斯特尔、布森高和最近的克罗普、斯托曼、诺贝和其他许多研究者,根据其盆栽实验和历有的测定证明:光是硝酸盐,没有铵态氮存在,也能够满足植物对氮的要求而获得很高的产量。同样,库恩(Kuhn)、卡姆皮(Гампе)、瓦格纳(P. Wagner)、赫尔里格发现,铵盐能够作为植物的氮源,在这种情况下,没有必要将铵态氮变成硝酸盐。

如上所述,当然不能断言植物不能吸收利用已经部分转化成了有机质的二氧化碳和铵态氮,也就是说,它们已经转化成更复杂的植物了。

新的试验确切证明,复杂(有机的)成分中的含氮物质,和铵态氮及硝酸盐一样,能够被植物吸收,起到氮素营养物质的作用。

卡苗郎根据自己大麦实验得出结论,溶液中的尿素可以不经过分解,就能被植物吸收;尿素中的氮素对植物发育能直接起作用,而不需要事先转化成铵态氮,况且,尿素的肥力与铵盐很接近。

德佐涅恩(C. B. Джонеон)总结了各种氮素物质对生长在烧灼过的砂土上的玉米的良好作用,这些砂土仅含有灰分元素,其氮素物质就是尿的组成成分、尿酸、马尿酸和盐酸处理的海鸟粪。

但是所有这些实验还允许怀疑，所谓有机氮物质是否真的以不变的形式进入植物体内，或者它们自己先变成铵态氮（硝酸盐），以铵态氮和硝酸盐的形式，对植物营养发生有利作用。被瓦格涅尔所证实的卡姆皮实验，第一次确切证明，在以尿素作唯一氮素来源的营养液中，玉米能正常生长。瓦格涅尔后来发现氨基乙酸、肌氨基酸都可以作为氮的营养物质。马尿酸在植物体内分解，从植物根系还分泌出安息香酸，因此马尿酸和氨基乙酸的作用一样的。沃尔夫（Wolff）在营养液中用酪氨酸作氮源，以代替铵态氮和硝酸盐，但是他发现植物仅仅摄取酪氨酸分解的产物，然而，在这些产物中根本不含有铵态氮。

克鲁普和沃尔夫用亮氨酸和酪氨酸也得到同样的结果。在使用复杂的氮素化合物做实验时，现在已经发现，值得注意的主要是那些能转化为氨态氮的化合物，以及那些与铵态氮很接近的化合物对植物生长有良好的影响。可是克鲁普认为硝基化合物不能供给植物氮素，而且对植物还有害。

所有的有机氮素化合物，作为水生植物的营养物质，可以代替铵态氮和硝酸盐的作用，这种现象在自然界里决不是广泛分布的。可能，这样的或那样的化合物作为肥料施到土壤里，很快地转化成铵态氮和硝酸盐。因此，对通常条件下生长的植物来说，这些化合物几乎没有什么作用可谈的，它仅仅供给植物很少量的氮素。

在空气、雨水以及泉水中，在所有的土壤中，我们发现铵态氮和硝酸盐是无数的、连续不断的、自然过程中的产物，也是所有动植物界一代代腐烂分解的产物。我们发现，铵态氮和硝酸盐在所有的植物中都存在。植物产量及植物含氮量与在其生长期供给植物的铵态氮和硝酸盐的数量，和植物吸收利用的数量成一定的比例关系。植物中的氮素，铵态氮和硝酸盐和这些氮素营养物质都是直接和间接来自大气。这个结论阐述得比任何结论都好。

1.6　氨和硝酸盐的来源

毫无疑问，在地球上出现动物以前，就已经具备动物生存和繁殖的条件了。换句话说，作为动物养料的植物，早已存在了。在植物界出现时，在土壤和大气中，植物生活的全部条件都已经准备好了，而且数量很充足。可以设想，含碳化合物的存在足以供给植物的碳素。同样，含氮化合物的存在，也为植物提供了氮素。当然，不能离开在自然界里观察中所指给我们的道路；任何人可以完全相信，除了二氧化碳以外，还有其他的含碳化合物存在，它们也参加植物生活过程。但是应以事实做基础，那种假设的碳源其实是不存在的。因为我们完全不知道这些东西，甚至，对这些东西存在的可能性都值得怀疑。

这对于氮素也是正确的。现在除了铵态氮及其氧化产物——硝酸盐以外，自然科学还不知道任何其他的含氮化合物能够普遍存在于地球各处，以供给植物的氮素。

有人问：能不能增加空气中和动植物身体中铵态氮的含量，它的数量是很有限的。

自然界中铵态氮的来源是不是清楚？

这类问题，还可能以其他形式提出来，存在不存在确凿的事实来支持下面的论点：即在某种条件下，空气中氮素呈 NH_4^+ 或其他含氮化合物的形式存在。除了 NH_4^+ 和 NO_3^- 以外，我们知道在动植物体内的含氮化合物，或者借着铵态氮的帮助得到的化合物，也就是说，由它产生的化合物，除了这些复杂的形式以外，氮素仅仅以气体形式存在，它是空气中的主要成分。

还在很早以前，对植物氮素的实际来源的无知，促使自然科学研究者提出种种设想：植物在生活过程中具有一种能力以某种方式吸收空气中的氮素。事实还没有证明氨是空气的成分以前，几乎不怀疑植物能吸收空气中的氮素。否则，许多野生植物为了自己的组成部分从哪里取得氮素呢？

但是，铵态氮仅仅看做是有机体腐解的产物。铵态氮的形成和发生，预先要有动物或者植物的存在。我们有充分根据设想，植物界是先于动物界的。我们同意还在植物界出现以前，已经就有了植物生长繁殖的条件。氨在当时就和现在一样是空气的组成部分，所以植物的腐解不会在氨的形成之前。

很明显，如果形成铵态氮的那些原因，在植物开始生活以前，一直继续到现在还起作用；如果它们作用的结果能使氮气转化成氨，那么氨直到现在就应当不断地形成。因此，自然界中氨的数量应当是不断增加的！

在南美（布森高）和瑞士（贝采里乌斯）最古老岩石中的铁矿，以及其他直到现在研究中的铁矿，在冶炼中放出的水分，在其中能证明含有铵态氮。这个铵态氮从哪里来的？从前，解释铁矿中含铵态氮的原因，似乎是比较满意的，认为水分是无机界唯一的氢的化合物，其他的化合物都是分解过程的产物，水给这些产物提供了氢。

氨的产生，与其他的氢化合物相同。铁矿原来是铁，如果我们假设，铁矿是依靠水中的氧氧化为氧化铁而形成的，那么在这种情况下，一方面应当得到氧化铁，而另一方面应当得到氢气的来源。如果我们这样设想，后来当氢分解出来的时候，同溶解在水中的氮发生接触，彼此相化合，那么在这种情况下，铵态氮就得存留在氧化铁的化合物中。

很清楚，如果通过潮湿的途径——依靠水中的氧来氧化——来证明氧化铁的形成是比较可信的。同时，如果我们知道，当氢分离出来的时候，能够和空气中的氮素化合，那么，关于铁矿含有铵态氮的解释就完全证实了。虽然，当产生铁矿的时候，形成氨的那种条件现在不存在了。但是，可以设想，如果这些条件或类似的条件存在的话，那么，还是可能形成铵态氮的。

至于水被铁分解，那是在完全排除了同时形成铵态氮的条件下才发生的。

在常温条件下，水不能被铁分解，而在温度很高的条件下，在水沸腾的温度下，氮素又不溶于水。如果，使水气与氮素混合与烧红了的铁屑接触，尽管在这种情况下氮和氢混合，这个氮保留在不变的状态。在这种场合，不可能形成铵态氮的事实是很容易解释的，因为铵态氮与烧红了的金属铁接触，它就分解成自己的组成成分。

粉末状金属铁和粉末状氢氧化铁接触，在不很高的温度条件下，水分解同时放出氢，形成氧化亚铁（氧化磁铁），因为，氢氧化铁在这里像酸一样起作用。在这种情况下是可以预料的。一般说，在所有的情况下，金属溶解于酸都放出氢，而在溶液中就形成铵盐。

　　但是，至今还不能证明在这种情况下能形成氨。电解水的实验充分说明，从溶有空气的水中放出来的氢，常常含有一定数量的氮素。如果放出的氢能形成氨的话，那么就该没有氮素。

　　在空气中使铁氧化形成氧化铁，也常常含有一定量的铵态氮。根据这个事实，就证明空气中的氮素能形成铵盐。但是，空气本身也包含铵态氮，对氧化铁有很强的亲和力，马尔歇耳、葛尔证明，在那种情况下，水分发生分解的意见是不正确的。为了这个目的，我们在实验室布置的实验证明，如果将空气与铁锈接触以前，通过一个放有硫酸的管子，以清除其中所含的铵盐，在这种情况下所形成的氧化铁，就没有氨的痕迹。

　　布拉康诺（Braconnot）证明，很多玄武岩、角闪石、花岗岩、伟晶花岗岩，正长石、熔岩、石英、黑色迸发岩、石榴子岩以及许多其他的岩石，在干馏时都放出水，其中也含有氨。

　　这个事实，不能以铁矿中含铵态氮来解释。毫无疑问，铵态氮的来源，在两个情况下都是一致的。但是它不可能解释为由于氧化铁的结果而形成的。

　　关于氮能和水中刚分解出来的氢化合成氨的问题，在现代变成了非常精细实验研究的对象，这些实验的布置当然还为了其他的目的。

　　维尔和瓦林特拉普（Варентрапп）在有机分析中测定氮的含量，普遍的现象是含氮化合物中的氮素与氢氧化钾加热而产生氨。放出来的氨被酸吸收，然后用氯化铂处理，称氯铂化铵。根据氯铂化铵的成分，折算出含氮量。通过大量的氮素化合物，含氮量的分析结果，确凿地证明这个方法完全适合所规定的目标。过了一些时候，列依则（Рейце）公布了他的实验。在这些实验中，他用这个方法甚至在完全不含氮的物质中也找到了铵态氮，例如在糖里也找到了氨。列依则设想，形成氨的原因，是由于在所分析的蒸气中含有氮素，因为当时分析的条件，不可能赶走空气。那么，在这种情况下，使用这种分析方法就不可靠和不合适了。

　　维尔进行的新的多次重复的实验，很仔细地证明（实际上在以前，法拉捷在类似的条件下，已经观察到了）：用不含氮的物质和氢氧化钾一起加热也得到了铵态氮；但是，没有那种物质时，氮和氢之间就不能化合，也不能形成氨。

　　法拉捷的著名实验表明：当不含氮的物质与氢氧化钾加热产生氨，这个氨存在于物质本身，或者以现成的形式，存在于氢氧化钾的溶液中；氨分布非常广泛，不是什么惊奇的事，哪里有空气，哪里就有氨的存在。

　　为了正确地评价法拉捷的实验。我认为在这里应当详细地将这些实验予以阐明。

　　法拉捷观察到，植物的纤维素、亚麻布、草酸钾，以及许多其他的不含氮的物质和钾、钠、钙的氢氧化物一起加热就放出氨。在这以后，他着手寻找形成氨的条件。首先他在碱中寻找，氢氧化钾试剂有从碳酸钾配成的，有从酒石酸制成的，有从金属钾制的，结果完全一样。有机物质在没有碱存在时与石蕊试纸不发生氨的反应，如果和碱一道加热就产生氨。

　　也很可能，围绕灼热物质周围，空气中的氮素能变成氨是不困难的。很明显，因为空气中包含有氧的情况下，氧与游离的氢结合，也常常不令人注意，虽然氧比氮对氢的亲和力更大一些。

按照这个假设,空气中的氮素,应当和从水中释放出来的氢合成氨。但是,氧也在场,氧比氮素对氢的吸引力更大。

这些实验,在从水里得来的纯氢中重复过,为了彻底赶走水中的空气,事先将水煮开。在这种场合,氮也完全排除了,但是没有影响氨的形成。由于某种原因,促使氨的形成——这就是法拉捷根据自己的实验所得到的结论。

现在,大家都知道,氨就是空气的组成成分,它和空气一样普遍存在,它是很容易浓缩的气体,它浓缩在密实的物体的表面的数量很大,比空气大得多。当我们知道,铵态氮常常存在于蒸馏中,那么法拉捷的许多很难理解的实验,解释起来就非常简单了。

发光的细铁丝,放在熔化的苛性钾中,引起氨的释放,但很快就停止了。放入新的发光的铁丝,又重新释放氨。

将锌放在熔化的苛性钾中,也释放出氢和氨。不过,释放氨很快就停止,虽然原来的条件仍维持不变(锌、空气、释放出来的氨),只有增加新鲜的锌和苛性钾,才重新形成一些氨。

将少量的钾和锌混在一起烧灼,将一部分混合物放在玻璃容器中,立即封闭;另一部分溶于水中,成透明的溶液,蒸干,放一夜。经过一段时间,第一部分仅仅发现氨的痕迹;而另一部分确凿地证明有氨存在。似乎,那些就是在实验过程中,从空气中吸收的氨的源泉物质(法拉捷)。

白黏土被烧红以后,放在空气中一星期,然后在管子里加热,能释放出很多氨。如果,烧灼后放在密闭的玻璃瓶中,就没有氨释放出来。

在所有的情况下,从大气中形成的氨,吸附在物体的表面,由下面无可置疑的观察所证实(法拉捷)。

海砂在坩埚里烧灼,并在铜片上冷却,将其中的 12 克放在干净的玻璃管中;而另外 12 克放在手掌上,放一会儿,再用手指混和一下,用小刮铲很小心地放到另一个玻璃管中,不让其他的动物物质接触到砂(法拉捷)。加热第一个玻璃管时,石蕊试纸上没有显示出氨的痕迹,而加热第二个玻璃管时,肯定地释放了氨。出于小心,实验采用的管子完全是新的,预先烧红加热气流,而不用麻屑、呢绒去擦它(法拉捷)。

烧红了的石棉,用金属镊子放在试管中,不放出氨;而另一份仅仅用手拿了一下,那么在试管中加热就放出氨(法拉捷)。

现在我们知道了,皮肤表面蒸发氨,在汗液中常常包含有铵盐。毫无疑问,在最近的实验中,如同在黏土实验中看到的一样,放在空气中,铵盐集中在砂子和石棉的表面。[①]

很多有意义的实验证明:有些植物,如豌豆、大豆,生长在完全不包含动物物质的土壤中,它能在自己的组织中从空气中固定氮素,现在已不可能有任何意义了。因为我们

---

① 在描写这些现象时,不应忘记,德瓦尔德(Девард)、阿尔恩德(Арнд)等人的定氮方法会有各种合金中铵盐的污染,这些方法要求做必要的对照蒸馏。这些污染对工作人员来说,是完全不知道的,在指导书里也没有说明。——译者注

知道，空气中固有的成分就含有氨。[①] 如果最后注意到，所有这些实验布置在空气中的氨比开阔地多得多的那些地方，以及浇灌植物所用的蒸馏水是比雨水含碳酸铵多得多的井水制成的，那么，没有任何理由，把种子中、叶子中、茎秆中含氮量增加归功于想出来的和臆造出来的其他的什么氮源上。这种臆造，仅仅是由于当时没有注意空气和水中氨的含量，所以没有正确解释其出发点。

化学家的观测证明：氨不仅仅是动植物腐烂分解的产物；当含氮化合物中的氮与当时释放出来的氢起作用时，它可以由许多化学过程来形成。

复杂的含氮气体——$(CN)_2$，NO_2，NO 等等，和氢一道，通过烧红了的铂棉（库里曼）或氧化铁（列则）就转化成氨。

将水蒸气通过烧红的木炭，所含的氮除了其他的产物以外，形成强酸，这个强酸与碱作用，又转化成氨和蚁酸。

当锡溶解在硝酸中，其氮与刚释放出来的氢化合而形成氨，融合硝酸盐和氢氧化钾及有机质也形成氨。

在所有的情况下，当含氮物质和烧碱（KOH）在一起加热的时候，以氨的形式放出氮。

如果动物和植物有机质中的氮素（或者从这些物质中所获得的碳），是从氨来的，氨是由植物从大气中吸收的，那么，在所提到的腐解过程中，它又恢复了原来的状态，重新采取自己原来氨的形式出现。

但是，所有这些情况，在本义上都不是形成铵态氮的源泉，对于分析解决这个问题，没有任何意义。

与氨的性质紧密相关的，还有硝酸盐的发生和性质。

在上一个世纪末期，巴黎皇家科学院所进行的实验，由不同成分的堆肥形成的硝酸钾证明：仅仅含有动物有机质和钙、钾、镁等等，一般说在强碱性的堆肥中能形成硝酸钾。若含氮物质不存在，而其他条件都适宜的堆肥中不能形成硝酸钾，空气中的氮素完全不参加这个过程。

在这种情况下，形成硝酸盐的真正来源是氨。来源于动物物质，不遭到直接氧化，其中氮素不会立刻变为硝酸，而在腐解过程中只变成氨的形式。氨氧化成硝酸，也不是自动氧化的，而只有在其他腐解过程同时存在时，才能发生。也就是说，它要同其他有机物中的氧化合。除此以外，如果不断形成硝酸的话，在混合物中应当有碱性物质存在，以便中和所形成的酸。[②]

人的住房和畜舍墙壁上的硝酸盐，就是这个途径形成的。在那些地方，墙壁经常被含有丰富氨气的液体侵染。在干燥的天气中，这些盐从湿润的空气中吸引水分溶化，并在墙上形成一块湿的地方。

---

① 李比希过高评价空气中氨和硝酸盐在植物营养中的作用，其第二个原因是：那时候不仅不知道豆科植物吸收游离氮，相反如李比希指出的，所有的事实都决定性地否定这种可能性。李比希用自己天才的敏感性考虑到土壤中氮的积累是不同于灰分营养元素的。李比希做出结论：自然界中存在某种方法，将氮返回到土壤中。不过他对此方法的解释有错误。——译者注

② 在李比希的时代，硝化现象的实质作为一个微生物过程是不清楚的。李比希对这个过程以及伴随的条件描写得很有趣，直到现在对这种描写也没法改变，也没有可补充的。——译者注

在法国生产火药的硝酸盐,大部分是从巴黎得到的。在巴黎那些老了的、破坏了的、经常与街道液体接触的建筑物的下部,在建筑物的这些部分,有大量的硝酸盐,而在上部没有或者很少。在城里和乡村的井水中,特别是接近粪堆和厕所的水井中,所含的硝酸盐也是这样产生的。

不能不承认,在土壤中能够形成硝酸盐,生长在那种能形成硝酸盐的土壤中的大部分植物,比那些不具备形成硝酸盐条件的土壤的植物要繁茂苗壮。

动物来源的物质,人畜粪便,以及动物残渣的肥料,施在疏松的含石灰丰富的土壤中,在其中就形成硝酸盐。在这种土壤中,这些物质就成了大多数植物比在无肥的土壤中更加繁茂生长和更加高产的条件。

葛皮里斯罗捷尔(Verhandl. der naturforschenden Gesellschaft in Basel,Ⅲ,2 Heft,S. 255)在自己的著作中提到了关于硝酸盐形成的问题:将某种商品海鸟粪用水浸湿,放置在不包含任何硝酸盐或亚硝酸盐的空气中时,过了几小时以后开始形成亚硝酸盐。经过3个星期,转化成硝酸盐。对植物生长有有利影响的硝酸盐,基本上都归功于在土壤中所含的动物物质碱和磷酸盐。从动物来源的物质形成植物所需要的氨。在土壤中如果没有动物来源的物质,就不能够形成硝酸盐。

在土壤中有硝酸盐的存在,就说明一个问题,即这种土壤存在有对植物生长很重要的条件。但是这些盐类本身还不是植物生长良好的原因,两个现象——植物生长繁茂和形成硝酸盐——表明是这些或那些土壤因子的结果。[①]

况且,氨不是形成硝酸的唯一来源。闪电火花对空气各成分(同时也是硝酸的成分)的作用,这就是硝酸的第二个来源,也许是它最广泛的来源。

卡文迪什(Cavendish)第一次观察到,连续不断地放电使湿空气的体积减少,在这种情况下形成溶解于水的酸。这位伟大的自然科学工作者根据一系列的完全可靠的实验证明:在电流的作用下,空气的组成成分氧和氮化合成硝酸。由此,可以相信——闪电,这是一种最强的放电,我们大家都是清楚的。——在雷雨时,使湿空气烧热,引起空气中的成分合成硝酸。到目前为止,氮素还被认为是亲和力很弱的,它的全部特性似乎与这个假说是矛盾的。就是说,即使不考虑放电时在大气中形成的硝酸,空气中的氮素也能够变成化合物。由于这个结果,它能参与到植物的生活中。

后来,很清楚,作为腐解过程产生的氨,扩散到空气中,随雨水降落到土壤中,形成化合物,丧失了挥发性,丧失了通过蒸发回到大气中的可能性。由此可见,现在所流行的关于在空气和雨水中含氨量是稳定不变的说法,就很值得怀疑。事实上,应当有一个源泉,经常经空气提供这些物质,来补偿由于雨水从空气中带走的氨和硝酸。

在许多耕作土壤中积累氨的事实,进一步提供了一种可能的假定——从外面进行着氨的流动,被表层土壤吸附了。所布置的全部关于耕作土壤中含氨量的实验证明:耕作层土壤中氨的含量较深层土壤丰富得多。在植物生长的过程中,耕作层供给植物的氮素营养,比底土也多得多,可是在耕作层土壤中,氮的含量并不减少。

费列尔(Велер)发现:氮直接和硼化合成化合物,甚至在高温条件下,几乎都不分解,

[①] 李比希再次给农化学家最复杂的一个问题所下的那个定义,到现在对它也无可补充。——译者注

在水蒸气作用下，分解成硼酸和氨。[①] 由此证明：在任何条件下，空气中的氮素，都可以转化成氨。但是，这个事实，对植物生长来说，没有任何意义。因为，如果在某一个时候它已经出现了，那么在现在把硝酸硼作为氮素的来源，一般说是不存在的。很明显，以工业的形式从托斯堪斯基盐湖获得的硼酸、常常含有大量的铵盐，这个铵盐完全可能是硝酸硼形成的。但是，大气能够从这些蒸气中得到这么多氨，比起植物界所需要的数量来说，那是完全不足道的。

最近，谢宾发现了至今还不清楚的，供给大气的作为植物营养的氮的来源。谢宾1861 年 4 月在慕尼黑所作的报告中，附带有许多实验证明，在慢慢地燃烧磷的时候，在湿空气里面所产生的白色的蒸气中含有亚硝酸铵。形成这种盐的原因，他解释为空气中的氮素在这种情况下，能够同水的元素化合，一方面形成铵盐，另一方面形成亚硝酸根。[②]

同时谢宾还总结了其他事实：所有的雨量中含有少量的硝态铵（亚硝酸铵）。

在缓慢燃烧磷的时候形成的亚硝态铵，形成一个假设：在其他燃烧过程中也形成相同的化合物，一般说，在燃烧过程中都可能是形成这些化合物的源泉。

基厄多尔、沙苏尔从灼热的条件下形成的水中发现氢、硝酸根和铵盐。谢宾于1845 年在科学院演讲时指出：在大气中燃烧碳水化合物、脂肪和类似的东西形成氧化物。这个氧化物破坏蓝靛溶液，引起强淀粉碘效应，并发生其他的氧化作用。谢宾那时没有确定这些物质的性质，这个氧化作用是硝酸引起的，还是其他物质引起来的，这个问题还没有解决。

贝特格尔（Бетгер）在希皮尔（Шлейре）自然科学工作者会议上的化学组发表了同样的观测，关于在空气中或在氧气中燃烧氢气时，所形成的水分的几个奇怪特性。这种水分既没有酸性也没有碱性反应，加少量硫酸调成微酸性，就能使碘化钾立刻放出碘。谢宾出席了这个会议，他认为，可以设想：如果这种水的性质甚至在煮沸时还不起变化，其中还可能含有少量的硝酸铵。贝特格尔继续证明，不仅这种水分，一般说，在燃烧含有碳水化合物的有机物质时，任何水分都含有少量的硝酸铵。在燃烧木炭和煤炭的气体中也存在有硝酸铵，已经被谢宾证明了。

还在贝特格尔以前，科里贝（Кольбе）就指出，如果把燃烧的氢焰引到装满氧气的瓶中，那么在瓶子内部出现红棕色的硝酸气体。

被谢宾看到的这个事实，即在空气中燃烧磷时形成亚硝酸铵，一般说具有普遍意义。后来他又发表了新的观察，其目的在证明：形成这些盐类的真实条件，不是燃烧条件本身，所以形成这个化合物，而是在发生的热量。而且更为奇怪的是：它是在似乎不可能存

---

① 氮化硼是在 900° 以上，在氮气流中烧灼硼形成的，也可在空气或氮气中更强的烧灼硼的无水石膏和炭的混合物形成。无论用酸或用碱都不分解；甚至在与氯和氢一起加热也不变化。在水蒸气流中，在弱的灼热下，按方程式分解，即

$$BN + 3H_2O \longrightarrow H_3BO_3 + NH_3 \uparrow$$

李比希也不知道大气氮与金属型碳化物相联系的类似反应。

$$BaC_2 + N_2 \longrightarrow Ba(CN)_2 \quad 或 \quad CaC_2 + N_2 \longrightarrow CaCN_2 + C \qquad\qquad ——译者注$$

② $N_2 + 2H_2O \longrightarrow NH_4NO_2$ ——译者注

在的条件下形成的,因为比较浓的硝酸铵溶液在煮沸时分解为氮和水。

谢宾证明:如果铂金坩埚热到在它底上最后一滴水都蒸发掉的程度,并且在坩埚上空固定一个冷的玻璃瓶的口,直到其中收集到几克水分,那么这个水分,加几滴弱硫酸,使其酸化能使含有碘化钾的淀粉变蓝。但是,甚至在相同条件下进行实验,这一作用也不是经常发生的。很明显,为了使空气中的氮素和水分子发生作用,需要一定的温度,高了或者低了,这个化合物都不能形成,或者完全分解了。

这个实验在铜的、铅的、铁的和高岭土的器皿中进行,同样都成功。因为除了水蒸气和空气的高温以外,这里其他的因素不可能引起注意。那么,看来在这个现象中,实际上证明了从水和氮素中形成硝酸铵。在每一种情况下燃烧,形成的硝酸铵的量很少,但是在自然界,燃烧过程是广泛存在的,不能不承认,它是空气中和雨水中经常含铵态氮和硝酸盐的主要源泉。正如上面的事实表明的,这些事实过去是不清楚的。空气中的氮素,实际上参加了植物生长过程,但是只有当氮素转化为硝酸铵以后才行①。因为硝酸盐中的硝酸,不被土壤吸收保持,因而雨水中都含有一定的硝酸或亚硝酸。那么可以设想,在地球任何表面所遇到的水中应当包括有硝酸盐。不管在哪里与土层接触,在哪里形成的硝酸盐。对无数的关于盐泉和矿泉的分析,在其中没有找到硝酸,同时对提盐的液体的研究,其中找到的也很少很少。仅仅可以检测到硝酸盐的痕迹(在某些含盐的母液中,在 Розенгеймский 的母液中,能够发现含量不大的硝酸,在加入盐酸和碘化物、淀粉溶液后出现浅蓝色。)这些分析得出结论,在地球本身起作用的因素,对形成硝酸盐起破坏作用。

这种破坏因素之一,我们在甜菜糖浆发酵过程中已经清楚了解了。甜菜汁经常包含硝酸盐,为了得到酒精经常应用糖汁,这些硝酸盐在发酵时,常放出气体的氧化氮,在空气中形成棕色的亚硝酸蒸气。同时,很明显,在所有的液体中,硝酸在与刚分解出来的氢接触变成氨和水。

例如溶解锡于硝酸中,或者加入少量的硫酸,然后加锌和铁到稀硝酸盐溶液中也是如此(库里曼)。有很多腐解和发酵过程,其中产生氢或硫化氢,那时,硝酸盐中的硝酸,还可能转化成铵盐。当然,在那种情况下,如果还有酸,那么氨气能够与酸化合。发酵时糖浆分泌出来的氧化氮是中性的或者是微碱性的。氧化氮的形成,可以事先加一点弱酸来预防。

硝酸盐转化成亚硝酸盐,葛别里斯列捷尔(Гоппельсредер)在有机质很丰富的耕作土壤里观察到过。同样的,在谢宾的实验中也已经证明只要有对氧有亲和力的物质存在,中性硝酸盐中的硝酸很容易变成亚硝酸。硝酸盐溶液与锌或其他金属接触,就是一个例子。

用硝石溶液将腐殖质土壤湿润,在 18 小时后,从这种土壤中就能发现大量的亚硝酸盐。巴泽里亚附近甜菜田里的土壤,很明显表现出这种还原性质,这样,将这种土壤用硝

---

① 李比希为什么没有指出从游离氮到氨的反应,同时,在这种情况下,这是更广泛的反应。此反应是在电火花的影响下按方程式 $N_2 + 3H_2 \longrightarrow 2NH_3$ 将 N 与 H 直接结合。此反应是 1846 年被宁柯发现的,因而李比希是知道的。用这种方法获得的铵是微量的,可能是李比希对其保持沉默的原因。众所周知,现在这反应是获得合成氨的基本方法。采用高温、高压、催化剂及合适的器具,氨的生产量是如此的高,以致每一接触能使加工的氮氢混合物的30%转化为氨。——译者注

酸钾溶液浸泡仅仅一天的时间，大部分的硝酸钾转化成亚硝酸盐。

与此相反，葛别里斯列捷尔注意到，在含有很多硝酸盐的那种土壤中，只将硝酸钾转化成亚硝酸钾，或许，仅仅硝酸钙、硝酸镁，在这种条件下不被还原。在不含硝酸盐的土壤上生长的甜菜汁液（虽然，有时用亚硝酸钾的弱溶液浇灌），其汁液中仅发现硝酸盐而不是亚硝酸盐（葛别里斯列捷尔）。

另一方面，谢宾进行的观察注意到：莴苣和蒲公英中挤出来的汁液，用硫酸微酸化的碘化钾溶液中分泌出碘，引起淀粉变蓝。

根据谢宾的记载：亚硝酸铵被无机的或有机物质还原。例如，纤维素，也就是说，它像氧化剂一样对这些物质起作用。所有的这些事实表明：我们对于在耕作层内进行的变化过程了解得如此之少，是多么需要加强研究。准确地说，为了形成一种关于肥料作用和植物营养过程的概念，更需要加强研究。[①]

二氧化碳、氨、硝酸和水分，正如上面所指出的，是构成动植物机体在其生活过程中的全部物质的条件。

但是，二氧化碳、氨、硝酸和水分又是动植物腐烂分解的最终产物。所有的、无数的、无穷尽地、性质上千差万别的物质的产物，死后重新变成它形成时的原始形态。老了的、一代一代地衰老死亡，因此，又变成新生命的源泉。

有人问：上述化合物是不是全部植物生活唯一的条件？应当断然地说，这个问题的答案是否定的。

1.7　硫　的　来　源

动物身体各组成部分——肌肉纤维、细胞、骨骼、皮毛等有机物——根据生理学说都是由在有机体各部分循环的液体形成的，这个液体就叫做血液。

血液的成分，首先是植物给与动物的，由它们构成动物的各组成部分。肉食动物食用草食动物的血和肉，实际上，它吸收草食性动物所食用的植物的组成成分。

精细的化学研究证明，血液的主要成分是两种含硫的化合物：一种是白蛋白，一种是血纤维蛋白。用棒搅拌新放出来的血液，从其中分离出血纤维蛋白，一种白色的有弹性的丝状物。血液在稳定状态下，也开始分离出血纤维蛋白，凝结成凝胶，血液慢慢浓缩，并且分离出带微黄色的液体，包含有血清和很细的血纤维蛋白的网状物，好像在海绵中。血红色物质叫做血球。

白蛋白主要包含在血清中，它能使这个液体在加热的时候释放出白色的、稠密的、有弹性的物质。众所周知，这主要是由白蛋白组成的蛋白质所具有的性质。

从循环着的血液中获得血纤维蛋白是一种完全不溶解于冷水的化合物。

---

① 李比希尚不知道微生物的反硝化过程，引起结合氮变成氮的单质，这对农业是非常可怕的。关于化学的反硝化过程（$NH_4NO_2 \longrightarrow N_2 + 2H_2O$）他没有谈到。很明显，这个过程，只有在加热时进行，在自然界中没有地位。——译者注

血清和蛋白质的白蛋白，在自然状态下溶解于水，并能完全和水混合。

必须指出，动物有机体制造出来的、并用以形成血液的物质之中，还有干酪素，这是乳品的主要成分。这就是母畜喂养幼畜的唯一含氮的营养物质。

白蛋白、血纤维蛋白和干酪素①区别于动物身体所有其他组成部分，在于它经常含有硫。硫在其中不是氧化状态，也就是说它不是呈硫酸状态或硫酸盐状态。很明显，鸡蛋白蛋白的腐解就放出硫化氢，使银和一般的金属变黑，因为金属表面与硫化氢接触形成硫化金属。血纤维蛋白、干酪素在腐解过程中也放出硫化氢，在这几种物体中硫的含量，可以用很多其他的方法来证明。

有人问，动物体中所列举的三项基本物质是从哪里来的。那么它们是来源于营养物质，也就是说，来源于植物是毫无疑问的。但它们以一种什么形式和状态存在于植物中呢？近来化学家的研究对这个问题给予明确的、别无它义的阐述。

植物含有一定量的硫化物，聚集在种子中或者分布在植物的汁液中，其数量非常不同而且变化人。在这些硫化物中常常含有氮素。

我们在谷物的种子中，在豆类作物的子叶中，在豌豆、宾豆和大豆的子叶中发现了两种硫化物。第三种物质经常存在于植物汁液中，特别是蔬菜的汁液中含量特别多。

对这些硫化物的性质和组成的精密研究，提供的明显的结果表明：溶解于植物汁液中的植物含硫成分，同血液中的成分是一样的。最后，在豌豆、大豆、宾豆所含有的主要营养物质，都和干酪素有同样的成分和性质。

所以，血液中含硫的成分不是动物制造的，而是植物制造的。如果在动物的食物中没有，那就不可能形成血液；在植物物质中这些物质含得越多，那么，这个物质对于保证动物生命过程就越有利，越富于营养。

某些植物种类，例如在十字花科中，除上面指出的含有硫的化合物外，还有其他特殊的化合物，其含硫量比血液成分里所含的多得多。在这方面，黑芥子种子、葱、辣子、大蒜、山萮菜等特别显著。从蒸馏这些植物中可获得挥发性油，和所有的别的不含有硫的化合物不同，它们具有刺鼻的气味。

因为含硫的化合物存在于所有的植物中和种子中，同时因为作物作为人和动物的养料含这种成分特别丰富，那么自然而然对于植物发育完全需要有硫的来源，以形成这些化合物。

完全明白，如果给植物保证了全部其他的生长条件，而不供给相应的硫化物，那么植物不能制造出含硫的成分，或者产生适量的硫化物。除了发现极其微量的、不断被破坏着硫化氢外，空气中没有任何硫化物。硫化物不能和氧在一起，因为发生氢的氧化而放出硫。所以仅仅土壤能供给植物必需的硫。除了根系吸收，我们还不知道有什么别的形式使硫进入植物体内。

关于在土壤中含硫化合物的形态，通过对矿泉的分析提供了完全满意的解释。所有这些源泉都是从地球表面开始的，这就是雨水。雨水积累在山上渗入土层中，遇到许多溶解的物质，这些物质溶解在水里，使水具有这种性质，一般纯粹的水是没有这种性质的。

---

① 现也称酪蛋白。——编辑注

溶解在泉水和井水的物质中不含硫酸盐是很稀罕的。在肥沃的菜园土和耕作土壤中浸析出来的液体里，常常很明显地发现这些盐类。

所有这些，难道能怀疑植物体内硫的来源吗？从我们现有的知识水平来看，很清楚，硫是来自于溶解于水的硫酸盐，从土壤之中被植物根系吸收。

铵盐，特别是硫酸铵，很少在矿泉里发现。其原因是由于土壤的吸收性能和酸性碳酸钙——矿泉经常含有的成分。铵态氮被土壤吸收，那些数量不大的铵盐还包含在水中，在分析水的过程中，把水蒸干时由于碳酸钙的作用，氨早蒸发走了。

按照我们的设想，植物最方便、最有利吸收含硫化合物——无疑是从硫酸铵中吸收。这种盐包括两个元素，这两个元素对植物生长都是必需的，这就是硫和氮。

这两个元素就是植物的白蛋白和血纤维蛋白、干酪素的组成部分。奇怪的是，按元素本身来看，硫酸铵可看成水与等价的硫和氮的化合物，这个化合物并且是这样的，只要将水分分离开，硫和氮便能够变成活的植物的组成部分。[①]

硫从硫酸盐过渡到植物物质的组成部分。可以设想，硫酸能促进植物吸收二氧化碳中的碳，它被分解成氧和硫，氧释放出来，硫与有机质结合。设想，硫酸以硫酸钾、硫酸钠的形式供给植物，那么这些盐基在硫酸分解以后将呈游离状态。

这些盐基进入所有的作物和大部分植物的成分中，它们在植物中或者与有机酸成化合状态。更值得注意的，或者它们和植物体内含硫的组成部分结合。

豆科植物子叶中来的植物酪蛋白，不溶于水。但是它在植物体中很容易溶解于水，这是一种什么形态，这是一种什么情况？这个溶解应该包含有钾和钠。

植物汁中的白蛋白常常与钠、钾成化合状态。可以肯定，禾谷类作物中植物纤维蛋白是不溶于水的部分——借着碱渗入到种子中也开始变成溶解状态。

因此，硫酸钾、硫酸钠等碱化物供给植物硫的成分，这些物质或者存留在化合物中，或者变成新的化合物，或者回到原来的土壤中。

最广泛的硫酸盐就是硫酸钙，它可能由于自己溶解直接过渡到植物体内，或者事先转变成硫酸碱的形式。

硫酸钙溶液正如海水一样，含有食盐和氯化钾。大部分的矿泉水可以看做硫酸盐和氯化钙的混合物。

很明显，如果我们同时给植物施以石膏和食盐，那么它对这个溶液正好像我们给植物施硫酸钠和氯化钙的结果一样。硫和碱以及硫酸盐存在于植物有机体内以构成含硫的组成部分。正如我们知道的，这类的分解发生在海洋植物中，钠和钾来源于食盐，或者在硫酸钙镁存在的条件下，遭到分解的氯化钾。

同样应当承认，对谷类作物，对含石灰很少的植物来源，都是以石膏的形式供给植物的硫，至少，在一定程度上说明了食盐对许多植物有良好作用的原因。

---

① 现在采用的硫酸铵的分子式表明，在其中是两个当量的碳和一个当量的硫。我们删去了李比希对这个题目的讨论，因为现在已失去了价值。——译者注

1.8 植物的矿质成分 *

没有二氧化碳、氨（硝酸）和水分，就不可能有任何植物，因为这些物质是构成植物各种器官的元素。但是为了吸收这些元素，为了形成每一种植物所固有的、有特殊作用的各种器官，植物从土壤里还吸收了另外一些物质。即我们发现的、某些不可燃的物质。我们是在植物灰分中发现它们的，其时它们的形态已经变了。

这些不可燃的成分，在植物体内经常碰到。随着植物生长状况和土壤性质的不同，它们不断变化着。

各种禾谷类作物和豌豆、大豆、宾豆常常含有碱类和碱土类金属的磷酸盐。这些物质，随着面粉变成面包。正像大麦中所含的盐类变成啤酒一样，麦麸里含有大量的磷酸镁，就是这种盐类。它能形成结石，沉积在马的盲肠里，有时有几斤重；它和氯化铵混合，在啤酒中形成白色沉淀。

可以这样说，大部分植物，甚至全部植物，都含有各式各样性质不同的有机酸，这些酸都与钾、钙、镁等元素相结合。只有少数植物含有游离的有机酸。没有铁，任何植物都不能生存。有些植物含有一定的锰的成分。很多植物灰分的主要成分是二氧化硅。氯化物几乎在所有的植物中都可以碰到。海洋植物常常含有碘的化合物。

可以肯定，植物灰分中的某些成分是植物体内经常存在着的。那么产生一个问题，这些成分对植物生长需要不需要呢？这个问题今天已经可以肯定回答，这些成分对植物发育是完全必需的。

我们发现，植物种类不同，酸的种类也不同。没有人认为，这些酸的存在和性质是偶然的。地衣类的延胡索酸、草酸；茜草植物中的金鸡钠酸；石蕊色素（Roccella tinctoria）中的石蕊酸；葡萄中的酒石酸，以及许多其他的有机酸——所有这些在植物生活中都是为了某个目的而存在的。不可能设想，一种植物的存在，而没有其特殊的酸存在。[①]

同理，必须承认，植物中某些相应的碱基存在也同样是植物生活所必需的。因为，所有的酸，在植物体内都以酸性和中性盐类存在。在自然界不存在没有灰分的植物。任何植物都含有二氧化碳和灰分，但是，没有哪一种灰分不含有有机盐类。在植物的灰分中，有丰富的磷酸盐和硅酸盐，碳水化合物经过高温就不存在了，而被硅酸盐和磷酸盐代替了。

---

* 沙苏尔注：有些学者认为，在植物里偶尔发现的某些元素不是植物生存所必需的。他们解释说：因为这些元素在植物里含量非常少。这个意见如果是可信的，那么，也只能说明那些在某种植物中不常发现的物质还完全没有被说明；在植物中经常有的那些物质，虽然它们含量很少，绝对不能说明它们没有益处。例如：在动物体内磷酸钙的含量几乎达到它重量的五分之一，但是，没有任何人怀疑这种盐类在构成动物骨骼方面有重要的作用。我在我所研究的全部植物灰分中发现了这种盐类，同时没有任何理由认为没有这种盐类存在时，植物也能够生存。

① 李比希认为植物必须要碱以中和酸的假说，到现在问题还没有解决，因为无疑其作用是复杂得多。但必须提醒读者，李比希坚持有机物在自己体内能创造无机物质的见解。这一观点在 1842 年，被维格曼和波利斯妥洛夫所推翻，当时李比希已写完了它的著作。——译者注

例如所有的禾本科牧草和木贼都含有大量的钾和硅酸，它们转化成酸性硅酸钾状态积累在叶子和茎的尖端上；在栽培谷物的田里，如果秸秆中的这些盐分能以厩肥的形式回到土壤里，那么土壤中这种盐分的含量不会明显减少。

但是，种牧草的情况就完全不同。在缺钾的砂土上或者在非石灰性的土壤上，有时就找不到很繁茂的牧草。发生这种情况，一定是由于缺乏植物所必需的成分。玄武岩、响岩、斑岩、片岩、灰岩等含有丰富的碱，其所风化形成的土壤对牧草生长具有良好的条件。

烟草、乔木、豌豆、三叶草、葡萄蔓的灰分含有大量的石灰。这些植物完全不可能在没有石灰的土壤上生长。它们如果在缺乏石灰的土壤上栽培，一定要施入石灰性盐类。我们完全有根据地认为，这些植物能否生长良好，与土壤中是否存在石灰密切相关。同样，有些植物，如土豆、甜菜等对氧化镁的关系也是一样。

所有这些公认的事实，证明植物本身一般都不能制造碱金属氧化物和无机物。

很多奇怪的现象值得注意，谷类作物的种子供人食用，茎叶作家畜饲料，按照这个理由，禾谷类植物应在人口稠密的地区周围生长，盐生植物应在海边和矿井周围生长，藜菜应在垃圾堆边生长等等。同样，蜣螂、小甲虫需要牲畜粪便作其食物，盐生植物需要食盐，栽培的、野生的植物需要氨和硝酸盐。任何一种谷类作物和蔬菜作物，如果没有足够的、对自己发育所必需的磷酸盐、磷酸镁和铵盐，种子就不能发育完全以制成面粉。这些种子，只能在同时含有这三种元素的土壤中发育。它们喜欢粪便，因为人畜粪便含有这三种元素，如果没有这些成分，它们就不能结实。

当我们离开海滨几百米远，发现盐生植物时，那我们可以推想这一定是在盐矿井附近。因为我们知道，这些盐生植物生长在那里是很自然的。植物的种子，通过风、鸟、海潮散布到所有的土地表面，但是它们只有在那些具有发育条件的地方才能发育起来。

在扎尔茨卡乌兹因盐矿的晒盐场的槽内生长了无数小海胆，高不超过 2 英寸（in，1英寸＝0.0254 米）。除了小海胆以外，在这样的盐槽里、在拉乌格姆（Наугеим）一带，远远 6 小时的路程，你看不到任何一种活的东西。但是，这个制盐厂的二氧化碳和石灰非常丰富，晒盐场的墙壁上覆盖着一层碳酸钙沉淀物。很明显，在一种盐的溶液中，偶然掉进去一粒鱼卵，它能进一步发育，而在别的溶液中就不行。

海水中含有碘，含量少于 1％；所有的碱金属碘化物很容易溶解于水。海藻、海生植物生长时，从海水中吸收溶解状态的碘盐；这些碘盐被吸收消化，变成植物的组成部分，不再回到周围的海水中，这些植物变了碘的聚集者了。正好像在陆地生长的植物聚集碱的作用一样。假如不是植物的富集作用，为了从海水中得到这么多碘，就不得不蒸干大量的海水。

不难理解，海水植物需要碘以供自己发育，它们的存在与碘元素紧密联系着。那么，旱地作物灰分中经常有碱、碱土族与磷酸的化合物等等，说明这些物质是旱地作物生长发育所必需的。

如果上述的无机成分对那些植物生存是不必需的，那么，不可能在这些植物的灰分中找到它们。

植物对土壤的作用就好像一个很强的吸管。有时,我们用各种溶解性的盐类浇灌植物,那么植物自己吸收大量的盐分,甚至包括它生长发育不需要的盐分。在植物的灰分中,我们发现不可燃的盐类,这些盐类的存在完全是偶然的,但是我们不能由此来否定别的元素存在的必要性。我们从马克尔-普林车普(Макэр-Принцеп)的实验看到:首先把植物根系放在稀薄的醋酸氧化锡溶液中,然后又将其根系放在雨水中,植物将所吸收的醋酸氧化锡归还到水中,因此我们看到,植物归还土壤的那些元素,不一定都是它们生存所必需的。

如果我们在开阔地栽培植物,使植物易于接受阳光、雨露和空气,并观察硝酸锶的作用。那么这种盐首先被植物吸收,然后经过其根系又分泌出来。每一次雨水使土壤湿润,这些盐类都要继续被雨水从根系中带走,经过一段时间,这些盐类在植物体内就剩下很少了[道乌宾(Доубен)]。

别尔切(Бертбе)是一位很精细、准确的分析工作者,他测定过生长在霍尔维格(Норвегии)土壤上云杉的灰分,并确定其成分常常是不变的,在灰分中完全没有食盐;然而,随着雨水施入溶解性的盐类,主要是食盐,所以云杉也随雨水一道吸收食盐。在这种情况下缺乏食盐,可以根据我们在别的植物直接观测到的结果来得到解释。由此可以得到这样的结论:植物的器官具有将其生存所不需要的物质归还给土壤的功能。克鲁普和库恩发现植物释放出钾和盐酸,这些东西,都是植物从没有吸收利用的硝酸钾和氯化铵而形成的。

根据上述材料可以得到这样的结论:植物生育依赖于灰分中某些经常存在的成分,完全缺乏这些成分时,植物的发育就要受到限制;这些元素不足时,植物生长速度就要减低。

许多无机成分对植物发育过程的重要性,已有许多试验直接证明了。在其他条件相同的情况下,在有灰分元素存在和没有灰分元素存在时进行了许多植物的栽培实验。这些实验想达到两个目的,它不仅仅想证明整个灰分成分对植物生活的必要性,而且想阐明不同灰分元素在植物器官中所起的特殊作用。的确,到现在为止,还仅仅弄清了第一个,至于第二个任务,我们还差得远呢。要知道灰分中各种成分在植物器官中的独特作用,以及它们在形成植物有机成分中的相互关系,在这方面进行的实验和研究现在还仅仅提供了一般的轮廓。确实,这对今后的研究有重要的意义。

沙苏尔的实验,与过去研究者的实验不同,它证明箭箸豌豆、豌豆、大豆、独行菜[1](*Lipidium sativum*)的种子在湿沙子里、在湿马毛中保持湿润的状态,还发芽,并且达到一定的程度。只有当其种子中的无机物质对继续生长变得不足时,那植物才开始凋萎。的确,有时还开花,但是绝大部分得不到种子。后来,维格曼和波里斯托夫的实验,也得到同样的结果。这些实验很有意思,因为由于这些实验,令人惊奇地第一次证明了灰分元素对植物生活的必要性。

维格曼和波里斯托夫用石英砂(称为人工土壤)做盆栽实验。石英砂用王水加热煮

---

① 又称胡椒草。——编辑注

过，并且仔细地用蒸馏水冲洗，使完全去掉微量酸。[*] 人工土壤由干净的石英砂加入各种灰分元素。供试作物有：箭筈豌豆、大麦、燕麦、宾豆、烟草和三叶草。

无论是在人工土壤还是在砂子内，全部种子都出芽了，长出小植物，灌浇无铵态氮的蒸馏水，并且续继发育，虽然其形态各有不同。

植物在石英砂中生长得很小，没有任何一个植物能形成种子。大麦和燕麦长到高达 1.5 英尺（ft，1 英尺＝0.3048 米）就开花了，但没有形成种子，开花后就凋萎了。箭筈豌豆长到 10 英寸开花，结荚，但荚内没有种子。三叶草 5 月 5 日出芽，到 10 月 15 日总高度才只有 5 英寸。

在石英砂里面种的烟草，虽然发育正常，但是从 6 月到 10 月植株只有 5 英寸高，仅有 4 片叶子，而完全没有茎。

在人工土壤中，植物生长发育完全两样，在这里植物长得很好，箭筈豌豆、大麦、燕麦、宾豆结实很多。到 10 月 15 日，三叶草高达 10 英寸，暗绿色，并且有了分枝。烟草茎高 3 英尺并且有大量的叶子，6 月 25 日开花，大约到 8 月 10 日形成子房，到 9 月 8 日结荚，有发育完全的种子。

维格曼和波里斯托夫布置了一个特殊的实验，把 28 颗芥菜种子放在一个很细的白金丝网上发芽，用蒸馏水湿润，然后测定植株中灰分物质的重量。这些凋萎的植物中灰分重与播种的 28 颗种子的重量相等，即 0.0025 克。

---

[*] 虽然经过这样的处理，砂子仍然包括有少量的硅酸盐，下表显示其含量百分数。

硅酸	97.90%
钾	0.30%
黏土	0.80%
Fe_2O_3	0.30%
石灰	0.50%
氧化镁	0.10%
合计	99.90%

混合物组成	（克）	混合物组成	（克）
石英砂	861.26	磷酸钙	15.60
K_2SO_4	0.34	泥炭酸的钾化合物	3.41
NaCl	0.13	泥炭酸的钠化合物	2.22
$CaSO_4$（无水）	1.25	泥炭酸的铵化合物	10.29
$MgCO_3$	5.00	泥炭酸的碳化合物	3.07
白垩	10.00	泥炭氧化铁化合物	3.32
MgO	2.50	泥炭酸黏土化合物	4.64
Fe_2O_3	10.00	氧化镁	1.97
Al_2O_3	15.00	不溶解的腐植酸	50.00

为了获得这些化合物，将普通的泥炭放在稀钾溶液中煮开，得到很黑的溶液，再用硫酸沉淀，这些沉淀就是这种物质，显出泥炭酸，把这些泥炭酸加在 K^+、Na^+、NH_4^+ 的饱和溶液中共煮，就能得到泥炭物质和这些盐基的化合物。而分解代换这些溶液的方法，如果是用石灰、氧化镁、铝、铁盐等就得到泥炭酸和石灰、氧化镁、氧化铁和高岭土的化合物。很明显，所谓腐殖质就是指由于腐烂作用变化着的动植物物质，常常包含在肥沃的土壤中。维格曼和波里斯托夫用泥炭物质代替腐殖质，在泥炭酸和水煮了很久以后，变成不溶解的泥炭酸。

　　刚才谈到的芥菜实验,没有增加灰分含量;最近观察到在砂中或人造土壤中栽培的植物实验增加了灰分成分的含量。可是,在这两种情况下,所增加的灰分数量和质量是很不一样的。例如,燃烧 5 株在石英砂上的烟草得到 0.506 克灰分(5 株烟草种子中的灰分只有几毫克);3 株栽培在人工土壤上的烟草植物灰分有 3.923 克,折合成 5 株烟草则为 6.525 克灰分。石英砂供给 5 株植物的无机成分,与 5 株烟草植物从人造土壤中获得的无机成分的比例是 10∶20。因此,在同一个时期内,烟草从人工土壤中吸收的土壤成分,几乎是从砂子里吸收成分的 13 倍。它们的生育就不得不与这些营养物质含量的不同有联系,原因还是植物在人造土壤中找到了它生长发育所需要的土壤成分。当它生长在石英砂中的时候,它就没有找到,所以植物在石英砂中不能完全发育。

　　其实,在瘠薄的砂土上,尽管可溶性的营养物质很少很少,然而它还是给植物提供了一些营养物质。但是在石英砂里,除了硅酸和很少量的钾和碱土族元素对茎叶的发育有良好的影响外,在石英砂中完全没有植物形成种子所需要的物质,这就是为什么植物不能形成种子的原因。

　　栽培在石英砂上的植物,在大部分灰分中都有磷酸盐,但是磷酸盐的含量仅仅相当于种子中磷酸盐的含量。在烟草的灰分中,大家都知道烟草的种子很小,其中所含的磷酸盐很难加以测定,所以没有检测到。

　　很久以前,大家公认的理论,关于砂子不肥的原因,已经由维格曼、波里斯托夫的实验完全弄清楚了。

　　毫无疑问,所提到的许多植物,在贫瘠的砂子上生长发育,完全靠在其中补充盐类;通过补充一些物质,使人工土壤具有对各种植物都有益的"肥力"。这些物质可以促进植物生长发育,可以在植物的茎中、种子中测出来,同时还存在于土壤中,这样我们就可以得出结论,这些物质是植物生长所必需的。

　　后来,布森高、沙里姆·嘉斯特马、马格努斯(Магнус)、格涅别尔格(Генеберг)等人的实验也得到了同样的结果,都证明了灰分成分是植物生命过程所必需要的。

　　我还愿意再阐述一下布森高所做的另一个实验:布森高用两颗向日葵种子,播种在锻烧过的石英砂中,在砂里施入了向日葵的灰分和硝酸钾,再用蒸馏水浇灌,植物生长在大气中间,一共长了 104 天——5 月 10 日到 8 月 22 日,两颗种子重量只有 0.062 克,后来长成了 6.685 克干物质,也就是说收获量变成了播种量的 108 倍。

　　当然,这些实验还不能解决研究者们希望探讨的一个问题,即是不是所有的灰分元素对植物发育都是必需的? 其实,其中任何一个成分都不能少。沙里姆·嘉斯特马和其他一些研究者想研究解决这个问题,首先碰到许多方法上的困难。起初,进行这一类实验时,对于实验条件很马虎,很随便:应当供给植物灰分的数量和形态、耕层土壤性质对植物营养过程的特殊作用等等都不清楚,所以起初获得的那些结果是不稳定的,有时甚至是很矛盾的。然而这些实验为以后的研究开辟了道路。由于最近水培实验法研究的成功,应用这个方法,可以一个一个地弄清单个的营养元素对植物发育的意义,例如,一批实验植物生长得不好,常常就可以判断是缺乏某些在植物中甚至是很稀少的元素。可是,在确定这些实验失败的真正原因时,还需审查是否缺乏植物生长所必需的外界条件,例如光、热和其他条件。

　　所谓水培实验法,从其提供的数据结果的可靠性和精确性方面,都比在马马虎虎的条件下布置的田间实验要优越得多。这个方法的本身就引起了很大的兴趣,使得我们更加密切注意,这个方法的要点在于植物栽培在水溶液中,这种水溶液包含有植物所需要的各种营养物质,不过没有二氧化碳,但有些营养物质的状态不好。

选择这种水培的方法不是一件很容易的事。用这个办法栽培植物,从种子发芽到完全成熟,都完全不需要土壤,而且能大大地增加植物的干物重,但要使溶液中营养物质都成为有效状态,其浓度还要适合植物生长而不碰到特殊的困难。但是这种办法所遇到的困难是另一种类型的,只能逐步消除,这就是陆地植物栽培在营养液中,它不同水生植物一样简单地汲取养分,*它常常受到溶液中营养元素比例变化的影响,植物生长过程中营养成分比例与当初配给的比例不同。由于这个原因,有时在根系周围形成的液体,其成分和浓度,都不能进一步使植物生长发育。更有甚者,植物根系经常向溶液周围分泌出一些将会引起有害变化的物质。例如,根据克鲁普和斯托曼的观察:在中性和微酸性的营养液中培养植物,经过一段时间以后,都会变成碱性反应;一般说,在很弱的碱性反应中植物都会死亡。**

这些事实不仅阐明了植物有机体生活过程中化学变化的实质,同时还说明肥沃的土壤由于其物理化学性质的特殊性,能够消除对植物有害的那些成分,因为植物在土壤中生活的过程与它生活在溶液中的情况很相似。

使用水培的方法能否得到正确的结果,很大程度上决定于研究者是否了解并会消除这些阻碍,以及他是否会给营养液中及时补充上述肥沃土壤中所特有的东西。很明显,营养液的浓度很重要,应当含有不超过 0.5% 的营养盐分,并且保持微酸性反应,稳定不变;液体的体积不要太大,以便经常替换营养液;最后,要保护植物根系不要遭受阳光的影响。

札克斯(Закс)、克鲁普和斯托曼第一次报道用水培栽培玉米成功,以及玉米所需要的营养物质。这确实是他们的贡献。这种用水培栽培的方法,是根据后来所有的这一类实验确定的。

克鲁普在含有钾、碳、镁、氧化铁以及磷酸、硫酸、硝酸和硝酸钙、磷酸钾、磷酸镁的水溶液中栽培自己的玉米。氧化铁变成了液态,还形成了白色的磷酸铁沉淀。*** 在这个溶

---

* 根据这个问题,可以和本书第二部分的材料,以及我得到的关于品藻属成分的材料及其所在水分的成分的材料进行比较("Anual d chem. et pharm" Bd. 105. S140)。

** 蒸馏水含 1/1000 的碳酸钾,禾本科植物的芽在两三天之内根系增加了好几根,可是经过 8 天之后,根系变软,逐渐腐烂。1/3000 的碳酸钾也起同样的腐烂作用,只有 1/10 000 以下的根系,正好像在井水中一样开始正常生长,但是生长很慢。

在强碱性混合营养液中,根系遭到腐烂并放出硫化氢(克鲁普,斯托曼)。

*** 克鲁普用 4 个溶解性的盐配了 A、B 两种溶液,将 A、B 两种溶液混合,然后加磷酸铁来配成营养液栽培玉米。

溶液 A:含硝酸钾、硝酸钙、硫酸镁。

溶液 B:仅仅含有磷酸钾。

1 升溶液 A 含有下列数量的成分:

硝酸	2.160 克
硫酸	0.495 克
钙	0.684 克
石英	0.233 克
钾	0.940 克
	4.512 克

溶液 A 的浓度为 0.45%;溶液 B 为 1000 mL 蒸馏水中溶有 10 克磷酸钾。

液中,克鲁普成功地栽培了玉米,并使它结了种子;种子在湿石英砂中发芽以后,将幼苗和根移到溶液中,从 5 月 12 日起,到 9 月 1 日收获,植物有了果穗,并且结了 140 粒成熟的、能发芽的种子;全部植株都称过,鲜重 317 克,干重 50.288 克,含有 8% 的灰分。

由此可见,克鲁普营养液都是参照玉米从土壤中吸收的灰分成分配成的,其中没有加铵盐、食盐和硅酸。供试植物所需要的氮素来自于硝酸,供试植物所需要的碳素,则从空气里的二氧化碳中获得。

那一年,斯托曼布置的水培实验也验证了克鲁普所得的结果。斯托曼溶液宜于栽培玉米,它包含了玉米所需要的全部无机营养料,并按照他们分析玉米植株所得的比例配成的。斯托曼营养液所应用的营养元素,与克鲁普营养液的区别在于,前者用了铵盐,即硝酸铵,其数量比例,在溶液中是氮∶磷酸 = 2∶1,在实验开始时,溶液的浓度每公升不超过 3 克固体物质。每天补充蒸发掉的水分,有时还补充磷酸,使溶液一直保持实验开始的微酸性状态。把植物移植到新鲜溶液中是很有利的。斯托曼栽培的两株玉米成熟时高达 2.02 米和 1.27 米(从根部到植物顶端计算),干重分别为 64.38 克和 56.17 克;灰分含量为 7.5%～8.9%;种子和收获时植株重量的比例(不包括灰分)是 1∶57.3 和 1∶49.1;水培中玉米植株平均重量比种子重量的 53 倍还要多(不包括灰分)。在肥沃的菜园土上有机物质的收获量相当于玉米种子的 7 倍到 15 倍。

如上所述,克鲁普营养液完全不包含硅酸,也没有任何含氮的化合物。但是根据卢夏乌埃尔(Рушауэр)分析结果,在玉米秸秆的灰分中,一般含有 29% 的硅酸和 6.25% 的食盐。按照维尔依(Вэйь)的分析结果,在玉米茎叶中大约有 38% 的硅酸和 2.25% 的食盐。

诺贝认为,氯和氯化物是荞麦必需的营养料。他成功地使荞麦在克鲁普营养液中发芽,并苗壮生长。诺贝在其溶液中加入了氯化钾,他们栽培的植物,茎高 2.74 米[1],有 115 个分枝,946 片叶子,521 个花枝,796 个成熟了的和 108 个没有成熟的籽实。整个植物的风干重量 119.7 克(其中成熟种子有 22.6 克),植株重量为种子重量的 4.786 倍。[*]

许多事实表明氯化物对植物发育有重要意义,兹格尔特(Зигерт)、莱依特盖格尔(Лейдгеккер)、别依尔(Бейр)、卢卡努斯(Луканус)和瓦格涅尔都报道过。莱依特盖格尔确定,栽培在营养液中的荞麦,如果没有氯存在,那么它的花器官与别的植物的花器官一样,很少有区别,结果也不会发生授粉,"个别花束会凋萎和干枯,连一个籽实也没有"。别依尔对燕麦进行了同样的观察。瓦格涅尔,也在威尔格里-威克实验室观察了在缺乏氯的营养液中生长的玉米,其雄花完全没有花粉,但有一些雌花还是健康的,用别的植物的花粉进行人工授粉,得到了 5 粒小的、能发芽的种子。

克鲁普早年布置的实验和现在布置的实验之间,存在着矛盾现象。1868 年夏天,他们在没有氯的溶液中栽培的玉米植株只有 1 米高,但是结了成熟的种子。籽粒产量和过去实验的产量相比要少得多(140 粒种子)。在最近的实验中克鲁普利用了营养液,其中包含有硫酸盐和磷酸盐,但缺乏氮素(他没有说明),在没有氯的溶液中,两株植物仅仅产生了 20 粒种子,其数量与诺贝在含有氯的溶液中所获得的种子相比(796 成熟的种子,

---

[1]　可能是茎和枝长的总和。——译者注

[*]　植物的这个产量还是不大的,比一般在肥土中的荞麦产量相差很远。(Landwirt, versuchstat. 1868.)

108 粒不完全成熟的种子)是非常少的。克鲁普说："荞麦植物栽培在 0.25％的氯化钾溶液中就不能结实。现在看来,将旱地植物在营养液中进行盆栽实验有许多困难,正如诺贝指出的那样,进行这一类的实验需要有一个很有经验的助手。"[1]

早已确定,食盐影响植物种子产量的提高。这个现象是我根据实验结果最先阐明的。在这个实验中我研究了食盐对土壤碱的作用,同时还利用了慕尼黑农业联合委员会有关肥料实验的结果,食盐能促使植物吸收更多的形成种子的土壤成分,因而提高了种子的产量。

除了这个间接作用以外,正如 1864 年慕尼黑实验所表明的,食盐对植物生长还有直接影响。它是植物器官的组成部分,它能促进植物地上部分的生长,防止植物基部消耗,因此能提高种子产量。*

用食盐作肥料来提高种子产量,远在 N. 里曼时候就开始了。他在菜园土上进行的实验确定,两块地施同样的过磷酸钙播种大豆和豌豆,除此以外,一块施食盐一块没有施食盐,结果施了食盐的那块地,种子产量要高得多。

除此以外,里曼通过分析大豆、豌豆茎叶确定,施了食盐的植株中含氮量比没有施食盐的要少些,而种子量则要多些。

沙里姆·嘉斯特马尔和车列尔的实验也指出,钠参与某些谷类作物种子形成过程,例如,大麦就是这样。斯托曼的实验,也同样证明钠参与植物营养过程。他观察到生长在含钠离子与不含钠离子的溶液中的玉米,在整个生长过程中,形态上有很大的差异;在没有钠盐溶液中的植株,外形完全不同,长宽形的叶子变成圆齿形的叶子,雄花发育比雌花要慢得多,并且弱些。应当指出,克鲁普在缺钠的营养液中进行实验所栽培的玉米,其花和叶子比正常生长的玉米没有什么明显的差别;从栽培在有 Na^+ 和没有 Na^+ 环境中的玉米来看,从外形上很难看出 Na^+ 有什么特殊的作用,因此,可以想见,斯托曼的实验还有别的什么条件在起作用。**

同时,克鲁普的实验表明,除去硅酸、氯和钠等离子对玉米生长没有直接危险。而在斯托曼的实验中,我们看到,把氧化镁和石灰去掉,植物就不能发育。

当营养液中的硝酸钙被等当量的硝酸镁来代替,不久,玉米生长明显变慢,仅仅生长很小的、病态状的叶子;再加入硝酸钙,很快又引起显著的变化。这个变化只要 5 小时就可以看到,已经停止生长 4 个星期的植株又重新生长起来,后来,植株就不断地生长发育。

将营养液中的镁盐用石灰代替的实验,植株生长的状况也和缺乏石灰一样,生长得很小;当加入硝酸镁,则立刻好转。

用别的植物做的实验也是一样,证明石灰和镁都是植物生育所需要的。沃伦进行的燕麦实验表明,将营养液中所含的石灰和氧化镁减少到原有的 1/8,那么,对其中生长的植物没有明显的危害;如果继续减少这些元素的含量,就要引起减产。从植物对碱土族元素需要的事实可以看到,每一种物质对有机合成有其不同的作用,但是,任何一个元素都不可缺少。例如,斯托曼观察到:在开始生长时,如果缺乏石灰,植物就形成雌花;如果

---

① 李比希的这些话很好地说明了实验的困难特征,这困难是改造水培和砂培的方法成现在的状态所不得不克服的。用此方法甚至刚开始工作的人也充满信心地获得实验植物的良好发育。——译者注

* Zëller. Journ. f. Landw. 1867.

** 从 5 月到 8 月,在克鲁普实验中,一株玉米形成 15 片叶子,中间的叶子有 7 厘米宽、60 厘米长。

缺乏镁,就形成不结实的雄花。这个观察一旦被证实,那么,就可以以此阐明石灰和镁在有机生命过程中所起的作用。事实上,它们的作用到现在仍然是不清楚的。因为石灰和镁,常常是种子和叶子的成分。而且它们在植株中的数量变化很大,在同一株植物也是一样。一般说它们的数量彼此成反比例,也就是说,在灰分中含镁的数量大,含钙的数量就小。由此可以想见,这两种物质互相代替会得到别的什么结果。但是这个结果正确与否,仍值得怀疑。因为在植物灰分中,经常有钾盐存在,而且常常与这两个碱土元素的变化比例有密切关系。

在蒙·贝列维(Мон-Бревен)松树的灰分中,沙苏尔发现有钾、石灰、镁;石灰和氧化镁的数量比例是1∶7。在蒙良·沙里(Монля-Саль)的情况则相反,氧化镁很少。很明显,从这个事实我们可以得出结论,对于树木来说镁不是必要的成分。从蒙良·沙里灰分中的钾比蒙·贝列维松树灰分要多两倍。由此可以想见,蒙良·沙里松树的灰分中含镁很少,其原因不仅被石灰所代替,也被钾大量代替了。

在植物里,这种钾代替碱土族元素的情况经常碰到,特别显眼的是生长在瘠薄土壤上的匈牙利烟草;巴菌基烟叶其灰分中含钾量(在石灰含量相同的情况下)几乎只有德贝列琴斯基烟叶灰分中的2/3,然而后者烟叶灰分中镁的含量比前者多两倍。在4个巴菌基品种的烟叶中含钾量只有基贝列琴烟叶中钾的含量的1/3,而石灰含量占50%;巴菌基和德贝列琴斯基叶子灰分中镁的含量相同,仅占石灰的27%[①]。这三个盐基含量在同一植物不同品种之间的变动是如此之大,不可能是偶然的。[*]

钾对所有的植物都公认是必需的营养料,这是毫无例外的。用钠来代替钾的问题,到现在为止,对任何一种植物都还没有确定下来。

根据植物灰分的分析,其中经常存在钾、铁、石灰、镁的事实。我们当时得出了一个结论,认为这些元素都是植物所必需的,因而就叫做植物的营养料,这就是过去仅仅根据单纯的灰分分析结果所得的结论。现在,由于水培实验的发展,通过完全除去这个或另一个元素就可以看到它是否危害着植物生长;或将所缺乏的物质加到营养液中,观察其植物是否又马上恢复正常发育。除此以外,水培还表明,植物能借着叶子从空气中吸取

[①] Ca^{2+} 和 Mg^{2+} 间,Ca^{2+} 和 K^+ 间以及其他离子之间的关系,同样属于复杂的生理学问题,并且是后来广泛工作的对象,以确定名叫离子对抗性的领域。关于这一系列假说,类似有著名的 Kalkkali-Gesety-Ehrenbergá。——译者注

[*] 但是,应当注意,在土壤中这样或那样的营养物质影响到植物成分的含量(%),同时影响到植物灰分中各个成分之间的关系。例如,在慕尼黑实验中100份成熟的大豆茎秆灰分中,生长在以下条件含有不同量的营养元素:

含有	泥炭	泥炭加磷	泥炭加钾	泥炭加钠
钠	1.5	1.21	0.64	5.10
钾	28.43	29.37	58.25	33.04
镁	13.32	8.76	7.92	8.10
石灰	22.51	33.78	12.10	17.08
磷酸	4.18	14.14	3.39	3.85
占干物质灰分的%	8.51	9.88	9.64	9.03

除此以外,与灰分成分有关的,还有植物的年龄和植物的器官,植物越幼嫩,其灰分中含有的磷、钾相对越多;植物越老,灰分中石灰的成分越多。(车列尔)

二氧化碳中的碳素。至于腐植质，水培实验证明，它对植物生长没有特殊的、本质的意义。

克鲁普借水培实验的帮助，观察到一个重要事实，即生活在营养液中的植物通过根系分泌出碳酸。

虽然，在很久以前，沙苏尔也看到植物根系分泌出碳酸，但是这个现象的来龙去脉还是不清楚的。他还看到，植物吸收的氧气能够参与形成根系所分泌出来的碳酸。后来，我也证明：把没有受得损害的蔬菜作物的根系浸在蒸馏水中，结果蒸馏水中碳酸增加了。克鲁普第一次证明，植物不仅分泌出大量碳酸到根系周围的营养液中，而且，在这种情况下，植物所含的碳素物质也明显增加了。例如，在克鲁普的一些实验中看到，鲜重 200 克的植物在 8 昼夜中增加了 45 克重量，每天平均给营养液中增加 150% 的碳酸；当外面停止供给空气，也就停止了分泌碳酸。豆类作物仅仅在晚上分泌出碳酸，而不是在白天分泌碳酸，即便在云雾沉沉的白天也是一样。

除此以外，柯宁维德尔（Коренвиндер）的观察则证明，植物的根系不能吸收碳酸，无论是液态，还是气态，不仅如此，植物还给碳酸饱和了的水中供给碳酸。

最后，布置了相应的实验力图进一步证明，如果植物的叶子在没有二氧化碳的空气中生活，植物就要死亡，甚至在其根系能获得二氧化碳的情况下，它们的生命活动也要停止 *，植物也难免要死亡。

这些观察很值得注意，根系和叶子在吸收水分方面的性质是不同的，实际上植物吸收二氧化碳的唯一器官就是叶子，植物吸收二氧化碳的过程，根系没有参加①。由此可见，土壤甚至在缺乏二氧化碳的情况下，通过植物的叶子吸收空气中的二氧化碳，然后通过植物根系使土壤中的二氧化碳丰富起来。二氧化碳能溶解土壤成分，使碱族和碱土族化合物溶解、扩散，促使硅酸盐风化，因此，植物本身从实质上能提高土壤肥力。

但是，不能将上述观察转移到生活在土壤上的干旱植物上面。当然，由于扩散作用，如果植物组织内又有许多游离的二氧化碳，那么植物会分泌出一些二氧化碳到没有二氧化碳的营养溶液中去。在这种情况下，没有二氧化碳的营养液，对植物来说就好像是一个吸筒，把植物组织内游离的二氧化碳吸出来；如果有些植物完全不放出二氧化碳，或者只放出少量的二氧化碳到周围的环境中，那么，首先说明这些植物完全不通过叶子从空气中吸收二氧化碳，或者，它吸收的二氧化碳被植物完全同化了。

柯宁维德尔的实验说服力不大。植物供给水中的二氧化碳的来源是什么？植物起不起作用？这些问题都还没有弄清楚。二氧化碳是由氧化过程发生的，还是由于植物组织内部所含的二氧化碳比周围液体中所含的二氧化碳本来就高得多。实际上，生长在旱地上的植物比生长在水中，或其他缺乏二氧化碳营养液中的植物，条件完全不同。在旱地植物根系周围土壤空气中的二氧化碳比大气中的二氧化碳含量要多得多。所以在土壤水分中，二氧化碳常常成饱和状态。因此，这个问题常有争论，是生长在土壤中的植物

---

* Journ. Pharm. Chim, 50(4), p.209.

① 李比希没能正确评价呼吸作用，他不承认 CO_2 在植物体内是由于氧化过程形成的，而认为被植物根分泌的 CO_2 是被叶子吸收进去而在同化过程中没有来得及分解的（如在晚上）。——译者注

给土壤提供二氧化碳呢？还是植物生长在本来就含有二氧化碳的环境中呢？许多材料证明，在土壤中的植物通过根系还吸收二氧化碳。

其实，在很早以前，关于在旱地生长的植物根系，是否像生长在水中或无二氧化碳营养液中的植物根系一样，给土壤供给二氧化碳。这些说法，不能认为是充分验证过的。还有一种意见，似乎可以不要叶子，就可以从植物组织内部产生二氧化碳，我们认为也是根据不足的。在这两种情况下，只有全面分析情况，通过实验，问题才能解决。

在水培条件下不断供给植物营养物质，但是产量仍不高，其原因是不难理解的。关键在于所供给的植物营养物质的性质，土壤中营养物质的形式不同，其作用区别很大。

简单看一看水培中使用的盐类的成分，就够清楚的了。水培的营养液中的盐类，都是强酸化合物——硫酸盐、硝酸盐、磷酸盐和氯化物。植物所吸收的钙、镁成分，也不是以磷酸盐形式存在，和钾一样同植物酸结合着，只有把无机酸和碱基分开以后，才能出现磷酸盐。

植物根系能分泌出盐酸，植物具有分解氯化物并吸收其碱基的能力，根据库恩水培实验的材料，这都属于实事，没有怀疑的。但是，植物的这种能力不是很大的。在上述实验中，植物增重很少，根系周围的酸性溶液对植物生长产生不利影响；但是当碱基与酸根处于化合物状态的时候，那么溶液的性质就完全不同了。这些酸的化合物或者在植物体内被分解以供植物吸收利用其中的元素，或者成不分解的状态以满足植物大量需要。酸和碱基可能被植物同时利用，但是不能不承认这种盐类对于植物生长过程具有非常良好的影响。

在盆栽实验开始，所配成的混合营养液，有的是碱性反应，有的是中性和微酸性反应，其中有酸性盐类。碱土族和碱族盐类在有机体内遭到分解，根据酸的性质不同，分解的数量也不相同。在上述各种酸中，最易分解的是硝酸，最难分解的是硫酸，而磷酸则完全不分解。[①]

对这个事实的解释是，在含有硝酸盐的营养液中比不含硝酸盐的营养液中，植物生长好，生长量大。

瓦格涅尔布置的实验采用没有氯和没有硝酸盐的溶液。实验证明，除去硝酸盐时，也能得到正结果，实验表明营养液将变成碱性。在这种情况下，碱的释放与硫酸分解有关。关于硫酸在植物体内分解的机制，毫无疑问，是因为在有机体内形成白蛋白，其成分中就包含有硫。在这种情况下，这个硫只有来自于硫酸。据尤里曼观察，将牧草、三叶草以及植物的绿色部分，在水中熬煮时，产生硫化氢（这个观察我能证实），使硫酸分解的事实是很明显的。

在没有硝酸盐的营养液中，植物的发育是很有限的。在瓦格涅尔的实验中，最高的生物产量只有20～22克。将这个产量同克鲁普和斯托曼所获得的栽培在含有硝酸盐的营养液中的植物产量进行比较，我们清楚地看到，在这种情况下，植物的发育是很微弱的。这未必能归结为是缺乏氯的化合物。

----

① 李比希可能在此理解为，所谓酸，在它们进入复杂的蛋白质体组成中的结合。这种结合对硝酸和硫酸来说伴随着酸根的改变；至于磷酸，它的酸根完全不改变。但是在植物的作用下，磷酸盐溶液碱化时，这后一种情况就不好说了，因为它进入了核蛋白的分子中。——译者注

这些实验的意义在很大程度上被以下原因减弱了，即水培实验的倡导者们任意配制自己的营养液，往往每个人都制备成分不同的溶液，或者成分相同而浓度不同。

植物生长阶段不同，其所需要的各种营养物质的数量不同，除此以外，可能发生由于某种植物需要从营养液中吸收它特别需要的物质，可是被吸附在植物根系表面的第二种、第三种物质阻碍着。在这种情况下，通过根系表面释放在溶液中的这些物质的物理作用，对植物的有机活动产生不良影响；最后，不同的植物在溶液中吸收营养物质的能力是不相同的，这种性质与上面所说的，看起来多少有些矛盾。

由于水培实验，发现这样一个事实：植物可以在没有铵盐的营养液中生长。在这种情况下，植物生育所需要的氮素只有从硝酸中获得。后来，进一步发现，对水培植物来说，含铵盐的营养液不如含硝酸的营养液有利。

克鲁普和斯托曼证实，植物吸收硝酸铵比其他任何铵盐都更有利。

这个基本事实说明以下问题：如果，很容易分解的硝酸铵在植物器官中是解离为硝酸，那么对铵盐来说，作为营养物质就缺乏这种能力，铵盐可能还与难溶解的无机酸结合，加以植物不能克服那种酸的阻力来吸收铵态氮。

由此有人就得出一个结论，"铵"态氮本身似乎不是营养物质，它只能转化成硝酸盐以后，对植物才起有益的作用。不过这个结论，在任何情况下，包括在水培实验中，都没有找到根据。甘帕（Гампэ）、库恩、瓦格涅尔等人的新实验也没有证实这一点，所以干脆应当承认这个结论是没有根据的。事实上，不仅硝酸化合物，好像尿素、肌氨酸和硝酸盐一样，都参与到植物生长过程中，磷酸化合物中的铵态氮，也参与了这个过程。关于铵态氮是否能直接被植物从土壤里吸收，铵态氮是否是植物的营养物质的问题，直到现在，还完全没有证明。

所谈这些，也不意味着土壤里的硝酸盐对于许多植物来说与铵态氮的价值相同，都不是植物氮素给源了。绝大部分植物在自己的汁液里都含有"铵"态氮和"硝酸"盐。根据谢宾的观察，许多植物还含有硝酸盐。

植物根系从土壤中吸收的硝酸盐，都是钙、镁的化合物，与钾的化合物比较少。植物对这些元素的需要程度，对于硝酸盐的吸收很有意义。

在植物体内形成的许多含氮化合物，好像铵态氮的成分一样，如果把它都归功于硝酸盐，可能不是正确的。

在烟草植物中，这种酸的盐很多。或许是由于植物根系吸收的硝酸盐在植物汁液中以沉淀的形式积累，因为，它在形成尼古丁和其他化合物的时候未被消耗掉。

我们在植物营养过程方面的知识是很有限的，与水培有关的一系列问题还有待解决。正如我们曾经指出的，在水培开始时配成的酸性的或中性的营养液，在水培的过程中，在某些情况下，由于植物根系分泌出碱基，营养液变成了碱性。在这种情况下，植物在生育过程中的这种分泌物是由于硝酸盐分解引起的。最简单的解释是由于植物需要大量的硝酸，也就是说，植物生长需要的氮素比碱基多得多。如果在植物有机体内氮和碱基的数量是相等的，或者，植物需要碱比需要氮还要多，那么植物根系不能放出碱来。在最坏的情况下，假设碱基是从硝酸盐中获得的，那么，在生长期中植物应当分泌出氮素，或者，它应当转化成别的氮素化合物。按水培的方法布置实验，在植物生理方面的结果引起了很大的兴趣。但是不能过高地期望它，特别是对农业上的实际问题，因为农业上的目的完全是另一种性质的。农业生产实践是最重要的,必须寻找一种方法以获得越来越高的产量。可是在水培中不可能达到这个目的。对那些企图用水培办法来解决农业问题的,似乎不能予以重视。

土壤向植物提供的营养物质的性质和形式,与水培中营养液中的成分有明显的区别。令人惊异的是,在盐类溶液中植物也能获得完全发育,这些盐类,几乎在任何时候,在土壤水中都碰不到;如果碰到了,那也是很少的,正如在排水沟里的水分成分一样。

在评价水培植物的结果时,常常不要忽略在土壤中实验所得的材料。

生长在肥沃土壤中的植物所获得的养料,其形态极易转化成自己各器官的成分。同时,在水培过程中,植物为了吸收营养物质,植物要花很大的能量来克服营养成分在化学上的阻力。①

除此以外,植物所需要的、植物所吸收的营养物质,其数量随植物不同而不同。

水培植物的种子的灰分,从成分来说,和土壤里生长的植物的灰分是相近的。但是,应当指出,水培植物茎叶中的灰分比大田植物茎叶中的灰分要多两倍;很明显,将这两个灰分成分进行比较,可以得到一些很有意思的结论。

用水培方法,测定某些营养物质存在与否对植物产量的影响时,应当尽可能利用生长情况相同、外界环境相同,并生育在同一种营养溶液中的植物。虽然如此,其结果仍然往往是很不相同的。反过来,观察土壤和植物的关系,种子相同、外界条件相同,几乎提供完全相同的植物。旱生植物的根系在干旱的土壤中伸长比水溶液中伸长是完全不同的。在土壤中,根部很快就形成软木组织层,吸收养分的能力仍然保存着,主要靠根系最嫩的部分。

克鲁普根据自己的实验得出结论,认为硅酸和食盐不能看做是玉米必需的营养物质。这里应当附带声明一下,观测证明,在一定的条件下,硅酸在有机过程中可用石灰代替。至于食盐,我们曾经指出过,它能直接间接地对植物生长起许多有益的作用。食盐施到土壤中造成一种可能,使大量形成植物种子的成分进到植物体内,转化成植物器官的成分。食盐对植物生长和体内物质移动方面有一定的影响,它促进植物地上部分长高,同时使构成种子的成分,从植物营养器官向生殖器官转移,从而增加种子产量。的确,铵盐、硝酸盐、土壤中的磷酸盐对植物地上部分的生长,以及对增加种子产量起同样的作用,食盐可能被铵盐、硝酸盐所代替。但是这种情况还没有任何根据,特别是农民认为食盐对植物生长过程没有任何意义。

缺乏食盐,植物地上部分的生长、开花和结实,都要受到限制,在这种情况下,很自然地常常影响到植物种子成分的供给。

根据皮库斯(Пинкус)的观察,在三叶草地里施用石膏,就能改变植物的生长形态:三叶草的茎叶和花的相对数量和绝对数量都有变化。在 100 份没有施用石膏的三叶草地段上,有 17 份开了花;在施了石膏的 100 份三叶草的地上,只有 12 份开花;从一个莫尔根(Моргена)施了石膏的地段上,三叶草的干草重,大约要多 1/3,但是所有的花的产量比没有施用石膏的地上则要少 3%。

---

① 在这里,李比希非常肯定地说大部分进入植物的物质是处于吸着状态,而不是中性盐的形式,正如我们现在说的。这一观点是十分有趣的,并且到现在几乎没有受到过质疑。——译者注

由此可以得到这样的结论，石膏对三叶草花的形成有不利影响。虽然如此，我们知道，在石膏影响下三叶草增产的原因与其说是石膏本身的成分，不如说是它在土壤中引起的化学变化。使三叶草所需要的营养物质溶解，变成有效状态，使三叶草在整个土层中到处能获得充足的养料。

不难理解，"营养物质"这个概念如何解释遇到了多种困难。

如果"营养物质"这个概念是由植物所含的成分决定的，那么，我们应当将植物中所含的物质和元素都包括在这个范畴内。

在植物整个生育期内，通过一系列的过程形成各种植物组织。构成这些组织的物质，以及为了完成这些过程所需要的一些物质和元素，都是"营养物质"。但是从化学意义上来说，有些化合物不直接变成植物体内的成分，这意味着这些化合物是没有营养价值的"营养物质"。

在这些物质中，例如某些物质的发生，例如空气中氧气，在生活过程中，为了保持生命，无疑是必需的；而且，没有一个人不认为氧是动物所需要的"营养物质"。

在植物生命过程中，水就起这种作用。植物不仅需要一定量的水分，以组成其含氢的成分，同时，水分是其生存所必需的，是植物吸收养分所必需的，而且水能促进植物内部所发生的有机过程。

二氧化碳也是一样，对植物的价值不仅是一个营养物质，供给植物的碳素以形成含碳物质；此外，其价值还在于使土壤中不溶解于水的一些物质溶解，变成植物易于吸收的状态。

某一种物质对植物生活是不是需要的问题，那么不得不讨论这种物质的有益程度。如果我们承认，某个生长在土壤上的植物，硅酸、食盐是其组织的成分。可是在水培中，没有这些物质存在，植物也能开花和结实，那么这个事实本身，在植物生理方面就是很有兴趣的事实。但是，还不能得出一个结论，说这些物质在通常的气候和生活的条件下是没有益处的，也不能得出另一个结论，说它们对植物生存是必需的。

其实，有些研究者已经指出，有时，在一个地方，在两块田里种不同品种的土豆。在一块田里的土豆出现一片病株，茎叶都枯萎了；而在毗连的一块地里，没有看到土豆上有任何病株出现的迹象。两个土豆品种遭受同等程度的疾病危害，一个品种的抵抗力比另一个品种要强，所以一个品种死了，而另一个品种还是健康的。

产生这种现象的原因，就是在于某些物质的作用，由于这些物质在土壤中的数量，或者由于不同种的植物吸收能力不同，影响到植物有机体生育状况也不同。整个植物是这样，个别器官也是这样。品种不同，茎叶的灰分成分无论按其数量或者按其比例都不相同。甚至有人还观察到，同一植物品种，当其在不同的土壤条件下生长，例如，在两块厩肥施用量不同的田里，对病害的反应是不同的。许多年来，有些国家就通过施用石灰和灰分，作为完全防治土豆病害的实际措施。*

----

* 这里应当提到 1863—1864 年在慕尼黑的土豆实验：实验的第一年并没有有意去研究土豆病害，可是令人怀疑的是，所有的土豆栽培在土壤中的时候，都遭到病害的侵犯，只有实验田上的土豆茎叶生长良好，收土豆时，土豆的块根也很健康。过了一段时间以后，在同样的条件下，在没有施泥炭和生长在施了泥炭、磷酸、铵态氮地段上的土豆根块都长满了病斑；而在泥炭加磷、钾肥料地上的土豆则完全是健康的。

健康的土豆块根，含有很高含量的钾。第二年，重复这三个实验，采用的种子在收获时没有一个是有病的，甚至在整个冬季贮藏过程中都是健康的。可是，在下一年的实验中，植物生育的初期病害就感染了全部实验，茎叶几乎完全破坏，块根变小，发育不足。可惜块根没有进行化学分析，估计，毫无疑问，这些幼嫩的土豆根块，含钾量一定很多，正如 1863 年在泥炭加磷、钾的实验处理中所收获的健康土豆块一样。

很明显，我们应当把某些物质的存在看做植物正常生长发育所必需的条件（如果，我们认为不包括在"营养物质"的概念里）。有些物质能够增加植物抵抗病害的能力，这样就能保证植物继续存在，有时由于缺乏这些物质，就会使植物遭受病害。

到现在为止，所进行的实验还不能认为是有充分根据地、确切地确定无机营养物质如何参与形成植物器官的过程；它们也不能够说明营养物质以什么方式影响植物组织，影响到植物汁液和种子成分的不同，在植物生理研究方面，这里开辟了广阔的天地。

正如我们所知，磷酸是种子和植物汁液的经常组成成分，不可能用任何其他的化合物来代替，况且，氮素、硝酸、铵盐，可能还有肌氨基酸和尿酸，植物利用它们形成含氮的植物组织。特别是头两种物质对某些植物来说，能够互相代替。植物在合成含硫蛋白质时，需要有一定数量的硫酸和磷酸，在这方面是不能代替的。

梅依尔（Мейер）、车列尔、费林格、法依斯特等人，对谷类植物种子的研究表明，在磷酸与蛋白质之间存在着正相关，这两者之间，同时增加，同时减少。这就说明，种子成分中的这两个元素之间存在着依赖关系；说明蛋白质的形成（类胶物和干酪素等）是以磷酸的存在和作用为前提的。

里特考兹因新的研究结果表明，在植物体内遇到的蛋白化合物（蛋白质）就是含磷酸的化合物。这个事实说明，磷酸经常伴随着它。

蛋白化合物的可溶性与不溶性，蛋白化合物在植物组织中的转移与游离，在很大程度上依赖于碱和碱土族元素的存在，这些碱同蛋白质结合可变成蛋白化合物。

在形成蛋白化合物时，磷酸究竟起什么作用？ 很可能，像铁在形成绿的和红的物质——叶绿素中所起的作用。叶绿素中所含铁的量是很少的。虽然如此，假若完全把它除掉，植物就会枯萎而死亡。[*]

关于碱和碱土族元素，特别是钾，参与植物中糖和其他碳水化合物的形成问题是不很清楚的。在糖分丰富的植物汁液中，淀粉很丰富的块茎和块根中主要成分是钾，而钾与糖和淀粉不是化学的结合。

钾素，一般说"碱"，在植物体内都呈植物酸盐的形式，例如，草酸盐、柠檬酸盐和酒石酸盐等等。非常可能，糖和淀粉主要是由这些植物酸所形成，而不是由碳酸飞跃地形成的。那么，碱也应当参与糖和其他碳水化合物的形成，这就说明，其作用好像在有机过程中工作的原料，利用它使碳酸转化成植物器官的成分。

后来，我们才知道，渗出来的树胶常常含有大量的石灰、镁、钾等元素。阿拉伯胶就是这些盐基和阿拉伯糖相化合的盐类。阿拉伯糖呈酸性反应，具有弱酸的全部特性。

石灰以不同形式参与纤维素和细胞壁、细胞膜的形成与生长，其事实是毋庸置疑的。无论什么情况，石灰参与有机合成是完全肯定的。在这层意义上也就是说，石灰是一种嵌入物质，石灰常常能代替硅酸。细胞膜应当看做是细胞物质和各种无机物质的扩散化合物（石灰、硅酸）；同理，应当把硫化橡胶看成是硫和橡胶的松散化合物。没有这些嵌入

---

[*] 克鲁普指出，牧草、荞麦不能在缺铁溶液中发育。相反地，玉米和豌豆在这种溶液中生长，它们的叶子在整个生长期内都是浓绿色的。

物质,如石灰和硅酸,本身也很难成为不同性质的细胞膜。如果没有石灰和硅酸存在,那么常常可以看到,这个功能将由磷酸钙来完成。

对植物和植物各部分在不同发育阶段的研究表明,钾素以及一般的碱金属,在植物生长初期被大量吸收。除去种子里的灰分以后,钾素是幼嫩芽叶中主要灰分成分。随着有机物质(即纤维素)的形成,在功能叶中石灰和硅酸的含量不断增加(车列尔)。按车列尔的观察,在形成大麦种子的时候,也存在相同的关系。

在多年生植物茎叶生长的过程中,发生碱和磷酸向植物茎或根的方向移动。在山毛榉幼嫩的叶子中,车列尔发现在其灰分中有 30％ 的钾素;而在开花的石刁柏的茎秆中,其灰分中有 34％ 的钾素。同时,秋天从树上落下的枯叶含钾量是 1％～4％;而秋天死亡的石刁柏茎秆中仅含 11.17％ 的钾素。至于石灰,其含量则相反:在山毛榉叶子中,不同生育阶段含石灰量不同,从嫩叶子变到老叶子,石灰含量从 9.83％ 增加到 34％;开花的山毛榉茎秆灰分中石灰含量为 9％,死茎中石灰含量增加到 24％。

磷酸的吸收在整个生长过程中是很均匀的。在补充足够的氮素情况下,磷酸能增加其形成的蛋白质数量。

阿烈德(Арендт)曾经确定,植物上部含镁量比植物下部要多些。我们已经提到,禾谷类种子含镁量特别丰富,它成为灰分中仅次于钾的主要成分。

实验证实了土壤在植物生活中的作用方面所取得的材料。土壤中某些成分参与植物的生命过程,土壤含有这些物质,并给植物供给这些物质,以便植物在土壤中生长。

因此,我们看到,过去把"土壤肥力"的概念归结为一系列的物质成分,即土壤中的磷酸、硫酸、石灰、镁、钾(钠)、铁、食盐、硅酸等。但是,土壤肥力还与决定作物高产和稳产的某些其他条件有关系。

1.9　土壤耕作层的形成

坚硬的母岩,在各种因素的作用下逐步丧失其内聚力,崩解成碎片。又从岩石碎片,遭受同样的变化,并产生土壤耕作层。

岩石颗粒间黏结性破坏的原因,一部分是机械性的,一部分是化学性的。这种现象到处可以看到。有的山岭终年积雪,有的山脊阶段积雪。这样,很硬的岩石都裂成碎片,[*]碎片随冰川移动,或被磨成圆球形或变成粉末状,在冰川造成的小河中流动,由这些岩石粉末形成混合液,经常是混浊的。这些粉末冲到平原和河谷,在那里沉淀下来,形成肥沃的土壤。

"因为我常遇到非常厚的土壤荒地,有黏土、砂土、砾石,我往往不相信物理上的原因。例如这些溪流和小河怎么能够使这么大量的物质变成粉末?可是从另一方面,当我

---

[*]　我常常在安第斯山和火地岛观察到,那里每年大部分时间都被冰雪覆盖着,经过非常强烈的破碎作用,形成许多小碎块。斯科列斯贝(Скоресби)在西彼茨比尔格(Щпичберген)也观察到同样现象,他证明,这种破碎作用是严寒造成的。(达尔文)

听到那瀑布雷鸣般的吼声,当我想到,在那日夜不息的漫长时间里,这些破坏和毁灭的因素,以致使有些动物整个种族都绝迹了。那么我又感到不理解了,岩石物质是怎样能够抵抗这些因素的破坏作用的。"(达尔文)

还有许多岩石的化学崩解,如氧、空气中的二氧化碳和水分等因素,对岩石成分的崩解作用,也列为机械作用。

这些化学因素是风化作用的直接原因。它们的作用在时间上是无限的,这个作用每一秒钟都存在,甚至不能不承认,它们所产生的作用,在整个人类生活中都无法估计。

岁月易逝,研磨过的花岗岩板面,在风化作用下,首先失去光泽,再经过漫长的时间,在这个过程中大块的花岗岩在化学因素作用下不断崩解成细小的碎片。

水常常伴随着氧气和二氧化碳的作用,它们紧密联系,甚至很难分开它们。

很多岩石,例如玄武岩、黏板岩,其中含有亚铁化合物,具有吸收氧气转化成氧化物的能力。这个性质,我们在含铁丰富的耕层中看见过。从表层开始到一定的深度,它们呈红棕色或红褐色,含有氧化铁;底土则相反,呈灰色或黑褐色,含有亚铁。深耕时,将底土翻到表面。这种土壤曾经是很肥沃的,经过许多年,肥力要减退,原来是不红的重新变成红色的。也就是说,亚铁变成氧化铁,这种情况是屡见不鲜的。

正像结晶性亚铁盐丧失了黏结力而变成粉末,许多岩石,当它的成分与氧化合,也是一样,由于产生了新的化合物,原来的化合物结构被破坏。如果岩石本身包括有硫化物,例如硫铁矿、磁铁矿,正如在花岗岩中经常碰到的一样,这些硫铁矿将逐渐转化成硫酸盐。

许多岩石,如长石、玄武岩、斑岩、黏板岩和许多有石灰石结构的岩石,都是硅酸盐的混合体,它们是由氧化铝、石灰、钾、钠、铁和二氧化锰等组成的不同的硅酸盐化合物。

关于水和二氧化碳对岩石风化有什么影响,首先应当了解二氧化硅和它的碱基化合物的特征,这样才能得到明确的概念。

石英或水晶是二氧化硅最纯的形式,在这种状态时,无论是在冷水中还是在热水中,它都不溶解,无气味,对植物颜色没有反应。根据这些特点就决定了它同碱、同其他金属氧化物形成类似盐类的化合物,叫做硅酸盐。窗户和镜子上的玻璃,就是硅酸和碱基的混合物——钾、钠、钙的混合物。观察证明,大部分玻璃品种中的碱呈中性状态。只有酸才具有完全使碱中和并与金属氧化物相化合的能力,这就证明了为什么把二氧化硅叫做硅酸。

硅酸属于弱酸的范畴。我们曾经指出,它完全没有其他酸所特有的酸味,也不具备许多结晶状态的酸那样的溶解度。

相反,细粉末状态的硅酸在碱溶液中稍煮则能溶解。

同钾、钠结合的硅酸化合物最容易用干燥的方法得到。利用纯石英砂或者用碳酸碱和石英砂熔融而得的玻璃,按照其中所含的熔解的成分具有不同的特点。70%的硅酸和30%的苛性钾或钠溶解于开水中就能得到玻璃。如果,把这种溶液涂在木头和铁器上,干了以后,就能得到一层玻璃状的薄膜。因此,这种玻璃有一个名称,叫做溶解玻璃或称水玻璃。

如果硅酸成分多,碱少,就会不同程度地减少这种玻璃在水中的溶解度。

水溶性的硅酸盐在所有的酸的作用下，无例外地都分解。如果硅酸盐溶液所含的硅酸重量超过水的 1/300，那么，加酸时就得到透明的沉淀，样子像"凝胶"，这个沉淀是二氧化硅和水的化合物——水化硅酸。如果溶液中有少量的硅酸，那么它在加酸的时候，完全变成透明的。

最近的事实表明，从硅酸碱的化合物中分解出硅酸的某种状态，在一定程度上它溶解于水中。事实上，如果我们用水将硅酸的沉淀洗干净，那么它的体积要减小，然后蒸干这些水分，就很容易测定溶解于其中的硅酸。

不难理解，硅酸具有双重化学性质。它似乎能从某些硅酸盐中分泌出来，它表现出同石英砂或水晶完全不同的特性。如果溶液中有充分的水分时，要把硅酸和盐基分开，或者要从溶液中把硅酸分离出来，又要保持硅酸的溶解状态，那是怎么也分离不出来的。在某种情况下，硅酸比石膏更容易溶解于水。

充分干燥以便硅酸呈凝聚状态，这样它就丧失了易溶于水的能力。当浓缩到一定程度时，硅酸溶液在酸中冷却，就变成像水一样透明的凝聚状态；就是把器皿翻转过来，也没有一滴硅酸流出来。

在进一步干燥时，硅酸和使硅酸膨胀成凝胶状态的水分就分开了。

水分和硅酸的亲和力是很弱的，在常温条件下彼此都发生分离。

脱水硅酸变成溶解于水的硅酸，按其性质来说与结晶的硅酸不完全一样（与石英、砂子等等比）。硅酸在常温条件下具有溶解于碱的能力，不仅溶在苛性碱中而且溶在碳酸钠溶液中，甚至在事先经过高温处理的情况下，都能溶解于碱中。

由此可见，不见得有某一种别的无机物质，正如硅酸一样，具有如此明显的特性。

大部分含有碱性盐基的硅酸盐都不溶于冷水，但是在与热水不断接触时，特别是含有酸的场合下，又能溶解了。远在上一世纪中叶，当硅酸盐的这一特性还不明确，这类现象就成为所谓"水可以变成土"的口实。

在玻璃器皿中蒸馏水分，蒸干以后，常常残留一些土壤物质，往往在蒸干 10 倍或更多的水分之后，就存留有土壤的沉淀。拉乌阿兹（Лавуачье）指出，用玻璃或珐琅器皿，装开水时，有一部分被溶解了，器皿的重量减少；蒸干以后，泥土的沉淀存留多少，器皿重量就减少多少。在纯金属器皿中蒸馏水分，就没有这种现象。

水对玻璃中硅酸盐的作用，表现在使玻璃变暗。在温室框架上的玻璃受大气的影响最大。我们看到，在牛栏旁，因为这里有动物呼吸，有动物物质腐解，因此空气中二氧化碳含量很多，这里的玻璃遭受二氧化碳的影响也最大，玻璃变化也最大。

硅酸是所有的酸中最弱的，溶解的二氧化硅完全通过碳酸来分解。

水玻璃的溶液在二氧化碳饱和的状态下成凝胶状态，可以估计到在充分稀释的条件下一定会发生分解。但是，在这种溶液中没有发现分解出硅酸，在这种情况下，硅酸成溶解状态存留在水中。

在水分和酸的作用下，硅酸盐中含碱量越大，硅酸盐就溶解得越快、越容易。在水和二氧化碳的作用下，无机界有许多例子说明在岩石中硅酸盐不断完成其溶解的过程。

按照这个原理所布置的实验，毫无疑问地证明，大量的陶土地（高岭土）是从长石和含有长石的岩石发育而来的。由于水对硅酸钠和硅酸钾的分解作用,长石可以看做是硅酸黏土和硅酸碱的化合物,在这个化合物中硅酸碱溶解于水,随着硅酸碱的淋失,留下来的是耐火的陶土*。

伏尔希卡麦尔(Форшгаммер)的实验表明,长石在水中热到150℃,并在与此温度相适应的压力下面溶解,在这种条件下水分具有强碱性反应,并保持着溶解的硅酸。在依斯拉金(Исландии)的温泉,水是从很深的地方涌出来的,**因此它承受很大的压力。伏尔希卡麦尔的分析确定,在这种水中,含有溶解的钠长石的成分,和黑色的发岩中含镁的硅酸盐。毫无疑问,从这种岩石中喷出来的温泉,曾进行着大规模的、连续不断的转化过程,使结晶形态的长石转化成黏土。

在常温条件下,水如果像泉水和雨水一样含有二氧化碳,那么就好像在高温高压之下起同样的作用。

波里斯托夫和维格曼将白砂在王水中稍煮,完全洗去其中的酸以后,在水中存放30天使二氧化碳饱和。

这个水分的分析结果表明,在砂子中有硅酸盐,常常可以抵抗王水短期的作用,在含有二氧化碳的水的长期作用下,硅酸盐就遭到溶解。在这种情况下,水中含有硅酸和碳酸钾、石灰和溶解状态的滑石土。

所有的岩石成分中都含有带碱基的硅酸盐,不能长期抵抗碳酸的溶解能力。碱、石灰、镁本身溶解,或者在硅酸的化合物中与三氧化二铝化合,或者存留在硅酸化合物中。

观察表明,在岩石风化的时候,碱和石灰被水溶解,并和硅酸、三氧化二铝一道被水淋走,仅仅只有原始岩石中1/15的碱沉淀下来。

在矿物中存留下来的碱(哪怕是很微量的碱),以及某些溶解于碳酸中的盐基,一直到水和碳酸继续作用,引起矿物组成部分进一步崩解。

按照伏尔希卡麦尔的意见,在丹麦经常遇到的黄色黏土就是花岗岩中的长石转化成的高岭土,况且,有些剩下来没有破坏的石英形成的砂粒,也包含在黏土中。在这种黏土中我们还发现花岗岩的钛铁、磁铁矿、氧化铁和氧化钛。从闪长石和正长石形成不含有

---

* 长石的成分

％	长石	钠长石	钙钠长石	钙斜长石
硅酸	65.9	69.8	55.8	44.5
黏土	17.8	18.8	26.5	34.5
钾	16.3	—	—	—
钠	—	11.4	4.0	—
镁	—	—	—	5.2
钙	—	—	11.0	15.7
氧化碳	—	—	1.3	0.7

** 28盎司温泉水中所含的干物质

石膏	0.453	食盐	2.264
硫酸钠 }	0.827	钠	1.767
镁 }		硅酸	5.506

云母的蓝色胶泥（伏尔希卡麦尔），斑岩风化形成大理层的胶泥。在哈勒附近[*]加一点水很容易使白色的基本物质和黄色的长石分开（米契里希）。

溶解于水或溶解于苛性钾中的硅酸，有时从这个溶液中沉淀下来，沉积在结晶状的长石上，也变成结晶形式。这个现象经常在特拉乌里特（Траунит）看到（塞米各尔，波恩附近），大部分砂岩含有硅酸盐和碱基的混合物。在格伊宁别尔格（Гейленбер）附近，常常看到一块块的长石部分地转变成黏土，它们在砂岩上形成白色斑点。

陶土分析结果表明，[**]由长石溶解的陶土但尚未达到那个程度，所有这些黏土都含有钾素，毫无例外。

在自然界所遇到的各种黏土，耐火的黏土叫做陶土，这种黏土在炉子里煅烧时不熔化。

这种耐火性依赖于各种黏土和碱基，即钾、钠、钙、镁和亚铁的含量。如果将大部分其他类型的黏土和陶土进行对比，那么耐火的黏土含碱量相对要少；普通岩石风化的黏土、在耕层土壤中与煤和褐煤混在一起的黏土一烧就结块，在高温煅烧时变成玻璃状的东西；而普通黏土煅烧时熔化成炉渣。没有含氧化铁和亚铁的黏土在煅烧时易于熔化，这与其中所含的碱基直接有关。

从钾长石形成的黏土本身不含有石灰；从钙钠长石（玄武岩和熔岩成分）风化则形成钙质的和钠质的黏土。

富有黏土的石灰石也含有相当大量的碱，属于这类的矿物有泥灰石和火山灰。它们与所有其他的石灰岩区别的地方在于它们有一个特性，即煅烧后与水接触就变硬，形成类似岩石一样的东西。泥灰土煅烧后（还有自然界的火山灰），其黏土成分和石灰互相起化学作用，结果就得到硅酸钾、硅酸钙，像无水的千枚岩一样，这个化合物与水接触，正好像是煅烧过的石膏一样吸收一些水分，形成结晶的化合物。[***]

很明显，所有的黏土或其他矿物混合物（耕作层黏土）在水和碳酸的作用下不断变化，其中所含的碱和碱基变成了溶液；这种情况下的硅酸分解成碳酸碱和水化硅酸。水

---

[*] 在摩里亚、哈勒附近所取的长石和陶土中包含：

硅酸	71.42%
Al_2O_3	26.07%
Fe_2O_3	1.93%
CaO	0.13%
K_2O	0.45%

[**] 陶土的分析结果：

项目/ 取土地点	申特—伊沃尔·李莫日 （Сент-Иврелимож）	麦申 （Меисен）	申列别尔格 （Шлееберг）
硅酸	46.8	52.8	43.6
Al_2O_3	37.3	31.2	37.7
K_2O	2.5	2.2	—
Fe_2O_3	—	—	1.5
K 和 H_2O	—	—	12.5

[***] 如果把一块白垩在水玻璃中浸湿，那么在白垩表面形成一层硬的、岩石般的化合物。在硅酸钾中，钾被白垩中的钙所代替，这样钾释放出来了，成为碳酸钾（库里曼）。

化硅酸具有自己特殊的形式,溶于水而分布在土壤中。

空气、二氧化碳、水分对岩石成分的作用,在南美、在数千年来荒无人迹的地方最容易看到,那里的猎户和牧人成功地发现许多银矿。含有银成分的岩石中,别的成分遭到风化溶解慢慢地淋失走了,由于这种金属能抵抗风蚀破坏,结果存留在岩石表面,金属银的矿脉暴露在岩石表面,成尖锐的齿形和棱角形状。这个事实很能说明问题。[*]

1.10   土壤耕作层的组成

以上关于土壤耕作层形成的解释是确切而无可争辩的。

土壤耕作层是岩石风化形成的,其特性决定于母岩的成分。这些主要的土壤成分,我们称之为砂子、石灰和黏土。

纯砂子和石灰石,其中除了硅酸、碳酸和硅酸钙外,没有其他的无机成分,完全是没有什么肥力的。

在任何情况下,黏土是肥沃土壤的必要成分。

土壤耕作层中哪里来的黏土?黏土是什么成分?它又怎样参与植物生长过程呢?

黏土是岩石风化时三氧化二铝矿物形成的。这些遭到风化的矿物中最常见的是各种长石,普通的有钾长石、钠长石、钙长石、云母和沸石。

这些矿物是花岗岩、片麻岩、云母页岩、斑岩、黏板岩、火山岩、玄武岩、响岩、熔岩等的成分。

两头的代表,灰岩中有纯石英、黏板岩和石灰岩;砂岩中有石英和黏土。石灰的过渡形态是白云石,白云石中夹杂有黏土的、长石的、斑岩的、黏板岩的混合物。从白云石中可分出黏土成分。尤尔的石灰岩含有 3%～20% 的黏土,而符腾堡的石灰岩则含 45%～50% 的黏土;贝壳的和粗质的石灰岩中,其黏土或多或少都是丰富的。

不难发现,在地球表面含有黏土的化石分布很广。我们曾提到过,在肥沃的土壤中,往往有许多黏土,只有当土壤耕作层中的黏土被别的物质所代替,在这种情况下,在土壤耕作层中可能缺乏黏土。黏土有许多特殊的原因影响植物生活,并直接参与植物的生育过程。

在黏土中含有碱、碱土族以及磷酸和硫酸盐就是其中的原因。

三氧化二铝间接参与植物生育过程,它有使土壤吸收水分和铵盐的能力。只有在某些特殊情况下,三氧化二铝才成为植物灰分的组成部分,但是常常伴随着硅酸。在大多数情况下,在植物体内由于碱的影响,硅酸含量下降[**]。

为了对黏土中碱的浓度有一个量的概念,需要记住:钾长石含 17.75% 的钾,钠长石含 11.43% 的钠,云母和沸石分别含 3%～5% 和 13%～16% 的碱。

---

[*] 卡隆奇洛矿区,多年来出产银矿,价值数十万英镑。有人想把石头投入矿粉中,突然发现这种石头比一般矿石要重得多。后来发现,石头中有纯银。在沟状的岩石中有纯银脉。

[**] 将三氧化二铝加入含有腐殖质的浸出液中,溶液中马上沉淀出红色物质而转化成不溶解状(维格曼,波里斯托夫)。

根据格曼宁（Гмелин）、李费（Лев）、夫里克（Фрике）、马依耳（Мейер）、列得钦巴哈依耳（Редтенбахер）的分析证明：响岩和玄武岩含有 $0.75\%\sim3\%$ 的钾和 $5\%\sim7\%$ 的钠，黏板岩含有 $2.75\%\sim3.31\%$，黏土含有 $1.5\%\sim4\%$ 的钾。*

如果我们根据重量来计算土层中钾的含量，这个土层是 2500 平方米宽、20 英寸厚岩石风化的结果，那么在这一土层钾的含量如下：

从钾长石风化出来的钾　　　1 152 000（斤）

从响岩风化出来的钾　　　　200 000～400 000（斤）

从玄武岩风化出来的钾　　　47 500～75 000（斤）

从黏板岩风化出来的钾　　　100 000～200 000（斤）

从黏土风化出来的钾　　　　87 000～300 000（斤）

在所有的黏土类型中都有碱的存在。每次测定黏土中碱的含量时都发现有这些成分。在费列特车山过渡型母岩中，正好像在柏林郊区最年幼的构造一样，可以简单地用硫酸干燥，证明在石英的构造中有钾的存在（米契里希），石英工厂主知道得很清楚，他们利用过的全部石英都含有碱金属元素，其中包含有钾素，这个钾是从含黏土很多的褐煤灰尘中得到的。

在花色砂砾岩或不同的石灰结构中，1000 份黏土与砂混合，保证在 20 英寸那一层的含钾量，这个数量的钾能满足森林在整整一百年中对钾的需要。如果允许的话，全部钾素都将被植物吸收。

1 立方英尺的钾长石所含的钾相当于在 2500 平方米面积土壤上植物 5 年间的需要。相反地，碱和碱土族元素不是植物生存的唯一条件，仅仅有这类物质还不能维持植物生活。

到目前为止，对植物灰分进行的全部研究发现，在植物体内有磷酸碱和碱土族的化合物。小麦、黑麦、玉米、豌豆、豆类、宾豆的种子烧灼时产生的灰分，其中没有任何碳酸，除了数量不大的硫酸盐、金属氯化物以外，仅仅含有磷酸盐。

植物从土壤中吸收磷酸，每一块利于耕作的土地，甚至在留列布尔格（Люнебург）草原都含有一些磷酸，磷酸是许多类岩石的成分。因此，它广泛分布在水和土壤中。

接近地球表面有一层硫铅矿，并含有结晶磷酸铅（磷绿铅矿），埋藏在很多矿床中的硅质页岩，其切断面常被结晶磷酸铅覆盖着。

磷灰石（磷酸钙，骨粉的一个成分）在任何肥沃耕作土壤中都存在。当它成结晶状态时，它很容易从矿床中或矿脉中区别开来。磷灰石在岩石中也有，在火成岩、火山岩和变质岩、水成岩中都有，但是往往是偶然的成分。

在变质岩中，磷灰土主要存在于滑石和绿泥石中，大的黄色透明的结晶体（石刁柏石）在贝加尔湖地区的石灰层中，在瑞典和挪威的某些地方的磁铁矿中都有发现。

在水成岩中，磷灰土常常在白垩层中呈大块状或粒状的形式存在。在卡夫拉附近的卡普良各（Гавра，Кап-ля-гэв），卡韧附近的卡普-布兰-韧（Каэа Кап-Блаи-Нэ）等地，以及在阿明尔格等矿山的石灰矿层中存在［古斯塔夫（Густав），罗兹（Розе）］。

---

*　按新的研究结果，所有的钾长石也含有钠，而所有的钠长石同时含有钾。

阿幸（Ахен）附近的王泉，一斤水中有 0.142 克磷酸钠（蒙格依姆 Монгейм）；克维里努斯（Квиринус）泉水也含有这个数量；玫瑰泉含有磷酸钠 0.133 克/斤；在卡尔连巴德（Карлебаде）、希普鲁金（Шпрудель）含有 0.0016 克的磷酸钙（别尔兹里乌斯）；费尔几兰德（Фердинанда）泉水含有 0.01 克磷酸钠（沃尔夫）；在彼尔蒙特（Пирмонт）盐泉中，含有 0.022 克磷酸钾，0.075 克磷酸钙，0.1249 克磷酸铝（克留格耳）。

如果我们注意到海水中含有磷酸钙，虽然数量很少，在一斤海水中磷酸盐的含量无法测出来。尽管如此，但是那些海生动物能从这种环境中吸收磷酸盐，变成自己骨肉的成分。那么，我们所提到的这些矿泉水中，其磷酸盐的含量，比较起来，不能不认为是非常大的。在卡尔连巴德、希普鲁金的泉水中，经常从岩层中带出来成千上万斤的磷酸钙，应当说是可以计算出来的。从某些河流中流出来的磷酸盐数量确实很大。例如，据巴拉（O. Палла）的研究，1 立方米水中含有 450 毫克磷酸，或 750 毫克磷酸钙。* 如果注意到，每年从尼罗河流走的水量超出 5 500 000 万立方米，因此每年流走的磷酸大约是3000 万公斤（4500 万公斤磷酸钙），这么大量的磷酸是河底"内障"供给的。"内障"就是水底下的暗礁石，它由原生岩所组成，主要是花岗岩和闪长石，在水的冲刷影响下遭到破坏；在这种情况下，这些岩石有的溶解了，部分变成悬浊液被带走；溶解在尼罗河水中的硅酸盐与尼罗河中的胶泥在一起都是水下暗礁的溶解物。

除了硅酸、碱、碱土族、硫酸、磷酸，这些在植物中是经常存在的，植物还从土壤中吸取其他物质和盐类。按照它们对植物的作用来推测，上面列举的这些物质彼此能部分代替。根据这个观点，我们可以将食盐、硝石、氯化钾看做是植物必需的成分。

关于土壤硝石，我们很清楚，它直接或间接来自空气。氯化物和雨水一道，经常落到土壤中。

耐火物质的性质是很令人惊奇的。在一定条件下蒸发，在常温条件下又变成我们说不清的状态。这个特性意味着这种物质自己转变成气体，或者通过气体状态过渡到液体。水蒸气通常就是所提到的那种物质蒸发的一种独特的过渡形式。液体蒸发变成气体状态，是所有物质共有的特性，这些物质流于液体中或大或小地变成这种状态。这种特性它本身原来是没有的。

---

* 按巴拉实验材料，左栏表示 1 升滤过的尼罗河水中含有的成分（单位：克）；而右栏则表示酸的种类和盐基：

碳酸 0.03146	硅酸钠 0.03572
硫酸 0.00390	硅酸钾 0.00767
硅酸 0.02010	碳酸钙 0.03438
磷酸 0.00054	碳酸镁 0.03081
氯酸 0.00336	硫酸钙 0.00665
氧化铁 0.00316	氯化钠 0.00555
石灰 0.02220	氧化铁 0.00317
镁 0.01467	有机质 0.001722
钠 0.02110	磷酸钙 0.00075
钾 0.00468	共 0.14129
有机物和铵盐 0.01720	
其中团体成分 0.14238	

硼酸属于最耐火的物质，甚至灼烧得发白时，它的重量也不发生明显的变化；它不挥发，但是它的溶液，甚至在很微热的情况下也随着水蒸气一道使大量的硼酸蒸发掉。

硼酸的这个特性，就是在分析含硼酸的物质时，损失硼酸的重要原因。分析含硼酸物质时，含硼酸的液体遭到蒸发：拿走 1 立方米的水蒸气，虽然借着很灵敏的试剂，其硼酸的数量都测定不出来。但是，这个数量无论怎样小，这些微乎其微的数量不断积累，就形成了意大利市场上浪费数千公担硼酸的原因。含硼的热气，从土壤中跑出来流到卡斯切夫-罗伏（Кастель-Нуово）、齐尔契夫（Черчиаво）等海湾，这里水中含硼越来越多。最后，由于这些溶液的蒸发，就得到结晶性的硼酸。这些水蒸气的温度表明，它们来自很深的地方，在这么高的温度条件下，不可能有任何人和动物生存。然而，测定证明蒸气中常常有铵盐存在，这个情况是多么重要和精彩。

在黎费尔甫（Ливерпуль）大工厂，自然状态的硼酸加工成硼砂，这样，这个工厂就能得到数百斤类似硫酸铵的产品。

由此可见，铵盐并不是发生于动物有机体，它比地球上动物的存在要早得多。

拉乌阿兹所进行的实验表明，在硝石溶液蒸发时，溶解在其中的盐类同水一道挥发，其中有许多损失，这些损失，过去是不清楚的。

同样很明显，当狂风从海里向大陆吹的时候，在那个方向 20～30 英里内，凡是风吹过的地方，树叶上都盖着一层结晶性的盐类。当然，这些狂风不是专门为了盐类蒸发而吹的，就是在海上流动的空气，也使硝酸银溶液中形成一定的沉淀。任何空气流动，甚至很微弱的空气流动，都随同每年上百亿公担海水的蒸发，带走相当数量的食盐、氯化钾、镁等其他土壤成分。

这个挥发损失，是从稀盐溶液中提取盐类时大量损失的根源。这个现象是拉乌格伊姆（Наугейм）盐场的场长，威廉格里姆发现的：用一块玻璃板固定在很高的测量杆上，架设在两个晒盐场之间，彼此距离 1200 步，早上露水干了以后，在背风的那一面呈现一层紧密的盐的结晶体。

海水不断蒸发，在整个地球表面，在雨水中也包含着某些植物所必需的盐类。* 有些

---

* 按马尔色（Марсэ）分析，1000 份海水中包含下列盐类：

食盐	26.660
硫酸钠	4.660
氯化钾	1.232
氯化镁	5.152
碳酸钙	1.500
合计	39.204

据克列姆分析，1000 份北海水分中包含：

食 盐	24.84
氯化镁	2.42
硫酸镁	2.06
氯化钾	1.31
石 膏	1.20

此外，还有无法分析的碳酸钙、锰、铁、氧化镁、磷酸、石灰、碘、硼、金属有机质铵和碳酸。

盐类我们在植物灰分中发现它们,然而,当地的土壤不能供给植物这些盐类。[①]

在冥思苦想那些包罗万象的自然现象时,没有任何一个尺度测定它。我们已经习惯于所谓大尺度小尺度。我们所有的概念,都被我们周围环境所限制;但是,我们周围的一切,比起宇宙来说都是微不足道的。那些在有限的空间中,几乎是见不到的、微不足道的东西,但是在无限的空间是那么漫无边际。空气中所含的二氧化碳,其数量仅仅是其总量的千分之一。这个数量乍一看来似乎很小,但是它已经足够在 1000 多年的时间内,甚至在它自己不更新的情况下,也能保证各种动植物对碳素的需要。

海水包含碳酸石灰,占海水重量的 1/12 400,这个数量小得几乎无法分析出来,但是它却是保证无数的螺蚌类、珊瑚等等构成其贝壳的物质。

正好像在空气中含有 CO_2 的量占 4 万~6 万分之一,海水二氧化碳的含量比空气中的含量多 100 多倍(10 000 单位体积的海水中含有 620 单位体积的二氧化碳)——(罗兰,布里昂·拉格兰斯)。在这个环境中,生活着整个动植物界,靠这些基本条件,使陆地表面的生命物质得以生存。[*]

海水蒸发对陆地植物的意义,是不可置疑的。

黏板岩大多数包含有铜的氧化物,云母包含有氟的金属。虽然这些金属中,有的转化到植物组织里,但是不能由此得出结论,这些金属也就是植物所必需的。

在某些情况下,也许,氟石可以代替骨骼里、牙齿里的磷酸钙,但是为什么在古代的动物骨骼里经常有磷酸钙,以此作为认识骨骼的指标,这一点很难解释。到了比较晚一点的时间,波姆别伊(Помпей)人的头颅骨中含氟酸丰富,如太古的动物骨骼一样。

如果我们把这些骨头的粉末放在密闭的玻璃器皿中,加入硫酸,经过 24 小时,器皿内侧出现强烈的腐蚀,因为有氟酸放出。可是,在现在的动物骨骼和牙齿中,氟酸则微乎其微(别尔兹里马斯)。

碳酸、硝酸、水、有机质都含在土壤中,但是,它们最初发生于空气,土壤是从空气中得到这些东西的。

土壤供给植物及其生育所必需的灰分成分。所有的土壤上面都覆盖着植物,也都含有这些物质。这些物质经常碰到,解释很简单,因为它们是岩石的成分。在地球上到处分布大量的岩石,土壤就是从岩石形成的。

在不同的母质上面生长的植物,其灰分成分的数量是不同的,这一点对土壤肥力有决定性的意义。但是甚至在很肥沃的土壤上,无机营养物质的含量相对是很少的。

精确的化学分析表明,在 1000 块田上未必能找到一丘田,其所含的三叶草的灰分成分比三叶草本身所需要的这些物质的含量多 1%。

1848 年,柏林皇家局在农业经济方面发布了一个命令:对耕作土壤进行化学分析。在王国领地里找了 14 个点,尽可能在相同的田里取样,每一个样品的分析,委托了 3 位化学家。这些分析结果表明:磷酸和钾的含量在 5 块田里是 0.2%,有 6 块田里是 0.3%～0.5%

[①] 世界各国进行的对空气中 Cl^- 和 SO_4^{2-} 含量的研究,也包括俄国柯索维奇教授的研究,无不证明:随着从海洋到大陆深处深入的程度,它们在空气中的含量逐步减少。——译者注

[*] 如果海水蒸干以后,将干的盐渣在蒸槽里加热,那就可能得到氯化铵。

之间，有 3 块田平均在 0.5%～0.6% 之间。

所以，土壤和植物灰分含量不可能是不损耗的问题，归还这些土壤中被拿走的植物营养物质，在任何场合都不应该忽略。

1.11　土壤耕作层同植物灰分成分的关系

没有任何一个化学现象比宜栽作物的土壤耕作层和菜园土壤的特性更复杂，更能令人惊奇，更能强制整个人类的智慧缄默。

依靠简单的实验，每个人都能看到雨水在渗过耕作土壤和菜园土壤时，大多数情况下，其被溶解的钾、硅酸、铵、磷酸，几乎很不明显。土壤不给水分任何东西，或者说，几乎雨水中不包含任何营养成分，持续不断的雨水，其作用仅仅限于机械冲刷，使土壤颗粒从土壤表面冲走。看来，雨水不会耗损土壤的肥力条件。

土壤耕作层不仅能持久地保持其中的那些植物营养物质，而它的能力还能保持所有那些植物当前和今后生育需要的各种物质。

如果在雨水中，或者在别的什么水中含有铵态氮、钾、磷酸、硅酸等，这些物质呈溶解状态，当其与土壤耕作层接触时，那么这些物质几乎马上从溶液中消失，原因是土壤把它们吸收了。

如果我们把这种土壤装在漏斗中，向漏斗倒入硅酸钾的稀溶液（溶解钾玻璃），那么，在流水中将看到的仅仅是很微量的钾。只有在非常特殊的条件下才能在滤液中发现硅酸。

如果将新沉淀的磷酸钙或磷酸镁在二氧化碳饱和的水溶液中溶解，用这种办法得到的溶液经过土壤过滤，那么在流出来的水中，完全没有磷酸。同样，我们看到磷酸钙在稀硫酸中，或者磷酸铵镁的化合物在碳酸中，那么磷酸钙中的磷酸、磷酸铵镁中的磷酸和铵都被土壤吸着了。

煤炭对某些溶解性的盐类有同样的作用，它能从溶液中吸收红色物质和盐类。我们趋向于承认煤和土壤的作用的道理是一样的。煤的表面产生一种力量——化学吸引能力。至于土壤，它所起的作用以及参与这些作用的成分和煤炭比较，实质上是完全不同的。[①]

钾和钠在化学性质上彼此特别接近，包括它们的盐类也有许多共同的性质。例如，氯化钾和食盐都是结晶，气味和溶解方面也没有什么区别。没有经验的研究者，甚至看不出它们之间的区别，但是土壤却能绝妙地把它们区别开来。

如果，把食盐在土壤中滤过，那么倒进去多少食盐就渗透出多少食盐。[②] 如果用氯化钾溶液，那么我们看到氯化钾解离，钾素被吸着在土壤上，而氯离子则出现在溶液中，呈

[①]　李比希还未能理解到土壤和碳吸着现象之间的原则差别。——译者注

[②]　我们现在知道土壤吸着钠的力量比钾弱，钾和钠具有同样交换法则的说法不可信。李比希（乌埃也是一样）得出的意见，可能是由于他采取了饱和钠的土样。——译者注

氯化钙状态。由此可见,在那种条件下钾全部代换,而钠只有部分代换。钾存在于所有的陆地植物中,钠在植物灰分中只是在很特殊的情况下才能碰到。将硫酸钠和硝酸钠用土壤过滤时,在土壤中被吸着的钠离子是微乎其微的。如果将硫酸钾和硝酸钾在土壤中滤过,则全部钾离子都吸着在土壤上。

为了研究这个现象所布置的专门实验表明:1 公升,等于 1000 立方厘米的菜园土(含钙丰富),能从 2025 立方厘米硅酸钾溶液中,吸收其全部钾素。在 1000 立方厘米的这种溶液中,含有 2.78 克硅酸和 1.166 克钾,由此可以换算成 1 公顷也具有这样特性的土地,在 25 公分厚的一层土壤中就可以从溶液中吸收 10 000 多斤钾,保存起来以供植物营养。

同样的实验,用磷酸铵镁混合盐溶解在碳酸溶液中。用这种溶液处理土壤。结果表明,1 公顷的土地可以从这个溶液中吸收 5000 斤这样的盐类;壤土(石灰含量少的)在这种情况下也是同样的情况。

这些实验给我们这样一个概念,土壤有很强的吸收作用,以致能吸收植物营养二要素,这些物质本身由于它们在水中或者在含有二氧化碳的水中有很强的溶解度,本来是不容易保留在土壤中的。

土壤耕作层从腐熟的尿中、从稀释的厩粪液中、从海鸟粪的水溶液中吸收溶于其中的铵盐、钾盐和磷酸,如果有足够量的土壤,那么经过土壤过滤过的滤液中所剩下来的,至多也只有这些物质的痕迹。

土壤耕作层从溶液中吸收铵盐、钾盐、磷酸和硅酸也有一定的限度,与每一种土壤类型的性质有关。当某种溶液与土壤接触,土壤被溶液中的物质所饱和,而后有被土壤吸收的剩余物质留在溶液中,可以借普通的试剂测定出来。沙性土在同样的体积下,其吸收能力比泥灰土要小,而泥灰土又比黏土要小。土壤吸收量的变动是如此之大,好像不同土壤类型间的差异一样。我们知道,没有一种土壤与另一种土壤完全相同。不难理解,在农业生产上,耕作土壤的特性与各种土壤对上述物质的吸收性能之间有一定的联系,很有可能对这种特性较准确的测定,将会找到一种完全新的、料想不到的对于评价具体田丘在农业上的价值和优点的好办法。

有机质很多的土壤对这些溶液的作用很值得注意:有机质缺乏的黏土或者石灰性土壤,从硅酸钾溶液中吸收全部钾素和硅酸;而有机质丰富的土壤(即所谓腐殖质土),它能吸收钾素,而硅酸则以溶液状态存留在液体中。上述现象不知不觉地分解着土壤中的有机物质,对那些需要硅酸很多的植物产生作用,如穗状花序植物、芦属植物、木贼属植物、生长在酸性土壤上的苔藓植物等等。这种土壤施用石灰后,这类植物就要消失,而出现更好的、更茂盛的饲料植物。

实验表明,腐殖质含量丰富的菜园土和森林土壤并不从硅酸钾溶液中吸收硅酸,如果在和硅酸盐混合以前,在其中加一点消石灰,那它立刻被吸收。在这种情况下,硅酸和钾这两个成分,都留在土壤中。

相反地,如果耕作层土壤从水溶液中吸收 NH_4^+、K^+、PO_4^{3-}、SiO_3^{2-} 等物质,那么雨水不可能把这些物质从土壤中带走。这些物质在土壤中是不溶解的,但是对于植物根系吸收有利,根毛对无机岩石直接起作用。由于这个原因,包含在耕作层上部的营养物质具有它们不溶解而能被植物吸收的特性。

例如,在慕尼黑郊区的上千顷农田,其表面耕作层有 6 英寸厚,铺在滑石的底土上,像筛子一样漏水。如果耕作层成分,或者所得到的肥料溶解于水,那么在很久以前,就没有剩下这些物质的痕迹了。没有这个能力,耕作层本身就不能抵抗空气和雨水的溶解力量。

从耕作层性质的阐述中发现,植物本身一定积极参与吸收养分的活动,叶面蒸发无疑也起促进作用。但是在土壤中,也有像警察一样的作用,它能保护植物,不允许有害物质接触它。那些土壤所供给的东西,也只有在内部原因同时起作用的时候,才有可能转移到植物组织内部。植物吸收养分的作用集中在植物根部。仅仅是水,土壤并不供给它大量的植物营养物质,这是什么原因? 它的作用是怎样的? 应当阐述准确。

为了这个目的所布置的实验表明,将完整的蔬菜植物,连根系从土壤中取出,放在中性的溶液中,石蕊蓝色溶液变成了红色。这说明根系分泌出一种什么样的溶液,将溶液煮沸时,变红了的溶液又重新变蓝了。因此,这就是碳酸。

还有一个事实值得注意,将陆地植物的根系夹在两个石蕊纸间,纸即染成经久不退的鲜红色。由此可见,植物根系吸收液体养料,含有某种不挥发的酸类(参看《土壤》第二版)。

对耕作层土壤特性的阐述中,应当增加一个很有价值的、对耕作层起很大作用的特性,即指土壤从空气中吸收水蒸气,并在自己的孔隙中浓缩成水的特性。很早以前就很清楚,土壤耕作层是吸收水蒸气能力很强的物体。但是,第一次我们从巴博(Бабо)的著作中知道,在这方面土壤的特性也接近浓硫酸,浓硫酸也具有这种特性。如果放几益司土壤在 $35 \sim 40℃$ 条件下干燥,然后放在水蒸气饱和的瓶中,温度为 $20℃$,按理,空气在最冷的条件下将会浓缩成露水;几分钟以后空气中的水分消失,原因是被土壤吸收了,在 $8 \sim 10℃$ 条件下也不产生任何露水。在这种状况下,水蒸气的压力从 17 毫米汞柱降低到 2 毫米汞柱。

耕作土壤对水蒸气的吸收能力,决定于其被水分饱和的程度。如果耕作土壤完全被水饱和,那么它的吸水能力就完全消失,即完全不再从空气中吸收水分。在 $20℃$ 时,空气中所含的水蒸气其吸引力大于 2 毫米汞柱。干燥的表层土壤,直到空气中水蒸气的吸引力和保持这种气体状态的力量,以及土壤力图打破这种状态的力量之间达到平衡以前,土壤吸收水分的作用不会停止。

在一定的温度条件下,土壤被从空气中吸收的水分所饱和着:当空气温度提高以后,土壤又给干燥的空气一些水分;相反的,随着空气变湿,土壤又重新从空气中吸收水分,直到达到平衡为止。

吸收和蒸发水分伴随着很重要的现象,即吸收水蒸气的时候,土壤变热;蒸发水蒸气的时候则相反,土壤变凉。如果在装有湿润的空气的器皿中挂一个亚麻布的小口袋,其中包有干土,干土中插一个温度计,那么,几分钟以后,水银柱就开始上升。巴博进行实验的时候,应用有机质很多的土壤,温度从 $20℃$ 提高到 $31℃$,而在沙性土壤中温度提高到 $37℃$。空气温度在 $20℃$,露点在 $12℃$ 的状况下,被一部分水分饱和的耕作层土壤,同样也有这种特性,即在水蒸气饱和的空气中温度提高 $2℃ \sim 3℃$。所记述的现象对植物生育过程有一定的作用。不过,热量的最高点很少出现;事实上,中间点常常碰到。

在盛夏,表层土壤干燥了,早上,借毛细管作用将深层的水分拉起来,以补偿土壤水分的现象也停止了。那么,土壤对空气中气态水的强大的吸引力变成了保持植物界生活的手段。

水蒸气凝结有两种原因。晚上空气温度降低,空气中水蒸气的弹性在这种情况下也减小了。空气温度下降到露点,由于耕作层土壤有强的吸引力,土壤开始吸收水分、碳酸和铵态氮;由于太阳辐射热,使土壤热量增加,限制着土壤冷却,这种现象强烈地影响热带的干旱国家。

相反,在我们这种温和的气候条件下,这种影响表现得不如那些国家明显。但是,对我们来说,还是不能认为它是微不足道的。

在这种情况下,土壤温度开始提高。在很多场合下,仅仅是一点零头(因为蒸气的浓缩是逐渐开始的),但是对于许多植物的生育来说,这个零头也可能改善其生育。一般说,由于这个现象,土壤得到并且保存大量的热能。

土壤水分的第二个来源是,干燥耕作层的土壤利用其吸收能力,吸收深层、湿土层的水分。深层土壤中的水蒸气经常蒸发,吸收这些水蒸气同样会增加上层土壤中的热能。尤其由于抽水的结果,地下水位降低,单靠毛细管作用,水分上升到地表比较困难。因此,土壤耕作层的表面以气体的形式从底层得到某些数量的水分以供植物利用,并提高土壤温度。

上述种种,给我们揭示了一条重要的规律。这个规律告诉我们,有机物质在地壳表层发育着,况且由于宇宙规律的安排,使地壳一部分遭到破坏,这一部分具有积累、保持那些营养物质的能力,这些营养物质是有机生命存在的必要条件。由于有这个能力,肥沃土壤甚至在不良条件下也保持住它自己含有的或者是从外面得来的、决定其土壤肥力的物质。

1.12　休　闲　地

农业是一种技术,同时又是一门科学。它的理论基础应当包括对植物生活条件、生命元素起源和营养元素来源的认识。

从这些认识中提炼出某些应用技术,并确定农业机械措施的基本原理,以创造对植物有利的生长条件,消除其有害的影响。

实验过程中观测得来的任何知识都不能与科学原理相矛盾,这是因为这些科学原理不是别的,而是综合所有的、著名的实验观察所得到的知识,加以抽象化和系统化的结果。

从另一方面,理论也不应当与实验相矛盾,因为它不是别的,而是对一系列基本现象的引导。

在一块田里连续许多年栽培某一种作物,那么这块土壤对这种作物来说总是要变成不肥沃的。对某一种经过 3 年,另一种经过 7 年,第三种经过 20 年,第四种经过 100 年。

在某一块地里，小麦长得很好，但是大豆完全不长；另一块地，种甜菜产量很高，但是不长烟草；第三块地，甜菜长得很好，但是完全不长三叶草。

如果农民想在某一块地上成功地栽培植物，而不想付出什么努力，作物一般是生长不好的，恐怕也得不到什么好的收成。如果他们所采取的措施不符合农业科学的原则也不行。成千上万的农民，从不同的方向进行同样的实验，这些零散的努力，综合起来叫做农业实践。根据这些实践经验，制定出某些农业措施。这个方法在某些地方能收到预期的效果，但是把它应用到邻近的田里，也可能是不成功的；而对别的什么地方，可能是很不利的。

多少物质资料和精力浪费在这些实验上！另外的，比较可靠的途径就是科学。如果我们沿着科学这条道路走下去，百折不回，可以坚信，最后一定会成功。某个措施不成功的原因，土壤对某种、另一种和其他一种植物不肥的原因都弄清楚了，那么消除这种现象的办法也就显现出来了。

根据精确观测，土壤在耕种方法上所存在的差异，决定于土壤的地质构造的性质。这个原理，应当认为是验证了的。我们知道，在玄武岩中、在斑岩中、在沙岩中、在石灰岩中，含有一定量的植物生长发育所必需的化学物质（成不同的比例），任何肥沃的土壤都要供给植物这些化学成分，那么很明显，在耕作土壤中必需采取不同的措施。在栽培土壤中，这些重要成分的含量千差万别，这是很明白的。因为岩石成分本身就是千差万别，从这些岩石风化而成的土壤自然是千差万别的。

小麦、三叶草、甜菜为了自己的生育需要从土壤中吸收某种物质；在那些缺乏这些物质的土壤中，它们就不能生长。科学启示我们，通过研究植物灰分的途径，使我们了解这些物质成分。如果土壤分析表明，在土壤中不包含这些成分，这样就可以确定这种土壤不肥的原因，因而也就找到了如何改良这种土壤不肥的措施问题。

实践趋向于把一切成就都归功于技术，也就是说，归功于土壤机械耕作方法上。实践证明，技术有很大的作用，但是，在这种情况下，问题在于原理方面，因为这些原理给实践带来好处。知道这一点非常重要，以便最合理地使用物质资料和力量，避免这样或那样非生产性的浪费。事实上，使犁或耙在土壤里串通一下，简单地使铁和土壤接触一下，就说土壤具有了肥力，好像肥力是变戏法一样容易。当然，任何人也不能这样设想。相反，到现在为止，农业上这类问题不仅没有解决，甚至还没有提出来。

灵巧的耕作对土壤的有益作用，无疑地是机械的粉碎作用、翻转土层以及增加土壤的表面积。但是，机械耕作作用只是一种手段，而不是目的本身。

在"时间作用"的概念下，特别是在农业上把休耕地、休闲地在自然科学上看成是一种化学作用，即空气成分对地壳固体表面所引起的作用。由于二氧化碳、氧气、空气、水分和雨水的作用，岩石、母岩或者它们的碎片的某些成分变成土壤，具有溶解于水和渗入土壤中的能力。

大家知道，所谓这些机械，其影响都包括在"时间齿轮"的概念中，"时间"破坏了许多人类用双手创造出来的东西，使很坚硬的岩石变成小了又小的细灰。由于这些影响，某些土壤成分就变成植物能吸收的了。这就是农业上各种措施所追求的目的。这些措施的任务就是加速土壤风化，从而供给新一代植物所需要的可给态土壤成分。很明显，固定部分溶解的速度应当随土壤表面积增加而提高。在某一时间范围内,遭到某些因素"作用点"的数量越多,它们之间相互作用的进程就越快。

为了用分析方法阐明什么矿物解离成土壤成分,并能溶解于水,化学工作者应当采用工艺措施使无机矿物转化成粉末,这需要他们任劳任怨,不怕艰苦寂寞地探索,有时甚至是非常困难的。他需借用沉淀法把细颗粒和较粗的颗粒分开,以最大的耐心和全部可能的方法使矿物粉碎变细。因为,如果不注意分析化验材料的前处理,不把无机矿物完全粉碎,那么任何办法都注定要失败。

增加岩石的表面积对风化作用有什么影响,也就是说,岩石在空气、水分作用下有些什么变化。也正如达尔文所记述的,在雅克维尔(Яквиль),在智利的炼金炉里有什么变化一样。

含金的岩石碾成粉末以后,把较轻的颗粒和有矿的颗粒用淘洗的办法分开:岩石部分被水冲走,而含金的颗粒部分沉下来。冲走的胶泥流入贮水池,在那里是静止状态,胶泥再沉淀,贮水池装满后,将其沉淀取出来,倒成一堆,在那里,通过空气和水分的作用。其实在这个淘洗的过程中,这些遭到冲洗的细碎母质中已经不可能包含有任何溶解的部分了,不可能包含有任何盐类了。当岩石留在贮水池的底层,上面被水覆盖着,除去了空气,它已经不起任何变化。后来,把它翻到外面来,倒在露到外面的土堆上,使空气和水分同时向它起作用,在土堆里开始了强盛的化学过程,出现无数的盐花覆盖在表面。

经过 2～3 年,在这两三年的过程中,选择这些露在外面的变硬了的胶泥重新淘洗,并且这样重复操作 6～7 次,且每次都获得金子。当然,每次由于化学风化过程,解离出来的金子一次比一次少。

在耕作土壤中,也有同样的化学作用。由于机械耕作措施,我们能加速和加强这个过程。我们增加了土壤表面积,致使耕层每一个颗粒都受到二氧化碳、氧气和水分的作用;我们准备好可给态的植物营养物质,以供下一茬作物生长发育的需要。

所有的作物在灰分成分中都需要碱族和碱土族元素,这些营养物质应当成可给状态,均匀地分布在土壤中,以便每一个根端在生长发育过程中及时得到其所需要的、足够的养分。

在自然界,硅酸盐彼此风化能力的大小差别很大,对于抵抗大气成分所给与的解体作用的力量也不一样。在科西嘉(法)的花岗岩、柯尔斯巴德斯基(Корсбадский)的长石已经分解成粉末的那段时间里,研磨类花岗岩的岩石路面甚至还没有失掉其光泽呢!

有一些土壤,容易风化的硅酸盐很丰富,在 1～2 年内就转化成可溶解的和可给状态的硅酸钾,它们已能满足一季小麦的茎叶所需要的数量了。

在匈牙利,常常可以看到很多耕地,很早以来就是小麦和烟草连作。况且,那种土壤是在完全不归还其秸秆和籽粒所带走的无机物质的条件下发生的。难道有这样的田,仅仅只能满足种植两年、三年或更长年份一季小麦所需要的、可给态的营养物质?

总之,从广义来说,休闲地这个名词是指耕地的一种状态;在休闲时土壤处在加速风化的条件下,其中作为植物养分的化学结合状态的硅酸盐能够变成可溶解的、物理结合的状态(使植物直接吸收)。除此以外,土壤休闲的结果能直接使其中分布不均匀的植物营养物质分布得比较均匀。① 在狭义的含义上，把休闲看成是栽培谷类作物过程中的中间休息，其目的在于使植物根系分布的土层中能积累足够数量的可给态的土壤营养元素，以使作物获得高产。

由此可见：土壤机械耕作是一种最简单的、最便宜的、使土壤中储藏的养分转为可给态养分的方法。

有人会问：除了机械措施以外，还有没有其他措施能使土壤分解使其中所含的营养物质达到均匀分布，并转变成植物器官的可给状态？ 这样的方法无疑是有的。*

大规模地在整个一个世纪应用生石灰，就是作为这样一种措施来应用的。 很难设想，还有比这更简单和更合理的措施。

但是，为了形成更明确的概念，关于石灰对耕作层化学结合的灰分成分有什么作用？必须回忆起那个过程，这个过程可以帮助化学家用尽量短的时间分解矿物，并使其矿物成分变成可溶解状态。

例如：为了溶解长石，要把长石事先粉碎，加酸处理一个星期甚至一个月。但是，如果我们把它与石灰混合，并且稍微煅烧一下，那么石灰就进到长石里面的化学成分中，一部分原来在长石中呈化合状态的钾，在这种情况下，就释放出来了。用足够的酸简单处理它，以便在冷的状态下把石灰溶解，同时还溶解长石的其他成分。 在这种情况下，由于酸的作用分解出二氧化硅，其溶液都是透明的凝胶状态。

生石灰在加热的情况下对长石所起的那些作用，如果消石灰在湿润情况下长时间与长石接触，那么对大部分碱的、黏土的、硅酸盐也起同样的作用。 两种混合物：一种是普通陶土——可塑性黏土和水分混合而成的陶土；另一种是石灰乳，混合时变稠密。 如果把这个混合液放置几个月，那么当它与酸作用时，就变成明胶状态。 这个特性，当胶泥与石灰化合而没有与酸作用以前几乎完全不存在。 石灰与黏土成分相接触使黏土分解，很明显，在这种情况下，黏土中所含的碱大部分都被释放出来。

这个很有兴趣的观测，在慕尼黑被弗克斯第一次发现。 它不仅变成了"自然论"的理论根据，而且了解了消石灰的性质，除此以外，尤其重要的，它证明了消石灰对耕作层土壤的作用，给农民一个宝贵的手段来分解土壤，从其中释放出植物所需要的碱族元素盐。②

约克夏（Yorkshire）和兰开夏郡（英）的田里，在 10 月里已经被冰雪覆盖了，可以看到这里整个 1 平方里被消石灰和散石灰覆盖着，这些石灰在湿润的冬季对黏性土有良好的影响。

在泥炭丰富的地方，单纯地灼烧泥炭对于黏土的肥力有很多有利作用。

---

① 在确定休闲时土地生产力的意义方面，无疑李比希指出了这种现象的实质：用加强风化以恢复土壤肥力。的确，他没有将生物风化特别列出一组，因为土壤微生物的作用在他那时候几乎还不知道。但是对休闲过程中风化的一般作用，他描写得完全正确，他也正确地评价了在休闲时土层里营养物质能达到均匀分布，并完全正确地指出了土壤（下面）物理状况的改善。但其忽视了休闲是与杂草作斗争的这个因素。——译者注

* 关于智利硝石、铵盐和食盐在这方面所起的作用，请参阅本书的第二部分。

② 李比希对施石灰和休闲进行了比较，很好地描述了石灰在有机质分解和某些营养物质，如 P_2O_5、K_2O，的有效化方面是加强风化的因素。当然，李比希不了解石灰对土壤的所有各方面的作用，导致对吸着的复合体和生物活动的作用。——译者注

　　黏土特性在煅烧时引起剧烈变化的事实还确定不久。这个事实，是在分析生产时第一次注意到关于某些黏土硅酸盐的变化。许多黏土硅酸盐在自然状态下不受酸的影响，似乎要灼烧到白热的程度才完全熔解。这一类的硅酸盐属于陶土、塑泥土、壤土和各种类型的胶泥，包括土壤上部的耕作层。在自然状态下，可以把这些硅酸盐同浓硫酸煮沸 1 小时，但是还看不到怎样明显的溶解。如果将黏土微微加热，那么它非常易溶于酸中（如在某些石英工厂中处理塑性黏土一样），况且其中所含的硅酸从胶凝状形式分离出来成溶解状态。

　　陶土或称陶黏土，是一种最不肥的土壤，虽然如此，但是按其成分来说，它包含有植物生长发育所必需的多种条件；但是仅仅有这些条件，植物仍不能从土壤中吸收利用。为了使土壤肥沃，必须保证空气、氧气和二氧化碳流通，土壤应当通透性良好。这是根系发育很重要的因素。土壤的矿物成分应当是这样一些化合物，它能促使那些物质（氧、水分、二氧化碳）转化成为植物的组织。塑性黏土缺乏这种特性，但是微微加热以后就具有这种特性。[*]

　　煤灰在很多地方对改良土壤是非常好的手段。这些煤灰具有这些明显的特点最适合于这些目的，即经过酸处理就变成凝胶状态，与消石灰混合后一段时间就变硬，像石头和水化石灰一样。

　　因此，我们看到，土壤耕作的机械措施、黏土上安排休闲、施用石灰、熏土、烧土等等这些措施作为一个科学理论的验证，所有这些措施都是加速碱性黏土硅酸盐风化的一种手段，而同时能保证新生植物根系所必需的营养物质。

　　我们应当强调，上述这一切都属于土壤物理性质方面，对植物生育很有利。因为除了其他植物所必需的营养条件以外，这个物理条件对土壤肥力有强烈的影响。重黏土有很强的阻力，影响植物根系分布和扩大。很明显，植物根系容易通透的土壤，土壤空气和水分也容易通透；如果在这种土壤中多多少少混一些石英砂，这就在很大程度上比最好的耕作措施还能提高土壤的质量；如果我们能恢复土壤的松散状态，创造成通透性良好的土壤，又以适当的形式归还那些从地里拿走的物质，那么，这些有利于提高土壤肥力的措施可以使土壤变成开始耕种时的肥力水平。的确，这种办法可以使僵硬的重黏土恢复其原来的化学成分。但是，如果从土壤中带走的矿物成分不是以灰分形式而是以厩肥（混以垫料）的形式归还的，那么，在这种情况下，由于改善了物理状况，土壤肥力提高了。应当考虑到，所叙述的这些作用常常是不一样的。不同牲畜的粪便作用不同，虽然它们的化学成分相同，因为排泄物本身彼此很不相同，羊粪密而重，牛马粪轻而多孔。

　　在炎热的夏天，在常有暴雨的情况下，在土质疏松的中等田里所获得的产量常常比肥力高而质地黏重、紧实的田里要高得多。同时，在松散的土壤里，雨水即刻下渗达到根部，在黏重的土壤中，雨水蒸发比渗透要快、要早。

　　有的土壤像流砂一样，完全没有任何黏结性，对栽培大部分植物来说都是不利的。最后还碰到一些类型的土壤，按其化学组成应当是属于最肥沃的，但是它对许多植物表

　　----------

　　[*] 本书作者曾在加尔费尔-库尔切（格洛切斯特拉附近的贝克尔公园，这个公园坐落在完全不肥的密紧的黏土上）仅仅经过煅烧，使那里的土壤就具有很高的肥力。因为这样一个措施，使 3 英尺深的土壤都受到影响。这是个花费很高代价的实验，但是实验目的达到了。

现出不肥沃；还有一些土壤，是大量黏土和大量细砂混合而成的土壤，这种土壤"雨后一团糟，天晴一把刀"，干燥时，一点也不渗透，体积也不减少。

如果我们将这些提高土壤肥力的原则应用到疏松的沙性土、石灰性土，或应用到上面谈到的田地里；或者把根据这些原则发展出来的休闲制应用到这些土壤里，那么不能达到改良土壤的目的。疏松的土壤，本身水分很容易渗透，同时植物在这种土壤上不容易长牢实；密实土壤，其组成成分太细，由于其物理性质，土壤变得不肥沃，不能够通过土壤机械耕作的方法使土壤得到改善，因为耕作措施，会使土壤更细碎。

对于大部分土壤，休闲制不仅是一种手段，可以使化学固结的营养物质有效化，以及使这些营养物质均匀分布在土壤里，这些措施同时也能改良土壤的物理性质。休闲制本质上的优点，就是使土壤耕作层处于一种熟化的状态。在这种情况下，土壤颗粒均匀混合，植物根系伸展遇到土壤阻力最小，况且对巩固植物根茎很有利。简言之，休闲地的本质就是保持土壤的疏松状态。相反地，从上述例证中我们可以看到，对某些土壤，全休闲的办法对改善其物理性质来说，几乎没实现。在这种情况下，农民不得不改换其他的措施。

物理条件是构成土壤肥力的前提。根据这些物理条件的性质得出结论，土壤中无机营养物质的含量只有相对的意义，仅仅靠它还不能得出评价土壤肥力的结论。——但是化学家不承认这一点，只有把化学分析和机械分析*结合起来才能是评价土壤肥力的可靠基础**。①

1.13　轮　作　制　度

对动物器官进行精密研究后，确定其肉、骨头、毛发等等以及其他全部器官都含有一定量的无机物质，这些物质除了从食物中摄取以外，在动物器官里本身是不能制造出来的。

---

*　考虑到所有土壤成分的比例——粗砂、细砂、黏土和植物残渣等等。

**　我们在上面已经指出，土壤物理性质对植物吸收营养物质的意义。因为不少农民在这个问题上有一些糊涂观念，那么我们在这里应当强调下述几点：

构成土壤层次的颗粒有一系列的性质，关于这些物质性质，有些是我们可以感觉到的，如颜色、孔隙、密度、松散度等等。关于耕作层的其他性质属于某些化学性质的缺乏和存在，我们是感觉不到的。适当的物理性质，在土壤中可能阻止或促进化学性质的表现，或者阻止或促进化学的化合、分解过程的表现，物理性质本身没有任何影响。

"植物营养"这个名词就是理解为植物各器官数量的增加和质量的增加——这就是重量的增加，这仅仅由于植物吸收了某些重量的成分，才能发生。如果该物质能够营养植物，那就是说，这个物质可以变成植物的组成成分，或者几个器官的组成成分能够以自己的数量来增加植物的重量。

如上所述，物质的物理性质本身，对植物营养过程没有直接关系。土壤的物理性质很好，可是仍可能是不肥的。为了植物吸收营养，土壤应包含一定化学性质的物质。土壤的物理性质要良好以利于发挥其化学性质，如果土粒排列不利于根系分布，那么根系就吸收不到植物营养料；另一方面土壤的可给水分不够，这些营养物质也不能被植物吸收。

①　土壤物理性状的意义，对于壤质土，通过休闲可以调整土壤物理状况向有利方面发展；对很轻的砂和黏质的土壤，达不到这一目的。对土壤成熟度的了解，这点李比希确切地指明并作出了正确的解释。——译者注

如果用小麦喂养小鸽子（沙苏尔在巴黎科学院的报告，1842年6月），而这些小麦籽粒中所含形成骨骼的主要成分——磷酸钙不足，那么鸽子的骨头变得很细而且易断；如果这种无机元素继续减少，那么鸽子就要死亡；如果鸟类的食物中没有磷酸钙，那么生的蛋就没有硬壳。

喂牛的饲料中根茎类和块根类植物很多，例如土豆、饲料甜菜等等，其中确实只含磷酸镁，而钙仅仅很微量，那么牛同样会出现像上面所谈到的鸽子一样的问题。

如果我们每天从牛乳中取走牛身体内部的磷酸钙，而不从饲料中归还给牛，那么势必要消耗牛骨头中的钙物质。在这种情况下，牛骨头将逐渐地、越来越多地丧失自己的硬度和强度，归根到底，它将不能支持动物的身体。

如果我们在鸽子饲料中加入大麦或者豌豆，或者在牛的饲料中补充大麦、麦秸或者三叶草（这些饲料含钙很丰富），那么鸽和牛都会很健康。*

人畜的血液和身体的成分都取自于植物界，这个奥秘确定于这么一个秩序，植物的生存与吸收那些对于动物有机体发育所必需的无机营养物质紧密地联系着，没有那些作为灰分成分的无机物质，要想形成芽、叶子、花和籽实是不可思议的。

在作为动物饲料的各种作物中，矿物元素的含量也非常不同。

无论怎样评价，碱基参加植物生活过程是毫无疑问的。一般说，在植物生长的嫩枝、叶子、幼芽这些部分，存在最发达的吸收营养物质的能力，保持碱基的能力很大。含糖和淀粉很丰富的植物，也在很大程度上含有碱基和有机酸。这些事实不管上面怎么说的，对于农业生产仍没有丧失任何意义。

正如我们看到的，糖、淀粉和组成有机酸盐的盐类经常结合在一起。实验表明：碱基不足，植物的发育和其形成糖、淀粉、木素就要受到限制；把这些盐基、碱族元素施到土里，植物就会茂盛生长。那么下面谈到的将很清楚：无论栽培什么作物，如果不保证植物可给态的碱素，就是在碳酸和腐殖质非常充足的情况下，也不能达到最大的效果。没有碱，植物不可能将二氧化碳转化成糖和淀粉，不管这些盐类的影响是一种什么形式。每一个动物的有机体，其身体的每个成分都来源于植物——植物有机体的元素组成的化合物正在形成动物的血液。毫无疑问，在那些作为动物饲料的植物元素中，不应当只有一两种元素，而应当是全部元素都包括在血液中。

不能设想，如果动物所获得的食物中缺乏这种或那一种元素，虽然只是一种，但当它是维持动物有机体生命机能所必要的条件时，动物有机体内的血液或乳牛体内的牛乳，还能生产出来。

可以想象，甚至在最充分地保证植物二氧化碳、铵态氮和硫酸盐以供给硫的情况下，如果不伴随足够的磷酸盐和碱，血液的有机成分不能形成所需要的状态，从而不能形成血液。

如果植物有机体中形成血液的有机成分没有上述物质参加，如果在食物中给动物提

---

* 南美矿山的工人，其劳动量是世界上最重的，他们一年到头从150米深的矿井中将180～200斤的矿石背到井上，伙食仅仅是面包和豌豆。矿主知道单纯靠面包工人们支持不了这么强的牛马般的劳动量（达尔文，Journ of reasearchs，p. 324）。豌豆类作物比面包含有多得多的磷酸钙。

供的物质中不包含有这些组成血液的无机成分，那么它们就不能形成动物的有机体，无论是血液还是肌肉都不能形成。

总之，不管持哪种理论观点，每一个有头脑的农民，为了达到增产的目的，就应当这样做。如果形成血液的有机成分依赖于血液的无机成分的存在（磷酸盐和碱），那么，他应当给自己栽培的植物供给其形成叶子、茎秆和种子所必需的那些物质；如果他希望在自己的田里获得更多的肉类和血液，那么它应当舍得给自己的田里供给那些元素，这些元素是土壤不能从空气中得到的。*

淀粉、糖、树脂、含有碳和水的元素。他们任何时候都找不到钾的化合物，仅仅在淀粉中我们找到微量的磷酸盐。可以设想，在同一植物的两个品种供给它们同样的无机物质，而形成的糖和淀粉的数量是很不相同的。因此，我们可以假设：在两块相同面积的地块上进行同样的耕作，栽培两个不同的大麦品种，从某一块中收获的种子比另一块多两倍，但是，所增加的这些产量，都是增加的无氮成分，硫和氮的元素不包含在内。把一定数量的"血液的无机成分"施入土壤，并使其转入植物，可能在种子中形成一定量的"血液的有机成分"。从整个说来，这些部分在一个大麦品种中不可能比另一个品种多好多。①

只有那种情况，即当植物在某段时间内吸收少量的氮可能表现出差异，在铵盐不足时与此相适应的"血液的无机成分"不能被利用。

我们把两个不同的植物品种，栽培在完全相同的土地上，植物吸收了大量的"血液无机成分"（磷酸盐），在植物体内制造出大量的"血液有机成分"（含硫和氮的化合物）。

这些植物中，有的植物使土壤中上述成分衰竭；有的植物从土壤中吸收磷酸盐比较少，使土壤在其他相同条件下对某个第三种植物而言还是肥沃的。

---

* 下面的分析可以作为动物血液中各种成分所需要从植物营养料中获得无机成分的证明：例如，很明显，作为羊的主要饲料，羊血包含的无机成分，几乎也是同样的比例；猪血含有的无机成分与豌豆的比例相同；鸡血的成分与谷物相同。

在肉类中的盐分（草食动物和肉食动物）与谷物中的盐分是同等的（灰分）。

	羊血	公牛血	白菜	芸菁	土豆
磷酸	14.80	14.04	13.7	14.18	16.83
碱	55.79	59.97	49.45	52.00	55.44
碱土	8.47	3.64	14.08	13.58	6.74
碳酸	19.47	18.85	12.42	8.03	12.00

将灰分换算成百分数，扣除出食盐和铁，不足100属于偶然的，如硫酸和硅酸。

成分	狗血	公牛血	猪血	豌豆	鸡血	黑麦
磷酸	36.82	42.03	36.5	34.01	47.26	47.29
碱	55.24	43.95	49.8	45.52	48.41	37.21
碱土	2.07	6.17	3.8	9.61	2.22	11.60
硫酸	—	7.87	9.9		—	—
硅酸	5.87	—	—	10.86	2.11	3.90

① 在这没有完全说清楚的地方，李比希发展了下面的思想：蛋白质的形成受植物体内的氮、硫的制约，同时又制约着一定的磷酸和碱的吸收，因该植物使土壤衰竭决定于这些物质，也仅仅是决定于这些物质。如果两种植物的产量差别在于一种植物比另一种植物含有更多的无氮组成成分（淀粉和糖），而两种植物都含有同量的"汁液组成部分"（即包含化合物中的氮、硫、碱和磷酸），那么这两种植物对土壤的消耗是没有差别的。——译者注

后来,很明显,在同样一段时间内,两株植物对某种物质需要的数量相同,植物从某块土层里吸收这些物质并将其隔离开来,那么一株植物的有机体吸收的那些养分不能被另一株植物利用。

如果在一定量的土壤中(一定面积和深度),上述无机物质的含量比 10 株植物完全生长发育所需要的数量还要少,那么在这个面积上播种 20 株植物只能满足一半发育,这表现在叶子的数量、茎的大小和种子的数量上。

两株同类植物,如果它们生在彼此相隔不远的场合下,处在对其完全发育所必需的无机物质很不足的空气和土壤中,那么它们彼此都将受到危害。在这个意义上,没有一种作物比小麦彼此间的危害更大;对土豆来说,没有一种植物比土豆带来的坏影响更大。

同一种植物在同一块土壤上连续栽培几年,也发生完全同样的情况。假设某一块土壤所含的硅酸盐和磷酸盐的数量足以满足小麦 100 年中等产量的要求,在这种情况下,过 100 年后,该土壤对这类作物就变成不肥沃的了。又假设,在这块地里底土性质也同耕层性质一样,如果把过去植物根系达到的那一层深度的土壤去掉,这样底土层就变成了耕作层,在这种场合下,又有了新的土壤表层。这种土壤没有衰竭,能连续多年重新提供产量。当然,这种肥力源泉也有一定的限度。

土壤中植物必需的无机营养物质越少,由于栽培植物使土壤枯竭的时机就会来得越快。很明显,只要我们能恢复土壤原来某个时候的土壤成分,通过恢复收获物中从土壤里拿走的那些成分,就可以把土壤培肥。

可以把两种植物栽种在一起,或者一个接一个去栽种,仅仅只有在那种情况下才是无害的。如果这两种植物所需要的营养物质在时间和数量上是不相同的,或者说,一种植物和另一种植物从土壤不同深度的层次中吸取它们生长所必需的土壤元素,这些植物彼此才能显著生长,而不彼此妨碍。

不同种的植物,其生长和发育需要不同量的无机营养物质。根据这个对养分需要的差别,可以把植物分类。其实,按照灰分成分含量不同把植物分成:含钾植物——其灰分中含碱量丰富的植物;含石灰植物——其灰分中钙和镁丰富的植物;硅酸类植物——其灰分中主要是硅酸。这就是说,把该植物最需要的那些成分,作为区分它们的主要特征。

属于含钾植物的有藜科、苦艾等,作物中有甜菜、饲料甜菜和玉米;属于含石灰植物的有苔藓属植物(含有草酸石灰)、仙人掌(含有结晶性酒石酸石灰)、三叶草、豆类、豌豆、烟草。

当然,这个分类不应当确定为一个固定不变的界线——这里还有许多辅助性的区别。

例如土豆,从其叶子的成分来说,它属于含石灰植物;从其块根内的成分来说,石灰含量很小,它属于喜欢钾的植物。

按照灰分数量,以及它的成分,很容易阐明不同的植物品种需要从土壤中吸收什么样的成分,吸收到什么程度(硅酸、石灰、钾)。

为了明显起见,将收获物中从 1 公顷土壤中所吸收的营养物质数量,列于下表:

作物		磷酸	钾	钠	石灰	镁	硅酸
小麦	籽实	18.9	10.5	0.9	0.9	4.4	0.6
	秸秆	20.2	27.3	17.4	18.8	8.9	163.6
豌豆	籽实	16.8	15.5	2.3	2.9	3.2	0.5
	秸秆	11.9	38.4	8.1	89.2	16.1	11.7
土豆	茎叶	15.3	76.9	4.4	30.0	16.5	0.5
	块根	40.4	131.9	2.3	2.3	10.2	3.7
甜菜	叶子	12.6	82.0	47.4	15.5	19.6	12.7
	块根	26.8	163.0	123.0	10.6	11.9	11.4

表中所列材料说明：植物从土壤中吸收一定的成分，以保证它们完全发育达到开花结果。在纯水、纯石英砂中①，或者在土壤中，如果其中没有这些成分，我们看到植物发育受到很大限制。如果植物缺乏碱、石灰、镁，那么植物生长茎、叶和花的数量，以其种子中所含的这些物质的数量为限。如果植物缺乏磷酸盐，那么就不可能形成种子。

在一定时间内，植物吸收的营养物质越多，植物发育得越快，植物叶子的数量和体积增加也越快。

很明显，如果所有的植物毫无区别地从土壤中吸取某些成分，那么其中没有任何一种植物能够改良土壤，或者使土壤对其他某种植物变得更肥沃些。如果在某个地方，自古以来植物就没有变化，我们把林地变成农田，况且把森林和灌木的灰分都撒在田里，那么这样就增加土壤中碱基和磷酸盐的含量，这就够某些植物上百茬或更多茬的需要。

如果该土壤含有风化较轻的硅酸盐，那么我们在土壤中就会发现可溶性的硅酸钾和硅酸钠，这是需硅植物形成茎秆所必需的。在磷酸盐存在的条件下，在这种土壤中又具备所有其他条件，以便在许多年以内不断地在上面播种谷物。

如果土壤中完全不包含这些硅酸盐，或者含有硅酸盐，但数量有限；但是土壤中含有许多石灰和磷酸盐，那么在这种土壤中，可以不断收获三叶草、烟草、豌草、豆类和葡萄。

如果土壤没有把供给植物的那些物质收回，那么不可避免地总有一天要停止提供产量，以补偿其耕作的消耗；最后，总有那么一天，土壤要表现出完全枯竭，而不利于栽培作物。土壤的这种"完全衰竭状态"的到来，对于某种作物来说来得早些，对于另一种作物来说又来得迟些，完全依赖于其中所含的物质。如果土壤中硅酸盐丰富而磷酸盐缺乏，那么在这种情况下种小麦比种黑麦要衰竭得快些，这是因为小麦从土壤中吸取磷酸盐无论在种子中还是在秸秆中比黑麦都要多些。* 如果这种土壤石灰含量不够，那么大麦不可能在这种土壤中丰产。

在某一种土壤中，有效性的硅酸和钾特别丰富，在某一年内可以得到9倍产量，而在次一年仅仅只有3倍或者2倍的小麦产量了。盐分不足——形成种子的盐分不足就是其原因。

如果我们在某一丘田里播种豌豆或豆类，种了它们以后，土壤中仍有足够的可给态

---

① 李比希指的是砂培。——译者注

* 小麦中灰分重量和黑麦中灰分重量比为20∶16，其中磷酸盐数量（不包括秸秆）的比例是18∶13。

的硅酸,以供给下一茬小麦的营养。相反地,这些植物从土壤中所吸取的磷酸盐和小麦一样多,因为这些植物的种子也几乎同小麦种子一样,需要很多的磷酸盐才能形成。

将穗状作物和土豆、三叶草轮作的办法,也就是说,将谷类作物和那些需要其他的比例关系的营养物质的植物轮作,或者和那些能从禾谷类植物根系达不到的深土层中吸取养分的植物轮作,那么,保证可以从一块地里获得更多的植物有机物质。虽然每一次收获都使土壤中营养物质减少一些,然而,由于与其他植物轮作换茬,在轮作中安排了深根植物,这样,我们把土壤耗竭的时间往后拖延,但是,仍不能防止土壤耗损。①

如果土壤石灰和盐类不足,而其他的条件都相同,那么烟草、三叶草、豌豆在这种土壤上不生长;但是,如果在这种情况下土壤中碱很充足,那么在这种土壤上栽培饲用和糖用甜菜却很有利。

如果在土壤中含有难溶或缓溶的硅酸盐,在自然状态下,通过空气的作用,只要三四年就可以风化出小麦生长所需要的硅酸盐数量,那么在这种土壤里,每隔 3 年可以栽种一茬小麦。由于土壤机械耕作的结果,使土壤空气和水分畅通,或者由于应用消石灰,加速了硅酸盐的分解过程和风化作用,大大地增加了溶解性的硅酸盐的储藏量,这样,我们可以缩短播种小麦的时间间隔。采取这些措施自然能保证我们在某一时期获得更丰富的产量,但是很快就将看到其最终结果——丧失土壤的自然肥力。

假设在三四年内转化成溶解状态的碱和硅酸的含量,仅仅能满足一季小麦产量的需要,在这种情况下,在播种两次小麦之间的过渡年份栽培任何其他的植物时,已经没有损害了,因为在这种情况下,碱已经被这些过渡的植物所利用,小麦不可能得到它所必需的碱。

从硅酸盐风化过程和形成黏土及黏土分解过程中解离出来的碱和硅酸,从其数量间的比例关系可以得出结论:即形成了许多土壤可给态硅酸。那么,在这种情况下,一定要形成大量的可给态碱,比禾谷类作物的秸秆中所发现的碱的数量要大得多。

休耕时,在两茬小麦之间,必定出现供我们充分利用的碱以栽培某些其他的植物,例如饲用甜菜,或者土豆。这些作物需要大量的碱,其所需要的硅酸相对比较少。同时,在这种情况下,由于这些植物根系的特性,它们能利用深层土壤中的营养物质。

在上面我们已经看到了,由于多年栽培作物,从田里拿走许多产量以后,其结果是引起土壤成分和性质的许多变化。

如果在该田的土壤中存在有一定的比例关系,即在硅酸碱、黏土、石灰、氧化镁之间有一定的比例关系,那么在这个比例中,有比较多的碱、碱土族元素和氧化硅;只有一个问题,即这个储藏量不是在任何时候、在任何地点对植物都是可提供的。通过机械耕作,以及采取化学手段(例如施石灰等),我们可以缩短其转化的时间,使储藏的物质转化为维持植物生活方面有利的状态。但是这些物质还是不足以满足植物完全发育。

如果土壤没有磷酸盐和硫酸盐,那么植物就不能结籽,这是因为所有的种子,毫无例

---

① 按李比希"矿质学说",李比希的任务是证明轮作的好处完全不是建立在消耗土壤的植物与使土壤肥沃的植物的交换,因为后一种情况是不存在的,而仅仅是由于各种植物从不同方面消耗土壤,即从土壤不同深度吸收不同种、不同量的营养物质。——译者注

外地都含有某种化合物,而磷和硫一样是其中固有而不可缺少的成分。

无论土壤中别的什么成分如何丰富,当它不能供给植物以足够的磷酸盐和硫酸盐的时候,从农业上来说,这种土壤是不肥的。不管铵态氮和二氧化碳如何丰富,如果土壤仅仅能在植物有机体中形成一定数量的所谓"血的成分",这个数量恰恰相当于土壤中所供给植物的磷酸盐的数量。含氮的和含硫的植物汁液的生产与磷酸盐的存在有密切关系。

上述见解表明磷酸盐在农业上的重要性,这些盐类在耕地中含量很少。因为耕作土壤可能缺乏这种物质,所以,首先应当特别关心磷的问题。

很明显,在广阔的、虽然还是有限的海洋空间里,整个动植物界是相互依赖的。在这种情况下,每一代动物从植物界吸取自己身体所必需的营养元素成分;动物死后,动物的成分又变成动物食料的前身,也就是说变成新的一代动物的食料,被植物吸收。

海洋动物在呼吸的时候,从溶解于海水中的丰富的空气中获得氧气(海水中含有32%～33%体积的氧气,而在大气中只有21%),海洋植物生活过程中将氧气释放到水中,这个氧又参与海洋中死亡动物的腐解,把碳素转化成二氧化碳,而氢就变成水,所有的氮素就转化成铵盐。

我们看到,在海洋里进行着整个物质循环,但是,并没有产生什么新的元素,原来有的元素也没有消失。这个循环在时间上是无限的,但是在体积上要受到限制,因为植物的营养物质在空间和数量上都是有限的。

我们知道,在水生植物方面,根本谈不到靠腐殖质给其根系供给什么物质,事实上,从光秃的石头上面吸取什么养料？一个拳头大的藻类,其根系的表面积有360平方英尺那么大,在岩石表面没有发现任何变化。一份藻类的枝和叶就可以供给1000个海洋动物的食料。这种植物只需要有一个立足点,以便固定在什么地方,或者固定在什么目的物上。借助于这类物体的帮助,它们的比重逐渐增加。它们生活在那样一个环境中,这个环境供给其有机物所需要的养分。海水不仅包括碳酸和铵态氮,而且还有磷酸和碳酸碱族、碱土族等以供海洋植物发育的需要,这些盐类就是这些海生植物灰分的源泉。

全部观测表明,保证海洋植物生存发育的条件也就是陆地植物所必需的条件。

但是,陆地植物生长的环境不是像水里一样,其所需要的全部元素都包围在各器官的周围。陆地植物的生命处在两个不同的环境里,一个是土壤——含有那些元素;另一个是空气——不包含那些元素。

可能会出现问题,即土壤由于自己的成分参与了植物界的生活,以及植物无机成分是植物生存所必需的。这两个原理,有时可能都会被怀疑。

在地球坚硬的表面部分,我们看到这样的循环:世界在不断地更新,不断地破坏平衡和不断地恢复平衡。在农业上的观察表明:当在土壤中施入一定的物质,那么在该土壤表面有机物质急速增长着。曾为土壤本身的成分,但是将供植物吸收,因为人畜粪便也来自于植物;因为它们也是那些物质——在生命过程中、在动物有机体内,或者在动物死后,又作为土壤的成分,重新变成这种状态。

我们知道,在空气中没有包含这些物质,也不能代替它;我们也知道,把这些物质从土壤里提取出来,引起产量不平衡和肥力降低,而把这些物质施入土壤,我们可以维持地力,甚至提高土壤肥力。

有人问,能不能通过动植物有机体成分的起源问题,以及碱、磷酸盐、石灰的益处问题来证明一个原则的正确性,这个原则是建立合理农业的基础。

如果不是恢复自然界的平衡,那么究竟是什么东西构成农业的艺术?

是否想到,一个富饶的、肥沃的、商业发达的国家,在几百年的时间里,输出牲畜、粮食等农产品的国家,如果那些商品不以肥料的形式给土壤偿还从它那里拿走的、空气里又不能补偿的那些灰分成分的话,那么,那里的土壤能否保持其肥沃?是否不应该出现这样的国家,它曾经是如此富饶肥沃的国家(如匈牙利),而现在呢,无论是小麦和烟草都不能再种植了。

似乎金属,包括金子在内,都是由种子生产出来的。这种见解产生的原因是由于在炼金术时代对金属的特性和本质不够了解,在结晶中以及晶体增长中,看到了金属植物的叶子和枝子,所以都希望能找到相应的种子和适合于种子发育的土壤。人们看到,普通植物的种子,不从外面获得任何可感觉的东西,但能产生树干、树茎,植物开花,并再结出种子。人们希望金属种子也和普通植物一样。

只有在很久很久以前,当人们对大气一点都不了解,对空气和土壤参与动植物生命过程没有任何概念的时候,以上这些糊涂概念才会发生。

现代化学能把水分解为它的组成元素,又能将这些元素组成水并具有自然水的全部特性。但是,现代只能从水中把这些元素取出来,而不能创造它们,因此,化学家合成人工水以前就已经有水了。

我们的许多农民可以和古老的炼金术师相比,他们像炼金术师希望找到仙丹一样,寻找一种奇怪的种子。期望只要把这种种子种在中等肥力的土壤里,不施任何肥料,就能得到成百倍的产量。

积成百上千年的经验还不足以避免新的错误,只有深刻认识真正的科学原则才能立场坚定,防止产生类似的偏见。

古代的自然哲学在第一阶段认为有机生命的来源是水,后来认为不仅仅是水,还有一些空气成分。而现在我们确实知道,为了使植物具有生存、繁殖的能力的,除了这两个来源之外,还应有土壤中的其他元素。

在空气中植物营养物质的储藏是有限的,然而这些营养物质的数量,对于覆盖在地球表面的、茂盛的植物群的生存应该是足够的。我们知道,在热带、在那些国家里,具有优越的自然条件,如湿度、相应的土壤、光和较高的温度,植物可以无限制地繁殖;而在另外一些地方,那里的土壤成分不足以培育植物,其死亡的植物又回到土壤中去。很明显,在这些国家里,无论野生植物或栽培植物,都不缺乏来自空气中的营养物质。

由于空气不断流动,所有的植物都能从空气中得到它发育所必需的气态的营养物质。在热带,空气中所含的营养物质并不比寒带的多。但是,在这些不同的国家里,同一面积上的生产能力差异是如此之大。

热带国家的各种植物,例如含油和蜡质的棕榈、甘蔗与我们的栽培植物相比含有少量的动物营养所必需的血液组成成分;在智利长得像灌木丛那样高的土豆,从一整个摩尔根(Морген)的面积上的产量未必能维持任何一个爱尔兰的家庭一天的生活(达尔文)。栽培作物,实质上正是生产血液组成成分的工具,在缺乏血液组成成分的土壤里能够在植物里形成木质素、糖，淀粉等，但就是不能形成血液组成成分。如果我们希望在该面积上比野生植物生产更多一些的血液组成成分，那么我们应该补施作物所需要的土壤元素。

在一定时期内，为了保证植物能自由地、无阻碍地生长，给各种植物提供的营养物质是不同的。

在贫瘠的砂地里、在纯石灰性的土壤里、在光秃秃的岩石上，仅仅能生长几种植物——大部分是多年生的。它们缓慢地生长，仅仅只需要少量的矿质营养，因为对其他植物来说，贫瘠的土壤还能给这些植物提供足够的营养物质。至于一年生植物，如春作物，其生育期短，就不能在缺乏它们生育所必需的矿质养分的土壤上发育。

要在特定的短时期内使植物长到最高，并得到栽培该植物的价值，空气中所含的营养物质常常显得不够，应当给土壤人工施入氨，有时还要施二氧化碳。

但是，氨和二氧化碳本身还不足以变成植物的组成成分，以作为动物的营养物质。没有碱，不能形成蛋白质；没有磷酸盐和碱土族盐类，就不可能得到植物的纤维朊、干酪素。而植物中没有灰分成分，一般说，就不能将二氧化碳、水分和氨形成有机质。

常绿植物、苔藓植物、针叶树、羊齿类植物的情况同一般夏季植物的情况区别该有多么大啊！在冬天、在夏天，无论在白天、在黑夜，它们借叶子的帮助来吸收二氧化碳。不肥的土壤不可能供给植物二氧化碳，像皮一样的、肉质很厚的叶子，其保水力比其他的植物都强，因蒸发损失的水分非常之少。

总之，有些植物在一年中，由于生长极慢，其所吸收的无机营养物质的数量比一茬小麦3个月内从土壤中所吸收的无机营养物质还要少。

由此可以得出结论，换茬制的利益是建立在不同作物从土壤中吸取不同量的养分的基础上的。我们确定了这样一个顺序：在硅酸盐作物后面，种植喜钾类作物（甜菜、土豆）；在喜钾类作物后面，再种植喜石灰类的作物。

轮作换茬制还有另外一个有利的原因：土壤营养物质被根系吸收和进入根系细胞，都要成溶解状态。正如上面已经谈到的，这对植物营养物质来说，恰恰是非常重要的。在土壤中呈吸附状态，也就是说呈吸附着的形式；虽然溶解的状态对植物生长是最有利的，但是，这些营养物质或者完全不能，或者几乎不能都溶解于土壤水中，仅仅只有当它们直接与植物根系接触时，耕层中吸附着的营养物质才能变成溶解性的和可给态的物质。

由此可见，根系对于从土壤中吸收营养分的数量该有多么大的意义。

根系表面积越大，它渗透的土层越深，它接触的土壤颗粒的数量也就越大，因此植物就比较容易满足其对养分的需要；相反地，如果根系的表面积不大，而根系分布的深度仅仅局限于土壤表层，那么这一层就应当有很丰富的营养物质。在这种情况下，根系所接触的土壤颗粒的数量比较少，而其中的营养物质，包括整个土壤中下层中的营养物质对植物来说已经是"远水不解近渴"了。

因此，轮作换茬制的好处是由于不同的栽培作物的根系不同，能从相同的或不同的土层中吸收不同量的营养物质。

从上面所叙述的事实来看，为什么农业上把栽培植物区分为耕作层植物和底土层植物,同时在轮作制中进行换茬的原因就可以理解了。那么,为什么在实践中,还一茬接一茬地栽种同一种类植物呢?例如两种都是穗状植物,虽然它们从同一土层中吸收养分,不管它们对营养的要求方面可能有差异,一个接一个地种植这些植物也是可以理解的,因为种在后面的第二种植物比它的前茬植物的根系具有更大的根表面积,因此它们能够从已经被消耗的土壤里吸取其所需的营养物质。

在轮作中,先种根表面积较小的植物,接着种根表面积较大的植物。农业上用这样的方法达到提高各层土壤中所含营养物质的利用效率。

由于在轮作中加入了深根作物,谷类作物的根系所达不到的土壤中层和底层的营养物质就可以被这些植物利用。

用种植三叶草、饲料甜菜、羽扇豆等等办法,可使较深层土壤中的营养物质变成有效的和可以移动的。种植这些作物它不仅可以作为牲畜的饲料,而且,所得到的厩肥又施用在谷类作物的地里,使深层土壤的营养物质被谷类作物所利用[①]。

同样,通过种植绿肥的办法,可以把底土中的营养物质用来培肥表层和中层的土壤。用栽培绿肥的办法,例如羽扇豆,农民可以将这些植物在开花期翻压下去,达到将底层土壤中的营养物质来培肥表层的目的;腐解过程的结果,就保证了新播种的作物和幼苗有充分的养分和必需的二氧化碳和从空气中被绿肥吸取的氮素,能使其后作繁茂生长,完全发育。

因此我们看到,借助于轮作换茬,农民能够进行人工的腐殖化作用。

轮作换茬制的好处,还能从别的方面来论证。

曾经有一种关于根系分泌物的假设,认为这些根系的分泌物就是根系的排泄物。而且它对其分泌出来的植物有害,却对别的植物没有害处。这就说明,同一植物之所以不利于长期连作,原因就是在土壤中积累上述的分泌物。

植物的内分泌和排泄过程存在与否,有些植物生理学家证实了,有些植物生理学家又否定了,在当时对这个问题的意见是存在分歧的。但是没有任何人怀疑植物叶子的绿色部分释放出来的氧气,是植物的分泌物。在植物生活活动的过程中,碳素,二氧化碳、氢和水分都变成了植物器官的成分,可是没有吸收的氧气从植物中释放出来。

我们观察到,在雨水中插过的柳条枝,颜色逐渐变浓,后来变成棕色;牧草植物(风信子 Hyaeinthus orientalis)当我们把它放在纯水中生长的时候,我们也看到同样的现象。这样的结果,上面已经谈到了,在进行水培实验的时候,也观察到过。

除此以外,根据新的观察,植物还分泌许多其他的物质。这些物质自然而然要发生某些物质的转化,或者是植物的纤维部分,或者是在灰分元素的作用下细胞活动的产物。

植物的这些分泌物,有些对植物生长有害,应当认为是已经证明了的。那么,必须指出:在作物生长的土壤条件下,这类有害影响可能由于土壤的吸收性能和土壤中有机质

[①] 李比希看到种植三叶草的意义,仅仅是由于它的强大的根系利用了深层土壤。但三叶草能提高土壤中氮的作用,李比希是不知道的。很奇怪,近代研究者集中在研究三叶草的这个特性,以致将三叶草的第一个特性——利用底土将营养物质从下面搬到上层,几乎被忘记了。盖德洛伊茨(Гедройч К. К.)在罗索夫斯基实验站的工作里也没有注意到这一点。——译者注

变化和迅速氧化而消失。

在同一块土地上，某一种植物连作许多年以后将不再生长的现象与土壤衰竭紧密相关。所归还的土壤元素和被植物从土壤中拿走的元素之间不相适应时，对植物的顺利发育缺乏必要的条件，营养物质的数量和比例很不恰当。

作物的产量难道不依赖于土壤可给态养分数量的差异，而只依赖轮作制中营养物质的分布和比例吗？

现有的储藏量可能满足 2 茬含钾植物高产；通过根系达到土壤中层，这就能满足 3 茬需石灰的植物高产；如达到土壤深层，就能满足几茬喜欢硅酸盐植物的高产。对整体而言，在土壤表层能够满足 7 茬作物高产所吸收的数量。相反地，经过适当时期，其果实、牧草、秸秆从土壤中拿走的无机物质应当更新和适当地分布；应当重新恢复平衡，应当使土壤补偿到其最原始的肥力状态。这就要靠施肥来实现。

1.14　肥　　料

为了对动物粪便的意义和作用有一个明确的概念，首先应该考虑到它们的来源。

谁都知道，人和动物如果没有食物就会消瘦，体重会日益减轻。过不了几天，这种消瘦就会看得很明显。一个饿死的人，其脂肪和肌肉消失，身体苍白，最后剩下的是皮包骨头。

相反，在食物充裕的情况下，体重不发生变化。一个健康的成年人，一昼夜内没有什么明显的增长或体重的增加。这些现象毫无疑问地证明：在动物机体内变化时刻发生着。况且，身体的一部分生活物质或多或少地改变形态，排出体外。如果身体内排出的部分没有得到恢复或被新的所代替的话，体重将不断地减轻。

体重的恢复补偿是靠食物来进行的，人和动物每天需要一定数量的面包、肉食或其他食物。一年内他们所需要的食物重量超过他们的体重。从食物中他们得到了一定数量的碳、氢、氮、硫以及相当数量的矿物质，这些矿物质我们可以在食物灰分中看到。

有人问：不同种类食物的所有成分落到哪里去了？它们达到什么目的？它们以什么形态排出体外？我们将食物中的碳、氮吸收利用，但是在我们体内这些元素的重量没有增加。在我们的食品中，我们吞进去大量的碱质和磷酸盐，但是这些物质在我们体内的贮存量没有增加。这是怎么回事？

如果注意到食品不是维持生命过程的唯一条件，注意到植物与动物在本质上存在某些区别，这个问题就容易解决了。

事情在于：动物有机体的生活依靠从空气中不断吸收氧气，没有空气、没有氧，任何动物都不能生活。[①] 在呼吸过程中血液在肺里面得到大量的氧气。我们吸入的空气含有氧，空气将氧供给血液。一个成年人每一次呼吸从空气中获得 20～25 毫升氧气。这样，一个人在 24 小时内要吸入 900 克氧气，一年之内要吸收数百俄斤[②]氧气。有人会问，这

---

①　李比希反对植物的呼吸作用，同时他看到了动植物有机体在这方面原则的差别，在于动物进行氧化作用，而在植物仅仅是还原作用。——译者注

②　1 俄斤＝0.41 公斤。——编辑注

些氧到哪里去了呢？我们吸取几俄斤食物和几俄斤氧气，但我们的体重根本不增加，即令增加，比例也极小，某些人体重甚至逐渐减小（老年人）。

这个经常看到的现象可以解释为：氧和食物中的某些成分在机体内相互起作用，其结果两者都消失掉。事实上也是这样，以气体状态吸入的氧气都没有在体内停留，反而以二氧化碳和水从有机体排泄出去。动物有机体放出碳和氢与氧化合，因为这些元素来源于食物，具有与氧结合的能力，这些元素最终在动物体内转化成氧化物。简而言之，即进行了燃烧。

我们想想：我们在炉子里燃烧面包、肉、土豆、干草、燕麦，在通气良好的情况下，即在充分给氧的情况下，这些物质中的碳素变成二氧化碳，氢变成水，氮以铵状态释放出来，硫变成硫酸，最后这些物质的矿物成分变成灰分。我们得到的二氧化碳、碳酸铵和水是挥发性的产物；在不完全燃烧情况下我们得到的是烟，而在没有燃烧的残余物中——即食物中的盐，其比例不变。

如果将所得到的灰分用水淋洗，在滤液中含有碱质、可溶性磷酸盐和硫酸盐，在滤渣内包含钙和镁。如果燃烧的材料中含有硅酸时，那么滤渣中还有硅酸。

在动物体内也同样地进行着燃烧。通过皮肤和肺以水和二氧化碳的状态把从食物中吸收的氢和氧排出体外；在食物中含有的全部氮素呈尿素状态储藏在尿液中，与水简单地结合成碳酸铵。如果体重不变，那么我们从食物中得到多少碳、氢和氮，从体内就排出多少碳、氢、氮。仅仅在青年人的体内以及在育肥的动物体内，重量有所增加。即是说食物的一部分元素留在体内。老年人的体重减少，因为那些元素从有机体排出的多于其吸收的。

我们每天从食物中得到的氮素，不以尿素和铵化物回到尿里；在大便中排出没有消化过（燃烧过）的物质，这些东西在机体内没有什么变化，例如木素、叶子的绿色物质、蜡质。这些物质中所含的碳、氢和氮的数量比在食物中所含的要少得多。以那些未消化物质混合成的这些排泄物，相当于在炉子里没有充分燃烧的食物残渣和烟。

对大便和尿的研究表明，从食物中得到的矿质成分，如碱质、盐类和硅酸等，在粪尿中全部都有。

在尿里包含全部可溶性物质，而大便中则包含食物中全部不溶于水的矿物质。如果我们设想，事实上也是如此，食物在动物机体内就好像在炉子里完全燃烧，那么尿中将含有可溶性盐，而大便里则含有灰分中不溶性盐类。

马消耗的灰分（克）		从马的排泄物中所得到的灰分（克）	
15俄斤干草	558.3	在 尿 中	105.3
454俄斤燕麦	73.8	在粪便中	550.8
饮水	12.6		656.1
	644.7		

奶牛食入的灰分（克）		从牛的排泄物中所得到的灰分（克）	
30俄斤土豆	200.1	在 尿 中	368.7
干草	606.0	在粪便中	490.8
饮水	48.0	在牛奶中	54.0
	854.1		913.5

这些分析表明：从马和奶牛的固体和液体的排泄物中的灰分，反过来可以得到其食物中的灰分数量*（同样的研究数据也可以是这样确切）。

现在当我们介绍动物粪便的来源时，那么在我们施在地里的动物的固体和液体的排泄物的肥效就不再是那样神秘莫测了。

人和动物的食物中所含的矿物质是从我们地里取出的。我们以籽实、根茎、牧草的形态获得这些物质。在动物生活过程中，可燃烧元素转化成氧化物、尿和固体排泄物，其中就包含了我们地里的土壤元素。我们将这些元素重新施入土壤，就可以恢复土壤原来的肥力。如果我们按土壤的需要施入这些元素，以满足植物所必需的营养元素，那么这种土壤对所有的植物来说都将是肥沃的。

从地里收获的产品，一部分成为动物的食品和饲料；一部分为人类直接消耗的面粉、土豆、蔬菜；第三部分为不能食用的植物残渣，作为垫圈的材料。很明显，我们通过动物、谷物、水果从土地中取出的元素，又以人的液体、固体排泄物及杀死的骨骼和血液的形式回到地里。我们要仔细收集这些废物，尽力恢复土地中这些元素的平衡。我们可以计算出来，在一头牛、一头羊或奶牛的奶里，或者 1 公担大麦、小麦或土豆里我们取出了多少土壤成分，我们还知道人的粪便里的成分，就可以测定我们需要给土壤施用多少人粪尿以补偿从土壤中带走的元素。

如果我们能从别的来源找到农业用的、具有肥价值的物质的话，当然也可以不用人畜粪尿。我们往土壤里施铵态氮是以尿的形式，还是以从煤焦油里得到的铵盐的形式；施磷酸钙是以骨粉的形式，还是以磷酸钙的形式——这对我们所追求的目的来说，没有什么差别。农业的主要任务在于用这样或那样的办法给土壤补偿从它那里取走的成分，而这些成分是它不能从空气中得到的。如果这种补偿不完全，那么我们的土壤甚至全国的土壤肥力就会降低，反之，肥力就会相应地提高。

从别国进口粪尿与进口谷物和牲畜有同样的意义。按确切的概念，所有这些物质以面包、肉类和骨质的形式作为食物进入人体，每天又转化成为原来的形态。

仅仅存在一个真正的损失，这损失在我们传统习惯下是不可避免的，这就是随着人

---

* 为了进一步证实上面的叙述，我们援引了格列别洛克借助呼吸作用测定器研究物质代谢的实验。实验是一头成年的、体重为 1425 俄斤的公牛在 24 小时后得到的平衡：

	矿物质成分	碳	氢	氮	氧
		（俄斤）			
食品中供给的 （在饲料和饮料中包括有氧）	1.78	11.65	14.43	0.62	127.78
同一时间排出的					
粪便中排的	1.15	5.17	8.41	0.21	66.36
尿中排出的	0.61	0.44	2.96	0.34	22.45
气体排泄中（吸收产物）	—	5.83	2.84	—	36.87
总排泄量	1.76	10.99	14.21	0.55	126.68

上表所见，吃进去的东西几乎全部都排出来了。排泄物的数据略为小一点，是因为在 24 小时实验期间公牛增长了 2.07 俄斤。

格列别尔格稍后一些的实验表明，成年羊的排泄物中包含着全部饲料食物中的磷钾。

的骨骼送入坟墓的磷酸盐的损失。一个人在自己生活的 60 年中吸收了大量的食物,这些食物中取自我们田地里的每一个成分,可能又重新回到土壤中。我们确信,只有在青年人身体内和正在成长的动物体内在骨骼中存在有一定量的磷酸钙,而磷酸碱留在血液中。我们同时了解,除了极少量的例外,每天动物在食物中消耗了全部碱基盐和磷酸钙镁。总之,食物中所有的无机成分都成粪尿状态返回土壤。

不用进行粪便的分析,我们很容易确定粪尿中所含的上述成分的数量、性质和组成。假定马每天吃的饲料是 4.5 俄斤燕麦和 15 俄斤干草。燕麦有 4％ 的灰分,干草有 9％ 的灰分,那么马每天的粪便中应含有 632 克从土壤中得到的无机物。通过对燕麦干草灰分的分析,了解了各种成分的百分数,我们这里有多少量的硅酸、碱和磷酸盐都知道了。

不难明白,动物粪便的组成经常随着食物的变化而变化。如果给奶牛吃饲用甜菜和土豆,而不给干草和大麦秸,那么在它的粪便里则很少或完全没有硅酸,而有磷酸钙和磷酸镁;在尿里含有碳酸钾、钠及其他无机钾盐化合物。如果动物饲料或人的食物燃烧时剩下的灰分中含有可溶性磷酸碱族(面包、谷类和肉食),那么吃了这种饲料的动物所排出的尿中也含有全部上面所提到的碱。如果燃烧后的灰分中没有不溶于水的碱(干草、甜菜、土豆),而只有不溶解的磷酸钙、镁,那么动物的尿里也不含磷酸碱,在这种情况下,在粪便里就含有磷酸钙、镁。人尿和食肉动物的尿含有磷酸盐,与此同时,食草动物的尿中则完全没有这些盐类。

人粪、食鱼的鸟粪、海鸟粪以及马、奶牛粪便的分析,确切地揭露了其中所含的盐类成分。

这些分析表明:我们施人畜粪尿作肥料,实际上给我们的田地施入了植物的灰分。这些灰分再加上若干量的碳和氮,曾作为食物被消耗掉。灰分是由栽培植物所必需的可溶性和不溶性盐类和碱土族化合物所组成,肥沃的土壤应该给植物提供这些盐类。

毫无疑问,在土壤中施用这些肥料,为新的收成提供必要的营养,用这种方法恢复已经破坏了的平衡。现在,当我们知道在食物中包含着土壤里的成分,随着食物消耗后又转移到牲畜粪尿中,就可以测定各种肥料的相对优点。某种牲畜的粪尿施在该牲畜的饲料上具有特别有利的效果。在食用豌豆和土豆上施猪粪比别的肥料更有效。如果用干草和甜萝卜喂牛,那么我们得到的牛粪将含有牧草和甜萝卜所需要的全部营养成分。所以给甜菜施肥时,施牛粪比施别的肥料都好。像鸽子粪含有禾谷粪的矿物质,而家兔粪则含有牧草和蔬菜的矿物质,人粪含有大量各种籽实的矿物质。

由此可见:对人的食物和牲畜的饲料燃烧后残留的灰分认识,引导我们非常正确地确定在人畜粪尿中所含的土壤组成部分。

结果我们知道食物的数量和它的灰分成分,那么我们就可以肯定,在尿中能找出多少可溶性盐,在粪便中能找出多少不溶性盐,所以大量分析在这里将是没有意义和多余的。因为所消费的食物,其灰分成分有多大差别,粪便里的成分也就有多大差别。

众所周知,普通厩肥是粪尿的混合物,在厩肥贮存中已有不同程度的腐解。

尿腐解的结果是其中全部尿素变成挥发性的碳酸铵。大部分有机物质在空气和热的作用下转变成气体消失了,这些组成部分的重量也减轻了,这时不挥发的矿物成分的相对含量则增加了。如果假定腐解的元素都与氧结合,那么自然而然地留下的仅是灰分元素。例如新鲜牛粪中含有：

水分（%）	85.9
被燃烧的物质（%）	12.352 ⎫
灰分部分（%）	1.748 ⎬ 14.1

贮存半年的厩肥中含有：

水分（%）	79.3
被燃烧物质（%）	14.04 ⎫
灰分部分（%）	6.66 ⎬ 20.7

因为厩肥贮存的时间愈长，其中的植物矿物营养成分就相对增大，即腐熟厩肥其中的矿物质含量比新鲜厩肥的大 4～6 倍。这就说明为什么腐熟的陈年月久的厩肥比新鲜厩肥在地里的肥效更大，同时，为什么有经验的农民喜欢施用腐熟了的厩肥。[①]

我们已经提到过，在农业上可以用含有同样元素的物质代替牲畜粪。

树木的灰分或杂草的灰分，其组成部分和燃烧牲畜粪所得到的灰分成分是一样的。它们之间的差别仅在于这些成分的数量比例不同。因此，给土壤施用灰分和施用厩肥一样，能有效地补偿由于收获庄稼而取走的矿物质。灰分作为肥料的特殊意义，所有的农民都清楚。

如果考虑到某些木本植物的灰分，用冷水浸提后含有硅酸钾，其比例正如我们在秸秆里面找到的一样；同时考虑到灰分里常常含有大量的磷酸盐，那么，该种肥料的价值就会很清楚了。不同种的木本植物，其灰分肥效有很大的区别：橡树的灰分肥料效果较小；相反，山毛榉的灰分肥料的效果较大。[*]

褐炭和草炭的灰分大部分是硅酸钾。很明显，它能提供禾谷类秸秆主要组成部分，它还含有磷酸盐的混合物，常常含有大量的石灰和少量的石膏。

也有用甜菜糖加工后的废渣作为肥料的，其中含有甜菜的可溶性盐。

在法国以及在苏格兰、爱尔兰海边收集的那些被浪抛到岸上，或生长在岩石上的海藻，这些藻类用做地里的肥料，或者成腐烂状态（堆在一起让它腐解），叫海藻肥状态；或者加高热和烧成灰的形态。请注意：根据安德尔桑的分析，在新鲜藻肥中含有 10.3% 的灰分，而在 100 份灰分中含有 12.8 份钾、4.6 份磷酸、3 份硅酸和 22 份食盐。不难明白，为什么当地农民认为这些物质是优质肥料。

在托斯卡尼亚人烟稀少的地区，靠栽培羽扇豆聚集土壤中的营养物质；在人口稠密的地方，这种植物的种子经过水煮和火烤使其丧失再生力以后施在地里作肥料。

根据这个原则，成功地使用了各种植物材料加工后的某些残渣，在甜菜糖和浆糊厂

---

① 按其"矿质学说"，李比希肯定厩肥的价值，主要在于它含有灰分的组成部分，虽然他也没有忽视厩肥有机物质对改善土壤物理性状的意义。——译者注

* 下表列出 3 种木本植物中所含的灰分（多次分析平均值）：

	钾	镁	钙	磷酸	硅酸
山毛榉	12.5	10.8	39.3	8.7	6.7
橡 树	8.6	3.5	60.3	4.4	0.9
针叶树	10.4	7.7	40.2	4.9	9.1

附近,成功地利用了那些不作饲料的甜菜、土豆渣作肥料,也常常用葡萄和油料植物的种子压榨的残渣(芜菁、油菜及其他饼肥)、麦芽糖的废料,及其他啤酒酿造的废料,所有这些物质中除了包含具有肥效的土壤矿质成分以外,还包括含有碳氮物质的东西,因此它们能成为土壤中二氧化碳和氮素的来源。

利用动物有机体残渣作肥料也和植物残渣一样有成效。动物有机体可以看做是一个贮藏库,在这个库里,从年轻时期一直到发育成熟,积累了大量的土壤组成部分。随着动物的死亡,取之于植物界的这些元素又成为一系列下一代植物的良好食物。在动物的皮筋、毛发、蹄、角和血液里存在的这些元素来补偿给地里。以骨骼作肥料的重要性大家都是知道的,人畜骨骼中的磷质来源经常存在于肥沃的耕地里。磷酸钙从土壤中进入干草秸秆,一句话,进入牲畜消费的食物和饲料。如果注意到新鲜的骨骼含有55%的磷酸钙和镁(别尔车列乌斯),假如在干草和在麦秸里含有一样多的磷酸盐,那么8俄斤骨头中的磷酸钙含量就相当于1000俄斤干草或麦秸里的含量;20俄斤骨头中的磷酸盐就相当于1000俄斤小麦或燕麦种子的含量。这些数字虽不完全确切,但仍可作为土壤每年供给植物磷酸盐的、可接受的标准数量。

三季收获(饲用甜菜,小麦和黑麦)从1公顷土地上所获得的磷酸盐量相当于240俄斤骨质中所含的量。

除掉磷酸钾和镁,骨骼中还含有高胶物质,其数量占骨质的32%~33%。如果其中氮的含量和动物胶一样,那么,因此在这胶里含有5%~28%的氮。也就是说,在100份骨骼里所含的氮,就如同250份人尿里所含的一样多。

在不通气的条件下,骨骼在干燥甚至在潮湿的土壤中能保持几千年不变(如古代动物的骨骼保存在土壤和石膏里),因为它里面的部分被其外面的部分保持着免于水的破坏作用。骨质加热和腐解时成粉末状态,同时含在其中的胶质也被腐解,其中所含的氮转化为碳酸铵和其他铵盐。此外在腐解过程中,正如维列尔发现的,有相当数量的磷酸钙和镁一样,骨骼逐渐粉碎变成水溶性的,并溶于水。

如上所述,决不能忽视作为肥料施入土壤中的骨骼的形状,它们破碎得愈细,与土壤混合得愈好,对其的吸收就愈好。如果使用有机酸进行分解(硫酸、盐酸)以便使骨粉里的磷酸充分转化,或部分转化为可溶性的,在这种情况下,就可能保证这种肥料更快地发挥作用。当骨粉呈过磷酸钙的形态施入土壤时,则值得这样做,可溶性磷酸盐很快扩散到土壤中,植物根系在土壤中能摄取到有效性磷酸盐。

制糖厂中骨炭的特殊功效也归结为磷酸钙的作用。虽然骨炭的磷酸盐状态极细,但是用做肥料之前仍需用无机酸处理使成溶解性磷酸盐。

很早以前,成功地使用了不宜食用的鱼和鱼的废料作肥料,把它们做成鱼肥,市场上称为"鱼粪"。这种肥料含有6%~11%的氮和16%~22%的磷酸钙。用小海蟹制成"蟹粪",根据维克的材料,这种"蟹粪"含有11.2%的氮和5.3%的磷酸盐。在农业上用做肥料的还有蝙蝠的粪便(特殊形态的粪),在很多国家这种粪便在山洞里形成大量的沉积物。据巴博测定,这种粪中含有37.2%的氮和6.8%的磷酸盐。

很明显,以植物或动物灰分状态施入地里作为植物营养物质的全部矿质成分和由其他途径得到的这些成分具有同样的意义。

近来，我们把有效态的矿质磷酸盐施在地里以补偿取走的磷酸盐。为了肥田，每年成百万公担的磷灰石、磷灰土等用在农业上。在施入土壤之前，使其中所含的磷酸盐变成溶解性状态，这一点比在骨粉里更为重要。如前面已经提到的，在骨质里的胶体物质有促进磷酸盐在土壤中溶解和扩散的作用。矿质磷酸盐没有这种情况，这种矿质盐的溶解与扩散，首先借助于二氧化碳饱和了的土壤水。但是，就是在极细的状态下，就是在含有二氧化碳的土壤水中，这种矿质磷酸盐也是溶解很慢和不容易利用的。所以矿质磷酸盐作为肥料施用，差不多都是解离状态，即过磷酸盐状态。

施用的钾肥是从化工厂里用斯达斯弗尔特（Stassfurt）的废盐做的钾盐，其中含钾、镁、食盐，还有钙及硫酸，以直接使用所谓废盐的方式将这些化合物施入土壤。在斯达斯弗尔特有很厚一层废盐，覆盖着岩盐的荒地。如果假设这片荒地是某个内海蒸发后形成的，那么，就该承认这种废盐不是别的，而是高度混浊的海水溶液。在废盐中平均有7%～8%的钾，约9%的镁，12%以上的钠，6%的硫酸和28%～29%的氯。

钾和硅酸也能用溶化的钾玻璃和长石风化物来代替，借助于粉碎的玻璃和硅藻土或非晶形硅酸。我们可以用硅酸饱和土壤，而这种硅酸，的确，只能缓慢地转化为对植物有效的状态。

在田里施石膏能提供硫酸和钙，施泥灰石也能供给钙和标性的矿质元素。泥灰石是黏土石灰，它含有易分化的硅酸盐，同时还常常含有像厩肥一样易于吸收的钾和磷酸，有时甚至更多一点。属于这一类的肥料还有淤泥。淤泥是程度不同的植物营养饱和的泥土，也可以把它看做自然的堆肥。所以泥灰石、淤泥和石膏作为肥料，农民给予很高的评价。

总之，我们看到，粪便的作用可以被其组织中的活性物质所代替。这个结论有很重要的意义，因为不仅所有的肥料商业是以它们为根据，同时，我们将看到，它们也是新的合理的施肥方法的基础。

更重要的是要正确了解上述物质具有肥效的原因。很明显，上述物质在植物生长过程中显示了良好的作用。但与此同时，这些现象的原因似乎包括在物质里面，这个情况是明确的。不管这些物质由于其状态，多孔性、吸水和保水性等物理作用的性质怎么样，它仍参与到植物生活里面。我们应该抛开这些现象特征的概念，不要自己用依兹达的面纱蒙着自己。

医学在几百年内也处于那样一种状态，当时药的作用被依兹达的面纱掩盖着。但是这个秘密很简单地被揭开。完全不是什么高手，用碘的存在解释了沙伏依文献中创"奇迹"的力量。靠这个文献的帮助，华里斯的居民避免了甲状腺肿大。为同样目的，在燃烧的海绵里同样发现了碘，也确定了金鸡纳皮的创奇迹的力量在于其中有很少量的结晶物质——奎宁。鸦片的各种作用也在于其中可以提取出各种各样的内含物质。

任何作用都有一定的原因，如果我们知道了已知作用的原因，那么我们就能够使它服从我们的意志。

如果我们供给植物所需要的二氧化碳及所需要的其他物质，或者在提供最丰富的腐殖质的同时，让植物处于氮素营养不足的情况，那么它们仍不能发育完全。

同样的情况，仅施入氮素铵，农业栽培的基本目的还不能达到。无论铵态氮对植物是如何需要，仅它一个对形成植物的酪蛋白、纤维蛋白和白蛋白仍然是不够的；因为没有伴随的碱基，没有硫酸盐和磷酸盐，我们就见不到这些物质。我们知道，没有它们参加，铵态氮也不能转化为有机状态。如果不存在形成植物基本汁液的其他必需条件，铵态氮是否参与或不参与都是一样的，它不能加入植物基本汁液的形成。

在人畜粪尿中，我们有这些条件的总和，那里不仅有铵态氮，也有碱、硅酸、磷酸根和硫酸盐。

尿的肥力不仅在于它有氮的化合物，这里所含的盐类有决定性的意义。

人尿中含有磷酸碱，草食动物的尿中含有碳酸钾。

尿作为肥料使用时，它完全不含尿素，因为在腐解过程中，尿素已转化为碳酸铵。

在距我们很久以前，由于尿分解时转化为游离的碳酸铵，引导出关于利用绿肥汁液制造氯化铵的设想。当氯化铵具有很大市场价格时，某些农民将这些设想付诸实施了。将厩肥汁液放入一铁器里蒸馏，用很普通的方法将其转化为氯化铵（吉马斯）。

在尿的分解过程中形成的碳酸铵，可用各种方法加以固定，使其失去挥发的能力。

请设想，用尿或厩肥液浇灌的田地，在这种情况下土壤吸收氨并转化为不挥发状态，这种状态的铵态氮不溶于土壤水，确实是植物最好的营养。但也可用另外一种形式避免厩肥液中氨的挥发，即向厩肥液中加入有吸收力的耕作土壤和粉碎的泥炭等等。

我们有许多简单方法为植物保存全部碳酸铵，把氯化钙、硫酸、盐酸或酸性磷酸钙（过磷酸盐）往尿里混合至完全失去碱性，这样将氨转化为铵盐，从而它失去了挥发的能力。[①]

如果我们将一个盛浓盐酸的器皿放在普通厕所里，器皿的上口用一个管子与粪坑连起来，过几天后，我们将看到器皿里充满了氯化铵的结晶。我们可以嗅到的氨与盐酸结合就丧失了其挥发的能力。在器皿上面经常能看到浓白雾状的新生的氯化铵，同样现象在马厩里也能看到。这种氨不仅对植物来说是损失了，而且它还慢慢地破坏墙壁。氨与抹墙泥中的石灰接触，变成硝酸，[②]硝酸逐步溶解石灰，石灰分解的结果形成所谓"硝墙"（形成可溶性的硝酸钙）。

在马厩和茅坑里形成的氨，常常与硫化氢或碳酸结合。碳酸铵和硫酸钙在普通温度下是不会被混合的，因为彼此被分解，氨与硫酸结合而碳酸与石灰结合，形成不挥发的没有气味的化合物。如果我们时而在马厩的地面上洒上石膏粉或加水稀释的硫酸，那么马厩就没有气味了。同时对我们的田地来说，也不会损失任何氨气。用铁矾消毒粪坑时，靠铁盐与亚硫酸铵相互分解，一样能得到硫酸铵。

尿酸是由尿素分解来的，是含氮丰富的有机体产物，它溶解于水。按新近实验表明，它被植物根系吸收并被它消化。[③]

研究在活植物中被尿酸引起的变态是非常有趣的；研究植物的汁液或种子、果实汁液的成分，很容易揭露其差别。

---

① 联系在厩肥和厩肥水腐解时氨的损失问题，李比希对其没有后来的学者那么感兴趣。他只谈到避免它的方法，按他的意见，氮的供给是以抵消植物由雨水从大气中带到土壤的 NH_3 和 N_2O_5 的需要。——译者注

② 硝化过程的生物学方面李比希还不清楚，他认为全过程都是纯化学的。——译者注

③ 尿酸很难溶解于水，但相当快地被微生物分解。——译者注

关于尿的活性成分的情况已经说过了，它也分布在其他动物粪尿或其他肥料物质里。它所以能充作植物营养，决定于它其中所含的营养物质。如前所述，这些营养物质是同等重要的，氮并不比铁、磷酸或钙质更重要。植物要吸收这些营养物质，并要达到一定的数量才能正常发育，所有这些物质的存在是同样必要的。由此可见，无论土壤和空气成分怎样，肥料所包含的为满足植物正常生长及优良发育个别器官所必需的营养物质，其数量比例愈正确，对植物则愈有好处。但是农业上不注意空气和土壤这两个因素，仅在肥料与植物的相互关系里我们还看不清土壤和空气包含了植物所必需的营养，因为我们在肥料里所发现的这些物质还是来源于空气。既然如此，我们应该承认，含在肥料中的物质，在农民眼里不可能是同样重视的。在他们看来，只有在施入土壤后能与土壤和空气里的营养物质结合，变成有希望的和长效的肥料是有最大的价值的。从这个意义上可以说，这是在肥料中的最重要的营养物质。事实上，长期以来，有机的成分被看成是这样的物质；后来，含氮有机物或从它们所形成的铵的化合物（硝酸）被认为是最重要的，同时认为含氮化合物是唯一有效的。这样的观点保持了很长时间。有人极为认真地计算过，多少公担厩肥或海鸟粪或骨粉相当于1公担智利硝石或硝酸铵。

农业的基本原则是：应使土壤能全部收回从地里取走的、而且从自然来源中不能经常得到补偿的那些东西。这点施肥可以做到。

既然上述原则是正确的，一方面确定氨和硝酸在空气中经常存在；另一方面，在任何土壤里含有大量含氮化合物以供植物营养。因此有些见解再不能继续下去了，这就是：任何肥料的价值都以其中所含的氮素多少来衡量，以及氮素是肥料中唯一活跃的组成部分——当确定以下几点后，上述见解就失去了任何分量。

（1）土壤由于植物生长过程取走而损失的氮马上靠空气中的氮得到补偿，因此，土壤栽培植物时不会缺氮。

（2）在许多年（16年）间，从施氮肥的地里和未施氮肥的地里在作物产量中获得同样数量的氮（布森科）。

（3）如很多农业观察所证实的，从不施氮肥的草地或三叶草地里比大量施肥的小麦或黑麦的作物产量中得到的氮素多一倍半至两倍多。[①]

除此以外，许多精密的栽培实验证明：在同一块地里，肥料中含氮量也相同；但是在田里施不施矿质元素，其产量中所得的结果差别很大。

这种见解在农业实践中意义不大。[②]

农业实践给地里施厩肥都不施新鲜厩肥，因为它含氮最多；而是施腐熟厩肥，这时候土壤矿质元素最丰富。

---

① 在这里李比希总结了他了解的在大田里相对的氮素平衡的事实，在此基础上建立了他关于肥料中氮具第二位意义的观点。他的第一个假说，如我们现在知道的，事实上是不可信的，即植物从地里带走的氮多于由雨水带入土壤的氮；第二个假说是对待布森科的实验，不施别的肥，仅一种氮施于植物不提高产量，所以带走的氮也增加得有限；第三个假说正确地反映了豆科植物积累土壤氮的事实，但是没有阐明这一事实，从而得出结论，在栽培任何植物时丰富土壤氮可能是偶然的。——译者注

② 在这里李比希确信自己的观点转向实践，并受到常规的责难，而这种责难是他如此强烈地给予农民的，由于他们不会深入考虑他们掠夺性的经营造成的后果。——译者注

在生产粪干时，很少注意人粪尿中氨的保存。在巴黎的居民家里，在特制的大桶里收集的人粪在芒佛康准备的深坑里进行混合，等到蒸发得比较干以后再出售。由于在居民的贮粪所里要进行分解，这些粪便中的尿素大部分转变为碳酸铵。这里植物的组成部分慢慢腐解，而所有的硫酸盐都分解了，硫转化为硫化氢和挥发性的亚硫酸铵。在空气干燥、水分蒸发的过程中，损失了其中的大部分氮素，现在剩下的除磷酸铵以外，大部分是磷酸钙、磷酸镁和磷酸酯。这种肥料在市场上叫"粪干"，肥效很高，价钱很贵。其肥效不是由于粪干中所含的氨多，恰恰相反，正是由于干燥过程中大部分氨都挥发了。按札克马尔分析结果，巴黎的粪干中氨的含量不高于 1.8%。①

另外一些厂子里，用草木灰和大量石灰性土壤与粪尿混合，使氨充分挥发，因此它们就完全没有气味。这种肥料的作用根本不是其中的氮素。

很明显，如果我们计算一下，从地里通过产量拿走的氮素，以及从肥料中（包括人粪尿）施入的氮素和从空气中结合的一些氮素，那么在这块地里的总氮量应该是逐年增加的。

事实上，氮的真正损失是没有的。因为即使那点随着人带进坟墓的少量氮素，对植物来说也没有损失。这点氮在腐解过程中经过矿化作用，并以氨的形态回到土壤里或空气中。

上述内容很清楚表明，氮素不是首要的，也不是最必需的肥料成分。尽管如此，在大田生产中施用氮素常常还是很有效的。

往后我们将更详细地说明这种情况，同时努力阐明这种现象的原因。这里我们仅仅指出：如果农民在栽培作物时，希望通过施用氮肥得到成功，那么他不要从外部得到这种肥料，在他自己的手中，饲料作物就是一种聚集空气中氮素的有效工具。

正如我们提到过的，不施氮肥有些植物也长得很漂亮。②

在成年牲畜的粪尿中，我们重新找到饲料作物中的全部氮素。剩下来的仅仅是建设一个好的厩肥贮藏处；仔细地收集粪尿，让它形成碳酸铵，尽可能地防止氮素的损失。

我们已经提到了肥料不仅是包含了植物的营养物质，而且，肥料还是植物的营养资料。除此以外，随着施肥，那些从产量中带走的元素又回到土壤里，所以肥料是一种补偿元素、维持土壤肥力的一种手段。

当然，应当把从土壤中取出的，而又没有施入土壤的某些元素按取出的多少归还土壤。如果我们希望在该地块得到高产，那么肥料必须要有保证，而别无他法。

在前几章里，我们已经论证了不同的植物对土壤有不同的要求。它们不仅需要不同数量、不同比例的营养元素，而且植物发育阶段不同，其所需要营养物质的数量也不相同，这些营养物质分布在不同深度的土壤里，植物靠根系伸展来获得这些养料。

合理施肥应该考虑到各种条件，这一点我们将在本书的第二部分详细论述。重要的

---

① 李比希忘了人粪干中毕竟有大量的氮，矿化后，产生氨。巴黎的粪干含 3.5% 的氮，很容易转化成可吸收状态。——译者注

② 在这一句里，我们可以看到一定的植物群固定大气氮的完全正确的定义，以及对给农业提供氮素的意义的估价。再一次重复尽管缺乏确切的实验，李比希天才地看到了土壤氮的平衡和灰分组成部分的平衡之间的差别。——译者注

是：在地里施肥不仅供给植物必要的营养物质，而且供给它这样一种化合物和混合物。这些物质分布在植物根系能达到的各个深度，在土壤最小的颗粒里给植物创造适当的营养条件。这里我们接触到肥料种类的效果问题，有时说它是次要的问题。[①]

施入土壤能提高产量的那些物质就叫做肥料，当那些物质的性质不决定产量高低的时候，这个名称仍给它们保留着。例如我们在耕地时使用石灰、石膏、硝酸盐及食盐；我们给耕地施加有机含氮物和不含氮的物质；我们给土壤拌石英砂等等。只有在很少的情况下，我们给土壤补充石灰或硫酸、铵态氮或碳酸等。我们把这些物质施入土壤时，是希望它帮助植物根系在吸收养料时能排除各方面所遇到的障碍。我们希望用这种办法易于理解植物所需要的养料种类和需要的地点。在这方面，上述物质的作用与犁耙的作用相比拟，它们对植物起着肠和胃的作用。

当然啰，在所有的情况下，特别是为了补偿被拿走的物质，给土壤施入上述那些物质时，它们的间接作用同样是有意义的。这样一来很清楚，某些肥料的影响是如何复杂，因而不仅必须知道它们作为植物营养的组成成分，而且也应知道它们对于土壤的作用以及土壤中营养物质的情况（参阅第二部分关于各种肥料）。

照理，土壤性质决定着肥料的作用，这种情况已经多次证明了。以完全相同的方式、同样数量的肥料施入不同的土壤，产量大不相同，包括总产量和植物各个部分的干物重都不相同（如谷物秸秆等）。

对土壤的这种影响也不难解释。对农业生产最重要的营养物质，如钾和磷酸都被土壤颗粒吸附着，它们在土壤中不呈溶解状态，是直接从土壤颗粒上被植物根系摄取的。结果，植物吸收营养都在根系与土壤直接接触的地方；在植物营养方面，距根系远的土壤颗粒就不起或几乎不起任何作用。这样很清楚，为了获得中等产量，土壤中营养物质的数量应该是多大。每一种供植物利用的营养物质都得上千斤，因为不能确定植物的根毛能与哪些土壤颗粒接触，所以根层深度的全部土壤颗粒都应保证适合根系吸收营养物质（参看第二部分《土壤》）。栽培土壤含有这样大量的植物营养物质。我们随肥料施到土壤里的营养物质，相对地说是少的，它们不可能对产量有决定性的意义。这些物质只有与土壤里的营养元素结合在一起才能保证高产。

根据上面所说的，在不同的土壤里，有效成分之间存在不同的比例关系。因为如果这些比例关系是相同的话，那么在其他条件相同的情况下，相同量的肥料施在所有的土壤里都将得到同样的效果。

不同的农作物产品需要不同比例的营养物质。如果承认植物在有利于它的比例关系中具有从土壤中摄取营养物质的能力，那么很多实验证明，在土壤里所含营养物质的组合对谷物形成越发有利，那么田地里所提供的谷物产量就越高。

由此可见，为了在农业栽培方面，如欲达到既定的目的，必须了解土壤中营养物质的规律性，同时要具有控制它的手段。在实践中首先是靠人们最相信的肥料实验，同时还

[①] 从这里可以看到李比希已经将肥料分为直接作用和间接作用两类。他对氮的不确定性也表现在这点：尽管他在很多地方完全确切地说出了氮作为营养物质对植物的直接作用，并且仅仅是怀疑它第一位的意义（如我们现在说的它的存在是最起码的），这里他完全不想将氨与 N_2O_5 列为与食盐相等的间接肥料类。——译者注

要观察生长在地上的植物情况;再其次,实行轮作换茬或者使用相应的肥料,或者使用别的办法都可达到这个目的。所以我们施肥不仅是补偿土地里的损失,而是靠选择适合的肥料成分,尽可能地影响土壤营养物质的成分,使之有利于作物的生长。①

但是,这里牲畜的作用决定其活化的组成部分,这种情况的意义就很明显了。我们可以借助于施入土壤一定量的营养物质,或者说两个或者说更多几个,以改变上面提到过的土壤营养物质的比例关系。但是在所有的情况下,我们所施入的营养物质或混合物质与该土壤中营养物质之间的比例关系应该一致。

以前,农民企图代替厩肥中和牲畜粪尿中全部的组成部分,这种努力现在已经失去了它的现实意义。现在的农民懂得,靠施厩肥或其他肥料,他们仅仅给地里提供了一定的营养条件;同时他们还知道,如果仅仅施用一个或者磷酸钾或者其他营养物质也能很快地达到他们追求的目的。这些营养物质与厩肥里的营养物质的比例关系完全不同。

我们看到:农民施用这种或那种肥料,都取决于其田里的营养状况,以及他所栽培的作物的需要;在每一个具体情况下,他们按其成分使用他们认为最适合的那些肥料。

所说的这些,一点也没有贬低牲畜粪和厩肥对农业的意义,仅仅说明这种肥料并不是在任何情况下都是最完善和最有效的,仅仅是其营养物质和比例关系都是一定的;另一方面,前面所指出的人工肥料是以一个或若干个营养物质组成的若干种不同的"组合",为了不同的实践目标,把它们配成相应的混合物加到厩肥里面。

如果我们注意到了这一点,那么我们就不难理解从价值角度相互比较人工肥料和厩肥。很明显,如果列出 100 公担厩肥中磷酸钾和所有其他营养物质的量,那么它比 100 公担厩肥本身的价值大得多。但是人工肥料的存在不是为了搞出一个按成分类似厩肥的混合物,其目的是使农业从固有的、僵化的营养物质的比例关系中解放出来,也是为了能创造农业生产实践所需要的那种营养物质的比例关系。

精耕细作要求精肥。施用这种肥料应该提高我们土地的生产力,应该扩大谷物和牲畜的输出。精耕细作的扩大受到肥料不足的限制,所以应当引导农民把劲儿用在尽量避免肥料的损失上面。

我们不能像中国人那样努力收集人粪尿。他们把人粪尿当做土壤的汁液(戴维斯,弗尔东,格德)。按照他们的观点,自己的生产力和其田里的土壤肥力主要是与这强有力的因素联系在一起。

中国人的住房至今还停留在古代的那样,就是用石头和木头建造的。他们没有像我们这里建造厕所的位置概念。他们的厕所是在住宅的最显眼、最舒适的部位。他们造一个黏土的桶,或者仔细造一个石头坑,肥效的概念重要到了这样一种程度,以致可以克服自己的嗅觉。如弗尔东所说的:"在所有文明的欧洲城市中,被看做是最不能忍受的条件,而在那里,被所有的阶级,包括富有的和贫穷的,都以最大的兴趣接受了。""同时我相信——他接着说——如果有谁抱怨从那些容器里散发出来的恶臭,反而会引起中国人更

---

① 在这个定义里已经看到完全清楚地过渡到现代的肥料概念。但是李比希没有放弃自己偿还从土壤取走的东西的要求,并且还列入一条即必须借助于施入的某些元素其数量要超过植物从土壤取走的,以改变存在于原始土壤中的相互关系,导向有利于植物方面。——译者注

大的惊奇。他们对这种肥料不消毒，他们很清楚，在空气的影响下肥料将失去其肥效，所以他们重视防止肥分蒸发"。

在中国，在面包和小麦商品后面，任何一个商品也没有像肥料商品那样扩散得如此广泛。在穿过街道的重要的交通线上行驶的笨重的大车上，每天从城里把这些物质运到各地去。每个劳动者早上挑着自己生产的产品上集市，晚上用竹扁担担着两桶肥料回家。

上述肥料被看得如此之重要，以致谁都清楚一个人一天、一月、一年之内排出多少粪尿。5个人每天所排出的粪便估计为两挑，一年内排出 2000 克斯——约 2000 升，值 7 个盾（荷兰货币）。

在大城市郊区，用人粪做成的粪干四四方方地像砖一样，运到很远的地方，将它们浸泡在水里，呈液体状态使用。除水稻以外，中国人施肥不是满田撒，而是集中施到每株植物跟前。

中国人把来源于植物和动物的各种废料都仔细收集起来沤制成肥料。油枯饼、角和骨头，它们就和煤烟，特别是灰分一样价值很高。为了弄清楚关于评价动物废料的概念，举出下面这个事例就足够了：中国理发馆仔细收集成百万个下腭和脑袋剃剪下来的毛发，也被他们拿去作商品肥料。中国人懂得石膏和石灰的作用，经常发生这样的情况，他们在自己的厨房里为了用老的抹墙泥作肥料，经常拆砌炉灶（德维斯）。

在谷类作物的种子没有用稀厩肥液泡胀发芽以前，中国农民怎么也不播种。按中国人的信念和经验所确定的，这样做不仅刺激植物发育，而且还可以使幼苗防止土壤虫害（德维斯）。

夏季各种植物性废料与草皮、秸秆、杂草、泥炭和泥土混合，将它们堆成一堆，干了以后进行燃烧，慢慢地，几天内烧成了灰烬，全部变成了黑泥。这种肥料特别宜于作种肥。播种时间一到，一个人挖坑，另一个人跟在后面放种子，第三个人接着放这种黑泥灰。用这种方法播下的种子，幼苗发育得苗壮有力，好像根系往黏重坚实的土里钻，并吸收含在土壤中的营养（弗尔东）。

中国农民种麦子时只有当种子在厩肥液里泡胀了以后才播秧，开头在垄上种得很密，然后移栽，有时泡软了的种子直接播种在准备得相当细致的田畦上，每穴之间距离 4寸，将近 12 月移栽麦子，到 3 月份每蔸长出 7~9 个穗子，麦秆比我们的要短些。据说，能收获 120 多倍麦子，充分补偿了所耗的劳动（爱克别尔格在斯托克高尔姆科学院总结报告，1765 年）*。

在舟山、在江苏、浙江整个水稻区，有两种豆科植物作为水稻绿肥的变种和三叶草。

---

* 《在德聂兹金斯基杂志》于 1856 年 9 月 16 日刊登了下面一个材料："从爱宾斯托克通知我们地方森林检查员齐洛斯，做了几年的很成功的黑麦秋天移栽的实验。10 月中他在 100 平方米的地块上，移栽了从一颗八棱的种子所得到的幼苗，获得很突出的结果：植株分蘖了，5 蔸长了 51 个茎，每茎的穗子含有 100 粒种子。"

我要齐洛斯给我更详细的实验证明：他告诉我，按劳动和收获来考虑，中国的这个栽培法，在我们这里，在肥沃的土地上和人手不缺的地方无疑地具有优势。

我的一位朋友，他看见了进行这种实验的田地，告诉我，他偶然拔出一棵植株（未经挑选的），数了数，有 21 个长满穗的茎。对于瘠薄的地区，这个方法不一定很有利。

像种芹菜那样事先做成高而窄的畦,种子种在畦顶上,一个接一个,相距 5 英寸;几天以后种子发芽,经过很长时间一直到冬末,整个田里都盖满了繁茂的植株;在 4 月,植株被翻埋到土壤里,很快开始腐解,发出一种很难闻的气味,这一办法在所有种水稻的地方都采用(弗尔东卷 1,p. 238)。

1.15 综 述

空气中营养物质的数量与空气体积相比,是很微小的。

可以想见:分散在空气中的全部二氧化碳和氨,集中成层地围绕着地球。在这种情况下,具有和在海面上一样的密度,那么二氧化碳的厚度略大于 8 英尺,而氨气层的厚度仅仅是 2 英寸。植物直接或间接从空气中获得二氧化碳和氨,因为这点,这些物质在空气中自然就很贫乏了。

如果地球所有的陆地表面是密集的牧草,同时每公顷收 100 公担干草,那么只要 21～22 年,空气中的二氧化碳将全被牧草植物吸收利用而耗尽。那时在地球上任何生命也就要停止,空气不再供给植物生长所必需的东西,不再对植物起良好的作用。我们知道,生命的持续性是先天决定的。人和动物以植物为食,全部有机体存在是短暂的、过渡性的。维持动物生命过程的食物又转化成原来的那样。各种动植物有机体死亡之后,结果都是一样,有机体的各个组成部分腐烂分解,重新转化成二氧化碳和氨。

由此可见,有机生命的持续,与我们常谈到的形成有机体的可燃性元素的恢复紧密联系着。所以,在自然界存在着物质循环,人可以积极参与这个循环,但是没有人的干预,这个循环照样进行着。

哪里有丰富的谷物和大田作物等等食品,哪里就有消耗食物的人和动物。按照自然规律,人和动物需要有食物来维持生命,同时还要不断地把食物转化成原始状态。

空气从来不是静止的,当我们感觉不到有风时,空气也在进行着上升和下降的运动。因此,在一个地方空气中的营养物质减少了,而在另外一个地方却增加了。

观察证明,在栽培森林和牧草的地区,空气中含有大量的植物所需要的二氧化碳。

在森林牧草区,那里的土壤同样含有植物必需的营养成分,我们不用施用含碳的肥料,就能以木材和干草的形式获得等量的碳素;而且这个数量,常比耕地里以籽实秸秆和根茬的形式所获得的碳素还要多得多。

很明显,空气给庄稼地多少有效碳,同样也给森林和牧草地多少有效碳。如果耕作土壤里具有吸收上述碳元素的各种必要条件,把空气中碳素转化为植物成分的各种条件,在这种条件下,二氧化碳的碳素就可能被栽培植物吸收。

任何草原和森林场地生产的碳素,不决定于土壤中是否施有碳素肥料,而决定于土壤中某些营养成分,即决定于能被植物吸收利用的营养元素。

我们常常用石灰、灰分或泥炭等本身不含碳素的物质来增加碳素的生产量。在大量的实验基础上,令人信服地证明,我们用上述物质供给土壤某些元素,这些元素使栽培植物增加重量、积累碳素。如果不补充那些物质,那么植物积累的能力就很小。

不可否认，土壤不肥，土壤生产碳素的能力就小，不在于土壤中是否有二氧化碳和腐殖质。因为在一定范围内，施入完全不含碳的物质，也能提高土壤的活性；草原和森林从那里吸取 CO_2，栽培植物也是一样。所以，大田生产的主要任务是寻找和运用合适的手段，以充分利用空气中的碳素，也就是说，将空气中的二氧化碳转移给我们的大田作物。农业的艺术就是供给植物矿质营养，使植物能充分利用取之不尽的碳素。[①] 如果土壤里缺乏这些矿质营养元素，即使土壤中有丰富的二氧化碳或腐解着的植物残渣，产量也不能提高。

在一定时间内，植物从空气中吸收二氧化碳的数量受植物吸收器官所接触的二氧化碳数量所限制。

二氧化碳从空气中进入植物体内，靠叶子来完成。如果二氧化碳的分子不能接触叶子表面或其他吸收二氧化碳的部位，那么植物就不能吸收二氧化碳。

联系到上面所说的，在一定的时间内植物所吸收的二氧化碳，其数量与其叶面积的大小成正比，同时也与空气中的二氧化碳浓度成正比。

两株植物，品种相同、叶面积（吸收面积）相同、持续时间相同和其他条件都相同，那么所吸收的二氧化碳的数量也相同。

在别的条件都相同的情况下，从含两倍二氧化碳的空气里，植物吸收两倍的碳素。[*]

如果我们给某一植物供给两倍的二氧化碳，那么虽然其叶面积比另一植物小两倍，但在同一时间内，它和另一植物吸收同样多的碳素。同样，在一定时间内，植物所吸收的氮素，也与其吸收器的面积呈同样的比例关系。

由此可见，腐殖质和腐烂着的有机物质对栽培植物的有利作用。

除了空气以外，如果没有其他碳素来源，那么，年幼的植物能吸收的碳素与其吸收面积成正比；如果同一时候，腐殖质还供给植物 3 倍的二氧化碳，那么，又有吸收二氧化碳的其他条件存在的话，植物的重量就要增加 4 倍；换言之，就是植物形成 4 倍的叶子、芽、茎等等，并且随着植物叶面积的增加，相应地增加它从空气中吸收营养料的能力，这种能力一直保持到根系停止吸收二氧化碳以后很久还很活跃。

一年生植物与多年生植物之间关于吸收食物以及它们利用食物方面的差别是值得注意的。如果各种植物吸收食物的能力是一样的，那么植物为了维持生活功能，其对食物的需要是不同的，并且依赖于生活过程的长短。一年生植物为了自己在较短的生命周期内得到充分发育，在这一段时期内，它比两年生植物需要更多的营养物质。同样，两年生植物又比多年生植物需要更多一些。

适宜种一年生植物的生活条件同样适宜于种两年生植物。但是两年生植物的发育不像一年生植物那样，决定于偶然的气象因素，不利的天气只能引起多年生植物暂时停止生长，等到天气复好以后，过去所耽误的时间，又可以挽回来。一年生植物在恶劣的气候条件下，很快就死亡。

---

① 现在我们知道，在相当高的植物产品的情况下，这个来源也不会枯竭，可以施用 CO_2 使其成为可能。——译者注

* 布森高观察到，不管空气抽动的速度多大，装在气筒里的葡萄叶子从抽动的空气里，充分吸收二氧化碳。

多年生植物摄取食物的范围每年都在扩大,当其根系在一个地方找不到足够的营养物质时,它们就在别的食物更丰富的地方摄取营养物质。

一年生植物的根系每年都要死亡,但是多年生植物的根系都保留着,准备当条件适宜的时候又吸收营养物质。很多这一类植物还保留着茎、秆,在茎秆里贮存了植物吸收的而未用完的营养物质,这些营养物质的作用,是满足将来叶子和芽的需要。这就说明为什么多年生植物在相对贫瘠的土壤里仍然生长繁茂;而一年生植物在这种情况下,则需要人来补充营养物质。

一年生植物按其性质来说,它愈接近于多年生植物,就愈不依赖从空气中吸取营养物质。当植物还具有长出新叶子能力的时候,它就具有从空气中吸收营养物质的能力。因此,那个时期需要通过土壤吸取二氧化碳就少了。

豌豆在种子成熟的同时,能促使花和新叶子继续发育,它从空气中吸收和消化可燃物质比谷类作物要多得多。谷类作物的叶子和绿色茎秆在开花以后与种子成熟的同时都枯萎了,在这种情况下,植物失去了从空气中吸取营养物质的能力。

这就说明:为什么有的植物在施用有机肥料时,由于根系能得到有机肥腐解过程中所产生的二氧化碳和氨(硝酸),能大大增加干物重;而另一种植物在同样肥料情况下,即令增产,也增产很少。

在耕作土壤里,腐殖质的有效作用,不仅在于增加植物碳素含量,而且能增加植物的青重,扩大植物利用空间,从而摄取更多的土壤元素。

随着叶子数量和根系数量的增加,根系的吸收面积扩大,自然,植物从土壤中吸收营养物质的数量也在增加。蒸腾也参与了这个过程,很明显,蒸腾、温度和叶面积是成正比例的。在其他条件相同的情况下,叶面积大的植物比叶面积小的植物获得更多的土壤元素。

当叶面积小的植物停止吸收养分的时候,很快就停止了发育;而叶面积大的植物则仍在继续发育着,这是因为这些植物含有较多的土壤元素,这些元素是它们从空气中吸取养料的必要条件。

各种植物所能形成种子的数量和体积与其种子里所含的矿质营养成分的数量是相适应的。含磷酸碱、磷酸盐数量多的植物比含得少的能形成更多的种子。

这样我们看到,在炎热的夏天,如果由于缺水,植物停止吸收土壤元素。在这种情况下,植物的大小以及种子发育的多少与植物生育前期所吸收的土壤元素成正比。

年份不同,从同一块地里所得到的籽实和秸秆的比例完全不同。籽实的数量相同、籽实中所含的化学成分也相同,而其秸秆的数量在这一年可以比那一年多一倍半。或者,秸秆的重量(碳)相同,而籽实的数量这一年比那一年能多到两倍。

但是,如果我们从同一块地上收获两倍的种子,那么在种子里就含有两倍土壤成分。同样,我们收获了两倍秸秆,也就含有两倍的土壤成分。

有一年,小麦高 3 英尺,产 1200 斤籽实;而在第二年高 1 英尺多,仅产 800 斤籽实。

植物在形成种子和秸秆时所吸收的土壤元素的比例不同致使产量也不同。秸秆和种子一样含有磷酸盐,不过数量少得多。如果在多雨的春季,磷酸盐吸收得少,比硅酸钠以及硫酸盐等少得多,因为秸秆的产量增加,籽实的产量减少,由于一些形成籽实的磷酸盐去组成叶子和茎秆去了。大家知道,没有充足的磷酸盐,种子不可能发育。简单地剥夺植物这些盐类可能招致这样一种现象，即植物可以长到 3 英尺高，甚至能开花，但是不能结籽。

假设我们能满足作物从空气中吸收营养物质所必需的各种条件，在这种情况下，上面已经谈到过的，腐殖质的作用就在于加速植物发育，以赢得若干时间。

时间因素在农业上是非常重要的。从这一观点出发，腐殖质在蔬菜栽培上特别重要。

谷类作物和块根作物在耕地里从前茬植物的遗体中得到许多腐烂的植物物质（与土壤中的矿物质营养相同），这些物质保证该植物春季迅速发育，并获得足够的二氧化碳。如果植物不摄取更多的土壤养分，其二氧化碳提供得再多也没有用处。

氨和二氧化碳一样，也是植物必需的营养物质。如果想到水的作用，那么很容易理解氨在肥料组成中的有益作用。

水对植物有双重作用：一方面，它供给植物必需的氢元素；另一方面，它是植物吸收土壤元素的中间环节。尽管土壤中含有很多植物营养物质，然而在炎热的日子里，由于土壤缺水而导致植物生长停顿。土壤水是矿质营养进入植物的一个桥梁。

如果土壤营养物质不够，那么植物叶子既不能吸收二氧化碳，也不能吸收氨。在炎热的日子里，比凉爽的天气中空气里所含的水分较多，但是那种水分对植物没有任何好处，反而阻碍植物的生理过程。这样一来，对植物发育有利的、晴朗暖和的日子，反而变得对植物最危险的了。特别是对春作物，它没有足够的时间使自己的根系伸得很深以吸取水分和养分。在这种情况下，大麦开始抽穗，几乎都不能成熟，而土豆则不能形成块根。如果下一场大雨，就好像魔术般地改变这种情景而获得一个好收成。假如农民在关键的时候像园丁用壶浇花一样浇灌自己的土地，那么各种植物都能获得很高的产量。况且，在这种有效养分充足的条件下，因为不浇水产量就会相应降低。总之，由于水能使更多的土壤养分进入植物体内，植物吸收了更多的碳和氮，它的发育加快了，产量也提高了。

氨的情况也是如此。如果我们增加土壤中氨的贮量，那么植物能得到许多这样的营养料。这样一来，土壤中许多营养元素要变得更活跃，才能适应植物所吸收的二氧化碳和氨（硝酸）的数量。当然，由于在土壤中这些物质的含量决定了植物不能更多地吸收氨和二氧化碳。除此以外，与增加植物青重相联系的是这种吸收消化需要有一定的时间。

天气适当，如果植物得到两倍到三倍的矿物营养分，那么，只有当植物吸收那么多二氧化碳和氨，并且都变成了植物组织之后，多余的矿物营养成分才能起作用。没有任何一种植物营养物质，不要其他的物质参加，就能单独起作用。因此，由于二氧化碳，一般说，经常是足够的，在其他条件相同的情况下，如果我们增加土壤中氨的含量，那么植物发育得特别迅速。这就是说，这时植物青重比温室里看到的要多得多。但是，如果植物缺乏必要的土壤元素，那么氨的多少对产量不起任何作用。

有一个事实是确切无疑的。种子发芽，从它伸出第一根根毛开始，就要从土壤里吸收矿物营养成分；生长初期，植物要吸收大量灰分元素。

在慕尼黑做 3～4 个实验，观测砂里发芽的黄豆：当其幼苗还没有出土时，虽然干重减少了将近一半，但豆子里面的灰分元素却增加了一倍。100 颗豆子含 65.5 克干物质，含 2.3 克灰分;在 100 根幼苗里含 36.4 克干物质,含 4.2 克灰分。开花后期 100 个植株的干重增至 265.2 克,其灰分含量增加到 24.2 克。收割前虽然 100 个植株的干重增加到 333.3 克(见车列尔),而灰分含量却减少到 5.2 克。这样,我们看到了灰分元素对有机物质积累的作用,从开始出叶时就出现了。

土壤愈肥沃,上面生长的植物体内积聚的土壤成分就愈多。在很肥沃的土壤里,幼小植物吸收土壤元素过多,有时生长暂时停顿下来;在贫瘠的土壤上所生长的植物反而还超过它们。但是一当植物形成了几片叶子,生长就加快了。每增加一片新叶子,生长就更加茂盛了;而生长在比较贫瘠的土壤上的植物,很快就落后了。

上述现象说明促进叶子发育的营养物质的重要意义,特别是当植物发育在肥沃土壤上时。看来,在这方面氨的影响很大。

按照这个目的所布置的许多肥料实验证实了氨的这种作用。在慕尼黑的盆栽实验,施氨时豆子地上部分生长特别旺盛,每一片叶子不管它总数增加多少,凡施氨的比不施氨处理的,豆子的叶片平均要大 1.5 倍,种子增产 60%。土豆栽培实验里,施磷酸和氨处理的比不施肥的多生产 2240 克青重,其中 1700 克是茎叶,540 克是块根。在施磷和钾的土壤中增产 2.5 倍,青重达到 5014 克。看,多么大的差别! 后一个增产中,913 克是茎叶,4701 克是块根。施氨肥能增加植物地上部分,还需要更鲜明的证明吗?!

上述实验表明:在植物生长初期,多施含氨的肥料很有利,尤其在灰分成分很丰富的地里,它的作用还要大。除此以外,这些实验还说明:农民为什么喜欢含氨多的肥料,他们所追求的目的也很清楚。施肥方法和施肥量对于块根作物、根茎植物和主要考虑利用地上部分的作物相比,应该是不相同的;对于叶子多和叶子少的植物,以及生长期长和生长期短的植物都是有差别的。

含氨丰富的肥料,有利于叶菜类,如洋白菜的生长,但是对芜菁根块的生长不利。在堆过厩肥的地方,饲用芜菁茎叶常常陡长。

在同一块地上,栽培不同的作物,所得到的矿质营养成分和氮素的数量是不一致的。如果我们把从地里收获的黑麦种子和秸秆的氮当做 100,那么我们从同一块地里得到燕麦为 114,小麦为 118,豌豆为 270,甜菜萝卜、三叶草为 390,饲料芜菁为 470。

这样,豌豆、豆科和饲料作物在农作物中比禾谷类作物产生更多的氮,豌豆及豆科比小麦多两倍多,三叶草及饲料芜菁比小麦要多三到四倍。

三叶草和饲料芜菁没有施氮肥,在很多地里都表现出高产的能力。如果三叶草施上灰分肥料,饲料芜菁施上骨粉,其产量就会更高。

在农业上氮肥对谷类作物特别有效。同时,在很多地上施氮肥也特别能促进饲料作物的生长。

毫无疑问,两块含矿物质营养同样丰富的土地,如果其中一块比另一块含有更多的有机碳和氮,那么对禾谷类来说,它们的肥力不一样。含有机碳和氮多的地块,能生产更多的籽实和秸秆。毫无疑问,两块地施同样的肥料,保证营养物质相同,但是能从有机物中得到碳和氮的那一块生产的谷物就更多。

在温带,人类一般以一年生植物为食。在那里,农民的任务就是靠植物从土壤里获得食物,其数量正如一块栽培多年生植物的土地所生产的牲畜饲料一样多。

最好的、施肥多的谷物地，其所生产的供人畜利用的矿物元素并不比完全不施肥的草原提供的更多。如果谷物地不施肥，那么它生产的这些物质量比草原更少。

为了大量地生产种子和秸秆，谷类作物在长期内来不及从空气中吸收那么多的营养物质。也就是说，它的生长期短，有限的叶子不能从空气中吸取足够的物质。农民要通过根部供给植物养分。

在8个月的时间内牧草植物从空气中吸收营养物质。栽培植物只有4～6个月的营养期，当然不能从空气中吸收到那么多营养物，这要靠农民从肥料中提供的营养物质来代替。农民使用施肥的方法使谷类作物在较短的生长期内得到牧草植物从自然来源中所吸取的同样多的氮素。

这样，含氮丰富的肥料，其作用和优越性就在于，农民靠它帮助植物在短期内得到不能从自然来源中得到的养料。同时用以补偿某些根叶发育较弱，而且生长期较短的植物以足够的养料，用这种办法大大促进了植物地上部分的生长。

提高谷物产量所需要的氮素，农民并不总是以氨的状态施入土壤，也就是说，不都是以人粪尿分解后的产物施入土壤。他们为了这个目的，常常利用其他含氮物质，如角、角屑、干血、新鲜骨质、菜饼粉等等。

我们知道，上述物质，正如所有含氮多的动植物体在土壤中逐渐分解，其中所含的氮素逐渐转化成硝酸盐和氨（铵态氮），这些硝酸盐和铵态氮分布在土壤的耕作层里。在施铵态氮能增产的地方，施那些含氮物质同样也能增产，只是它们的作用要缓慢得多，因为其在土壤中分解较慢。有机物中所含的氮转化成氨需要时间，干血和肉以及含氮多的油菜饼粉比骨胶的作用要快些，而骨胶的作用又比角及角屑快些。

土壤不会仅仅由于它含有有机物质或可燃性物质，或者由于在土壤中施加了这些物质，其肥力就提高了。这一点是无可争辩的。许多事实证明：含氮丰富的肥料也只有当植物灰分成分存在时，即在植株灰分非常丰富的土壤里，才会对产量有明显的作用。

栽培作物汁液的成分和含氮部分的形成是与土壤中某些物质的存在相联系的。如果这些物质不存在，那么即使大力施用氮肥，它也不会被植物吸收利用。牲畜粪尿中氨的有利作用，决定于那些能够转移到植物汁液中去的其他物质。

因此，关于各种海鸟粪、骨粉和厩肥的价值，决定于其中所含的氮素比例，这个意见并不矛盾，而且有充分的根据。如果认为那些肥料的全部价值，以及它们在地里显示出来的全部作用，仅仅由于它们所含的氮素，因此上述肥料可以成功地用氨和铵盐来代替。这种结论是轻率和没有任何原则的。

许多受过教育的人失去了逻辑思维的能力，有时简直失去了正常的理智。在农业领域里仅仅只谈到某一种肥料单独的作用和价值，这对我们来说是一件多么惊人的怪事。

在比较评价海鸟粪、骨粉和智利硝石的效果时，不应该单靠在收获时或一年终了时所得的结果来作结论。仅从施这种肥和不施那种肥的地上多收多少斤种子，就断定说海鸟粪或智利硝石是比骨粉的肥效好。正常人的思维表明：各种肥料的作用应该是按它们分别使用以后，在地里表现的情况来综合评价。

所谓合理的和不合理的农业生产，我们认为是建立在理智和经验基础上的。保证土壤的肥力稳定是合理的；不能维持产量水平，而使产量和土壤肥力下降是不合理的，这种农业迟早要化为乌有。

我们想用几个例子来说明上述思想。

对耕层土壤仔细和认真的分析表明：(1) 欧洲压倒多数的、种农作物的土地,其土壤中所含的谷物及大田作物所必需的那些营养成分是极其有限的；(2) 如果所说的这些条件不存在,那么人们即使运用其最大的智慧和全部精力也不能从这种地上得到高产。这两个不可争辩的事实,应该作为考虑农业生产的基础。

我们设想在一个很小的庄园,平均生产的面包、牛奶、肉类等等,恰够养活五口之家。所有产品都被消耗着：谷物——做面包及面食；土豆、豆科作物及其他大田作物的果实——做蔬菜；三叶草、干草等用做牛羊的饲料；牛羊的肉和奶供人食用。在这种情况下,耕地里提供的全部东西,为了大田生产在庄园里以人畜粪尿、垫圈秸秆及厨房的废物的形式完全保存起来(这些东西的混合物就是厩肥和厩肥水),用以生产大田果实的土壤成分。当它们处在土壤中时就叫做植物营养物质,当它们还是厩肥或厩肥水时就叫做肥料。这两个名称是一个意思,同时很容易理解。在厩肥和厩肥液里,我们没有任何困难就能收集到和运到地里,以归还由那些大田里的庄稼从地里取出的全部营养物质。如果每年都这样进行(或者每 3～4 年),或者都照这样给地里施肥,以便每块地在厩肥水和厩肥液中重新得到它们曾经被夺去的那些营养物质,那么它们就会重新回到开始经营时的那种状况。很明显,只要外界条件相同,光照、雨量相同,每块地就会生产出上年一样多的谷子、土豆、豌豆、三叶草和牧草。

这里有一个合理管理厩肥的原则,如能遵守上述条件和相互关系,土地的肥力就能维持。这样,一个农户就能养活他那五口之家,只要起作用的因素能充分恢复,该种作用就能重复。

毫无疑问,如果农业工作者不按规矩保存厩肥,让它任其自流到自己的田地里,那么这样的农业生产就不能叫做"合理"的农业生产。经过一段时间以后,某些大田作物的产品产量不可避免地要降低。

根据经济学家计算,在这样的庄园里,一个五口之家,要花一半劳动力(简单些,我们就算它一半)进行经营管理。

在这种情况下,一个家庭有可能利用剩下的一半劳动力从事雇佣工作。很明显,一个家庭按这种合理的方式经营,可以保证自己有充裕的收入足以满足其衣、食、住、行、取暖、生产工具和医药；在不合理的经营下,就会逐渐形成缺口。

如果一个家庭,具有这么多的劳力,能耕种更多的土地,譬如说,耕种两倍以上的土地,那么在这种情况下,上述的情况就会是另一个样子,也就是说,他自己消耗的仅仅是他经营所得的产品的一半,但是生产这些产品需要付出他全部劳动。因此,这另一半产品就不得不卖给有关方面,以交换别的商品以满足自己其他方面的需要。这些卖给城里人用以交换衣料、鞋子、武器的农产品,都包含着一定量的土壤所供给植物的营养物质,这部分营养物质已不能像第一种情况一样,以厩肥的形式返回到土壤里。

这样一来,整个农业上所得到的厩肥也损失了一部分,也就是说,损失了一些恢复土壤原来产量的能力。如果农民以这样的方式继续经营,那么这种亏空将会越来越大。对于这样的庄稼人,会出现这样的结果,即土壤中营养物质奇缺,以致在这种田地里不能再投入劳动力。有时同样大的田地，不能养活耕种它的人。第二种形式的厩肥管理法是建筑在掠夺土壤的基础上的，所以叫做掠夺经营。当然，这种经营是不合理的，因为它导致地力的损失。关于上述过程，以及关于经营者的最终出路，在这种掠夺性的经营方式下，所有土地占有者的命运都是一样的。土地面积的大小、营养物质的多少以及其分布的不平衡性等等，只能改变其破产和贫穷的日期。

如果庄稼人能采取措施，从他输送农产品的城里或者从别的什么地方，以肥料的形式收回全部从土壤中损失的东西，即为了归还每一块土地以恢复产量必需的那么多的物质。那么在这种情况下，掠夺性的经营就转化为合理的经营了。

用排水的方法消除对植物生长不利的甚至可以说是有害的土壤状态，进而正确选择与土壤成分相适应的作物和轮作方式，作物产量也可以提高。同样的，在粗放耕种的土地上提高机械耕作质量，在一开始同样也能得到较好的收成。但是应用这些方法，虽然也显示了经营者的某些智慧和艺术，但是它不能当做合理经营的证据，因为这些措施并不能增加土壤肥力所必需的条件的总数。在比较好的情况下，这些办法仅仅能活化该条件的某些不可给的部分。这种更巧妙的细心的对待田地的态度的成功，仅仅能使产量第一年提高——往后必然再降低。

每年从土壤里取走而不归还那些决定土壤肥力的物质，而想仅仅靠某一种技术是不可能长久维持其高产的。在一块土地上是这样，在一个国家里也是这样。如果对农民不提出要求，要他们无条件地补偿其在产量提高的时候，从地里以出售农产品的形式运走的那些营养物质，那么从那时候起，也就是说，从由于广泛经营而获得很高的产量的时候起，这种补偿对其来说是绝对必需的。因为那最重要的任务，就是维持已达到的高产水平。但是，产量的提高和降低，一般都进行得很缓慢，况且，对个别年份来说，产量的高低是经常变化的，没有固定的指标。根据这个指标，可以断定在这一年或那一年将会出现最高的产量。而这最高的产量是与给土壤补偿营养物质的必要性相联系的。所以正确的思路是提醒那些想合理经营农业的农民，让他们经常想到这种补偿的必要性。当其遵循这种要求时，他们得到的产量就不可能降低，而应该变得更高，或者维持在较高的水平。

由此可见，在一块土地上，或者在整个国家内，高产本身还不能是合理经营的证据。为了获得充分的根据，以便讨论在各个具体条件下我们能真正合理地进行经营，应该有理智的、有充分事实根据的使我们相信，断定其高产不是暂时的。反之，在某一块土地上，或者在整个国家内如存在低产的事实。而根据这些事实就认为低产的原因是由于经营不合理，这一结论同样是不正确的。为了能进行实质性的讨论，必须以实验和理智来论证这个结论的正确性。瘠薄的田，在任何时候，在耕作质量相同的情况下，总不如好田那样获得那样好的收成。所以，耕种瘠薄土壤的人，可能是个好农民。虽然他得到的收成，可能比他邻居在肥沃土壤上进行粗放经营所得的收成要少得多。很明显，如果一个农民进城去卖他的谷子和牲口，并不能证明他富裕，也不能证明他的土壤肥沃。这样的事实仅仅能说明，在他的土地上生产了比养活他一家人及其仆人后仍有多余的果实。同时，如不求助于城里，他就不能满足他另外的要求；如果不能用他的产品进行交换，他就不得不放弃这些要求。

上面所谈的这些,对输出面包和牲畜的国家来说,可能有同样的意义。这种输出本身并不能证明那个国家的土地肥沃或那个国家富庶,而只能说明按其生产力来说,这个国家的人口较少,或者由于不良的气候条件,或者由于工业发展不足,或者由于其他原因,光是依靠内部的资源不能满足那个国家的需要。如果这样的国家不能输出面包和牲畜,那么他就不得不放弃咖啡、钢铁和千百种其他他们本国自己完全不能生产的商品。

从上面的叙述可以看出:好的和不好的农业生产,合理的或不合理的田间作业,其唯一标志是全体农民或者说大部分农民都知道的,非常普通的,补偿土地里营养物质的自然法则,并且根据这些法则耕种自己的土地。可以相信,他们都知道,有多少和有什么样的营养物质,可以为植物吸收利用的养分以农产品的形式从地里取出来了。同时,有多少和有什么样的营养物质,应该通过肥料的形式重新回到地里。同时还应当相信,他们不仅仅知道这些,而且还照着这样做了。

提出这样一个问题:农产品中和畜产品中的哪些东西是从土壤中取出来的?这应当是农民优先考虑和注意的中心。也就是说,应当首先购买,让它们回到农村去的。很明显,在土壤中含量最少的,或者说在农产品中运走最多的就是最重要的物质。例如,石灰就属于营养物质,也就是肥料成分。但是在钙质土壤里,其石灰含量比农作物取走的量要大得多,以致在大多数情况下不需要补偿,因此可以完全不关心它。在黏土中钾素也是这样。但是在砂土里和钙质土里钾素是很少的,所以在输出土豆、烟草、甜菜的情况下,给土壤补偿钾肥是必需的。

磷酸的情况则相反。它在各种类型的土壤中含量都很少,但是它又是所有的农作物籽实、所有根、块茎作物的组成部分。况且,在禾谷类籽实中,在豆科植物的种子里,在饲养的牲畜的骨骼里都有;所以,所有输出自己产品的农民应该给农庄买回这些物质,并补偿到自己的地里。如果他这样做了,那么他的谷物和饲料的收成以及肉的生产就能维持原来的高水平。如果他不这样做,或者虽然做了,但是做得不够,那么到一定的时候,其庄园的生产率就会开始下降。

归还法则表明:如果产生现象的条件重复出现或维持不变的话,那么该现象就能重复或经常存在。这个法则是最重要的自然法则,所有在它们相互交替中的自然现象,所有的有机过程,包括人在手工业和工业生产领域中步入的进程都将遵守这个法则。

第二部分　农田耕作的自然历史规律

2.1　植　　物

为了使自己对各种农业技术措施有一个明确的概念，必须把植物生活中主要的化学条件弄清楚。

植物由可燃烧的和不可燃烧的几部分组成，后者含有灰分成分。将植物的各部分烧过以后，在灰分的数量中，对我们所栽培的植物，其意义最大的有磷酸、硫酸、硅酸、钾、钠、石灰、镁、铁和食盐。

二氧化碳、氨（硝酸）、硫酸和水组成植物可燃烧部分。

所有这些元素，在植物生活过程中，组成了植物的机体。这就是为什么它们又叫做营养物质。气体状态的物质被植物叶子吸收，而不可燃烧的那一部分则被根系吸收。第一类物质，往往含在土壤空气中，在这种情况下，它们与根系的关系和与叶子的关系一样，也就是说它们也能借助于根系进入植物体内。

气态物质是空气的成分，按其性质来说，它处在运动状态。在地面上植物体内的不可燃烧的物质——这就是土壤的成分。然而，它们自己不能转移。阳光和热量是植物生活的宇宙条件。

由于宇宙条件和化学条件同时作用的结果，从植物的幼芽或种子形成完全发育的植物，种子中所含的特殊物质，是植物形成器官所必需的，其功用在于从空气和土壤中吸收养料。我们所指的养料是含氮物质，按其成分含有乳酪素，或者蛋白质（血的）；然后是淀粉和脂肪、树脂或醣类，以及一定数量的磷酸土（磷灰土）和碱盐。

谷类作物和豆科作物，其种子里所含的淀粉物质转化成为根、叶、茎而形成植物。

假如我们使某一种谷类作物的种子在水里发芽，然后我们栽培它，把它放在一个有小孔的玻璃板上，使其根系穿过小孔伸到水中，那么这个植株虽然不吸收灰分营养物质或土壤元素，也能生活好几个星期。经过 3～4 星期以后，我们看到第一片叶子的尖端开始变黄。如果在这个时候，我们再来研究这粒种子，那结果是变成空壳壳了。原因是其中的淀粉和纤维素已经都消耗殆尽了（米齐里希）。但是植物仍继续生存，新的叶子，有时还有非常微弱的茎在生长着。最先生长出来的，而现在已经枯萎的叶子中所含的营养物质又转化构成新的器官。

在优良条件下，一直可以结籽，特别是含有丰富而牢固的营养物质的双子叶植物。例如豆类，单纯在水中栽培，可以长到开花，甚至结出很小的种子。相反地，这种发育对增加有机物质来说，大部分都不明显，仅仅简单地转化成种子的组成部分。而发生植物性的重新组合，依靠在生长中破坏种子中所储藏的物质，也就是所谓营养物质。营养就是吸收养料的过程；我们说植物生长了，就是说植物增加了其物质的总量。后者是由植物从外界环境中吸收的那些物质，那些物质从性质上来说它能够组成植物的有机体，具有进一步转化的机能。

马铃薯块根上的芽眼和马铃薯本身组成部分的关系，和谷类作物的幼苗同种子中所含的淀粉物质的关系一样。随着幼苗形成幼嫩的植物，淀粉、含氮的和块根汁液中无机成分形成幼茎和叶子。

在吉森化学研究室，进行了下列的观察：马铃薯的块茎用厚纸包着，放在一个匣子中，置于完全黑暗、干燥和暖和的地方，空气交换微弱。从块茎的每一个芽眼长出白芽，长的达几英尺，但是没有生长任何叶子的象征。在这些芽上看到有上百个小小的马铃薯，并具有那些像块根生长在田间的特点，它们是纤维细胞组成的，充满着淀粉小颗粒。毫无疑问，在块茎中淀粉是不能转移到上面来的，因为淀粉不能溶解。同时，在正在发育的幼芽中包含有这样一个原因，即由于缺乏某些外界条件，溶液中那些在植物生长时曾经转化成了组成块根的物质，又重新转化成纤维素和淀粉颗粒。

种子发芽、出苗的必要条件是水分、一定的温度和自由吸收的空气。缺乏上述所列的任何一个条件，种子都不会发芽。吸收了水分的种子，在水分的作用下膨胀起来，开始了化学过程。种子中某一种含氮物质影响到其他的物质、影响到淀粉，使它们转化成为最简单的组成部分并溶解于水。在这种情况下从麸质中变成植物蛋白质，而从淀粉和脂肪——变成糖。空气中的氧气如果不参与这个过程，那么上述转化过程或者是完全不发生；或者即使发生的话，那也是另外一种形式。地上植物的幼苗，把它浸在水中或栽培在渍水的土壤中而不供给它空气，那么这些幼苗就不能继续发育。这个原因是，种子深埋在地里或者埋在湖底、河泥中，虽然其水分条件和温度条件都很有利，但可能持续许多年种子都不发芽。有时把湖里的底土取出来，或者把底层的土壤犁翻上来，一接触空气，那些曾经厌气状态的种子就发芽，因此这些土壤很快被植物所覆盖。在低温条件下（空气参加了种子的发芽过程），种子发芽过程完全停止，或者进行得很微弱；在温度低于零度时，任何种子都不发芽。当温度升高，在水分充足的情况下，种子中化学变化过程加速。每一种植物的种子，其发芽都需要有一定的温度条件，所以种子的发芽都有一定的季节，蚕豆(*Vicia fata*)、菜豆、罂粟籽在35℃就丧失发芽能力；大麦、玉米、宾豆(扁豆)、大麻、莴苣在这个温度条件下还能保持发芽能力；而小麦、黑麦、箭筈豌豆和白菜，甚至在70℃的温度条件下还不丧失其发芽能力。

在发芽过程中，种子从周围的空气中获得氧气，它吸收氧气，产出二氧化碳。

如果我们把种子放在一个烧杯里发芽，在烧杯壁上贴一条石蕊试纸，那么这试纸常常在很短的时间内，在渗出来的碳酸作用下变红。游离酸产生得最强最快的是十字花科植物——白菜、甜菜。很明显，其根部细胞中液态的内含物和大部分植物的汁液一样，都是酸性的，由于其中包含有不挥发的酸；春天发的葡萄蔓，其嫩芽汁蒸干后，能得到大量酸性结晶状的酒石酸钾。

德·康多里(Де-Кондоль)和麦克尔(Мэкер)的实验证明：顽强的植物如 *Chondrilla muralis* 和 *Phase olus vulgaris* 一样，把它们从地里同根一起弄出来以后栽培在水中，经过8天，水就染成了黄色，气味像鸦片一样，味苦；同时把从茎上割切下的根系浸于水中，正如别的部分浸于水中一样，表现出来的现象是，它不像正菀形式分泌出来许多物质。根据克罗普的意见，将植物浸于蒸馏水中而不损伤其根系，它仅仅将石灰、镁和有机质，首先是含氧的物质归还给周围的环境中。

如果把莴苣和其他一些植物从土里弄出来，用水冲洗其根系，并和浓石蕊溶液渗混在一起，它们还能继续生长，依靠底下枯萎了的叶子中的成分维持生命。经过 3～4 天，石蕊液变为红色，这个红色在煮沸以后就消失了——这就意味着其根系分泌二氧化碳；如果把植株放在石蕊的溶液中，经过更长的时期，那么最后都分解了，变成无色的了。在这以前，红色的物质变成絮片状，黏附在根系的纤维上。

在平衡而稳定的条件下，植物发育的第一阶段依靠形成它的根系，所以，对于未来的植物有决定意义的是适当选种。同一种土壤上，同一个品种，同一年收获的小麦，其籽粒有大有小。产生这种现象是由于在同一块地里，不是全部茎都同时生长嫩芽，同时开花，而且也有一些种子成熟早些，有些成熟迟些；甚至在不良的气候条件下，有些植株的种子发育得比较好，另一些发育得比较差。一个混合体（一个群体），它们的种子发育不同，或者种子的淀粉、面筋无机物含量不同，种子是各式各样的；播种以后，长出来的植株及其发育的特点都是五花八门的。相反地，如果种子很整齐，在其形成根系和直接发育时期，从种子长出来的幼苗都一样重，都生长很好，那么植株间一直没有任何差异出现。

在发芽过程中形成的根系和叶子的数量，叶子的坚固性，其非氮的组成部分完全依靠原来种子中的淀粉，种子中所含淀粉是多是少，发芽都一样。相反地，含淀粉少的，靠从外面吸取养分，暂时能形成一定数量的、同样茂盛的根系和叶子；而种子中淀粉含量丰富者所形成的植株，能够超过前者，因其吸收养分的根系表面积一开始就大些，其生长速度也相应快些。

在发育过程中受了损害的、虚弱的种子只能生产出虚弱的植株。同样，所产生的下一代的种子又是先天不足，具有虚弱的特点。

园丁和花匠了解种子繁殖植株的生理功能，对某一品种的特性是完全保存下来还是部分保存下来，他们对此了如指掌。同样的道理，喂牲畜的人都很清楚，为了繁殖牲畜，就要挑选最强健和发育最良好的牲畜来饲养。园丁知道，从紫罗兰的荚角中，扁平的、发光的种子能够获得很高的植株，开正常的花；而从荚角中得到的有皱纹的、甚至受了损害的种子，则长出很矮的植株，开叠瓣花。

土壤的松紧度、土壤的比重和土壤中所含的营养物质对植物根系的发育有很大的影响。细的根毛常常被软木物质包着，它的延长是由于在其顶端形成了新的细胞，这样对土壤就会产生压力，会从土壤颗粒中挤出一条通道。在任何情况下，根毛的伸长不得不克服一些阻力；根毛延长就说明新形成的细胞给土壤颗粒造成的压力，把土壤颗粒挤开的力量比土壤要合拢来的力量要大些。根毛穿过土壤的力量，各种植物不尽相同。根毛很细的植物在重黏土中不能充分发展；而另外一些植物，其根毛粗而结实，在重黏土中生长很好。土壤给根系分布造成的阻力是使根系结实的直接原因。在同一条件下比较从泥炭土中（其比重为 0.32～0.33）和沙土中（其比重为 1.1～1.2）所观察到的植物根系，其发展情况的差别是非常惊人的。泥炭土上生长的根系，细弱柔软像毡子一样；而在沙土上的根系则相反，根系数量很少，并且比较硬，因此根系表面的总面积要少得多。

　　了解植物的根系是耕作栽培的基础。农民在自己的土地上所进行的全部工作都应当以最好的方式来适应其所栽培的植物根系的特征和特性。在这种情况下，他们首先应当关心的是根系，因为他们无法影响由于根系所引起的问题。如果他们根据根系发育及其生命活动的要求来耕种土壤，这样他们劳动的成果就会得到保证。根系——不仅是一种为了其生长发育吸收营养成分的器官，而且还能与机器上起重要作用的飞轮相比，因为调整飞轮就可以控制机器的运行；而恰恰由于根系的作用，在外界温度和光照的作用下，它能积累那些植物所需要的物质，以完成其生命过程。

　　所有的覆盖着平原和山岗的绿色植物具有各式各样的地形特征。根据土壤的地质和物理条件，其根系的生存和分布具有非常大的适应性。

　　一年生植物完全靠种子繁殖，常有次生真根。区别非常简单，它没有幼芽，相对地说、根系分叉网状也少得多。多年生牧草、草甸植物是用根系某一部分繁殖的，况且其中有很多这样的植物，它们完全不要形成种子也能繁殖。

　　把一年生的、两年生的和多年生的植物的生活机能进行比较，就会发现这些第二类型的植物，它们的有机活动主要是为了形成根系。

　　石刁柏（*Asparagus*）的种子，秋天埋在土里，来年春季到 7 月这一段时间内，在肥沃的土壤中长成 1 英尺高的苗子，其茎、枝条和叶子在这个阶段没有明显的增加。而在这一段时间内，到 8 月为止，一年生的烟草，其茎高达几英尺，并有许多宽大的叶子；甜菜在这段时间内由叶子形成了宽阔的株形。

　　相反，石刁柏生长开始很慢，仅仅说明从那个时间起，其外部的营养器官已经发育够了；根系的重量和体积与地上器官的比例，与烟草相比有很大程度的增加。

　　叶子从空气中吸收的养分，根系从土壤中吸收的养分，有些后来转化成组成植物各部分的物质，许多要转移到根系中积累储藏起来。这样，根系在下一年能独立地生产出新的植物来，完全不需要再从空气中进一步的吸收养料。而这个新植株具有高的，一倍半粗的茎以及大量的枝叶。这个植株的有机活动，在整个第二年中形成产品积累在根系中（相当于大量的营养器官），积累的产品数量非常大。

　　同样的过程在第三和第四年重复进行，第五和第六年营养物质在根系中累积，在春天暖和的时候，提早发育，长出 4 个或更多的枝和茎，并生长很厚的叶子和分枝。

　　绿色石刁柏的植株及其死于秋季的茎，对其研究比较证明：在生育末期仍在地面上保留的有机残渣含有溶解的和被溶解的化合物，它们集中在地下根系里，以供将来转化成植物的成分。植物的绿色部分中氮素、碱和磷酸盐比较丰富；而在死了的茎中，这些物质很少发现，仅仅在种子中保留比较大量的磷酸土和碱。很明显，这些剩余物，在下一年根系已经不再需要了。

　　多年生植物的地下器官，吸收营养物质是比较节省的。这个现象的存在是植物某些功能特征的必要条件。如果土壤的性质允许，植物从土壤中吸取这些物质比它构成植物机体成分要多些，并且从来不会用自己所吸收的元素全部都组成自己的机体。当根系中所积累的磷酸盐非常充足，而且可以提供出来而对自己不产生任何损害的时候，才会开花结实。由于在肥料中施入足够的养分，植物的发展可能引向这种或那种方向。总之，灰分肥料使多草土壤上的三叶草占优势；施用磷酸肥料使多年生黑麦草明显地成长，茎攀着茎成丛生长。

与一年生植物相比，多年生植物地下部分的数量和植物生物量要多得多。一年生植物的根系每年要死亡损失，可是多年生植物保留自己的根系以备吸收养分，并增加养分含量以备对它自己有利。

多年生植物吸收养分的范围，每年都在扩大，如果某一部分的根系没有吸收到足够的养分，那么另一部分根系将广泛伸展到养料比较丰富的地方以满足这个需要。

土壤的优良性质，以及适合植物生长的其他条件，一般说，对多年生植物比对一年生植物起更有利的作用。但是多年生植物的发育在某种程度上不以某些偶然因素和变化无常的气候条件为转移。在这一点上，它与一年生植物是不同的。在不良条件下，一年生植物的生长可能受到障碍，要熬一段时间等到有利条件来到后才能转变。在这种情况下，多年生植物的生长只是暂时地停止，而一年生植物就到了生死存亡的关头。

在不同土壤气候条件下，草原的产量稳定可靠。我们发现这种情况的原因是：在草原里有大量的、丛生的植物，它们能忍耐住最低程度的发育，而且，一种植物生长发育、开花结实；而另一种植物则相反，它在植物内部积累营养物，以供将来发育；某种植物死亡了，好像为了给别的种类或第三种类让位似的，它所需要的条件不恢复，它就不可能完全发育。

森林植被的生长和发育与石刁柏完全相同。相反地，在完成生长周期时，这类植物不丧失它的树茎。小橡树茎 1.5 英尺高，而其根系长 33 英尺，树茎本身以及根系占据一些地方，积累养分以备下年度组成外部的营养器官。砍下菩提树、柳树、赤杨树的树干后，如果这些树生长在荫蔽或潮湿的地方，经过几年以后长出来的树茎，常常能超过已经枝叶茂盛的几英尺高的嫩苗。

在结实的间隙期间，森林植被像大部分生长在贫瘠土壤中的多年生草本植物一样，它们能够在若干年期间积累充足的养料以供组成果实的需要。对于落叶的阔叶林来说，无机营养元素的损耗不明显，当叶子达到完全成熟，那么在细胞中充满了大量的淀粉，那时已从叶柄的细胞中消失了（Г. Моль）。在落叶前，叶子中液汁很明显地减少了，可是在这个时候树枝上的表皮充满着淀粉（Г. Моль）。这个现象与对处于不同生长阶段的山毛榉树叶的研究结果完全符合。成熟以后，通常多数叶子的重量不再增加了，可是其成分变化很大，叶子制造的产物以及溶解的残余部分，在生长末期都进入特有的器官（茎、根）中。秋天，叶子变红前不久，其重量明显减少。灰分的分析结果表明：在整个生长期中，从头到尾叶子中磷酸和碱的含量是逐渐减少的，而石灰和硅酸是逐渐增加的。

牧草所合成的产物，大概也有同样的趋势。夏天炎热时，牧草的叶子萎蔫。化学分析表明，其叶子中只有微量的氮素、磷酸盐和碱。因为从植物的本性来说，没有一种植物的叶子是不受损害的。一年生植物和两年生植物一样，其有机活动都是为了形成种子和果实。一开始结实，其根系活动就停止了。对多年生植物来说，形成种子比较快，便于克服偶然条件以继续生存。

两年生植物比较一年生植物，前者可能要花更多的时间来聚集必需的养分，以形成种子和果实。同时在整个生命过程中，其种子和果实的形成决定于变化无常的天气条件和土壤特性。

　　一年生植物各部分均衡发育,每天吸收养分促使地上部、地下部的增长。在某段时间里,吸收养分越多,吸收养分器官的表面面积也就越大;随着这些器官的增长,又为植物进一步生长增加了可能性,其外界条件越优越,植物进一步生长的可能性就越强。

　　两年生根茎类植物,其生长明显地分为三个阶段:第一阶段主要是长叶子,第二个阶段主要是长根并积累物质,供第三阶段开花结实的需要。

　　植物吸收的养料中,如二氧化碳、水分、铵盐、磷酸盐、硫酸盐,同时还有碱和碱土族元素的作用等等,它们在植物体内完成化学过程。一类大概含有氮和硫这两个元素,属于蛋白质类;另一类是非氮的元素,属于碳水化合物类。上述第一类元素,在整个生育过程中保持自己的特点。可是第二类元素,或者属于无味的类胶体,或者属于纤维素,或者属于糖,要看它们在植物的地上部或地下部分中具有什么样的有机活动;或者转化到叶子中,或者转化到根系中。

　　如果磷素与植物含氮成分的形成有一定的联系,那么在土壤中氮和磷的数量应当有一定的比例,况且对甜菜来说,在土壤表层的磷素应当比底层需要多得多。实验表明:生育前期比生育后期根系分枝性常常微弱得多,前期根系所接触的土壤比后期的根系接触的土壤要少得多。如果根系要吸收一定量的养分,那么由此可以设想,根系就要接触大量的土壤。根系吸收面积愈少,土壤表层所含的植物养分就会愈多。

　　由大量树胶、淀粉和糖所组成的植物,其组织中的灰分与那些喜钾植物的灰分是不同的。如果说,钾素是甜菜类植物糖分和无氮化合物形成过程中所必需的因素,那么可以这样来解释,因为在根部形成糖分和无氮化合物的范围比较广,不仅在植物生育的早期,而且在植物生长的第三和第四期内,也会同时增加其含量。

　　植物体内形成可燃烧成分,将碳水化合物和铵盐转化成含氮的和无氮化合物,这都依赖于植物体内不能燃烧的灰分元素。当然,这种依赖是相互的,这些都无须特别证明。我们认为,含氮的或者不含氮的产物生产得多,是由于植物吸收的磷素和钾素多,这一点同样是可靠的,是经得起验证的。植物吸收了大量的磷素或者钾素,是因为植物体内有许多其他的条件,必须形成含氮的或不含氮的化合物。

　　为了使植物充分生长发育,土壤必须在任何时候都要含有一定数量的土壤元素,而且还要转变成植物能够吸收的状态。另一方面,阳光、水分、热量等自然条件还要起作用,以便把这些已经吸收的养分,转化成为植物的各部分。如果植物从土壤中吸收的营养元素不被植物同化利用,那么植物再也不会从外面吸收其他的营养元素了。在不良的天气条件下植物生长不良;但是,虽然外界条件很好,而土壤中为其生命活动所必需的营养元素不足的时候,植物同样也生长不好。在植物生长后期,当甜菜型植物的根系已经通过耕作层伸展到底土,它们吸收了比过去更多的钾素。假设把甜菜的根系伸展到比表层更缺钾的土壤中,或者伸展到钾素不丰富的土层中,以便每天供给植物一定量的钾素满足植物吸收利用。在这种情况下,开始植物表现很好;相反地,假如以后停止给植物供给养料,那么不能期待得到高产,植物不增加重量而重新改造其器官。

　　甜菜植物的根,在生长的最后一个月中要吸收叶子中将近一半多的有效成分,这样来完成第一年的发育过程,并形成可塑物质储藏起来,以备将来植物利用。第二年春天,根部长出幼芽,长出叶子,微弱的株顶,开花的茎高达几英尺,种子成熟后,植物死亡。因此在第二年或第三年，植株根中积累的基本营养物质，与过去比完全是朝着另外一个方向利用着，而且，或者可以说，除了植物从土壤中吸取水分外，土壤没有参与这个新的生物过程。

所有的一年生植物，它们即那些一年开一次花、结一次实的一年生植物，它们与甜菜类植物，在各个生活阶段，在有机活动方面是有区别的。在第一阶段，这些植物为下一阶段产生可塑物质，而下一阶段又为最后一次的生命活动作准备。但是，这些物质不是经常都和甜菜一样在块根里积累。西谷椰子（*Arenga aaecharifera*）这些物质积累在茎中，芦荟（*Aloe*）这些物质积累在厚的肉的叶子中。

很多这类的植物，在其形成种子时，很少依赖形成种子的时间长短，而更多地依赖于以前积累的可塑物质的储藏量。在有利的气候条件下，形成种子所需要的时间短；在不利的气候条件下，其所需要的时间相对地要长。

所谓春作物，就是指单果植物，它能在几个月内积累物质，以供形成种子的需要。燕麦在 90 天内可以发育成熟和产生成熟的种子；芜菁要到第二年才能成熟；西谷椰子要 16～18 年；芦荟要 30～40 年，不少要经过 100 年才能结籽成熟。

许多多年生植物，其地上部分每年死亡，而其根则保留下来。一年生植物，随着种子成熟其根系也同时死亡。一年生植物每年形成种子是必需的；而对多年生植物来说，形成种子保持植物某一个种仅仅是在偶然条件下发生的。

植物的经济特征被特殊的规律所制约着，表现在植物某些部分的特殊作用，积累营养分以供后代利用。因此，阻碍植物发育的许多表面上的原因，其实还是植物存在和繁殖的保证。

多年生牧草和石刁柏，它们根系里储存的营养分，在不同的生育阶段，与谷类作物中淀粉所起的作用一样。但其区别在于根部的外壳不像种子发芽以后变成空的，根系经常充满着，其体积一直增长着。一般说，多年生植物吸收养分经常多于消耗；而单果类作物在形成种子的时候，将其积累的物质全部转化。

按照甜菜类植物秋天的特点，当时由于组成叶子的物质转化到根部，因此，根部增重很快。这很容易看到叶子的作用，如果我们在 8 月份摘掉几片甜菜叶子，那么对于甜菜根茎的产量没有多大影响；可是，在摘掉更迟的叶子就要严重减产。麦特车列尔（Метцлер）做了一个准确的对比实验，得出这样的结论：早期摘掉叶子降低甜菜产量 7％；而在晚期摘掉叶子的，产量降低 36％。许多新的观测证实了这个结论的正确性。*

假如我们在第一年到收获时不去收获甜菜，只把茎叶割下，而把块茎留在地里翻压下去，那么，一般说田里将要损失一些营养元素，但是大部分营养元素，由于把块茎翻压在地里，仍然保留在土壤中。

---

* 在苗享的实验中（Мюхенский опыт），取数目相同、生长情况相同，生长在同一块土壤上的甜菜，7 月 28 日和 8 月 1 日分两次取样。摘掉全部或一半叶子，10 月 15 日收获，以没有摘叶的作为对照，得到以下情况：

	摘去全部叶子	掉去一半叶子	未摘去叶子
块 根 重	3.572 克	5.250 克	12.310 克
叶　子	752 克	2.230 克	5.058 克

相反,如果在甜菜生长的第二年末期我们割去甜菜头,摘下甜菜茎和种子,那情况就完全不一样了。当第一年末期时,根部含有氮素营养和大部分非燃烧的组成元素,在这种情况下,都存留在土壤中了。这些元素在第二年转移到植物的地上部分,被利用组成茎秆和种子,因此从田里搬走植株,无论其根部是否留在土壤中也将使土壤贫瘠。在开花和形成茎秆以前,根部含有丰富的营养元素,但是结籽以后,根部中营养消耗掉了。如果在开花前将根部留于土壤中,那么土壤能得到植物中所含的大部分营养元素;相反地,开花结籽以后植物根部仅仅存留着这些营养元素的少量剩余部分,所以土壤表现耗损。

穗状作物也表现这样的相互关系。如果在开花前收割,那么所积累的营养元素大部分都留在根部;如果在种子成熟以后再收割地上部分,很自然地土壤就要损耗这些营养元素。

一年生叶类植物烟草的实验,阐明了植物生育过程的真相。

烟草植物的地上部分和地下部分生得非常平衡,烟草的根系生长情况恰好和茎一样长,和叶子的数量、体积一样大;在这里,有机活动的方向没有任何突然的改变。但是,相反的,我们看到循序渐进的、发展着的生活现象互相交替着,有时在茎秆顶端有成熟的种子了,底下的叶子也已经死亡了,而在侧枝上还在形成花蕾和种子,这些种子要很久才能成熟。

烟草植物有两个十分好的特点。在它的组织内部形成两种含氮化合物:一种是尼古丁,其中没有包含硫和氧;另一种是蛋白质,含有植物营养料硫和氧。

烟草的市场价格与蛋白质含量成反比,其原因是在烟叶燃烧碳化时,蛋白质散发出一种难闻的气味,好像烧牛角一样,烟叶子蛋白质一多,尼古丁一般也就多;烟叶子蛋白质少,尼古丁也就要少一点。这样的烟叶劲头很强,强到非与别的东西混合起来就不能吸用。

在法国、德国,栽培烟草品种的叶子,都改良成吸用烟或鼻烟。为了加工成鼻烟,蛋白质(尼古丁)多一点的烟叶比蛋白质少一点的烟叶好。在这种情况下,使整个叶子或者是磨碎了的叶子发酵,如果用水使烟叶柔和,提高温度很快就发酵。在发酵过程中蛋白质形成大量的铵盐,这是德国鼻烟的主要成分。德国工厂主为了适合消费者的口味,故意增加烟叶中铵盐的含量,利用碳酸铵和液氨洒在烟叶上。

烟叶中蛋白质的含量减少,使烟叶轻微发酵可以提高烟叶的质量。

事先,经过这些提示,我们就了解了应用不同的方法来栽培烟草的原因。

叶子的长宽大小、色泽、茎秆的高度、产量的多少、蛋白质和尼古丁的含量,在很大的程度上决定于肥料的情况。

在欧洲,烟草最好种在松软的、带有一点沙的、腐殖质丰富的壤质土壤上,或者有点儿泥炭的土壤上;在新垦地、新黏土上施角粉、骨粉、毛血抛弃物、人粪便、油饼、厩肥水等,可以得到味道很强烈的(即蛋白质、尼古丁很多的)的烟草。

在哈瓦那,烟草栽培在新垦地上,在栽过树的土地上,并且很不少。例如弗吉尼亚州,在翻耕土地以前,烧毁林木再栽烟草,在栽培的头三年收获很高级的烟草(蛋白质含量最小)。

从此可以得出这样一个结论:动物性肥料含氮(铵盐)、磷的量大的肥料能组成含氮的组成部分;相反的,磷酸盐和铵盐不足的土壤,长出来的烟叶蛋白质和尼古丁含量少。在慕尼黑实验中采用的磷酸盐和铵盐都很丰富的泥炭土,长出来的烟草比那些磷酸盐和铵盐都不丰富的土壤上所长出来的烟叶,其中氮素的含量要多两倍(车列尔,费斯卡)。

从温室将烟草移栽到大田里,会有显著的影响:当植物在新的土壤里生根时正好像种子发芽的过程中开始形成根系一样,已经形成的叶子逐渐死亡,叶子中活性物质部分正像根系中储藏的可塑物质一样,组成许多侧根;第二次移栽在增加植物地上部分和吸收器官方面起着更加有利的作用。

因为一年生植物全部有机活动都是形成叶子,而最要紧的是吸收养料能够使根系和叶子具有很大的活性。那么在栽培烟草时,当植株长到 6～10 片叶子时,掐断中间的开花结实的茎,摘下植物顶端,由于植物内部的有机活动,在叶子和茎秆之间又形成幼芽。像对待主茎一样,把这些芽形成的侧枝(侧枝上的幼芽)掐坏,摘下来,或者拧几个圈(节),这样在叶子中保持着经常制造出来的可塑物质,其叶子重量相应的增加,含水量相应减少。在 9 月中旬左右,烟叶丧失了绿色,叶子上出现带黄色的斑点,慢慢地变成白色而光滑,正好像油纸一样,有干燥的手感,凋萎时,叶子尖端垂到地上;完全成熟时,它们是胶状的、黏性的,易于与茎秆分离。

管理烟叶的方法,根据烟草品种不同、栽培地点不同,而有很大不同。如果希望得到尼古丁很丰富的所谓"英国普通烟草"、巴西烟草、农家烟草,那么种烟草时,就使烟草植株结籽留种,从种子中把含氮物质分开,那时蛋白质正从叶子中转到种子中。

在嫩芽、嫩茎中,一般说,那里很快形成植物细胞,其中积累了硫和含氮的组成部分(蛋白质)。因此,较嫩的叶子含这些物质较多,老叶子含这些物质较少;下层的、离土最近的、最老的叶子表现柔和,而上层的、高处的烟叶则比较强烈。在这些烟草品种中,它本身的尼古丁和蛋白质并不丰富,在最底下的叶子比上面的叶子价值差得多,所谓性质柔弱的烟草就是指麻醉性质很少的烟草。

欧洲烟草种植者栽培烟草的方法是大量施用厩肥,与美国的栽培截然不同。美国栽培烟草在地里从不施肥,在某种情况下考虑到要减少麻醉性物质的分量,或减少叶子中硫和含氮物质的成分,或者将其淡化,或者将其浓缩。所以美国的烟草种植主,当植株达到正常生长的一半、有机活动最强盛的时候,摘下底下的烟叶;而在欧洲烟草种植上,当时正是将最大的价值完全集中上面的叶子上。

因为烟草和其他一年生植物一样,仅仅在种子成熟时才消耗完自己所积累的可塑性物质。那么摘掉叶子,其茎秆还不会死亡;而存留在植物体内在根部的可塑物质,还可形成新芽,有时还能形成不大的叶子。在西印度、在美国的马里兰州和弗吉尼亚州,摘叶子之前,把地稍为切开一下,但不使根部离开土壤,而使茎秆歪向土地,在暖和的天气里从叶面蒸发水分,而体内汁液从茎与根转向已萎蔫的和浓缩的叶子。

来因法尔茨(Рейнфальце)规定,烟草种植业应当收获名贵的和含蛋白质和尼古丁很少的烟叶。如果不从田里摘下叶子,而是将茎秆和叶子从地里一并砍下,将头朝下悬挂起来过一昼夜,在这种情况下,茎秆还要活一段时间,并且长出一些小侧枝,朝上并形成花子房。硫和含氮成分,从叶子转移到子房,并在子房中积累起来,这样,烟叶中这些物质就变得比较少了,因此,烟叶的质量就改善提高了。

在栽培植物中,小麦占首要地位。

冬作物按其生育特点与两年生植物非常相似。两年生植物——甜菜类,当它出现第一片叶子的同时就形成了相当数量的须根,而且叶顶形成以后,迅速增加根系的数量和体积,自此以后,开始抽薹和发育花器。

冬季谷类作物播种以后,幼嫩的植株很快就长出第一批叶子,在整个冬天和早春期间形成一束束的叶子。可是在几个星期甚至几个月的时间里,它们的生长似乎停止了。春天暖和以后,植株长成几英尺高的柔软的茎,叶子繁茂,顶上抽穗,在这个穗上开花结籽。随着种子生长发育,底下和上面的叶子逐渐变黄;当种子成熟后,茎叶随之而死亡。

毫无疑问,当地上部分和地下部分似乎都停止了生长的时候,但植物的器官仍然没有停止其有机活动。植物继续吸收养分,这些养分只有一部分用于增加叶子重量,一般不利用形成茎。这个情况使我们有充分的理由认为:在这个时期内,组成叶子的大部分物质转移到根部储藏起来,以备将来形成茎秆之用。天气暖和以后,植物生活的活力提高了,被植物吸收和利用的养分与日俱增,同时还增加了同化和转化养分的器官。春天,一部分比较老的叶子和须根由于营养分的耗损而死亡;在根部长出新芽和新根,直到茎秆达到一定的高度时这种活动才停止。从这个时候开始到整个生长期结束,在根、茎和叶中,不仅吸收而且处于活动状态的物质被植物累积起来,以供开花结实。

舒伯尔特观测证明:穗状植物的根系,在其生育的第一阶段,自身增加的重量比叶子多得多。根据他的观测,播种后 6 个星期黑麦高度还只有 6 英寸,然而根系的长度就达到了 2 英尺。随着根系发育,形成分蘖和茎。舒伯尔特发现,当黑麦根系达到 3~4 英尺时,它的茎就有 11 个了;可是类似的植物,当其根系达 1.75~2.25 英尺时,只有 1~2 根茎。根系长度不超过 1.5 英尺的植物,一般没有分蘖。

很明显,当甜菜花茎形成时,组成花和种子的成分在根部已经有了,后来才起作用。进一步的实验证明:一年生种子植物的性质也是一样,形成种子和籽实的主要组成部分,很早就已经被同化器官所形成,储存在根和茎中。

根据克鲁普的观察,将在开花的玉米植株从土里挖出来放在清水中,结果形成了果穗和成熟的种子。这就证明,组成种子的物质在开花时已存在于植物体内了。

很明显,假如在开花前将穗状植物的茎秆割去,那么这个植物转变成了多年生植物的最初状态。

甜菜和燕麦一般对不可燃物质和氮素的需要量是不同的,而且在不同的生长阶段也是不同的。在生长初期,甜菜中氮和磷酸的比例接近 1:1,而燕麦中为 4:1;燕麦和甜菜相比,1 份磷酸需要有 4 倍多的氮素,也就是说,甜菜含磷量相当于燕麦的 4 倍。

如果燕麦的生育过程和甜菜一样,那么在其分蘖之前,它的地上部器官应当储存有甜菜第一年生育末期所储存的那么多的可塑物质。

在开花前,从花茎中储存的有机物质从其数量来说,甜菜比燕麦这种植物要多得多。甜菜从土壤中吸取大量的营养元素,因为它生长在地里的时间是 122 天,而燕麦在抽穗前只有 50 来天的时间从土壤内部吸收这些养分。如果,生长在 1 公顷土地上的甜菜和燕麦,每天吸收上述养分的数量是相同的,那么,在其他条件都相同的情况下,它们所需要的养分数量是以其吸收的时间长短为比例的。相反地,在这方面根系的特性常常带来很大的差异,决定于它们吸收面积的范围。根系表面积越大,它们接触土壤颗粒的面积也就越大,而在一定的时间内,从土壤中吸收养分的数量越大;植物体的重量,特别是无氮物质和含氮物质的重量都决定于植物的种类。如果燕麦根系的吸收面积比甜菜大

2.45 倍，也就是说，燕麦在 50 天内所吸收的养分相当于甜菜 122 天内所吸收的养分；换句话说，在一定时间内，两种植物吸收养分的能力是与其根系的表面积成比例的。

甜菜第一年的生长期是 120～122 天，在第二年 7 月底结籽后结束。如果我们延长生长期到 244 天，而燕麦的生长期是 93～95 天延长到 244 天，那么我们可以在这段时间里获得 2.5 倍的燕麦产量。相应的研究证明：燕麦中各部分物质组成中所含的氮和硫的数量，不少于等面积上甜菜收获量中的含量。

谷类作物籽实中物质的比例，硫和氮对无氮物质，或者汁液的组成成分对淀粉等于 1：(4～5)；而在甜菜根部，或者在马铃薯根部，其比例是 1：(8～10)。由此可见，甜菜和马铃薯中无氮物质的数量比别的植物要多得多。

在一定温度条件下，小麦种子中开始有机活动过程，那么幼芽长出一些细根朝下伸展，幼芽转变成短茎和两三个完全真叶。在出芽的同时，伴随着许多变化，淀粉成分转变成液体状态。

在种子萌发过程中，除了水分和氧气以外，从外面没有任何一种元素参加。种子萌发时，碳素消耗了，转化成了二氧化碳。年幼的植物进一步重新获得碳素。

在清水中生长的幼嫩植物，由于缺乏必要的外界条件以维持其化学过程，这样就消除了起码的存在的可能性。它们的叶子和根系没有完成任何生产的工作，植物的其余部分得不到养料，植物不能加工转化产品以供植物进一步生存，植物内部形成细胞的过程，到了一定的限度就停止了。但是，这个过程都在重新产生新的叶芽和根芽时，又可继续进行。这个过程相当于小麦籽粒胚芽和淀粉物质之间的关系，它的无氮物质和含氮物质，好像是流动资本一样，已经形成了叶子和根系。当这些叶子和根系死亡以后，又重新变成生产有机物质的资料。在这种情况下，新叶子的生育过程依靠老叶子的组成部分，但是这个过程不很长，几天以后，幼嫩植物最终要死亡。其植物之所以不能继续生存，最直接的原因，在这里，就是缺乏养分。其中内部原因之一，就是溶解的无氮物质转化成纤维素，或者变成木质化细胞。由于这样，植物中无氮物质的活动性消失了，变成了形成细胞过程的必要条件。这些物质被植物消耗完以后，新的形成过程就完全停止了。死叶子在燃烧后只留下一点灰分，只有一点矿物质。同样，其中留下来一点氮素物质。

在上述发展过程中，首先我们注意到种子中的含氮物质，其形成根系、茎、叶的组成部分，以及在这些器官中形成细胞的作用。在第一片叶子枯萎以后，叶子中这些物质转变成新生部分的组成部分，在这里它又重复着同样的作用，直到全部物质都形成细胞时为止。实际上，植物本来不利用更多的物质，也不用这些物质形成任何组成部分的细胞。

布森高在无氮条件下进行植物生长实验，虽然从许多不同的角度来观察，但是提供了充分的材料。这些实验毫无疑问地证明，上述的含氮物质在不增加植物中自身重量的条件下，在维持植物生命过程中起着重要作用。

这些实验，在经过冲洗和煅烧的浮石中播种羽扇豆、大豆和胡椒草（*Lipidium*），在浮石中加一点厩肥灰和类似所播下的种子灰，一部分植物在玻璃罩内，装有含有二氧化碳的空气，在定期更新空气和水分的时候，特别注意除去铵态氮。

这些实验得到以下结论：播下的种子重 4.780 克（羽扇豆、大豆、胡椒草），含氮 0.277 克；在玻璃罩中生长的植株干物重为 16.6 克，实验结束后存留于土壤中的氮素为

0.224 克。在另一组实验中，植物生长在遮住雨露的空气中，从 4.995 克种子中（羽扇豆、大豆、燕麦、小麦、胡椒草），获得 18.73 克干物质；种子中含氮素 0.2307 克，存留于土壤中的氮素为 0.249 克。在这一组实验中，植物享有除氮素以外的全部营养物质，说明植物具有无氮物质的全部条件，但是没有形成含氮物质的条件。

让小麦生长在清水中和大气中，那么它的重量不会增加。正常的种子含有一些钾、镁、石灰等元素，以供完成植物内部有机合成过程；但是，在种子中这些无机元素没有盈余，不能借助它们形成新的原生质，在缺乏植物器官所需要的无机营养元素时吸收水分。但是，决不是碳酸和氨，这两种物质纵然同水一道渗入植物体内，对于完成植物内部的过程不产生任何促进作用，它们也不分解，也不能由这些元素组成任何新的植物物质。

在布森高布置的这两个实验中，应用无机元素的作用，没有任何怀疑，所收获的全部有机物质的重量，比播入的种子将近多 3.5 倍；同时，其中所收获的含氮物质，其数量与播入的是一致的。因此，植物生产的无氮物质，比随种子播入的数量要多 2.5 倍；种子中所含的氮素在上述条件下，能够形成无氮植物成分，相当于自身重量的 56 倍（二氧化碳的含量在无机成分中仅占 44%），或者，还能引起 90 倍二氧化碳的分解。

这些植物的发育过程，为有机体内完成的各种过程提供了一幅明显的图画。开头许多天里，植株迅速增长，后来生育进程就变慢了。起初长出的叶子，经过一段时间后就凋萎了，有的脱落；在它们的位置上又长出新的叶子来，又跟过去一样经历同样的过程。生育过程达到这样的程度，植物某些部分依靠死亡部分又重新发展起来。矮生豆的种子 0.755 克，5 月 10 日播种，到 6 月 30 日形成 17 片叶子，都发育完全；到 7 月 30 日，在第一批的 17 片叶子中有 11 片凋萎了；到 8 月 22 日植物开花，当时几乎所有的叶子都落了，而形成唯一的一个小豆子重 0.04 克（为所播种子的 1/19），全部重量为 2.24 克，几乎多于种子重量的 3 倍。在另一个黑麦实验中，很明显，随同每一片新叶子的产生，老叶子死去。

在下一个实验中，植物从空气里吸收了 1.92 毫克的氮素，植物体重增加了 0.830 克，1 毫克氮素，相当于 1/43 的无氮物质。

在布森科的实验中，植物在清水中生长和在能供给植物营养料的土壤中生长，两者的差别是非常清楚和毫无疑问的。在上述两种情况下，开始形成器官时都是从种子里吸取自己所需要的营养分；在上两种情况下，为了形成根、茎、叶的细胞需要一定数量的无机物质和溶解状态的无氮物质。在这种情况下，溶解性的无氮物质和含氮物质的比例不断变化。在清水中生长的植物，这个比例一直减少；而在土壤中的植株则相反，形成了一些新的无氮物质。在布森科的实验中，毫无疑问，由于供给植物无机原料，所形成的新叶具有吸收二氧化碳和分解二氧化碳的能力——这个能力是那些在清水里发育的植物所没有的。在第一种情况下，在植株里又产生出它开头为了形成叶子和根系的细胞需要储藏的那么多溶解性的无氮物质。

种子中含氮和无氮的组成部分的相互关系，在植物中的活动物质，很明显，都要变成在种子中原来存在的形式。这两种成分，经过茎和每个新生的叶芽，参与新叶子的发育，而叶子的活动在一定范围内补偿无氮物质的损耗。因为这个原因，这个过程能够持续到一个月。在每个死亡的叶子和根系交叉处，都存留着一些氮素物质。在植物生长后期，这些物质的剩余部分都积累在荚和种子之中。

无机元素进入植物体内能维持其化学过程，同时，还组成植物体内的无氮成分。由于无机元素存在，而且在含氮物质的参与下，从二氧化碳中组成新的物质以供细胞壁的生长，并维持植物生活在正常的范围内。特别引人注目的事实是，种子中相当少的一点氮素物质，能够在很长的时间内维持自己特殊的功能。在这种情况下，或许不能经受任何变化。由此，可以得到结论：上述物质，直到它变成活的植物有机体以前，是不会毁灭的，其有机体具有生产和积累这些物质的能力。

假如我们回忆，在上面谈到的矮生豆的实验里形成的无氮物质，被植物有机体在落叶时丧失了，那么我们就清楚了，除了氮素营养外，给植物提供的无机元素不能带给豆类植物任何好处。

众所周知的关于植物营养的事实证明：植物吸收养分的过程远不是一个简单的渗透过程，植物根系一定积极地参与了这个过程，因而影响到植物体内元素的数量和性质。

根系对植物生长过程有很明显的影响。海洋植物和淡水植物，其根系和土壤没有接触，这些植物从溶液中得到它所需要的无机营养元素，这些溶液完全是一种混合物的形式。从这些植物的灰分及其灰分成分的分析比较的结果证明，每一种植物从同一溶液中吸收不同数量的钾、石灰、硅酸和磷酸。

在水藻的灰分里和其余的物质里包括：

食盐……10 份

钾……22 份

水藻生长所在的水中，包含有 10 份食盐，而只有 4 份钾素。植物体内所含的硫和磷酸的比例为 10∶14，可是在其生产的水中，硫和磷酸的比例是 10∶3。

同样，我们看到海洋植物，在海水中 25～26 份氯化钠中含有 1.21～1.35 份氯化钾，但是生长在海水中的植物，其含钾量大于含钠量。大西洋中奥克尼群岛上，各种藻内的灰分中有 26% 的氯化钾，只有 19% 的氯化钠。

海水中含有镁，但是量非常少。如果镁不是许多海洋植物中灰分的组成部分的话，恐怕在分析海水时它是不被注意的。

在海藻 *Padina pavoga* 种的灰分中，镁超过植物干重的 8%；同样的原因，在 *Laminaria* 中积累含碘的化合物，可是在海水中是很少见的。氯化钠和氯化钾具有相同的晶形，还有很多共同点，不采用化学的辅助工具，无法很准确地分开它们；相反地，植物本身却能非常好地区别这两种物质，并且能把它们分离开。在水中，植物吸收 1 个当量的钾，而只能吸收 1/30 当量的钠；镁和钙、碘和氯都是性质相似的物质，但是植物从含有几千份氯和一份碘的海水中可把这一份碘分开。

众所周知，渗透和扩散的规律，或者，通过薄膜，盐和水进行交换；或者说，多孔的矿物体都不能解释活动薄膜对溶解在水中的盐类以及盐类进入植物，和植物对盐类同化的作用。格列赫姆（Грехем）观察证明：对活的薄膜能起化学作用的物质，例如在碳酸钾、氢氧化钾等的作用下，活的薄膜膨胀，逐步分解，很利于水分透过。格列赫姆指出：发生在植物各部分的变化，发生在构成植物的细胞和薄膜中的变化，发生在腐解和新生的各种过程，对于这些我们没有一个标准，应当从根本上改变渗透过程。因此我们看到，无机物通过活的薄膜,被非常复杂的规律制约着。

陆地上植物与土壤的关系正如海洋植物与海水的关系一样。同一丘田,为植物提供的碱或碱土族、磷酸和铵盐是完全相同的状态,并赋有相同的性质,但是没有任何一种植物的灰分,其成分的比例与其他植物成分的比例是相同的。甚至从别的植物里获得的,在某种程度上说,是加了工的无机成分,例如寄生植物槲寄生(*Viscume album*),它吸收的养分就和树枝、树干的比例不同。它吸收上述养分时,完全是另外一种比例,因为土壤在供给植物的养分方面,完全是被动的;原因在植物本身,它们能根据自身的需要来校正它们所吸收的这些物质。

黑尔斯(Hales)的观测表明,枝叶表面的蒸发对植物体内的汁液和从土壤中吸收水分的功能有强烈的影响。如果植物从根系附近土壤溶液中获得它所必需的养料,那么种不同或品种不同的两个植物,虽然生长在完全相同的条件下,应当吸收相同的无机营养料,并且是同一比例;但是正如已经指出的那样,事实上,这两种植物所吸收的上述养分,比例是完全不同的。

这个事实清楚地证明,根系吸收养分不是没有选择性的。

对水下植物来说,它们在水下生长,蒸发作为它们吸收养分的原因来说,实际上已经排除了。在这里应当设想,对在溶液中状态相同、活动性相同的元素,植物的吸收表面具有不同的吸引力;或者说,这些元素,通过植物的表层细胞所遇到的阻力不同。从陆地植物物质不同的品质上的判断,应当得出结论,我们这里也有同样的现象。根系防止一些元素渗入植物内的本能,有它的限度。弗尔赫格苗尔(Форхгаммером)曾证明,在木本植物、水青岗属(*Fagus sinensis*)桦树(*Belula* I)、松树(*Pinus* L.)中,铜、锡、锌差不多是微量的;而在橡树中,则铅、锡、锌变动很大[①]。并且,这一类金属的含量,在树皮最表层比树木内明显地要多一些。这些事实表明,植物体内的某些成分具有偶然的性质,它们在植物生活里不起任何作用。

树木根系吸收这些金属的数量很少,但是可以肯定,虽然现在的化学分析还不能从井水、溪水、泉水中找到除了锰和铁以外的某种微量金属,可是在树种中含有别的金属。因为这些树种,在一百多年的时间里,吸收并蒸发了大量水分。这个事实是我们手中唯一的证明,说明这些水中实际上都含有这些金属物质。

到现在为止,化学所记述的、参与植物生命过程的只有无机物质——它们存在于所有的植物之中,其中只有一部分物质可以和植物拆开。但是,如果假设证实了,铁是叶子和花瓣中绿色部分常见的组成部分,那么经常在不同种类的植物中遇到其他金属,也是可以允许的。例如在 *Pavonia* 和 *Eostera* 中、在 *Trapa natans*、在许多树种中、在一些种的禾谷类和茶叶树中的锰,参与了植物生命的功能,并由它引起一些特征。*Viola colaminaria* 的灰分和植物的灰分,可以用来探索锌矿:根据其灰分中锌的情况,就可以断定锌矿床的位置和氧化锌的含量(亚历山大,布拉乌)。

---

① 现在我们知道,微量元素的存在不是偶然的,因为它们中很多比起我们知道得很清楚的主要营养物质来,对植物的重要性并不小。李比希列举了 4 个元素,其中 2 个——铜和钴——根据新的研究,它们在植物生活中起着一定的作用。但是李比希本人已预见到,这在他以后不久所说的,关于铁、锰、锌、碘和铝的必要性中就可以看得很清楚。——译者注

同样地，氯化钠和氯化钾是某些植物生育的条件。很明显，碘化钾对另外一些植物也有同样的意义。如果我们据此把第一类的植物叫做含氯的植物，那么同样的理由，后者就要称为含碘的或含锰的植物（沙里姆，高尔斯特马尔）。藻种不同，含碘数量不同（格德赫斯），正好像是石松子不同，含三氧化二铝数量不同一样，其原因（拉乌巴赫）到现在还没有弄清楚。相反地，在海水中生长的植物，其本能能从海水中吸取这些很微量的元素物质。例如，碘能使其在自己的组织中保持和积累起来。这些元素与植物某些部分结成一体，因此当植物仍然活着的时候，使它们回到环境中或使它们从环境中被吸收，几乎是不可能的。

关于根系，最常见的观察证明，不同植物的根系同化无机营养元素的能力可能是不同的。在这方面所观测到的差异，表现在各种植物有不同的吸引力；不是所有的植物，在任何土壤上都同样而顺利地生育着。有的植物，需要软水，而另一些植物又需要硬水；或者需要很多石灰，或者只能在沼泽地上生长。例如泥炭植物，它们喜欢在碳素和酸很丰富的田里生长；最后，有的植物喜欢在含有大量盐碱的土地上生长。

许多青苔地衣仅仅在石头上生长，它们明显地改变着岩石的表面；另外一些，例如 *Koeleria*，能够从石英砂中吸取其中非常微量的磷酸和钾的混合物；牧草的根系能破坏长石，并加速其风化过程。甜菜、驴豆和首蓿以及橡树、桦树，它们主要地靠从腐殖质很少的底层中吸取养料；可是，穗状植物和块根植物，首先从耕层上部腐殖质丰富的土壤中吸取养分。许多寄生植物，其根系完全不能从土壤中吸取自己所需要的养分而完全要靠别的植物根系为自己准备好养分；其他的，例如真菌，仅仅生长在植物的残渣上，它们从其残渣上吸收氮素和非氮素成分以构成自己的身体。

所有这些事实确凿地说明，植物根系对土壤有不同的作用，或许，这方面已消除了一切疑虑。很明显，普通的石松子和蕨菜能吸收三氧化二铝。其实三氧化二铝在任何土壤中都可以碰到，且其呈不溶解的状态，或溶于碳酸中，而且任何其他的植物中都不含有这种三氧化二铝，虽然这些植物与石松子在同一种土壤上并排的长着。同样地，舒尔茨-弗立特在 *Arundo-phragmites* 生长着的 1000 份水中及从许多含硅酸丰富的植物中，没有发现任何硅酸。

2.2　土　壤

植物从土壤里吸收其生育所必需的养分。因此，认识土壤的理化性质对认识植物营养过程和大田作业至关重要。不难理解，为了栽培植物，土壤应当肥沃，首先土壤应当含有植物所必需的、充足的营养物质。应当指出，化学分析所提供的是在个别情况下、在特定条件下这些营养物质是否存在的问题，对测定不同土壤类型的肥沃程度方面很少有正确的结果。原因是因为土壤中的营养物质应变成有效的形式，才能使植物吸收利用。应当有一定的形式和特点，但不能完全依赖化学分析的结果[1]。

---

① 我们说，在现时代，尽管现代农业化学对那个问题给予了很大的注意，但看来还远远没有解决。——译者注

暴露在光天化日之下的母质表层和车道压成的灰尘泥土一样,很快就被杂草覆盖。[①]如果这种土壤其大部分不适于种蔬菜和穗状植物,那么并不意味着在这种土壤上就不能生长其他植物了,例如三叶草、驴豆和苜蓿等需要大量营养元素的植物。这类植物有时能在铁路路基下看到,因为铁路路基是土筑成的,而且从未翻动过,在这里这类作物能顺利生长。我们还见到在许多田里的底土,有同样的情况。有些田里用深层土壤来改良表面耕作层,使耕作层更加肥沃;在另外一些田里则相反,如把底土和耕层土壤相混,对作物的生长就好像下了毒药一样。

母质本身不能生产穗状植物和蔬菜,经过许多年仔细的耕作,同时在风化作用的影响下,开始生产很少很少的一点植物。由此可见,肥沃的耕作层和不肥沃的母质之间的差别,在任何情况下,都不在于其中营养物质的含量不同。因此在母质转变为肥沃耕地时,这个母质并没有得到什么新的肥力因素;相反地,由于在其上面栽培植物,甚至很快就变得更加贫乏了。

底土和耕作层土壤的差别,或者说暴露在光天化口之下的母质和栽培土壤间的差别,在其营养物质相同的情况下,仅仅根据一点,即栽培土壤中所包含的营养物质不仅是均衡的混合物,而同时是另一种形式。

因为母质,由于上述原因,也将获得一种能力,能在一定时间、一定数量将其所含有的营养物质供给植物,正如栽培土壤所具有的特性一样。可是对某些植物来说,母质不具有这种特性,这样就不得不承认这些物质比原始状态发生了多么大的变化。

设想土壤从岩石的碎片变来,在这种土壤的最小颗粒中含有营养物质。例如,在硅酸盐中的钾素,由于它与硅酸和三氧化二铝等等在化学上的联系将在更强的力量作用下被打破,钾素被释放,变成生长中的植物可利用的钾肥。

如果某些作物在某种土壤中能完全发育,而这种土壤对另一种植物来说,它又是不肥沃的。那么可以设想,在第一种情况下,植物能够克服土壤化学上的阻力(固结);对第二种情况下的植物来说就力所不及了。如果某种土壤越种越肥,同时对其他植物来说也是一样,那么产生这种现象的原因是由于空气、水分、碳酸共同作用的结果,还包括机械耕作的影响,使土壤中的化学固结消除了。营养物质变成能渗透到植物体内的状态,正如通常所说的那样,在较弱的吸引力作用下,它们具有很弱的分解能力,这些营养物质变成植物能够吸收利用的。

任何一种土壤,只有在一种情况下,无论对这种或那种植物,都完全是肥沃的。比如对小麦,如果每一个土壤颗粒都与植物根系接触,它又含有小麦所必需的全部营养物质;加以这些营养物质,在植物发育的任何阶段都处于根系易于吸收利用的状态,在某些时候具有小麦所期望的关系。

众所周知,耕作表层的特点是能从其水溶液中或者碳酸溶液中吸取很重要的营养物质。这个特殊的能力,能阐明有关营养物质的性质和状态的真相,这些物质存在于土壤中,呈固结状态。为了正确评价这些物质对植物生活的意义,必须提到煤炭,它如同土壤

---

① 李比希叫"rohl Boden"的,并且我们企图改叫非栽培土壤的。按现代的观点,并不是土壤而是发生在母岩表面,或者在较好的情况下是发育不够的土壤。——译者注

耕作层一样，能从液体中吸收染料、气体和盐分。

煤炭的这个特性是基于其表面积而来的吸引力。能被煤炭从液体中吸着的物质，吸附在炭上，正好像染布时染料吸附在纤维上一样。炭和动物植物纤维一样，能够使液体退色，在多孔状态下它这种作用非常明显。

搞成粉末状的煤，发光的、光滑的、多孔的、如血的或者含糖的炭素，几乎没有退色的能力；而多孔的血炭、细孔的滑炭，退色的能力最强。

不同木炭的这种吸附能力亦不同。粗孔的杨树和云杉树的木炭比水青和黄杨的木炭退色的程度要差些；所有这些木炭退色的能力以及吸附染料的能力以其表面积大小为转移①。这个吸附力的强度可以和微弱的亲和力相比，这种亲和力表现在水及其溶解于水中的盐的关系上，这种亲和力不引起盐类化学性质的变化。在盐水中，食盐呈液态，其分子是活动的，在其他方面盐仍保持自己的特点。可是，在物质的作用下，它比水有更密切的亲和力。但是它的这些特点完全丧失了。

在这方面，煤炭的吸附力与水相似，水和炭都吸附溶解着的物质，如果炭的吸引力比水大，那么它就能从溶液中完全吸附物质；如果两者吸引力相同，那么它就能把物质彼此分开。这就说明，为什么炭只能从溶液中吸附一部分物质。

被炭素吸附的物质，保留其原来的全部化学性质，仅仅丧失了溶于水的能力。只要稍为增加一些水的吸引力，就要影响到吸附在炭素表面的物质，使它们又重新溶解于水。如果我们在水中加入少量的碱，就可以从炭上提取出染料而引起退色。如果我们把炭用酒精处理一下，可以把被炭从水中吸附的奎宁和植物碱解析出来。

上面谈到的许多性质，在耕层土壤表面上与炭很相似。稀释过的厩肥液是棕色的，气味很浓，经过耕作层土壤过滤以后，变成无色的和没有气味的液体。在这种状态下，它不仅失掉了颜色和气味，而且还失掉了其中含有的、溶解状态的铵盐、钾盐和磷酸。这些东西被土壤吸附是多还是少，完全以其数量为转移，在任何情况下，土壤吸附这些物质的能力比炭强。

母质风化的结果形成耕层土壤，粉碎成细粉末所具有的吸附能力，比细煤末的要小。从许多硅酸盐中能看到完全相反的情况，将它与钾、钠和其他元素的水溶液和碳酸溶液接触，这些硅酸盐不能从水中吸附上述盐类。土壤耕作层对钾盐、铵盐和磷酸的吸附力，与其成分没有什么明显的联系。含有少量石灰的黏土和含有少量黏土的石灰性土壤，二者所具有的吸附能力完全是一样的。而土壤中腐殖质的含量，强烈地改变着土壤的吸附能力。

经过非常仔细的观察，我们发现耕层土壤的吸附能力与土壤的孔隙度和松散程度有关系。紧密的重黏土和沙土，其吸附能力最弱，一般说这两种土壤孔隙度最小。

毫无疑问，耕作层所有的组成部分都具有吸附作用；不仅因为这些组成部分具有明显的机械性质，正如我们所看到的骨炭和木炭一样。土壤耕作层和炭素所具有的这种吸附性能，建筑在表面的吸引力上，最近科学上称之为物理吸引力。因为在这种情况下，被

---

① 土壤的吸着能力以及它与颗粒大小的联系，在这里或下面被李比希阐述得如此确切，以致到现在也没有什么可补充的。——译者注

其所吸附的物质,没有变成什么化合物,依然保持其原来的化学性质。*

在强大的机械的和化学的作用之下,母质粉碎、腐解和溶解,变成土壤。有些牵强附会地可以这样说,母质和耕层土壤都是母质风化的产物,在它们之间存在有这样一种关系,好像木质纤维、植物纤维与腐殖质之间的关系一样,腐殖质就是它们分解的产物。

那些使树木经过若干年就变成腐殖质的因素,在对母质进行腐解作用时,由于水分、氧气和碳酸的共同作用,使母质具有耕作土壤的特征可能需要上千年。从玄武岩、粗石岩、长石和斑岩形成上面一层耕层土壤,好像我们在很平的河谷和低洼地方所遇到的一层一层的形式一样,具有全部物理化学特性,并使它能营养植物,要经历很长的时期。如同锯木屑还没有具备腐殖质的特性一样,同理,粉碎的母岩还没有被赋予表面耕作土壤的特性。

树木能转化为腐殖质,粉状的母岩能转变为耕作土壤,但是它们本身是完全不同的两件事物。没有任何一种人为的办法,在某一段时间内,能够起什么作用,能使不同类型的母岩转变为肥沃的耕地。[①]

作为母岩风化的残余物,耕作土壤按照其吸附能力,及其对溶解性的非有机物质的关系,完全和植物纤维在高温影响下变化后的剩余物对待溶解的有机物质的关系一样。

我们曾经提到,从氨水、碳酸钾和酸溶性的磷酸钙的溶液中,耕层土壤吸附钾盐、铵盐和磷酸,使土壤不必从自己的组成部分中释放出什么东西,来替换被它从溶液中吸附的物质。

在这方面,耕层土壤的作用完全和炭一样,但是土壤的作用还要多一些。

如果土壤中钾盐和铵盐与某种无机酸结合成一种化合物,并处于一种很强的亲和状态,这样的化合物被土壤分解,其中的钾被吸收,正好像被酸固结一样。[②]

耕层土壤的这种性质像骨炭一样,可是骨炭内部不起任何变化,而耕层土壤由于它含有过磷酸钙而能分解出许多盐类与其所含的许多钙、镁组成化合物。

我们应当设想,土壤颗粒的吸引力本身还不能把钾和硝酸分开,在硝石分解的过程中,吸附钙、镁参加与硝酸化合,一方面土壤吸收钾,另一方面土壤中的钙、镁吸收硝酸根。在这种复杂的吸引力作用下,同样,在化学有无数的情况,一个物质接着另一个物质分解,这都不可能用简单的引力来解释。

在耕层土壤中所发生的过程,通常与化学过程有区别。在化学过程中,我们没有看到被不溶解的石灰盐分分解,为了钾盐变成不溶解的,而石灰溶解了。很明显,在这里不得不认为还是一种引力在起作用,改变了化学亲和力。如果,将磷酸钙的碳酸溶液通过

---

*　在这里所讲的物理引力,所指的不是什么特殊的引力,而是一种普通的化学亲和力。这种亲和力按其表现程度,可以找到不同的表现形式。

①　读者在这里是否可看出对著名的杜库恰耶夫(Докучаев)揭示的:"受水、空气和各种有机体的相互作用而自然变化的母质层,可能叫土壤"的公式有些接近。——译者注

②　如果在前面,李比希以与炭作比较,确定土壤主要是发生物理吸附,那么在这里他已经指出带交换现象的吸着(即物理化学吸附)和化学型的吸着(有钙参加)甚至物理化学的吸着,因为下面他说要溶解的钾盐被不溶解的石灰分解,以致都变为不溶的,而石灰变为可溶的。在化学过程中这件事是不存在的。他得到结论:物理的、化学的两种吸着是有的,物理化学的术语在李比希时代还不存在,同时他完全正确地描述这种方式吸着的物质的状态,是非常分散的状态,所以是极度均匀地分布在土壤各层次中。——译者注

一个盛土的漏斗过滤，土壤首先吸附磷酸或磷酸钙。当这一层土壤被磷酸饱和后，那么这一层将不妨碍磷酸钙的溶液继续通过。含有磷酸钙的溶液淋溶到下一层土壤中，使土壤慢慢饱和，这样磷酸钙逐渐分布到漏斗的整个土壤中，以致每个土壤颗粒都在自己的表面吸附等量的钙。如果，磷酸钙是红色的，土壤是无色的，那么最后土壤也将变成红色。正因为如此，土壤中的钾素，例如碳酸钾溶液用土壤过滤，表层土壤没有吸附住的那些钾，被底层土壤吸附了。

很容易理解，含有骨粉颗粒的过磷酸钙以各种形式分布在耕层土壤中。这里只有一个差别，过磷酸钙与含有碳酸的雨水形成溶液，那里有骨粉颗粒留下。这就说明，这些溶液已经扩散到土壤下层和土壤周围了。

正是这个途径，在风化作用下，硅酸盐、水和碳酸变成了溶液。钾盐和硅酸盐分布在土壤中；铵盐来自于雨水或者来自于死亡的根系中的氮素化合物的腐解，以及一代代残体在同一丘田里腐解的结果。

因此每一块土壤都包含有钾、硅酸以及两种状态的磷酸，即化学结合状态和物理结合状的磷酸。在某一种情况下，它们能够非常均匀地分布在耕作层土壤孔隙表面；在另一种情况下则以磷灰土或磷酸钙，或者以长石矿物粗粒状的形式，非常不均匀地分布在土壤中。

在磷酸钙和硅酸盐很丰富的土壤中，几千年来，遭到水分、碳酸的溶解作用，土壤颗粒普遍被钾、铵盐、硅酸及磷酸所饱和。可以认为，正好像在俄罗斯的黑钙土上所观察到的一样，在底层土壤中溶解的磷酸不是被土壤吸附，而以凝结或结晶的形式重新淀积起来。[①]

在物理结合的状态下，很明显，营养物质具有最优越的性质，以促进植物生长。这个原因在于植物的根系，它们伸展到土层中与土壤颗粒紧密接触，寻找其所需要的养料。这些营养物质呈细微的、分散的利于吸收和溶解于水的状态，但是这些养分本身不能单独流动，这些物质结合得是如此之弱，以至非常微不足道的原因就能使它们溶解，并具有益于被植物吸收的形态。

无疑地，在机械耕作和气候影响下，制约无机物分解和溶解的因素加强了，并包括营养物质的均匀分配。在这种情况下，营养物质变成溶解状态。

化学结合的物质，从化合物中分解出来，逐步变成耕层土壤中的形式，这些形式最容易为植物吸收利用，对植物的作用也最大。当然，非栽培土壤，只能逐步地具有耕层土壤的特性。这种转化需要时间，一方面依赖于土壤中所含营养物质的数量，另一方面依赖于妨碍它们均匀分布的因素，或者妨碍其分解和风化过程的因素。在这种土壤上，首先出现多年生植物，这就是杂草，它们所需要的营养元素要少些，同时杂草生长时间较长，故吸取营养分的范围也深一些。在任何情况下，这种植物播种也要比任何一年生作物要早一些。一年生植物，由于它生长期短，为了发育完全，相对的说，需要更多的营养物质。

---

① 我们难以确定李比希从哪里得到这些完全不符合实际的材料。是否由于含 P_2O_5 很少，而由 $CaCO_3$ 组成的黑钙土上所见到的柱状结构现象；或者是很多地方在黑钙土的覆盖下，与黑钙土没有任何联系的磷矿的存在，引导李比希这样说呢？——译者注

　　土壤耕作越深,栽培的植物越深,那么这个土壤就越利于栽培春作物。因为在这种情况下,在同一个地方,使其能促进物质转化的原因反复起作用,使得植物营养料从化学结合状态变成物理结合状态。为了使土壤变成营养植物的土壤,在完全的意义上来说,应当是只要土壤能与植物根系接触,到处都能为植物提供养分,在这种情况下,不管这种养分怎样少,还必须使这个最小限度的养分不间断地保存在土壤中。

　　总之,土壤营养植物的能力与土壤中成物理吸收状态的营养物质数量有直接关系。①

　　当土壤中物理结合状态的物质不足,在栽培植物上表现出症状时,在这些土壤中处于化合状态的营养物质,其数量大小有很重要的意义。因为它们可以恢复土壤的饱和状态。

　　实验证明,栽培植物的根系能分布到深层,从土壤底层获得主要营养物质。耕层土壤由于栽培穗状植物,其肥力并不明显减退。可是,穗状植物不能老是接连种下去不给土壤一点间歇时间,这样,土壤就会丧失提供补偿产量的能力。

　　大部分土壤耗损地力的情况不是很长的,如果土壤在一年之内或几年之内让其休闲一次,尤其是在休闲的时候努力耕翻它,那么它又将重新恢复其使穗状植物丰产的能力。

　　这个对农业生产最重要的现象,被成千上万的实验所证实了。但是化学分析的结果还不能解释穗状植物优先吸收耕层土壤中物理结合状态的营养物质。那么,不用施肥而恢复土壤肥力的事实就更易于理解了。虽然,处于物理结合状态的营养成分,从重量来说仅仅是土壤中很小的一部分,但是它们在土壤中占很大的体积,具有营养植物的能力。由此可见,如果某一种植物借助于其吸收器官,从土壤中吸取物理结合形态的营养物质,那么,当土壤不很肥沃时,它就变成对栽培植物不利的了。

　　假如栽培土壤的主要成分与无人管理状态下的土壤成分相同,那么,使这些土壤成分分解限制土壤中植物营养元素活动的原因继续起作用。在这些因素的作用下,土壤耗损了,换言之,土壤又重新回到无人管理的状态,已经丧失的特性又将恢复。处于化学结合状态的营养物质转化成物理结合的状态,因此,土壤又重新具有为新生植物提供足够养分的能力。从生产角度来看,又转向对农民增产有利的方面。

　　因此,耗损了的田地可以通过休闲重新变成肥沃的土地,这种土地不仅含有足够的营养物质,并成物理结合状态,其中化学结合着的营养物质,可能,甚至还有多余的②。与此相适应的,休闲——在那一时期内,土壤营养成分,从一个状态转变到另一个状态。由于休闲的结果,在土壤中并不增加营养元素的总量,而只增加有利于滋养植物的那一部分元素的含量。

　　这里所谈到的是有关营养物质的全部,不是植物所需要的个别土壤成分。有时土壤耗损的原因在于其中缺乏可给态的硅酸,以致使穗状植物生长不好,可是其他的营养元素很充裕。

　　从所观察到的现象(休闲)的本质,推断出来一个结论:如果在土壤中不包含有能够

---

　　① 这里翻译成现代的语言,很容易看到关于在与吸着相联系的阳离子和阴离子的总和中吸着的土壤复合体的农业化学意义的思想。我们注意到,这个问题几乎在 20 世纪 40 年代才开始研究。——译者注

　　② 这样翻译使李比希的思想更接近现代的表述,我们可以说:土壤"肥力",由处于吸着状态的物质所决定,而化学地结合的物质决定着土壤"肥力"。——译者注

风化的硅酸盐，或者能被溶解的磷酸土，那么无论休闲多久，无论怎么耕作，气候条件无论怎么优越，都不能在恢复土壤肥力方面起任何作用；同样很明显，引起风化的原因所起的作用在时间上是不同的，依赖于不同的土壤类型。

通过以上论述，很明显，对农民来说，最重要的任务是在于弄清这些原因。在这些因素的作用下，在田里存在有营养物质，它们在土壤中尽可能地均匀分布，并转化成有效状态。

水分、热量和空气，就是这些变化的最重要的条件。由于这些条件的作用，化学固结的土壤物质转化成植物根系能利用的养分，为了变成溶液使土壤成分和一定量的水分混合，借助于碳酸作用，能分解磷酸盐，把不溶解的磷酸盐转化成为可溶性的，并使其均匀地分布在土壤中。

土壤有机残体的分解虽然很微弱，但它是碳酸的有效来源。

没有水分参与，分解过程不可能进行。死水、停止供应空气，都妨碍形成碳酸。分解过程本身产生热量，使土壤温度提高。

在动植物残体腐解的影响下，被作物耗损了的土壤，很快就恢复了地力。在休闲时施用厩肥能起良好的作用；种植密闭的植物，使土壤遮荫，能促进休闲期间的风化过程，因为土壤在覆盖下面，可保持较多的水分。

在疏松的、石灰质丰富的土壤中，有机物质腐解过程比在黏土中进行得要快一些。在这些条件下，在土壤中存在有碱土族。如果是土壤中的铵盐及其他氧化物质，丰富的氮素都被氧化，变成硝酸。①

全部石灰性土壤，在用水淋洗过程中，变成硝酸盐溶液。硝酸在土壤中保持很困难，不像保持铵盐一样，它与钙镁化合，而被雨水带到土壤的深处。对于那些植物，例如三叶草或豌豆来说，它们从土壤深层吸收自己所需要的养分，包括氮素养分，所以在土壤深层形成硝酸化合物是有利的。由于这个原因富有有机物质的石灰性土壤的休闲对于穗状植物没有什么好的影响，因为铵盐转化成硝酸的结果，在土壤深处硝酸含量增加，土壤变得缺乏重要植物营养元素。

在任何时候，在任何情况下，与根系接触的土壤颗粒上缺乏某一种或几种营养元素是土壤耗损的原因所在。如果这块地里土壤颗粒缺乏物理结合状态的磷酸，土壤变得不利于继续栽培植物，处于物理结合状态的钾和硅酸在这种情况下虽然很多，也不起任何作用。在磷酸和硅酸有剩余而钾素不足，或者磷、钾有剩余而缺乏硅酸、石灰、镁和铁的情况下，也产生同样的结果。

对于某些土地来说，所谓地力耗损，不是指植物营养物质绝对量的缺乏，而是这些土地所含的营养物质未处于可给状态，满足不了植物对养分的需要。对于这一类型的土壤来说，通过休闲能够提供可观的产量，农民有办法强化自然条件的作用，促使土壤营养元素向物理结合状态转化。在这种情况下，土地休闲期可能缩短，甚至在很多情况下，一般说休闲是不必要的。

---

① 硝化过程能顺利进行的条件，完全相信是一定的，虽然硝化作用的生物学性质，当时李比希还不清楚。——译者注

上面已提到,对于磷灰土来说,它在土壤中的分布状况依靠土壤水分来实现,土壤水分中含有一些碳酸以溶解这些盐类。

实践证明,有一些盐类,如食盐、智利硝石、铵盐,它们在某些条件下,对提高产量起良好的作用。

盐类,甚至很稀的溶液,都具有溶解磷酸钙、磷酸镁的能力。以此类推,碳酸也有明显的能力。例如将含有磷酸的溶液,通过耕作层过滤以后,其性能与上面所说的碳酸性磷酸盐完全一样,土壤从这些溶液中吸收到溶解的磷灰土并和它们化合。如果将大量的磷灰土和耕作土壤混合,那么,上面所指的盐类溶液的性能像没有混合的磷酸土一样,也就是说,溶解了一定量的磷酸盐。

硝酸钠和食盐正好像钾盐在耕层土壤的作用下一样分解。在这种情况下,钠被土壤吸收,而在溶液中出现了钙镁的盐类化合物。

比较耕层土壤对钠盐、钾盐所起的作用表明,土壤对钠的吸引力小于对钾的吸引力。某一个体积的土壤,在含钾溶液中能吸收全部钾盐;而在含钠的溶液中,其溶液含碱量相等,其中包括 3/4 的食盐溶液和 1/2 没有腐解的硝石,还有氯化钠和硝酸钠留在溶液中。

对于被植物消耗了的土地,如果个别地方含有分散状的磷灰土,那么剩余的一些盐类,变成土壤中不分解的状态。因此,施用硝酸盐或食盐,在雨水的作用下,变成稀溶液。在这里,必要的水分将起显著的作用,哪怕是缓慢的,但是还是要起作用。

上述的盐溶液,同样发生在动植物残体分解、溶于二氧化碳的水溶液中。在磷灰土非常多的地方,一定会被磷灰土所饱和。如果这些分布在溶液中的磷酸盐与尚未饱和的耕层土壤颗粒接触,那么土壤颗粒从溶液中吸收盐类,而剩在溶液中的氯化钠和硝酸钠又重新对磷酸盐起溶解和分散的作用。直到最后,这些盐类在雨水和在土壤深层中不再增加,或者不再分解。

关于食盐,非常清楚,它包含在所有动物的血液里,在重新吸收和内分泌过程中起重要的作用,这就是为什么它是完成这些功用所必需的。我们在自然界看到的饲料牧草、块根类和直根类植物之所以优先用做动物饲料,它们具有比旁的植物从土壤中吸收更多食盐的能力。农业实践证明,在土壤中含有少量的食盐,能促进这些作物生长发育。

至于硝酸,公认它和铵盐一样被植物利用。因此,食盐和硝酸盐具有双重作用:直接作用,是指其直接作为植物的养分;间接作用,是指其作为促进植物利用土壤中磷酸盐的一种手段。[①]

铵盐对磷灰土的性能,和上面指出的盐类一样。只有一个差异,即它们溶解磷酸的作用要强得多。对于等量的盐类溶液,例如硫酸铵的溶液和食盐的溶液,前者中溶解的骨粉要比后者多两倍。

至于土壤本身的磷酸盐、铵盐,其作用可能要比食盐和智利硝石强些,因为铵盐在土壤里分解很快,照理说这种盐类,根本谈不到在土壤中运动的问题。[②] 相反地,分解这些

[①] 所谓中性盐溶解磷酸盐的能力,自然受它们的盐基的吸附现象所制约,接着氧化剂,结果分出氢。正如我们在不饱和盐基的土壤情况下看到的,李比希从事过这方面的工作。——译者注

[②] 李比希指出的以及第一批研究工作中观察到的铵盐特别强的吸附力,无疑是受土壤经常对铵盐不饱和的这种情况所制约的。所以也有这样的情况,研究者得到一个土壤不怎么吸附氨,正如不怎么吸附钠一样。——译者注

铵盐需要一定量的土壤（虽然量不很大），所以铵盐对土壤作用的反应非常强烈；同时铵盐对耕作土壤底层的影响几乎不明显，它对上层土壤的作用表现强些。按照菲伊秦格耳（Фейхтингер）的观察，铵盐能溶解很多硅酸盐，甚至于长石，并能从长石中置换出钾盐。铵盐溶液与耕作表层接触，不仅使耕作层铵态氮的含量丰富起来，而且还能把对植物有益的元素，甚至很小的土壤颗粒也活化起来。

氧化钙（石灰）或者氢氧化钙（消石灰）对土壤有两种作用。在腐殖质含量非常丰富的土壤中，氧化钙首先与土壤中具有酸性反应的有机成分结合，中和土壤的酸性，从此就消除了许多生长在这种酸性土壤上的杂草，如泥炭地衣、薹属植物等。氧化钙还可以简单地与酸接触，可以大大地加强金属的氧化（铜、铅、铁）；而与碱接触则相反，氧化受到障碍（铁在碳酸钠的稀溶液中就不生锈）。酸和碱对有机物质的作用是对立的：酸使有机物质的氧化和腐解变慢，而碱则使其加速。在石灰充足的条件下，正如以上所指出的那样，腐殖质开始分解。①

由此可见，石灰起着许多复杂的作用。在某一块地上，石灰起了有益的作用，但是不能由此得出结论，它在另一块田里也就起同样的作用，因为另一块土地的性质不清楚。只有当我们把第一块田起良好作用的原因弄清楚了以后，这才可能了解石灰在其他田里的作用。

在某一块田里，由于使用石灰，中和了土壤酸性，又促进了对植物有害的残渣的分解，从而改善了土壤性质。如果土壤中过去存在的不利因素不存在了，那么农民再施用石灰，必然徒劳无功，得不到好结果。

在许多正在腐烂的、正在发霉的物质存在的土壤里，除了真菌以外，不可能生长任何其他植物；因为，在根系旁边进行任何化学过程，都可能破坏根系内部的化学过程②。甚至对某些能顺利生长在适量的腐殖质土壤中的植物来说，过多的、正在腐烂的物质，由于形成二氧化碳太多，也会给它带来损害。*

在底层土壤中，积累过多的有机物质，对于深根植物，如甜菜、三叶草、驴豆、豆类等是有害的。这种有害的影响在黏土中特别严重。在黏土中，这些物质的腐解比在石灰性土壤中要慢。在这种情况下，腐烂过程在有病的根系上进行，真菌孢子找到自己发育的有利条件。当饲料萝卜遇到这样情况，会使有益的昆虫在其根系上产卵；在这种情况下，萝卜的生长过程，发生特殊的变化，生长过程受到阻碍，感染的部分出现组织加厚成海绵状、内部物质软化、发恶臭这种形式，为苍蝇幼虫繁殖提供了养料。

---

① 这里李比希指出石灰作用于土壤的两种方式，这在以前是没有说过的：中和酸性物质，并增强有机质的分解。他描述土壤的酸性是由于在土壤中存在酸性有机化合物。李比希不知道由于吸附着的氢。——译者注

② 如果是现在的话，我们就会说："进行着非常强烈的微生物学过程"。我们知道：施入土壤很易分解的有机物质，如葡萄糖、淀粉。细胞组织将如何有力地作用于植物。这个事实，看来，李比希是知道的，但是他解释为纯化学过程。——译者注

* 嘎斯帕宁（Гаспарин）播种了许多粒双棱小麦种子，盆子洗过，土壤取自维苏威火山，种子长成植株，长得很好，很健康。在另一盆子里，同样的土壤但施入一块面包，在这种情况下，与腐烂的面包直接接触的全部根系都死亡了，其余的根系都向着盆壁弯曲了。在土壤中混合了许多面包，大概小麦完全不能生长。如果收了小麦以后，留在土壤中的根系在腐烂过程中也将起同样的作用。那么这就很清楚了，土壤中腐解着的植物残体，如果不遭到破坏，可能对这种或那种作物起有害的作用［列谢里（Рессель）］。

新根在土壤里的伸展，不像钉子钻入木板一样，而是形成一层新根，从土壤里面不断增加根系的体积。

在根端增加新的物质与土壤直接接触，根系上细胞越嫩，它们的细胞壁就越细长；老细胞壁越延长，其外部的木质化的表面上常常覆盖一层软木物质。不透水对于细胞内部游离的溶解物质，由于渗透压而引起的外渗现象，起一点保护作用。

植物依靠根冠从土壤中吸收养分，通过无限薄的薄膜，与土壤颗粒非常紧密地接触。根毛在自己形成过程中，对土壤颗粒就有一种压力，这个压力很大，以便在必要时把土壤颗粒挤在一边。

由于叶子表面蒸腾的结果，植物体内产生一种液流，大大加强了土壤颗粒和根部细胞壁的接触，根细胞和土壤彼此紧贴在一起。在细胞内的液态物质和土壤颗粒上处于物理结合状态的营养物质之间，很明显，存在一种很强的化学吸引力。这种化学吸引力是在二氧化碳和水分作用下引起来的，存在着营养物质向植物体内的转移。

在物质之间存在着强大的化学引力，我们就意味着，它已经进入化学的化合物。在这种情况下，它丧失了原来的特性，具有了新的特性。对钾、钙和磷酸这些物质，应当在它们刚进入细胞的时候就形成，因为这些已被我们指出，根系中的汁液常常是微酸性的反应。在葡萄藤根芽的汁液中，遇到酸性酒石酸钾，而在另外一些植物中遇到草酸钾、柠檬酸钾和酒石酸钙。在这种情况下所指出的原理，不常是二氧化碳的化合物，磷酸钙和磷酸镁也很少遇到。马铃薯块根的新鲜汁液中就没有磷酸铵镁盐和铵盐的沉淀。但是，仅仅由于含氮物质分解和氧化镁化合的时候，马上就形成这种沉淀。

将土壤中的营养物质仔细搅和分布于土壤中，这是使这些营养物质有效化的重要条件。

一块骨头重 1 洛特(俄罗斯重量单位，1 洛特＝12.8 克)，放在 1 立方英尺的土壤中，对土壤肥力没有任何明显的影响。可是，假如这块骨头在土壤中处于物理结合状态，同时在土壤中到处分散，达到与每一个土壤细颗粒结合，那么其效果就会达到最大的程度。

土壤机械耕作对土壤肥力的影响，很明显，它能使土壤颗粒与营养物质完全混合。在某些情况下，似奇迹般地，用铁铣翻地时，能粉碎土壤，并把它翻转过来充分混合，因此比犁翻的土地更肥沃。因为用犁耕地，将土犁碎并翻转过来，移动混合，但是土壤混合不匀，要通过耙地和镇压器使镇压和犁翻的作用加强。由于这些补充措施，使有些地方，头年栽培作物后，后作物重新得到养分，换言之，还不损耗土壤。

用化学药剂使植物营养物质均匀分布的作用，比土壤机械耕作的作用还要强些。由于施用智利硝石、铵盐以及适当的食盐，这样不仅能培肥土壤，直接参与植物的生命活动，参与植物营养过程；但同时影响土壤中磷酸和钾的分配这样来代替土壤机械耕作的效果，和休闲时空气对土壤的影响。

我们已经习惯了把所有那些施在地里能增产的植物物质叫做肥料。但是，犁地也能起这样的作用。由此可见，对产量起良好作用的食盐、智利硝石、铵盐、石灰和有机质，其本身还不能证明这些物质的作用，决定于其营养的物理特性。犁对土壤的作用，可以与反复咀嚼养料相比；为此，自然赋予牲畜相适应的工具是完全清楚的。农业机械耕作不会增加土壤中营养物质的储藏量，但是其带来的利益在于翻耕的结果可使土壤中存在的营养物质供下一茬产量利用。

可以相信，食盐、智利硝石、铵盐、腐殖质钙，其作用都是一样。它们之中的元素直接对土壤起作用，起到消化器官的作用，而且它们多多少少是能够彼此代替的。所以这些物质对那些营养物质含量丰富的土壤有良好作用。而它们不具备必需的营养植物的特性，所以它们经常的作用能够代替机械粉碎土壤的作用。

真正的农业技术，在于正确的选择活化其土壤中营养元素的方法。同时会鉴别那些能保持土壤肥力的措施。农民特别注意其土壤的物理性质，以利细根能达到那些有养分的地方，土壤颗粒的黏着作用，不致于影响植物根系的分布。

在黏重的土壤中，纵然土壤有丰富的、植物所需要的营养物质，具有细嫩根系的植物也很难利用。在这方面，不能不承认绿肥和新鲜厩肥所起的有益作用。事实上，土壤的机械性质，在翻压植物或者植物某些部分到土壤中去会引起令人惊异的变化，黏性土壤减少了它的黏着性，变成比较柔软和比较松散的状态，比精耕细作的效果还要大。而在沙土上采取这个措施，在土壤颗粒之间，又会增加它的黏着性。植物每一根茎和每一片叶子，作为绿肥埋压在地里，腐烂着，为禾谷类作物的根系打开一条通道。通过这条通道，根系在土壤中向不同的方向扩展，以吸取养分。但不应忽略，在这里仅仅某些措施能够得到预期的结果。对于某些田块来说，由于绿色饲料作物高产，其根系很丰富，能保证后茬穗状作物生长良好。在某块田里，种了羽扇豆以后能够使以后的穗状植物有很好的产量，正如同样面积的土地，把羽扇豆作绿肥翻压下去后所提供的产量。

这些现象告诉我们，土壤的机械条件对充分供应养料实现高产有多么重要的意义。这些现象还肯定一个事实，即养分含量相对少的土壤，但是很好地进行耕作，如果其物理性质对于植物根系活动很有利的话，那么，它比养分丰富土壤更能高产。同样地，常常由于前作是中耕作物，对后茬穗状作物变得更为有利。在青饲料作物之后，播种冬作物特别成功。前作青饲料植物越丰产，也就是说存留在土壤里根茬越多，对以后的冬作物就越成功——松动了犁不到的土层，对冬作物表现有同样的有利的影响的，如三叶草、甜菜，它们以自己长而强大的根系，为小麦根系松动底土。①

在这种情况下，由于前作栽培甜菜、三叶草，使土壤物理性状改善，抵消了可能使化学条件变坏所带来的不利影响。这一类事实常常使农业实践家相信，这里把一切都归结到土壤的物理性质上，以及为了获得高产，只需要进行精细耕作就行了。这个观点被时间推翻了。真的，在许多年内，对某些田块来说：只要有好的物理条件（当然物理条件也很重要），常常甚至比肥料还重要。

几乎可以找到令人惊异的证明，物理性质适当的土壤，对于作物质量的影响，在农业上是很清楚的。由于排水所造成的事实更值得惊奇，排水的目的是降低土壤底层水分，同时还要保证从土壤底层中很快地流走。很多田块由于土壤积水不利于栽培穗状作物，只能用于栽培饲料牧草，直到农民学会排水，并把土壤水分状况保持在一定限度以内，这些田块才变成有利于为人畜生产食物和饲料。而且农民掌握了消除土壤过湿的有害影

---

① 李比希的这种见解是不被新的事实所支持的。按照新实验，三叶草作为前茬对其他植物的影响完全不同于甜萝卜：三叶草是最好的一个，而甜萝卜是最坏的一个。——译者注

响,很快消除土壤积水的结果,使空气达到土壤深层,这样,对深层土壤及上面耕层土壤产生良好的影响。

在冬季,3~4英尺深的土壤常常比地表空气暖和,所以由于排水孔隙,空气从底层往表层运动,可以保持表面耕层的温度在比较高的水平。在排水孔隙中的空气,如果不实行这种空气交换,照理,其中二氧化碳的数量比大气中要多。

排水对土壤肥力的影响,本身就能证明这种意见的真实性。按照这种意见,植物不能从流动着的土壤水分中获得养料。从对渠道、坑井、沟港的流水中所含的成分的研究证明,这个情况完全可靠。

排出的水分,包括雨水,透过耕作层以后,溶解在其中的物质,这种水中含有少量的盐分,包括着微量的钾素、铵盐和磷酸,照理是缺乏的。图埃(Touae)、乌埃(Yэ)为了阐明这个问题,专门安排了一些分析。从4个不同地点的分析表明,有一个从700万斤水中,分析出包含有10斤钾;而从其他3个地点的水中,分析出只有2~5斤钾,而这3个地点的磷酸数量,完全没有发现。而在其他4个地点所取的样品,在700万斤水中,其磷酸的含量为7~12斤;同样多的水中包含0.6~1.8斤铵盐。在生产条件下,从科洛克尔排水渠中,同样分析了6个样品,其中没有发现磷酸和铵盐。他从另外4个排出的水中分析出含有1 ppm(10^{-6})不超过2 ppm的磷酸和铵盐,而在两个样品中钾的含量不超过4~6 ppm。

假如溶解于雨水中的全部钾素,作为植物的养料,那么,它几乎只够1/8马铃薯块根产量的需要,或者1/20甜菜产量的需要量。水中所含的钾素,渗过土壤,只有这么多钾素能被植物吸收。但是,因为只有很少的水分与植物根系接触,能够供给植物的钾素。由此可见,在土壤中活动的溶液,只有很少量的一部分参与植物营养。在所指的溶液中,缺乏铵盐和磷酸,本身就是证明,这些物质在土壤中不具有移动的能力。

土壤应当含有相当数量的水分,以便供给植物营养物质。但是为了植物的生长,必须使土壤水分保持动态。很明显,积水对大部分作物都是有害的,用渠道把水弄走(称为排水),对植物生长有良好作用。所谓排水,在于使重力作用下的水分流走,而土壤湿润状态下的水分靠毛细管力量来保持。

我们想象,松散的土壤呈毛细管系统形式,那么,无可争辩的是,这种对植物生长有利的状态应该是:细微的毛管孔隙中充满水分,而宽的非毛管孔隙充满空气,根系的吸收分支与这些湿润的、到处能渗透空气的土壤紧密接触。

可以想象,根系的外表面由毛细管形成一个壁,而由松的土壤颗粒组成另一个壁,它们之间的联系,通过很薄的水膜来实现。土壤的这个性质对植物吸收营养物质很有利,无论是气态的还是吸着状态的养料都是一样。如果天气干燥,小心地把小麦和大麦的植株从松土里拔出来,那么我们可以看到每一个小根都好像带着一个由土壤颗粒做成的套子一样。从这些土壤颗粒里,植物得到磷酸、钾、硅酸等等,同样还有铵盐。这些物质转化到植物体内,都借助于薄水膜来实现,当根系开始吸收养料的时候,水膜就运动起来。

河水、溪水、泉水的分析表明,每一滴水接触不同的岩石和土壤(或是森林土壤,或是农田土壤),从土壤中溶解了非常微量的磷酸、铵盐和钾盐。

根据格列赫(Грех)、米勒尔(Миллр)和果夫曼(Гофман)对几处不同泉水的研究测定：在其中没有发现铵盐和磷酸。从乌夷特尔（Уитлей）37 000 加仑①的水（折合成 135 万斤水）中，含有 1 斤钾。

从克鲁西默尔（Крушмерский）的 3.8 万加仑泉水中，含有 1 斤钾；从维尔弗里（Вер-Вульский）3.2 万加仑的泉水中，含有 1 斤钾；从耿得荣德（Гиндхгйде）14.5 万加仑的泉水中，含有 1 斤钾；从加斯伏尔德-谬里巴赫（Гасфорд-Мюлвбах）5.5 万加仑的泉水中，含有 1 斤钾；在科斯沃德-嘎乌兹 1.7 万加仑的泉水中，含有 1 斤钾。

布伦托列尔（Брунтолерекий）的泉水和慕尼黑很接近，大部分作为城市里的饮水，一般也不包含铵盐和磷酸，在 8.7 万斤水中只有 1 斤钾素。

相反地，仅仅只靠以上列举的分析材料和其他一些关于泉水、溪水、井水成分分析还不能得出结论：在所有的水中都没有钾盐、铵盐和磷酸，任何溪河都没有例外。其实，在许多沼泽水中确实含有这些物质，而且数量很大。

在这种水中包含有钾盐、磷酸、铁和硫酸是不难理解的。在沼泽中，逐渐积累了死亡植物群体的残渣，其根系从一定的深度土层中吸取无机成分。这些植物残体在沼泽底遭到腐烂，而它们的无机元素，或称它们的灰分成分，溶解于水。在碳酸，或许还有其他的有机酸的作用下，存留在水溶液中以后，土壤和黏土胶体和它们接触而被这些物质所饱和。

很明显，在同样条件下，各处的表层水或以沼泽水、泉水、溪水的形式存在的水，都应包含有对植物有益的物质。如磷酸、钾盐，比例可能不同，也就是说，在有的水里不包括这些物质。同样，植物残渣非常非常丰富的耕层土壤，在其中不断地进行着腐解过程，因此就形成酸性产物，能供给渗入在耕层的雨水中的磷酸和钾盐，渗入很深，在排出的水中可以观察到。这些物质的数量与土壤性质、土壤上生长的植物及其腐烂着的残渣和被雨水带走的灰分成分有密切关系。如果薄薄的一层土壤铺在陡岩上面，土上密密地覆盖了一层阔叶植物，那么流水将送到很深的地方，黏着状态的营养物质越多，保持在土层本身的就愈少。这种土壤很细的颗粒随着渗透的雨水和水流带到河谷和盆地再形成土壤，其肥力在不同程度上以其化学性质为转移，这种性质，决定它们吸收植物营养溶解物质的能力。但是在任何情况下，这种冲积来的黏土颗粒所形成的土壤，或者已经饱和，或者逐渐被所指的营养物质所饱和。

这就说明了，为什么灌溉草地水的价值不同，是与其来源不同有关。如果是来自覆盖植物很丰富的高地的水，或者是沼泽里的水，那么，实际上是给牧草带来了肥料成分。可是从光秃秃的山上流下来的水，对提高牧草生长没有任何作用。如果牧草产量还是提高了，那么应当寻找出其高产的原因和条件。

在很多地方，把沼泽土壤以及死水塘里和沼泽里的塘泥作为很好的肥料，对其评价很高。这些物质的有益作用，基本上可这样解释，即它们很细的颗粒被肥分和营养元素所饱和，成为植物的营养。在森林下面的许多土地，在 40～80 年期间或者更长的时间内，植物茎叶残体形成覆盖层进入土壤，使土壤获得一定数量的灰分成分。这些成分是从很深的地方吸收起来的，被土壤表层吸附着，使土壤肥沃起来。

① 加仑(gal)在英、美有所不同：1 UK gal＝4.546092 L，1 US gal＝3.78543 L。这里换算似有问题。——编辑注

森林的枯枝败叶覆盖层腐解时带来一定的害处,比如使土壤灰分成分贫乏,恰巧其本身就缺乏无机营养物质,特别是钾素和磷酸。况且在这种情况下,其中包含的无机物质不能渗透到土壤中,重新被植物根系吸收。但在植物茎叶残体腐解过程中要产生许多二氧化碳及其酸类,这些东西随雨水渗入到深土层,特别能溶解土壤的风化颗粒。在很密的森林中,空气的更新比平原要少得多,这对二氧化碳的补充来源有很大的意义。另外,密集的植物覆盖层能防止土壤干燥,使其经常保持湿润,这对阔叶森林特别有利。阔叶林从叶面蒸发的水分的数量比针叶林要大得多。

为了理解植物栽培的原理,必须使农民建立一个明确的概念——即植物是怎样从土壤中获得养料的。

当我们说植物根系从那个土层中吸收养分,也就是说,那个土层直接与根系密切接触而接受养分。这还不意味着养分进入植物体内,钾、石灰、磷酸钙能以固体形式穿过细胞膜,也就是说,在它们被溶解以前就通过细胞膜,进入植物体内。

我们也相信,处于溶解形式的营养物质在流动着的地下水中,不可能被根系吸收。我们认为根系从细微的水层中吸收由毛细作用保持着的那些养分,而且这种养分是与根系表面和土壤紧密接触的,而不是从较远的水层中吸收的。

我们设想,在根系表面与水层以及土壤颗粒之间存在有密切的相互作用。在土壤颗粒和水分之间,不存在单方面的作用。

最后,我们认为,蒙在土壤颗粒表面的营养物质,有可能大大地扩散。由于薄薄的水层直接与接受了养分的细胞液体接触使营养物质被溶解,并直接转变成植物,这从细胞形成时期就产生了。

我们重复一些简单事实,证明上述观点的正确性。

所有陆地植物以及大部分沼泽植物的根系,都直接与土壤颗粒接触。这些土壤颗粒,正好像炭可以吸附颜料一样,有能力从水溶液中吸收养分,并把它们保持在土壤中。正如大多数研究结果表明,流动着的地下水从土壤中吸收的钾、磷酸、硅酸和铵盐几种物质之中,只有铵盐的数量多一点,完全不吸收磷酸,而钾呢,虽然能被吸收,但数量很少,它们都远远不能满足大田作物的需要。

死水,不仅不能吸收植物营养物质,而且给植物直接带来危害。如果植物是从溶液里获得营养物质,而这些溶液能与土壤混合,那么所有排出来的水分,以及泉水、河水、溪水都会包含主要的植物营养物质,而所有的耕作土壤,毫无例外地,在雨水影响下都应当损失这些物质。

在经过千百万年漫长的时期里,所有的田地都遭到过雨水淋洗的结果,但是这些田地并未因此而变成不肥沃的土壤。在所有的国家和地区,当人们第一次用犁开沟种地时,就发现土壤表层(耕作层)比底土要富饶些、肥沃些。土壤肥力并没因为上面生长有作物而降低。土壤肥力开始逐渐消耗的问题,只有在当这些作物从地里收割搬走的时候,才产生土壤肥力消耗。

有一些观点认为,原因在于植物本身。促进某些营养物质溶解使它们能转变成植物的那些观点,与克鲁普、沙克苏姆、斯托曼、荷比以及许多其他研究者所提供的事实不矛盾。有些陆地植物,在没有土壤的情况下,把它种在该植物所需要营养液中也能开花结籽。但是这些实验还说明：土壤是非常适合于植物的需要的，其中许多人类的智慧和知识，包括日以继夜的不厌其烦的关心，都花费在造成一种情况，以求强烈的区别自然条件并寻找代替某些耕作土壤的特性以保证植物在其中健康的发育这一问题之上。

如果以溶解状态从外面供给植物营养物质，真的适合植物的本性和根系的功能，那么，在这种溶液中，应当保证植物所需要的营养物质数量要充足，并且处于最活跃的状态。植物在吸收自己所需要的营养物质方面所遇到的阻碍越少，植物生长得越茂盛。

幼嫩的黑麦移栽到肥沃的土壤中，形成 30～40 个根茎，每个根茎都结一个穗，一共结一千多粒种子；可是在其所在的土壤水分中，在这种情况下，通常只含有很少量的能够被植物吸收的营养物质。所有栽培在无机营养溶液中的植物，按其植物体积和重量来说，不能与土壤中所生长的植物相比较，哪怕是不全面的比较。植物的全部发育过程证明，在土壤中顺利生长的条件与水培的条件完全不同。

在运动着的土壤水分中，含有食盐、石灰和氧化镁，况且石灰与氧化镁，有些与二氧化碳化合，一部分与无机酸化合。不是没有根据怀疑，植物从溶液中吸收这些物质时，同样也应当吸收钾盐、铵盐和磷酸。但是，在一般情况下，在流动着的水分中，或者完全不包括这三种物质，即使含有，那么也远远满足不了植物所需要的数量。

自然科学最起码的规则要求自然科学工作者，在解释某一个自然现象的时候，不要停留在偶然现象上，这本来是很明显的。正如我们在沼泽水中发现了品藻属（lemna）的全部灰分成分，那么，毫无疑问，它们将会转化成植物，它们完全溶解于水，并以水溶性状态被植物吸收。在类似的情况下，仅仅需要阐明的是为什么这些物质以完全相同的形式转化成植物而不在于溶液中的相互关系。

如果我们在某种情况下，发现落在一块田里的雨水，从土壤转到溶液中，钾的数量多了好几倍。这个数量，就是甜菜从那个土壤中所吸收的数量，那么我们完全有根据得出结论：这个甜菜，正如上面所指出的沼泽品藻属一样，从溶液中得到所需要的钾素。

假如研究土壤水分的结果确定，土壤水中，含有一茬甜菜产量所需要的一半钾素，那么问题不在于溶液中所含的一半钾素怎么被甜菜吸收，而问题在于甜菜以什么形式吸收另外那一半溶液中所不足的钾素。

如果分析水分的结果证明，在另外某一块田里的土壤溶液中含有 1/4、1/6、1/20 或 1/50 的一茬甜菜产量所含有的钾的数量。这样一来，如果证实了，在栽培甜菜的土壤中，不管在土壤水分中钾素溶解得多、还是少，甜菜从土壤中常常得到相同的钾素。由此可见，只谈水分、土壤和植物，水分溶解钾的能力对植物没有什么意义，植物本身借助于水的作用，能溶解其所需要的钾素。

我们现在谈的是，一个营养元素也关系到其余的全部元素。总之，如果在耕作土壤中，钾盐、铵盐、磷酸中的铵盐和硝酸被雨水溶解了一定数量，这可能说明栽培在该种土壤上的穗状植物中，为什么含有适当的营养物质。同时还表现出，植物含有的硅酸盐比土壤水分供给它的硅酸盐实际上要大 100 倍。植物吸收硅酸盐的原因，不能都归结于土壤供给的，还要从植物本身中去寻找。

除此以外,有时我们看到,谷类作物从某块地里获得很高的产量,其所吸收的磷酸和铵盐不是由于水分所提供的。那么我们又会得到另外一个结论,溶解于水中的物质,对于所实验的植物没有什么特殊的意义,而问题仅仅在于土壤中的营养物质所处的状态,是否能受到前所未有的根系的作用。

土壤机械耕作的益处是建筑在规律上的。按照规律,在肥沃土壤中的营养物质,在土壤水分流动状态下彼此不相混合,而作物从与根系接触的土壤颗粒得到其基本的养料,也就是说,从直接包围着根系的溶液中得到养料。处在根系影响范围以外的全部营养料,不能被植物所利用,虽然对植物来说,主观上还是需要的。

在自然界没有一条规律本身是孤立存在的,每一条规律都只是总规律的一个环节,同时服从上面所说的总的规律。

同自然规律相联系的,按照这个规律,有机生命只发育在朝着太阳的地壳外部,由这层外壳的细碎部分组成耕层土壤,而土壤有能力聚集和保持那些营养物质,这些物质构成地球上任何生命的必需条件。和动物不一样,植物不存在特殊的、能够溶解养料的器官,使其易于吸收利用。根据特殊规律,这个养料的准备只能让土壤完成,在这方面土壤负担起肠胃的作用。表面耕作层分解全部钾素的、铵态的和溶解的磷酸盐,它们在土壤中常常具有同一种形式,这些盐类的形式本身不会发生,由于这个活动,生长了作物的土壤对清洁水分有很大的意义,通过土壤消除了水分中对人畜有害的全部物质以及动植物残体腐解的产物。

问题在于,土壤应当保持哪些物质,保持多少数量,以便能提供作物高产,这是非常重要的。但是对其做出准确的答复是非常困难的。如果表面耕作层土壤的能力,实际上是以营养物质的数量为转移的,特别是以其在土壤中处于物理结合状态的数量为转移的。很明显,在物理与化学结合的物质之间没有明确的界线,化学分析不能非常可靠地解决这个问题①。

土壤类型不同,但所提供的产量相同。研究比较的结果证明,这些土壤的化学成分完全不一样。例如,两种土壤,一个含 80％～90％ 的石头和石英砂,而另一个只有 20％的石英砂。第一类土壤比第二类土壤产量低。可以设想,将肥沃土壤按其体积混入一半石英砂,不仅不会降低其土壤的肥力,而且还会提高土壤的肥力。虽然土壤的每一部分都不能分割,但是现在土壤里所含的养分比从前要少三分之一。这个现象可以这样解释:即混有砂子的泥土能给混合物别的部分增加表面积,有利于植物营养的供给。其实全部问题都依赖于营养物质本身。

土壤中营养物质不活动的规律性,在农业上多年来观察到了。一般说,在气候相同的条件下,对每一块田地来说,最适合栽培的植物都是一定的,如果这种土壤中所含的营养物质不适合某些作物的需要,那么在这种土壤上栽培这种作物就不会成功。

在实践中,企图增加土壤营养物质的含量,以改良整个国家的土壤性质,以便比自然

---

① 这里李比希坚定地指出:只要有了能测定呈吸附状态的阳离子和阴离子的方法,就能给予我们关于土壤中可吸收的营养物质的贮藏量的概念。现在,当我们已有了这种方法(至少是对阳离子)时,我们完全有可能评论李比希的见解。但是必须特别指出:他的这种见解,就我们昨天的成就而论,听起来好像是产生在今天,而不是 80 年以前。——译者注

营养资源获得显著的高产，是完全不可能实现的。[①]

每一块田，按照其自然营养资源，有一个真实的和理论可能的最高产量。在有利的气候条件下，实际的最大产量与土壤那部分有效状态的营养物质，即处于物理结合状态的营养物质是相符合的。所谓理论可能性产量，就是土壤中处于化学结合状态的那一部分营养物质所决定的产量。这些处于化学结合状态的营养物质转化成有效状态，又能均匀分布在土壤中，那就能获得产量。

所以，农业劳动者的技术主要在于善于选择那些植物，一个接着一个地合理安排，以便使土壤中的营养物质能满足植物生长的需要，以及利用已有的管理手段使土壤中处于化学结合状态的营养物质变成有效状态。

农业实践在两方面的成绩是惊人的。这些成就证明，在这种情况下，技术所获得的成就大大超过科学的成就。农业工作者进行活动的结果，使土壤的理化状态得到改良，在提高产量方面，比施入营养物质可能起更加有利的影响。营养物质数量可以用施肥的办法增加，但是这和肥沃的土壤中的营养元素相比较是如此之少，以致完全不能指望它们能提高自己大田里的产量。

最好的情况下，施肥所能得到最主要的结果就是能维持现有的产量水平。如果通过施肥产量提高了，那么，与其说是增加了营养物质的数量，不如说是改变了土壤中营养元素的分布，从而使大量营养物质从不活动的状态转化为活动状态。

有一种情况，施肥是最有效的，就是施肥的结果，调整了土壤中营养元素的比例，因为产量是依赖于这个比例的。不要什么特殊的证明就能使人信服，如果种小麦的土壤能够供给植物正好是小麦丰产所需要的那么多的磷酸和钾，也就是说，一份磷酸、两份钾素，那么增加 1.5 倍和 2 倍钾素，差不多就能影响作物产量。在最好的情况下，由于改变了植物内部的化学过程还影响到作物的质量。单纯增加磷酸和其他营养物质，这种增产情况是可靠的。

被植物从土壤里吸收的不同无机物质，其相对数量可以很容易地从分析收获量中的灰分成分来确定。根据这些分析材料，小麦、土豆、燕麦、三叶草所含的磷酸钾、石灰、氧化镁和硅酸含量的比例如下：

	磷酸	钾	氧化钙、氧化镁	硅酸
小麦（籽粒和秸秆）	1	2.0	0.70	5.7
土豆（块根）	1	3.2	0.48	0.4
燕麦（籽粒、秸秆）	1	2.1	1.03	5.0
三叶草	1	2.6	4.00	1.0
平均	1	2.5	1.5	3.0

如果，一块田在 4 年之内栽培的作物是小麦和土豆、燕麦和三麦草。同时，每一种植物按其比例特性，从土壤里吸收营养物质。那么，每一种营养物质，从 4 茬作物中所获得的数量（总数）除以 4，就能得平均数，也就是那块土壤每年所损失的营养物质。

[①] 农业的巨大进步在任何地方也没有比根据李比希的那个见解进行的农业实践现在所给予的回答看得更清楚：德国以及世界各国的农业产量在近 50 年增加了两倍，主要是靠施矿质肥料。不是用掠夺性的剥削土壤的方法，而是靠补偿土壤的营养物质。——译者注

我们以 n 作为 4 茬产量从土壤中吸收的磷酸公斤数,那么这个公式应当是这样的:

磷酸	钾	氧化钙、氧化镁	硅酸
n（1.0	2.5	1.5	3.0）

那么我们知道,小麦为 26 公斤磷酸,土豆是 25 公斤磷酸,燕麦为 27 公斤磷酸,三叶草为 36 公斤,总共 114 公斤磷酸。

如果这个数字乘以上公式里面的相对系数,那么就得到这 4 茬作物从土壤中吸收的全部营养物质数量。根据这些系数,现在比过去更容易联系到一些更加详细的解释。

假定上述 4 种作物所获得的产量中,磷酸、钾、石灰、氧化镁在土壤中处于可给状态而且数量充足,土壤中只有硅酸含量不足,如果 1 份磷酸需要有 2.5 份可溶性硅酸,那么缺乏硅酸就势必要影响穗状植物的产量,而对马铃薯和三叶草的产量影响的程度就比较小。硅酸的作用与气候条件关系很大,硅酸不足影响谷类作物的产量,影响其籽粒和秸秆的产量,或者说仅仅影响秸秆的产量。

同样,对其他营养元素来说,例如钾素不足,不见得就会影响小麦和燕麦的产量,但是要降低马铃薯的产量。石灰和氧化镁的不足,会引起三叶草的减产。

如果土壤能供给植物的钾、石灰、氧化镁和硅酸盐比上面所列的这些物质对磷的比例数量多供给 1/10,这就是:

	磷酸	钾	氧化镁、氧化钙	硅酸盐
如果代替相对的数量	1	2.50	1.50	3.0
土壤能供给的数量	1	2.75	1.65	3.3

上述作物产量比以前不会高。如果在这个田里增加磷酸数量,那么产量将一直增长,直到磷酸和其他营养物质构成合理的比例。在当时的情况下,由于施用磷酸在产量中获得较多的钾、石灰和硅酸盐。每施入 1 斤（甚至每 1 洛特）磷酸,在达到某一界线以前一定会起某种作用。

如果肯定营养物质的合理比例中只有钾素和石灰不足,那么施入钾素和石灰就可提高所有作物的产量。于是,有的时候,当我们施石灰提高产量的时候,将得出较多的磷酸和钾。

我们观察到,土壤对某种穗状植物来说产量不高;而对其他的作物来说,它又很肥沃。例如,土豆、三叶草和甜菜,对磷酸、钾、石灰是如此的需要。那么,可以假设:包含有土壤中的所列举的这些物质,在土壤中一定有剩余。如果这种土壤中硅酸不足,在栽培两三茬别的作物以后,又重新对谷类作物肥沃起来,那么可以认为仅仅是由于在土壤中硅酸充裕而分布很不平衡。这些硅酸在休闲期间,从剩余的地方转移到缺乏的地方,在那些以前缺硅酸的地方,又形成这些植物所需要的营养元素合适的比例,因而新播谷类作物能生长得很好。

这个现象表现在:三叶草和豌豆只要经过一段时间以后,又能在同样一块田里重新栽培。试验证明,土壤精细地进行机械耕作,照例,在缩短这个间隙时间方面比肥料产生更大的作用。证明在这种情况下,本质的问题不在于土壤缺乏什么物质,而在于田地各部分中这些营养物质是否有合理的比例。

2.3　土壤和肥料中植物营养元素的关系

任何施到田里以后能提高作物生物产量的物质，或者能使那些被作物损耗了的田地恢复到能重新提供产量和带来利润的，叫做肥料。

肥料的直接作用，一方面可以作为植物的营养料；另一方面，可用它来加强土壤机械耕作的作用，食盐、智利硝石、铵盐就是这样的。肥料的间接作用，是能对土壤产生有利的影响，直接增加其中的营养物质。

至于智利硝石和铵盐，其中含有硝酸态和铵态的营养物质。在某些情况下，很难区别究竟是它们自己的成分起作用，还是它能促进植物吸收其他的营养物质。

在肥沃的土壤中，在肥料和土壤机械耕作之间存在着一定的关系。如某一块土地，丰产以后，第二年只通过机械耕作就能提供同样的产量；换句话说，如果只需要一个机械均衡作用，将营养物质均衡分布在土壤中，以便下茬作物能像前茬作物一样到处都能找到它所需要的营养料，那么用施肥的办法来继续提供营养物质，就成为不必要的浪费了。如果这个土地不具有这个特性，那么恢复其从前的生产力就必需用肥料补充物质的不足，机械耕作和肥料在一定意义上是彼此互相补充的。

假如两块相同的土地，一块耕作得很好，另一块耕作得不好。这两块地同样施肥，那么耕作好的那块地产量高。也就是说，在这里，可能肥料的效果也要比耕作差的那块地要好一些。

拿两个农户比较，在某一段时间里，一户通过施用某种数量的肥料获得较高的产量；另一户用较少的肥料也得到同样的产量。原因是他很好地了解其土地的性质，合理地进行了耕作。

所有这些都与讨论肥料的价值相关。因为科学上还没有一个标准来评价机械耕作的影响。土壤耕作还没有引起重视，需要借助于科学的方法来进行测量、比较、研究与考察。

在轻沙质土壤上，所有的肥料比在黏土上的作用大些，明显些。俗话说：在沙性土壤上由于肥料更有效，沙土比其他的土壤来说是毫不吝啬地将其所获得的肥料转化成产量。

含氮的肥料，如毛、角屑、鬃和血，关于这些，我们知道一点，它的作用在于形成铵盐，常常比铵盐本身对作物产量产生更良好的影响。在某些情况下，骨粉对后作的产量比过磷酸钙还好，其灰分也比等量的钾素要好。

所有的这些现象与耕层土壤从其溶液中吸收保存磷酸、铵盐、钾盐和硅酸的能力紧密相关。用机械耕作、不施肥和撂荒的办法来恢复已经衰竭了的土地的肥力，一定要估计到，在某些营养物质有剩余的地方，在其周围一定会出现营养物质的缺乏。

为了使营养物质得以扩散，必须要有充裕的时间：多余的营养物质首先要溶解，在转移到被前茬作物耗竭养分的地方之前，首先要溶解于水。含营养物质充裕的地方与枯竭的地方分布得越近，营养物质所经过的距离越短，土壤颗粒之间吸收的力量越小，那么枯竭的地方生产力恢复越快。每一块耕作土壤对钾和上述的那些营养元素，都具有一定吸收能力。例如，下表列出了在1000立方厘米各种土壤中吸收氧化钾的毫克数：

土壤名称	吸收的氧化钾（毫克数）
库巴（Куба）的石灰性土壤	1360
波格哈乌兹因（Богенхаузен）黏性土壤	2260
费依格斯特芬（Вейленетефан）的土壤	2601
匈牙利（Венгрия）的土壤	3377
慕尼黑（Мюнхен）果园土壤	2344

不难指出，不同土壤吸收能力的差别是非常明显的。一份费依格斯特芬的土壤所吸收的钾的数量比同量库巴石灰性土壤几乎要高1倍，而所研究的匈牙利的土壤——几乎要高1.5倍。

这个数目表明，一定量的钾，例如2600毫克的氧化钾施入费依格斯特芬的土壤中，分散在1000立方厘米的体积内，那么在1英寸深的土壤里含的钾并不多。这一层土壤的每1立方厘米将包含2.6毫克的钾，在较深的土层中，也没有包含显著数量的钾。

如果我们将那个溶液泼在相同的面积的匈牙利和卡万斯基土壤上，那么在匈牙利土壤上钾渗入7厘米深，在卡万斯基土壤上则将渗到19厘米深。

钾在土壤中扩散的能力与土壤的吸收能力成反比。如果一种土壤吸收钾的能力等于1，而另外一种等于2；那么，钾的扩散力量在第一种土壤中比第二种土壤要大两倍。同样的，土壤中钾素在休闲期间不断地在土壤中运动扩散。由于风化作用，钾从硅酸盐中解离出来以后就向周围土壤中扩散，土壤对钾的吸收力越小，它向周围扩散的范围就越大。

游离状态的铵盐，以及处于铵盐结合状态的铵态氮，同钾一样被土壤吸收，1千克土壤吸收以下数量的铵态氮（毫克数）。

土壤名称	卡万斯基土壤	雪列依斯格依姆的土壤	果园土壤	波格哈乌兹因的土壤
氨态氮含量（毫克数）	5520	3900	3240	2600

铵态氮在这些土壤中的扩散作用系数为：

土壤名称	卡万斯基土壤	雪列依斯格依姆的土壤	果园土壤	波格哈乌兹因的土壤
氨态氮的扩散系数	1.00	1.42	1.70	2.12

用同样方式，可以测定土壤对磷酸钙、磷酸镁、磷酸铵镁的吸收能力，并测定这些盐类在不同土壤上相对的扩散能力（以数量表示）。1立方英寸土壤从其溶液中吸收营养物质的数量以毫克表示，这就叫做吸收量。

假设把粒状的磷酸钙撒播在与波格哈乌兹因土壤相同的土壤中，每1厘米深的土壤吸收 1098 毫克溶解性的磷酸钙。

一粒磷酸钙重 22 毫克,在某一段时间内溶解于二氧化碳饱和了的水中,并且扩散到周围的土壤里。在这种条件下,包围着磷酸颗粒的土壤为磷酸钙所饱和,但是,因为在水中还留有二氧化碳,磷酸钙继续溶解,又形成新的磷酸钙溶液,为下一层土壤所吸收。最后,22 毫克磷酸钙在它们完全溶解于周围的土壤溶液中以后,能使 20 立方厘米的土壤被大量的营养物质充分饱和,造成对植物吸收最有利的形式。磷酸钙溶解和扩散的速度决定于其表面积的大小,如果粒状的磷酸钙变成很细的粉末,那么,在一定时间内,被碳酸溶解磷酸钙的数量要大些,而溶液中磷酸钙的含量更丰富。

假如我们设想,在颗粒尽可能细的条件下,这样一段时间内使被溶解磷酸钙的数量要大两三倍,那么,这样就给它们在土壤里的分布造成一个条件,在良好的、稳定的条件下,其均匀分布的速度也要高两三倍。

这样,如果用休闲和施肥的办法来恢复土壤的肥力,其原理就是根据植物根系能从周围的土壤颗粒中吸收磷肥,使土壤颗粒枯竭,首先使土壤中磷酸不足。然而,很明显,恢复磷酸盐在土壤中的均匀分布,这个过程所需要的时间决定于磷酸盐的粗细度。

土壤吸收能力在数量上的表示不能作为评价土壤优缺点和土壤中营养元素含量的着眼点,它们仅仅表明在某一种土壤中营养元素从某一点向周围扩散的体积,以及阻止营养物质扩散力量的大小。测定这些阻力的大小,使农民知道他们所采取的耕种措施,对自己的土地究竟是有利还是有害,并引导他们了解消除有害和促进有益的方法。

如果从养分含量上来比较肥沃的砂性土和同样肥沃的黏质土或泥灰岩土,那么能惊异地确定一个事实,即砂性土含有的营养物质,只有黏土的一半,还可能只有它的 1/4,但是砂土提供的产量常常与黏土一样多。为了正确理解这个事实,应当记住:对植物营养来说,植物营养料在土壤中的状态比其数量还要重要得多。同理,1 罗特骨炭的有效表面积比 1 斤木炭的表面积差不多。如果在砂土中,营养物质含量少,而根系的吸收面积大和在黏土中营养物质含量大的一样,那么植物在砂土上的生产好像在黏土上一样好。

如果 1 立方英寸肥沃的黏土与 9 立方英寸石英砂混合,以便每一个砂粒周围都包围着黏土颗粒,那么这样所得到的混合土壤含有黏土颗粒,其与根毛接触的体积等于没有混合过的沙性土一样。如果所有的黏土颗粒,能够供给等量的营养物质,那么植物从混合过的土壤中吸收的养分,正如在没有混合过的黏土中吸收的一样多,虽然那些没有混合过的黏土其营养物质的绝对数量比混合过的土壤要丰富 10 倍。

所有的、肥沃的砂性土壤,都混有大量的或少量黏土颗粒,因为石英砂对钾和其他营养物质具有很小的吸收能力,那么在砂性土壤中施入溶解性肥分,比其他土壤渗入得快些而且深些。砂性土壤比其他土壤供给肥分的量大,在很多情况下,黏性土壤加砂能得到改善。因此黏土混到砂土里面,就影响到肥料的分布,其所提供的营养物质分布在表面,并且保持在耕层土壤中。

如果说,在两者营养料含量相同条件下,砂性土壤能供给植物的营养料比肥沃的黏土要多些,那么,砂性土损耗得也将更快些。砂土生产力不会持久,需要经常通过施肥的途径来恢复其生产力,归还土壤被消耗的养分。如果说,给砂土施肥,促进其土壤肥力的恢复,那么机械的耕作对土壤的影响较小。

损耗了的黏土,在适宜的耕作条件下能恢复其丧失的那一部分肥力,这些事实本身也曾经在砂土中发生过。但是,在这里,土壤耕作不起任何作用,因为砂性土壤存在营养物质不足的问题,没法在耕作影响下将其转化成利于植物吸收的状态。

腐解残体含量多的土壤比含量少的土壤吸着的铵盐多,保持铵盐的力量也强得多。甚至于,如果想完全保住铵盐,使土壤吸收的那些数量的铵盐不便跑掉,要使铵盐分布在 2 个立方英寸的土壤中,而不是在 1 个立方英寸中,那么很明显,一般含铵态氮的肥料,例如鸟粪和铵盐,都能使不太深的土壤达到饱和的程度。

要使氨在 1 公顷波格哈乌兹因的土壤在 10 厘米深的土层中完全饱和,或者使 20 厘米深的土层达到一半的饱和,那些需要施入 2600 公斤,或者说 26 公担的纯氨,或者是 100 公担的硫酸铵。从 800 公斤含 10% 的氨的海鸟粪,我们在每公顷土壤中施入了 80 公斤的氨,或者少于 1/30 的数量——即在波格哈乌兹因的土壤 20 厘米深饱和一半所需要的那个数量,如果没有犁耙的帮助,在海鸟粪中的全部铵盐,在最好的情况下,渗不到 7 厘米深。相反地,植物为了自己在土壤中顺利生长,不需要所有的土壤颗粒都要被营养物质所饱和。上述吸着的数量表明,离耕层土壤吸收能力还相差很远,为了更好地营养植物,只需要根系接触的土壤颗粒被营养元素所饱和。在这种情况下,耕作的任务是使营养料饱和的土壤颗粒和被前茬吸走肥分、缺乏营养料的土壤颗粒充分混合。

小麦每公顷平均产量 2000 公斤籽粒和 5000 公斤秸秆,包含 52 000 000 毫克的钾,26 000 000 毫克的磷酸和 521 000 000 毫克的氮素。如果承认,土壤中氮素充分,那么生长在 1 平方米的小麦植物获得 10 000 份钾素、磷酸和氮或者以 13 200 毫克计,如果计算成 1 平方米土壤上有 10 株植物,那么每株植物从土壤里吸收 132 毫克营养成分,或者说 54 毫克氮(65 毫克氨),52 毫克钾,26 毫克磷酸。

如每个立方厘米的波格哈乌兹因土壤达到饱和状态时,能吸附 2.6 毫克铵盐、2.3 毫克钾和 0.5 毫克磷酸,因此每 1 平方分米的田中施入 25 立方厘米被这些元素饱和了的土壤,以补充 25 毫克磷酸钙,就能补偿上面提到过的、小麦从土壤中拿走的全部营养物质。这个 25 立方厘米的土壤折算成 20 厘米深的土地面积(以平方厘米计算),实际上只占土壤重量的 1/80。

虽然在实践中,从来没有使用植物营养元素饱和了的土壤来作肥料的。但是,施肥的作用完全是这样的。按田运送液态和固态肥料都包含有营养物质。如果营养物质成溶解状态,那么土壤颗粒立刻与它们接触;或者需要经过一些时间,以便营养物质溶解,土壤颗粒与营养物质紧密联系并被它们所饱和。从土壤表面或内部被肥分饱和了的土壤,其实就是肥料,农民用它们来补偿自己田里所损失的营养物质。

经验教育了农民,在某一层土壤中,如果营养物质很丰富,对植物生育很有利。这种根据栽培植物特性、不同生育阶段和不同土壤特性来调整的施肥方法,或者把肥料翻耕下去,或深,或浅,或者简单地把它们撒在地表。这些经验到了如此完善的地步,令人非常惊奇[①]!

农民在这方面的成绩是很大的,如果在最普通的肥料中,如在厩肥中,营养物质混合和分布得均匀些,这样也就使营养物质均匀分布在土壤中。

----

① 英国加罗列夫农学会杂志。21 卷,330 页。

厩肥是一种很不均匀的混合物,没有腐烂的秸秆占其大部分,植物残渣和牲畜的固体排泄物占其小部分。厩肥渗透了含有铵盐和钾盐的溶液,如果从 100 个地方取 100 种厩肥样品进行分析,结果每一个样品营养物质的含量都不同。由此可见,在施用厩肥时,在一丘田里的不同地方,所得到的营养元素的量不同。在下雨的时候铺过厩肥的地方,在整个生长期中都很容易区别出来,甚至下一年的植物都很茂盛,特别对穗状作物更加明显。但是苗架好不等于籽实也好,厩肥一般对提高籽实的作用不明显。如果某个地方有大量的铵盐和钾盐,足够形成植物种子,并且扩散到很大量的土壤中为别的植物所利用,那么这就能提高谷类作物的籽实产量;但是后作就只能增加其秸秆的产量。厩肥及其他各种成分在土壤中分布的不平衡,使穗状植物各部分生长同样也不平衡。在理想的田块里,其营养物质分布很均匀,以供穗状植物根系吸收;最后,所有的其他条件也都均衡,植物生长也就均匀一致,每一穗的粒数相同,籽粒的重量也相同。

腐熟厩肥中营养物质的分布比新鲜的秸秆厩肥均匀得多。农民常把厩肥与土壤混合或与土壤分层堆沤,让它像堆肥一样腐解,这样使厩肥中的营养物质更加均匀分布。因为厩肥如同所有的其他的肥料一样,都要借着土壤的颗粒来起作用。使厩肥中所含的营养分吸附在土壤颗粒上,那么,借着厩肥来使土壤营养物质饱和,使厩肥中的土壤事先就已经肥沃了,这样,很自然,在田地里也一样很肥沃。在一定条件下,对农民来说,可能更加方便。

很清楚,厩肥还起许多机械的作用,减轻土壤的黏着力,使黏重的土壤变成松散些。对于轻质土壤,堆肥的好处不大,代替土壤混在厩肥中的,最好选择一些松散的物质,如草木灰。

如果比较产量——从田里施用厩肥、骨粉、海鸟粪,而在很多情况下,还施用草木灰和石灰。与没有施用肥料的地里来比较产量,那么,这些肥料的作用确实似乎是莫名其妙的。

无肥区产量的高低,可以回答其中所包含的营养元素的有效状态的数量。产量比较低与土壤中营养元素含量比较少是一致的。如果将上面所指出的情况进行对比,一方面,从没有施肥的地段上土壤中营养物质的含量和这个地段上所收获的产量进行对比;另一方面,把所施入的肥料中的营养物质与所增加的数量和这些肥料所获得的增产数进行对比,那么后者,营养物质所起的作用大大超过前者,几乎到了不可比拟的程度。这样就应当得到一个结论:或者是肥料中的营养物质——磷酸、钾和铵盐,比土壤中的营养物质活动得多;或者是大部分土壤营养物质处于不活动的状态,因此田地里的产量,首先决定于所施入的肥料。

1857 年,由巴法林农业协会总理事会所布置的实验,研究磷灰土在斯列依斯格依姆(Шлейегейма)缺磷田里的作用:从两块田中,其中一块每公顷施 241.4 公斤磷肥(657.4 公斤磷灰土与硫酸加工而成)得到以下春小麦数(公斤):

	总产(公斤)	籽粒重(公斤)	秸秆重(公斤)
657 公斤磷酸钙	5114.7	1301.7	3813.0
不施肥	2301.0	644.3	1656.7

根据化学分析材料（车列尔实验室分析）：这块田里的土壤，其溶液中所含的磷酸数量，用冷盐酸浸提，折合每公顷 25 厘米深土层中含量为 2376 公斤，或者折合成 5170 公斤磷酸钙。

植物籽粒和秸秆所吸收的磷酸数量为：

施肥区	17.5 公斤
无肥区	8.0 公斤
由肥料所增加	9.5 公斤

在施 657.4 公斤磷灰土的田里，获得 241.4 公斤磷酸，但是在增产中所获的磷酸数量，只占施入的磷肥中的 1/25。

这个材料并不奇怪，因为所施的磷肥不单是给植物施的，而是施在整个田块里。如果将所施入的磷酸或磷酸钙都供给植物根系，以供植物形成籽粒和秸秆，那么，在无肥的地段，也足有 9.5 公斤磷酸，使产量倍增。但是，以那种形式施肥，能使所有的土壤颗粒都得到同样数量的磷酸。

从 241.4 公斤磷酸中，只有 9.5 公斤与植物根系接触；其余的也能起作用，但还没有起作用。为了供给植物可能吸收的一份重量的磷酸，施入土壤的磷酸必须要多 25 倍。

从另一方面，很明显，我们将土壤中储藏的磷酸的作用和肥料中所含的磷酸的作用进行比较，那么肥料中磷酸的作用是非常高的。

从无肥区所收获的种子和秸秆中所含的磷酸，其数量占土壤中磷酸数量 1/300。可是由于施肥所增加的产量，其中磷酸的含量占所施入的磷酸数量的 1/25。

在肥料中补充的磷酸（244.4 公斤）为土壤所含的磷酸（2376 公斤）的 1/10。如果两者作用是一样的，增产量与所补充的数量相一致；但是增加的产量不是 1/10，而是无肥区的两倍。

这个事实很容易解释，只要注意一下斯列依斯格依姆土壤所吸收的磷酸或磷酸钙的数量就行了。

如果设想，土壤里的磷酸是以磷酸钙的形式存在（5170 公斤）并均匀分布在 25 厘米深的土层中，那么每 1 立方分米的土壤包含 2070 毫克，而每 1 立方厘米的土壤将近 2 毫克过磷酸钙。

施入 657.4 公斤磷灰土，在溶解状态相当于 52 500 万毫克纯磷酸钙。

直接测定结果表明，7 立方分米的斯列依斯格依姆土壤吸附 976 毫克磷酸钙，每一平方分米田地，获得 525 毫克磷酸钙，溶解于水，能使 5.4 厘米深度（2 英寸多）的土壤饱和，能使 10.8 厘米深度的土壤饱和一半。由于施用磷肥，这些土层补充的磷酸不是相当于土壤所含量的 1/10，而是接近于 50%，况且大部分都是植物易于吸收的状态。

因此，土壤的吸收能力说明，为什么施肥区的产量，常常与肥料中增加的营养物质紧密相关，而与土壤中的这些物质的总量无关。

在斯列依斯格依姆土壤和营养物质更缺乏的土壤中，单个肥料和几种肥料的作用表现得更强。

下面材料是为这个目的提供的，特别是在耕翻过了的土壤中得到的。这块地已经有 15 年没有耕作而作为放羊的牧场了。

在斯列依斯格依姆的田里，土层厚度不超过 6 英寸，土壤下面垫了一层石砾，像 1 英寸大的筛孔一样漏水；无肥区的产量就说明土壤不肥的概念。另外一块田，每公顷折合施入经过硫酸处理的 525 公斤的过磷酸钙，包含 193 公斤磷酸，或者说 420 公斤磷酸钙。

在 1858 年的这个实验中，每公顷所收获的冬黑麦数（公斤）为：

	总产量	籽实	秸秆
每公顷施 525.3 公斤磷灰土，含 P_2O_5 192.8 公斤（相当于 420 公斤纯过磷酸钙）	1995.4	654.2	1341.2
无肥区	397.6	115.0	282.6

根据车列尔分析，这块田每公顷深 6 英寸的土层中仅有 727 公斤磷酸。

施了磷肥的田块比没有施磷肥的田块，其籽粒多 6 倍，秸秆多 5 倍。但是应当指出，这还不能说明肥料明显的增产效果。上述实验的无肥区没有布置在长期栽培过作物的土壤上，因此没有达到应有的水平。如果对比这两丘田中磷酸的含量，那么很明显，在第一种情况下，在 6 英寸深的土层内与肥沃土壤相比，这种土壤只含有一半数量的磷酸。在牧场地里过去所施的过磷酸盐，能够使土壤里磷酸含量均匀一致的，只有 8～10 厘米那么深的一层。

仔细分析所列举的材料就可明了，表层土壤中所含的植物营养物质，或者肥料成分，比较起来，数量虽少，但由于保持在表层土壤中，而植物首先获得这些养料，因此，这些肥分或营养物质对提高产量起着非常大的作用。

如果决定产量的作用，依赖于土壤中某地方有效成分的总量，那么，这个作用会因增加其总量中的某些成分而加强。

准确地认识土壤成分及其对营养物质的关系，以及认识植物的特性和它的需要，就会使我们了解农业生产中的许多现象。现在许多农民对这些现象还很不清楚，甚至感到莫名其妙。虽然我们知道作物生长及其与土壤、空气、水分相联系的一般规律，但是在很多场合下，我们很难解释，不肥的土壤为什么能栽培许多种作物，如豌豆。虽然，那块土壤，对其他作物是肥沃的，这些作物也和豌豆一样，需要那些营养物质，常常比豌豆需要的量还要大。如果土壤中有足够的营养物质适于其他作物的生长，那么为什么豌豆不吸收土壤中那些处于吸收状态的营养物质？虽然那些土壤栽培其他作物已经有许多年了，应当说，已经耗损得差不多了，可是又重新提高了豌豆的产量，这是怎样发生的呢？为什么豌豆和燕麦、大麦、春小麦混播常常比单播的产量高，全部营养物质都集中储藏在豌豆中而又不分配给其他的作物？

在栽培三叶草的时候，也观察到同样的现象。在许多国家里，播种了许多种作物以后再种三叶草的土地几乎完全是不肥沃的土地。在那些场合下，肥料在三叶草上不起恢复土壤生产力的作用。过了几年以后，这块田种穗状作物和根茎类作物，能得到好收成；经过一些时间，它重新变成对三叶草很肥的土壤。

对大批作物所需要的各种肥料，也就是说在大部分场合下，栽培这些作物，特别起作用的肥料是什么，我们是清楚的。照理，厩肥对所有的作物都有利，对于谷类作物最有益的是铵盐，过磷酸钙对于萝卜有特殊的价值，骨粉和灰分使田里的三叶草明显增产。土壤施石灰不增加三叶草产量，但是常给三叶草造成肥沃的条件。

但是,在对豌豆和三叶草不肥沃的田里出现一种所谓的"三叶草和豌豆的疲倦",通常是,促进这些植物生长的全部条件都不起作用了,那些从前对三叶草和豌豆常常很有益处的条件,从某一个时间开始,对三叶草和豌豆突然不起任何作用了。这些现象通常使农民处于困难的境地,引起他们对科学的怀疑。

即使毕生致力于研究这个项目的人,也不认为解决这些问题是容易的事;相反地,他们知道解决这些任务有很大的困难。

劳斯(Lawes)和吉尔伯特(Gilbert)的许多未成功的关于恢复"三叶草疲倦"田里的土壤肥力的实验是很宝贵的。这些实验只是证明,农民如果想解决这项任务,想要取得成就的话,不能像他们这样干。劳斯和吉尔伯特根据自己这些实验做了以下结论:如果土壤还没有变成"三叶草疲倦"时,那么钾盐和过磷酸钙能提高三叶草产量;如果田里连三叶草都不再生长了,那么没有任何普通的肥料,无论是"自然肥料"和"人工肥料"对产量都不起任何作用。在这一类的田里想要栽培红三叶草,剩下来的唯一办法就是等上许多年。

劳斯和吉尔伯特的结论,在本质上算不得什么结论。在他们看到以前,成千上万的农民早已知道了。他们唯一可以做的结论是试图用施肥的办法来恢复"三叶草疲倦"土地的肥力,但这种努力完全失败了。实际上他们完全不想阐明"三叶草疲倦"的原因,只是希望试验不同的肥料,从而找到一种可以恢复土地生产三叶草能力的肥料,可是这种肥料一直没有找到。

劳斯和吉尔伯特认为,三叶草对待自己所在的土壤,类似大麦和小麦,田里施肥以后,三叶草产量不高,但下一年大麦和小麦的产量很高。他们有一个很坚强的信念,三叶草产量不高是由于栽培三叶草引起的土壤病害只感染三叶草,而不传播到小麦和大麦的根系。

三叶草和大麦、小麦的区别在于其主根垂直下伸,如果不碰到阻碍,就会一直伸展下去,而大麦、小麦的细根大部分达不到三叶草根的深度。三叶草根系产生分枝,借着爬行的侧根,三叶草和豌豆一样,从耕层底层吸收养料。豌豆和三叶草的差别,主要归结于三叶草的根系面积很大,能在豌豆不能生长的土壤中寻找到足够的养料。唯一的结果是,种了三叶草以后,底层土壤比种豌豆更显得耗损。

三叶草的种子很小,能供给自己植株生长的养分也很少,因此对于三叶草的芽,必须使表层土壤有很丰富的营养物质。当三叶草根系伸入底层土壤中,其上面的部分覆盖着软木物质,通过在土壤底层发育伸展的根系分枝供给植物所需的养料。

观察了劳斯和吉尔伯特的实验,其目的是使"三叶草疲倦"的土地,能转变成对三叶草肥沃的土地。我们看到,他们应用的方法能使表层土壤营养物质丰富,对大麦、小麦生长有利。三叶草在生长初期,吸收这些营养物质,如果不施肥,深层土壤当时没有变化。[①]

劳斯和吉尔伯特所用的肥料为过磷酸钙(每英亩 300 斤骨粉和 225 斤硫酸),硫酸钾(500 斤),硫酸钾和过磷酸盐、食盐混合物(500 斤硫酸钾,225 斤硫酸钠,100 斤硫酸镁),

---

① 李比希不了解三叶草衰退的生物学原因。他看到它缺乏矿质营养,并得出一个奇怪的理论:三叶草不是消耗土壤,而是消耗底土。直至现在这些问题也没有最后搞清楚,这样,李比希的假设也没有被推翻。——译者注

食盐和过磷酸盐的混合物，以及 1 份铵盐和过磷酸盐或者是盐的混合物，厩肥（300 斤）拌石灰或者石灰拌过磷酸盐。但是，其中没有任何一种肥料对防治"三叶草疲倦"有任何作用，施这些肥料对三叶草来说，没有因此变成肥沃的田。

这些肥料没有起作用的原因是很容易找到的。虽然我们完全不了解劳斯和吉尔伯特从事的实验地土壤的性质和特性，但我们偶然知道在洛桑实验站的土壤是非常黏重的，特别对谷类作物，如大麦非常有利。

对于确定黏土吸收能力的实验，不要怕犯错误，可以接受 1 立方分米黏土吸收 2000 毫克的钾素和 1000 毫克的磷酸钙的说法。1 英亩黏土的表面积等于 405 000 平方分米，以吸收到 1 分米深度（4 英寸深）计，即可吸收到 805 公斤钾和 405 公斤磷酸铵。

劳斯和吉尔伯特，用了很大量的硫酸钾肥田，500 斤硫酸钾相当于 270 斤钾素，和很大量的过磷酸盐等于 300 斤磷酸钙。

假如劳斯和吉尔伯特用来肥田的硫酸钾和磷酸钙是液态的，那么供给土壤的钾素量下渗不过 2 厘米（少于 1 英寸），而磷酸钙下渗不深于 4 厘米（相当于 1.6 英寸）。虽然，把肥料都撒施并翻压下去，但是还不能假定在 8 英寸深的层次里吸收了大量的钾和磷酸钙。

劳斯和吉尔伯特在自己的著作中写道："有些人把注意力放在三叶草的病害上，是病害蔓延到'三叶草疲倦'的土壤中。应当指出，无论从秋天到冬天，三叶草生长得如何繁茂，可是到了第二年的 3～4 月份，歉收的象征就明显了。在所有的实验中，这个现象都重复出现"。在三叶草失收以后，在那块田里栽培了大麦，产量很高；在大麦后又重新播种三叶草。

劳斯和吉尔伯特写道："看样子，植株在冬天仍很好，但一到春天就死了"。致死的原因不能不引起很大的怀疑，耗损了的底层土壤不具备重新使土壤肥沃的任何条件，当植物根系伸入到耕作层以下，开始在底土中扩展时，由于营养缺乏，植物死了。

如果三叶草的失收是由于病害，那么很明显就应当有病害的征兆，而表层土中肥料多的，三叶草还是完全健康的。底土不肥是三叶草失收的原因，劳斯和吉尔伯特没有注意彻底驳倒所谓是三叶草病害的观点。他们在 193 页上写道：

"首先，与三叶草失收密切相关的原因必须弄清楚。我们的实验布置在洛桑实验站的蔬菜地上，两三年来，这块地一直种蔬菜。从 1854 年开始，用 1/500 英亩播种了红三叶草，从 1854 到 1859 年一共收了 14 茬三叶草干草，没有重新播种。在 1856 年，那块地分为三个部分，一部分施石膏，另两部分施强碱和磷酸盐。"

"六年中从这块地上收获的青草重，合每英亩为 126 吨（252 公担），或者 26.5 吨干草（53 公担）。在施石膏的地上增产数 4 年平均为 15.5 吨，施磷肥区三叶草青重是 28.75 吨。"

作者继续写道："奇怪的是，在那块菜园土上三叶草高产，而从离菜园相隔只有 200 英尺远我们自己耕作的田里，收获的三叶草产量很少。"

实际上，令人非常惊奇的是，田里的土壤竟毒杀三叶草。因此在这里，三叶草大都不能收获。可是，在这些气候条件下和肥沃的菜园土上，栽培三叶草时，不产生任何毒素。

当然，谈不到菜园土和大田土壤比较研究。劳斯和吉尔伯特不想弄清这个现象的原因，而只想发现一种肥料。

虽然他们没有找到任何实质性的肥料而能够作为解释在这两块地里栽培三叶草的奇怪现象的出发点,然而他们没有忘掉,给农民以下的解释。

他们解释说:"在植物中间,种类不同,它们对植物营养方面要求不同。谷类作物,主要吸收无机营养;其他的作物则需要复杂的有机化合物。我们觉得,后者属于蝶状花序植物,如豆科、三叶草就是。"

他们认为,他们没有找到任何解释,其原因只是由于这是不可能找到的。他们要我们相信,在高等植物里面有一定的种类,彼此关联着。犹如肉食类的牲畜吃牧草一样,三叶草也吸收牧草体内复杂的有机化合物。他们认为三叶草同真菌一样,有些方面处于动物与植物之间。

当然,不妨费点精力,注意这个解释还是有益的。为什么劳斯和吉尔伯特不注意土壤的吸收能力,并且认为在恢复"三叶草失收"田块的土壤肥力方面,所有的有力的方法都用完了。并且得出结论:如果土壤变成了"三叶草失收"的状态,那么不能指望由一般的肥料来保证高产,无论是"自然肥料",还是"人工肥料"。

提一个问题。为什么劳斯和吉尔伯特用过磷酸钙代替骨粉,骨粉的作用比过磷酸盐强得多[①]。并且为什么他们只使用硫酸钾和硫酸盐。可能,一般的草木灰比硫酸钾作用还好些。而且,首先应当试验氯化钾,氯化钾是厩肥液的组成部分,比其他的钾盐对三叶草更有利,而且在土壤中下渗得比较深。还有难以理解的,为什么不试验液体肥料,并把实验排除在外。如果劳斯和吉尔伯特为了解决这个任务,他们认识到了这一点,他们就能做到这点,可是他们没有这样做。那么我们由此得到一个结论,即他们对这个任务的实质还没有一个明确的概念。

2.4　厩　　肥

为了获得借助于厩肥,给大田作物创造良好条件的正确概念,必须记住,土壤肥力与其中处于物理吸附状态的营养物质数量直接相关。田里肥力的稳定性及其生产力的大小,在许多年来决定于肥力因素和条件的数量和总和。这个条件,就是能够使营养物质转化成以上所指出的状态。在某个时候,大田产量的高低,依赖于这些总体条件中的部分条件,在持续很长的时间内,使营养物质从土壤中转化成生长着的植物体组织。如果两块田中,一块地小麦产量比另一块高两倍;那么,不难设想,这块小麦从土壤中吸收的营养物质,比另一块土地中吸收的数量要多两倍。

当在一块地里连续种一种作物,或几种作物轮作,那么产量是逐渐降低的。如果在那一种情况下,农田里的产量不再有利可图了,也就是说不能补偿劳动和资本利润等等,那么,从农业上来说,就认为是土壤肥力减退了。如果高产是以某部分土壤供给植物的

---

①　李比希从哪里知道骨粉中的 P_2O_5 比过磷酸钙的 P_2O_5 能渗入土壤的更深层?无意中想起了与不久前维尔格利确定的现象相比拟,这现象是过磷酸钙的磷酸固定在土壤的最上层,而托马斯炉渣的 P_2O_5 渗到更深的地方。李比希对他们观察到的现象(骨质的磷酸以有机化合物的形式移动)所作的解释是不可靠的。但是他认定的事实就新的材料而论,是值得注意的。——译者注

营养物质为条件的,那么土壤衰竭就在于土壤中营养物质的总量减少了。在这块田里,所有的植物不能像从前那样吸收到其前作吸收到的那么多营养物质,因此它也生长不到前作的那种茂盛程度。农田衰竭在化学上的概念与农业上的概念的区别,在于前者是对土壤中营养物质总量或总数而言,而后者是指土壤中营养物质总量中能供给作物的那一部分数量。

从化学意义来说,把完全不能生产的土地叫做衰竭。两块地,一块在某种深度内含有的营养物质是小麦丰产所需要的数量的 100 倍,另一块是 30 倍;在吸着状态相同时,第一块田内供给作物、分配给植物根系的营养物质比第二块地多,成 10∶3 的比例。如果植物的根系从第一块地里某个地方吸收 10 成营养物质,那么,这个植物的根系在第二块地里所能吸收的营养物质仅仅只有 3 成。

小麦平均产量每公顷 2000 公斤籽粒和 5000 公斤秸秆,从土壤平均吸收 250 公斤灰分成分。为了使小麦获得平均产量,这块地应当含有比小麦所能吸收的灰分多 100 倍的、完全易于吸收的灰分成分数量,也就是说 25 000 公斤。那么这丘田里,供给第一次收获的仅仅是其 1/100 的储藏量。

在下一年重新播种小麦,土壤还是很肥沃的,但是产量却降低了。

如果土壤充分混合、仔细搅拌,那么同样在这些田里第二年生长的小麦,在某处获得的营养物质要少 1%,而籽粒和秸秆也应当少 1%。在同样的气候、雨量、温度条件下,第二年的小麦籽粒将是 1980 公斤,秸秆将是 4950 公斤,往后每一年按照一定的规律,产量应当减少。

如果第一年的小麦从土壤中吸收 250 公斤灰分成分,而任何土壤在 12 英寸深这一层内如每公顷含有灰分成分相当于它的 100 倍(即 25 000 公斤);那么栽培 30 年作物以后,土壤只剩下 18 492 公斤营养物质。

如果考虑到某些年份由于气候条件的影响,造成在产量上的摆动,那么还是能够预见到,如果不发生任何搅混,那么这块地在第 31 年时,作物在最好的情况下将能收获到 185∶250＝0.72,即比 3/4 的平均产量稍为少一点。

如果,3/4 的平均产量仍然不能使农民除去开销以后还有剩余,或者仅敷开销,那么产量得不到利润。这时农民就说,这个田栽培小麦已经衰退了,不管它是否在土壤中,仍然包含有营养物质,甚至比每年小麦平均产量所需要的营养物质还要多 74 倍。第一年,土壤中营养物质的全部总和,能帮助每个根系从所接触的土壤颗粒上能得到其完全发育所必需的营养成分;在这以后,到第 31 年,作物从土壤颗粒上仅仅能获得其完全发育所必需的 3/4 的营养物质。

黑麦中等产量(每公顷 1600 公斤籽粒,3800 公斤秸秆),需要从每公顷土壤中吸收 180 公斤灰分成分。如果种小麦的土壤,为了保持其中等产量应当含 25 000 公斤其所需要的灰分成分,那么,土壤所含有的这些成分只有 18 000 公斤,对于黑麦达到中等产量还是够丰富的,还能获得许多年好收成。

根据我们计算,这块土地对于小麦算是衰退了,但仍包含有 18 492 公斤的土壤成分。按其特性,与黑麦所需要的数量相当。

提出问题:如果这块地一直栽培黑麦,许多年其平均产量低到 3/4,那么就表明,这块地还能提供 28 茬黑麦的好产量。只有经过 28 年以后,对栽培黑麦就算枯竭了。在这种情况下,在土壤里剩下的营养物质还有 13 869 公斤灰分成分。

种黑麦不增产的农田,不能因此就说它对燕麦也是不肥的了。燕麦中等产量(2000公斤籽粒,和 3000 公斤秸秆),从土壤中吸收 310 公斤灰分成分,也就是说比小麦多吸收 60 公斤,比黑麦多吸收 130 公斤。如果燕麦的根系,其吸收面积跟黑麦一样,那么在黑麦以后,燕麦不可能有任何好的产量,因为土壤从 13 869 公斤的储藏量中,供应燕麦 310 公斤,从自己所含的灰分成分中损失 2.23%。可是黑麦的根系从土壤中吸收,正如我们所采纳的仅仅占 1%,这种情况只有燕麦根系的吸收面积超过黑麦根系面积 2.23 倍时才能发生。

因此,燕麦消耗土壤比什么作物都快,经过 12 又 3/4 年后,燕麦的产量降低到原来产量水平的 3/4。

没有任何一个增产和减产的原因不对土壤被耗损的规律发生影响;当营养物质的总量减少到某一个数量,那么土壤从农业上的意义来说,对作物栽培来说,已经不再是肥沃的了。这样的规律对每种植物都是如此。

在作物轮作中,如果只从许多不同的土壤无机营养物质中,吸收某一种营养物质时,那么土壤会不可避免地衰竭。因为这种元素缺乏或者不足时,可能使其他的营养元素不活动,或者减弱它们的作用。

从田里收获的每一粒果实,每一株植株,或者植物的某一部分都要损耗土壤的肥力因素。这就意味着,土壤经过许多年的栽培耕作,丧失了重新生长这些果实、植株或部分植株的能力。

1000 粒种子与 1 粒种子相比,就需要从土壤中,吸收 1000 倍多的磷酸;1000 个穗子比 1 个穗子,就需要多 1000 倍的硅酸盐。如果土壤里的磷酸和硅酸不够 1000 份,那么就不能形成 1000 粒籽粒,或者 1000 个穗子。如果从某一块黑麦地里只割下 1 个麦穗子,这也就是说从这块地里,再也不能生产出这个穗子了。

由此可见,1 公顷土地中含有 25 000 公斤小麦的灰分成分,只要能做到均匀的调剂,而这种调剂通过精细耕作和其他办法就能达到,使之能够均匀地分布,以利于根系吸收;并能在某种范围内由于收获籽粒和秸秆而损失的土壤养分,在没有得到补偿的条件下,也可以保证各种穗状植物获得好收成。

在一茬接一茬的轮作情况下,可能是每一茬后作比前作从土壤中吸收的营养物质要少一些,或者是第二作具有大量的根系,或者其根系的吸收面积比前作要多得多。从某一年的普通产量开始,在这种情况下,每一年的产量都将减少。

对农民来说,平衡的、稳定的产量,往往是特殊情况。一般是,产量跟着天气变化而有许多变动。产量不断减少,这是肯定的,很明显的。甚至在优质的田里,没有补偿任何被吸收的土壤成分,虽然土壤的理化特性实际上是良好的状态,经过 70 年栽培小麦、黑麦和燕麦,产量也会不断减少。

但是,欧洲大部分的农田不具备刚才提到的那种良好的物理状态。

在大部分农田里,不是任何植物所需要的磷酸盐都处于活动性的、对植物的根系都是可给的状态。一部分磷酸分散成很细的磷灰土颗粒(磷酸钙),如果整块的土壤中含有足够多的磷酸，那么在单个土壤颗粒上，植物所需要的磷酸在某些情况下很多，而在另一些情况下又很少。如果我们设想：在我们地里，包含 25 000 公斤小麦灰分成分，完全平衡地分布成 5 斤、10 斤或者 1000 多斤，这个营养物质，其中包含磷酸成不平衡分布的磷灰土，而硅酸和钾素成容易分解的硅酸盐形式。如果用休闲的方法，每经过两年就有一定量的营养物质变成溶解性的，并且在土壤中按比例分布着植物根系，在整个耕作层的各部分都能吸收到足够的营养物质。也就是说，吸收到某个数量完全足够一个普通的收成，那么我们在许多年中能得到中等的年成。利用所指出的灰分储藏量，对该块田地来说还是要减产，况且后来包括休闲对提高作物产量来说也不起任何作用。

再回到我们的田里来。我们知道，它含有 25 000 公斤小麦需要的灰分成分，均匀分布在土壤中，处于易于吸收的状态。假设在这丘田里每年播种小麦，我们每一次收获都仅仅收获穗子，而把全部秸秆都留在田里，重新翻压到土壤中。在这种情况下，田里遭受的损失比以前要小些，因为全部叶子、茎秆都留在了田里，只有籽粒里所吸收的土壤成分从田里被带走了。

茎叶从土壤中吸收的各成分之中，也就是构成籽粒的那些土壤成分，仅仅比例不同。如果花费在秸秆和籽粒中的磷酸数量，总共是"3"成，那么在秸秆还田的条件下，磷酸的损失等于"2"成，第二年产量的减少，常常与头年产量中带走损失的土壤成分成一定的比例关系；后作黑麦的产量，如果将其秸秆还田也比过去的时候要高一些。秸秆的产量几乎和头年一样，因为获得秸秆的条件变化很少。

因为从土壤中取走的东西比以前少，这样一来，就在许多次黑麦收成中，增加了"好收成"的数目，或者增加了种子的总重量。秸秆的一部分灰分成分转变为种子的成分，现在以这种形式从田里弄走，虽然衰退的时期一定会到来，但是在这种情况下来得迟一些。形成籽粒的条件逐渐减少了，因为籽粒吸收的营养物质没有补偿。

所收获的秸秆是直接还田，还是首先用来垫圈，然后再翻到土壤中，这个条件没有变化。那么，那些从田里取出来的、以这种或那种方式又回到田里的办法，不能使土壤更加肥沃。

如果注意到，秸秆中可燃的成分不是从土壤中来的，那么秸秆还田的本质就是归还秸秆的灰分成分。同时农田比以前保留较多的肥力，因为这样从田里带走的东西要少一些。

如果种子或者种子的灰分成分重新和秸秆一道翻压下去，或者说，不用小麦种子，而给田里一个正确的比例，与小麦种子相一致的其他种子的数量，其中也包含同样的灰分成分。例如，油菜饼，也就是把脂肪油脂榨取出来后的油菜种子，把它们施在地里，那么田里的成分和从前一样。这样，第二年有希望得到和头年相同的产量。如果每一茬作物收获以后，回到田里的仅仅是秸秆，那么将来的结果就是土层中起作用的成分组成出现不平衡。

我们承认，在土壤中含有小麦植株所需的灰分成分，如比例正确，能满足小麦形成种子、茎秆和叶子；同时我们还把形成秸秆所必需的无机物质留在田里，而连续不断地从田里带走种子中所含的无机营养物质；那么，在剩余的物质中，要按照土壤中所残存的形成籽粒所需的灰分成分的比例来积累其他各种物质。

土地所保存的肥力有利于秸秆生长,而形成籽粒的条件则减少了。

所有的植株,其不平衡的发育都是这种不平衡性发展的结果。只有当土壤中所含有的和供给植物所必需的、全部灰分成分都处于适当的比例时,才能使植物各部平衡发育。关于籽粒的质量、籽粒和秸秆之间的比例,在减产的过程中也存在着平衡和不变状态。

相反的,随着形成茎叶条件的改善、随着籽粒产量的降低,其种子质量也下降。由于栽培作物的结果,土壤成分的不平衡性逐渐暴露,它的指标就是种子比重的降低。当形成种子时,首先依靠施在土壤中的秸秆来供给一定数量的灰分元素(磷酸、钾、镁);可是形成秸秆时,又依靠形成种子所需要的组成成分(也是磷酸、钾、镁)。可以设想,土地成了这样一种状态:在形成秸秆和籽粒时,由于生长条件比例关系的不平衡性,在一定温度、湿度条件下对形成叶子很有利,结果出现苗架好、籽实差,秸秆高产、籽实失收的状况。

农民能通过土壤控制作物生育的方向,也就是说通过调节土壤中营养物质的相互关系来实现。种子的最高产量,只有当土壤中具有形成种子必需的营养物质时才能得到。对于叶类、甜菜类和块根类作物来说,营养元素间的相互关系应当是相反的。

因此,很明显,当在我们地里含有 25 000 公斤土壤营养成分,我们栽培土豆和三叶草,并把所有的土豆块茎和三叶草都从地里收割走,那么这两种大田作物从土壤中吸收了相当于三茬小麦产量所吸收的磷酸和三倍多的钾素。

毫无疑问,这种从土壤中用别的作物窃取必需的土壤组成成分,对种小麦来说有很大的影响,小麦的产量和稳产性都要减低。

相反,如果我们每两年中,一年种小麦,一年种土豆,而土豆的全部产量都留在地里,将土豆的根茎叶及小麦的秸秆都压埋在地里,在整个 60 年里这两种作物轮换,那么这个田地的肥力毫无变化,而且也不增加小麦籽粒的产量。其实田地是能增产的。[①]

在栽培土豆过程中,土地一无所获;而土豆留在地里有多少,那么土地也没有任何损失。如果土壤中组成成分的储藏量,由于拿走小麦籽粒而降低到原来的 3/4,那么土地不会提供有利润的收成,如果 3/4 的收成不能给与农民任何收益和利润的话。假如我们把土豆换成三叶草,而这三叶草又翻压在地里,那也完全一样。但是在这种情况下,我们认为,我们的土壤具有良好的物理特性,因此三叶草和土豆分泌出来的有机质的连接作用不可能改良它。完全同样的,如果我们从田里收了土豆,收割和晒干了三叶草,将土豆的块茎和三叶草的干草装上火车,直接运到地里;或者通过垫圈,重新回到田里,翻压下去;或者最后利用到其他的目的把这两者产量中所含土壤营养成分全部回到田里,那么在这些措施下的农田,经过 30 年、60 年、70 年以后,还是不能生产谷类作物。如果这个轮作

---

① 李比希对秸秆和种子发育所必需的营养规律的特殊性的看法有些过于夸大。特别是仅仅依靠地里的营养贮存状况才得到“在空穗的情况,秸秆的产量最高”这种情况(他下面说的)是不可能的。

看来李比希认为土豆的栽培不改变营养物质在土层中的分布,他较自觉地把这种情况当做一种公式。下面他认为甜萝卜和苜蓿也是这种情况。除此以外,李比希不了解土壤中大量无氮物质是以块茎的状态存在着,它强烈地影响土壤中氮的平衡。李比希不知道在耕翻三叶草时使土壤富含氮,在土壤中进行的这种变化。——译者注

不存在的话，在整个这个时期内，田里形成籽粒的条件没有增加。其减产的原因，仍然还是那样。[①]

翻压土豆和三叶草，只有对那些物理特性不良的、土壤中营养成分不均匀的，而且常常不能供给植物根系养分的土地起良好的作用。但是这个作用和绿肥的作用，以及一年和连续几年的休闲作用完全是一样的。

由于土壤中三叶草残渣和其他有机成分腐解后对土壤颗粒有胶结作用，其土壤氮素含量每年都有增加。有些植物从空气中吸收氮素，存留在土壤中，这种有益的物质丰富了土壤，但是还不能影响到使整个土壤比从前生产更多的籽粒。因为籽粒的生产依赖于田里的灰分成分，而这些灰分不仅没有增加，而且还由于弄走了籽粒而不断地减少。可能由于土壤氮素和腐解的有机物质不断增加，在许多年里产量也能上升，但是，在这种情况下，产量越增加，这丘田歉收的时机就来得越快。

例如有三块小麦田，耕作以后，一块种小麦，而其余两块种土豆和三叶草。如果我们将每年所生产的土豆和三叶草的有机质，全部运到种小麦的地里，犁翻下去，而只将小麦籽粒收走，那么，这块小麦地就比从前肥沃得多了。因为这块田里各种土壤营养元素都丰富了，其原因是其他两块地的土豆和三叶草中的营养元素都集中在这里了。这丘田，在这种情况下比取走小麦籽粒的田里所含的钾素要多 20 倍，磷酸要多 3 倍。

现在，这块小麦田在以后三年中连续高产，因为构成秸秆的条件保持不变，而同时获得籽粒的条件却改善了三倍。如果农民在三年之内生产的籽粒和他在那一丘田内五年中生产的土豆、三叶草，其所含的组成成分是一样多，没有增加；那么，很明显，它的利润增加了。因为从种子中拿走了 3 成组成成分，而在其他情况下收回了 5 成数量；另外，两块地所损失的肥力，就是小麦地里所获得的肥力。最后的结果是，农民在种植业上投资比过去得到很大的利润，延长自己三块地里耗损的时间。然而这些损耗，由于继续拿走籽粒中的组成成分，还是不可避免地要到来。

我们应当注意，最要紧的情况是当农民将土豆和三叶草换上甜菜和苜蓿，这些植物根系很长，扎得很深，从土壤底层获得很多的土壤组成成分，是大部谷类作物吸收不到的；如果农田具有这样的底土，能栽培那些作物，那么大概要确定一个比例关系，犹如土壤的栽培面积增加了两倍。如果植物根系从底土中吸收一半无机养料，而另一半从耕作层里吸收，那么耕层从产量中损失的养料就只有一半。如果栽培某种作物，其所需的全部无机养料都是从耕层中吸走的。

可以把底层土壤想像成一块田地，与耕作层分开来，因此它给甜菜和苜蓿提供一定量的土壤组成成分。如果秋天将全部甜菜和苜蓿翻埋在小麦地里，能提供中等小麦产量。这样一来，土地又获得比其被籽粒拿走的相等的或者更多的营养物质，那么这块田，由于底层土壤的关系，一直保持着土壤肥力。一直到底土对甜菜和苜蓿也不肥沃时，这个状态才改变。

但是，因为甜菜和苜蓿生长需要很大量的土壤组成成分，那么底土所含有的营养元素愈少，它衰竭得愈早。虽然底土实际上与耕层不能分开，它在耕层下面，相反地，它可

---

① 由于收了小麦，用土豆或三叶草进行轮作。——译者注

能获得很少量的返回的土壤营养物质，这些营养物质是耕作层所损失的。因为耕作层牢固保持着从底层土壤吸收来的土壤营养成分，耕作层不能保持的那些钾盐、铵盐、磷酸和硅酸，能渗到底土中去。

借助于栽培深根作物的帮助，能够使底层土壤中一部分营养物质供给那些单从耕作层吸收养料的作物利用。但是这个帮助是短时间的，因为底层土壤在短时间内就可能衰竭，衰竭后植物不再生长，同时底层土壤很难恢复。

如果农民在三块地里轮流栽培土豆、谷物和箭筈豌豆或三叶草；或者在一块地里将土豆、谷物、箭筈豌豆一茬接一茬轮栽，生产农产品——谷物、土豆、箭筈豌豆，在不施肥的情况下继续许多年，那么任何人都可以预言到这种安排的结局。他会告诉我们这类的轮作不可能长久，无论怎样选择作物，无论怎样将穗状作物换成块根类作物或其他的作物，无论怎样不使作物连作——土地，归根到底，要发生这样的状态，那时土豆长不大，穗状作物仅仅能收回种子，箭筈豌豆和三叶草在第一次生育以后就要死去。

这些事实无可辩驳地证明：没有任何一种作物是珍惜土壤的，也没有任何一种作物是培肥土壤的。农民实践家从许多事实中学习到，在有些场合，后作的生长发育依赖于前作。农民在作物配置上不是没有讲究的，在中耕作物或者根系非常发达的作物后面，土壤宜于栽培穗状作物；后者在这种场合生长得好些，纵然不施厩肥或少施厩肥也能丰产。相反，田地没有因为其肥力因素而变得更肥；虽然毫不吝惜厩肥，问题在于所增加的养料的总量，而仅仅是总量中活动部分，只是在时间上加速了它的作用。

土壤的物理的、化学的状态是改善了，而化学成分则变坏了。毫无例外地，所有的植物、所有的种属都耗损土壤，在恢复产量的条件方面耗损土壤。

农民在自己田里所产的果实里出卖自己的土壤，除了一定的，它们自己渗到土壤中的大气成分外，他们出卖了其私有的某些土壤成分。这些成分和大气成分一起，为了形成植物体，在植物体内，它们本身就是成分。出卖农产品，实际上就是掠夺自己田里再生产的条件。这样的农业，在法律学上应当叫做掠夺式的农业。

土壤的营养成分就是资本，大气中的营养物质是资本的利息，在土壤成分中它们转化成大田里的资本，也就是又回到自己的手中。

最简单明了的思想提示：所有的农民都认为，从企业里出卖三叶草、甜菜、乾草等等会对谷类作物有明显的危害。每一个人都能证实，出售三叶草危害谷类作物。其实，出售谷物也危害三叶草的繁殖，这对很多农民来说是很难觉察和不能直接理解的。

但是，这两种情况相互的联系好像太阳那样明白：三叶草和谷类作物中的灰分成分是构成这些植物的必要条件，从元素来说，它们都是相同的。和谷类作物一样，三叶草生长需要一定量的磷酸、钾盐、石灰、镁，三叶草所含的土壤成分等于谷类作物的成分加一定数量的钾盐、石灰和硫酸。三叶草从土壤中吸收这些成分，穗状作物又从三叶草中吸收这些成分。可以这样设想，如果出卖三叶草，就要使生产谷类作物的条件变坏，因为在土壤中，为谷类作物存留的成分要少些；如果出卖谷物，那么在下一年要减少三叶草产量，因为从谷物中出卖了一些形成三叶草收成的必要条件。

农民对饲料作物的这个作用，用特殊的方式表达为：大家很自然地理解，厩肥是不应当出卖的，连作不可能不施厩肥，在饲料作物中不能出卖自己的厩肥。但是大部分很文明的农民没有注意到这些，在出卖的谷物中还是出卖了自己的厩肥。厩肥中包含有饲料中全部土壤成分，是谷物的必要成分加上一些钾盐、石灰和硫酸。不难理解，因为任何一堆厩肥，都是由这些成分组成的。如果能用什么办法把谷物中的土壤成分和其他土壤成分分开，那么，首先对农民有很重大的意义，因为没有任何一个成分能从厩肥中出卖掉，正是这个限制着谷物的产量。

相反地，这种分开只有在栽培谷物时能够出现。因为所指的厩肥的成分，在这种情况下变成了谷物的成分；因此，他出卖了自己的一部分厩肥，而且是最活动的一部分厩肥。

两堆厩肥，同样的形式，似乎相同的特性，但对栽培谷物有非常不同的意义。如果在一堆厩肥中谷物的灰分成分为另外一堆的两倍，那么第一堆厩肥有两倍于另一堆的价值。由于运走了谷物中的土壤成分，后者在谷物增产中的作用也开始下降。

因此，无论从什么样的观点来看，出卖谷物或出卖其他的农产品，对农民来说，如果不补偿从土壤中运走的这些成分，连续不断地运走谷物，其结果一定是损耗土壤肥力，使土壤变瘦，对栽培三叶草不利，或者说剥夺减少了厩肥的效力。

在我们瘠薄的田间，穗状植物的根系不能在耕层土壤中获得其高产所需要的营养物质，因此农民在这些田里栽培其他的作物，例如饲料作物和块根作物。它们的根系分布很深很广，从土壤中向各个方向伸长。这些植物借着发达的根系，溶解土壤颗粒，从土壤颗粒中吸收穗状植物形成谷物时所需要的土壤成分。在这些植物根系残余部分中，在根系、茎叶、块根的成分中，都是农民以厩肥形式供给耕层土壤的，它们聚集、补充了一茬或几茬谷物丰产中所不足的营养成分。处在底层土壤中的谷物灰分成分现在也移到表层来了。三叶草和饲料作物在这种情况下不是高产条件的创造者，正等于拾破烂、捡废纸的人，不是纸张生产的创造者，而只是把原料集中一下罢了。

从上面所列的情况来看，栽培植物耗损土壤肥力，使肥土变瘦。农民运走作为人畜营养料的农产品，实际上就是运走了土壤的成分，而且还是生产这些产品的最活动的部分。农田的肥力不断减退完全不依赖于所栽培的作物种类和栽培的程序，把农产品运走，实质上就是盗窃土壤中的再生产的条件。

如果不补偿所带走的土壤成分，仍然能够使谷物、三叶草、烟草、甜菜得到比较好的收成，说明这块田地还没有衰退。当土壤肥力不足，需要人们补偿的时间开始，它就变成衰竭的了。从这个意义上来说，我们的大部分农田都是衰竭的。

人类的、牲畜的、植物的生活与归还限制生活过程的全部条件是密切相关的。土壤用自己的组成部分加入到植物的生命过程中，如果不归还造成肥力的条件，要想长期维持土壤肥力是不可设想的，也是不可能的。

如果供水的溪河干涸了，那么带动成千上万粉碎机运转的急流自然也就没有了。

无数的小水滴聚集起来而成江河。如果不以雨水的形式降落在溪河的上游和发源地，那么溪河也就要干涸了。

由于轮流栽培不同的作物，其损耗了土壤肥力的田地；由于施用厩肥，又具有提供这些作物新的产量的能力。

什么是厩肥？它是从哪里来的？任何厩肥的来源，都是来自于农民田里。从垫圈的材料、植物的残渣、人畜粪便固体和液体来组成厩肥，粪便来源于养料。

在人们每天吃的面包中，在做面包的面粉里，都具有小麦种子的灰分成分。草食性牲畜的肉，它们的灰分成分来源于植物。按其灰分成分来说，它与豆类作物种子是相同的。而且整个动物在烧成灰以后，其灰分与大豆、扁豆、豌豆的灰分是没有什么区别的。总之，人从面包和肉类中获得种子的灰分成分，这个灰分是农民从自己田里取来的。

从大量的无机营养物质中，人类吸收的营养养料，存留在人体内的仅仅是很少一部分。成年人的体重不是每天都增加的，由此，很自然地得出结论：大部分营养成分都排泄到体外了。

化学分析证明，面包和肉的成分几乎全部包含在粪便之内，其数量和营养料中差不多，营养养分在人体内好像它在炉子里燃烧一样。人尿中包含着溶解的灰分成分，而粪便中包含着不溶解于水的营养料的灰分成分，很臭的那些成分和燃烧不完全的烟和烟煤一样。除此以外，粪便中包含着没有消化的，或者不能消化的营养残渣。

猪粪，用土豆喂养的，含有土豆的灰分成分；马粪，含有干草和燕麦的灰分成分；牛羊粪，含有甜菜、三叶草等养料的灰分成分。其实，厩肥就是这些粪便的混合物。

被作物耗损了的田地肥力（见"肥料"），可以通过施厩肥完全重新恢复，这个事实是被上千的实验证实了的。

厩肥，从土地里获得一定数量的有机物质，即可燃物质，以及所需要的灰分成分。现在的问题在于，可燃烧的和不可燃烧的厩肥成分是怎样参与恢复田地肥力的。

最表面的观察研究是，种作物的田地，其特性是，在产量中从这块地里带走的可燃烧植物组成部分是从空气中来的，不是从土壤中来的。

如果说，碳是从土壤中来的（虽然只有某一部分的植物体），那么很明显，土壤含有一定量的碳素。与收获以前相比，在每一次收获以后土壤的含碳量应当是少一些；土壤中含有机物质少的比含有机质多的肥力要差些。

观察证明，种作物的土壤恰好相反，由于种植作物的结果，有机质和可燃烧的物质不是少一些，而是多一些。种牧草的土壤，在 10 年之内，每公顷收获了 1000 公担干草，土壤中有机质不是减少了，而是更加丰富了。种三叶草的田收获以后，存留在土壤中的根系比以前含有较多的有机质和较多的氮素。但是过了许多年以后，这块田还是变成对三叶草不肥沃的，不能提供良好的收成。

小麦地和土豆地，在收获以后，有机质比以前并不少。一般说，作物都能使土壤中可燃烧部分变得更丰富，但在一茬接一茬的黑麦、甜菜、三叶草连续高产以后，土壤的肥力还是常常要减退。在这些田里，黑麦、甜菜和三叶草不再茂盛生长了。因为在土壤中，有能够分解的有机质，它们不断地被作物耗损，那么，不可能由于增加这些物质就能重新恢复已经丧失的生产力。

相反的，厩肥恢复土壤肥力，提供两倍、三倍到一百倍的产量。施用厩肥，在很多场合下，甚至能使土壤比从前更肥沃，完全能消除土壤的衰竭。因此，通过施用厩肥来恢复土壤肥力，可能是由于其中所含的有机物质。在这种情况下，厩肥的影响与其中所含的不能燃烧的灰分成分紧密联系着，并受它的限制。

实际上，在厩肥中，土地重新获得那些土壤组成成分——这些成分曾被作物吸收走了的。田地肥力渐减与从田里被"盗窃"走这些成分有联系。而正如我们所看到的，土壤肥力的恢复则因为补偿了这些成分。作物不可燃烧的部分，自己不能回到田里，不像作物可燃烧部分一样，能从雾气中回到田里。只有通过农民的劳动，借助于施用厩肥把植物生长必须的条件还回到田里，恢复土壤已经丧失的生产能力。

2.5　厩肥农业

毫无疑义，被作物耗损了的农田，施用厩肥有很好的效果。既然土壤肥力被厩肥所决定，那么就可以假设，等量的厩肥在不同的农田里，增产的数量也应相同。可是下表指出，在萨克森土地中，等量的厩肥增产的效果很不相同。

100 公担厩肥的增产数：

	库涅尔斯多尔夫 （Куннередореф）	莫依则嘎斯特 （Мойзегаег）	科兹 （Котиц）	阿别尔波波里奇 （Обербобрич）	阿比尔雄 （Обершен）
1851—1853 年 冬黑麦和燕麦	1600 公斤	1070 公斤	998 公斤	515 公斤	271 公斤
1982 年 土豆	710 公斤	1732 公斤	918 公斤	696 公斤	628 公斤
1854 年 三叶草	203 公斤	832 公斤	60 公斤	580 公斤	0

根据这些数字，任何人也得不出这样的结论：这些数字说明，在五块不同的土地上施用等量厩肥发挥了相同的作用。况且这些肥料还是所谓的万能肥料呢！[①]

无论黑麦的籽粒和秸秆，或者土豆、燕麦、三叶草的产量，没有任何相同或者相似的地方。完全不可能得出结论，可以说明取得上述增产的合理的施肥量。

在 1851 年和 1853 年，施用等量的厩肥，穗状植物籽粒和秸秆的收获量，在莫依则嘎斯特是阿别尔波波里奇的 2 倍；在莫依则嘎斯特，土豆增产量为科兹的 2 倍，其三叶草的增产数为库涅尔斯多尔夫的 4 倍；在阿别尔波波里奇，三叶草产量比科兹高 10 倍；在阿比尔雄猛施厩肥，下一年的土豆还没有在莫依则嘎斯特不施肥的多。

然而，如果认为从 100 公担厩肥中，每块田得到种类相同和数量相同的营养物质，这不会有很大的出入。不仅如此，厩肥成分到处以相同的方式作用于土壤。所以，由于这个事实，就产生了一个不能解决的矛盾：在所布置的实验中，增产普遍不同，在一块田里，施入土壤的厩肥成分，使它发挥作用，变成穗状作物和土豆容易吸收的状态，将比别的地里多两三倍营养物质。这个事实，对萨克森地区的田地有普遍意义。全部统计资料证明：施厩肥所获得的产量，没有一个地方、没有一个国家产量是相同的，甚至每一块地方的产量都有区别。更确切地说，在每一块田施用厩肥，都提供它自己原有的收成。

厩肥增产效果与土壤成分及其特性紧密相关。由于土壤性质千差万别，所以在不同

---

① 所谓"万能肥料"的厩肥，和其他肥料一样是很不相称的。施厩肥在土壤中，仅仅提供一定比例的营养物质，而在很多田里，也不是最有利的(参看肥料一章)。——译者注

土壤上的增产情况很不相同。

为了理解厩肥的肥效,需要记住土地的耗损都在轮作末期,土壤颗粒上的营养物质被前作吸收走了,后作为了自己的生育获得的营养物质比较前作要少一些。

但是不同营养物质的损失,对于土地的耗损方面具有不同的意义。

例如,从钙层土中由于栽培穗状作物或三叶草引起石灰的损失,对于后作来说,几乎没有什么影响。同样,在含钾肥丰富的土壤里钾的损失,或者在含镁盐、铁盐、磷酸及含氮素丰富的土壤中,其被植物吸收镁、铁、磷酸和氮素所造成的损失,比起土壤中的含量来说是微不足道的。一个轮作周期所造成的损失,不可能是很明显的。

但是,实践证明,大田产量从一个轮作周期到另一个轮作周期,实际上是减少的。

如果给土壤补充石灰不能消除土壤的衰竭状态,因为钙质土的主要成分就是石灰,完全与在钾素非常丰富的土壤里追加钾肥、在含磷酸非常丰富的土壤里补充磷酸不再增产的道理是一样的。那么,不难看出,土地肥力的恢复,最根本的在于用施肥的办法给土壤补偿那些含量最少而相对的消耗量又很大的营养物质。

每块田,有一个或几个营养物质的含量是最低量的,而有一个和另外一些营养物质的含量是最大的。作物产量与这些最低含量的营养物质成紧密的相关关系,如石灰、钾、氮、磷酸、镁等,正是这些含量最低的营养物质支配着产量并决定其高产和持续稳产。[1]

例如,石灰和镁处在最低量,那么黑麦秸秆、甜菜、土豆、三叶草首先停止生长,甚至在钾素、硅酸、磷酸和其他物质在土壤中的含量增加 100 倍的场合也不能增产;但是仅仅施一点石灰,这块地甜菜和三叶草的产量就提高了。在这种情况下,穗状作物的产量甚至比施用大量厩肥时还要多。同样,在钾肥非常缺乏的土壤中施用草木灰也是一样。

这就充分说明,为什么成分非常复杂的厩肥在不同的土壤上效果不同的缘故。

为了恢复被作物耗损了的大田作物的产量,施用厩肥对土壤中含量丰富的多种营养物质,完全没有益处。有作用的仅仅是那些能够消除土壤中一个或两个特别不足的营养元素的厩肥成分。

在那样田地中,与厩肥比较,少量的过磷酸钙比丰富的厩肥本身还明显地增产。在缺钾的田里,厩肥中的钾素起作用;在缺乏石灰和镁的田里,厩肥中的钙镁起作用;在硅酸不足的田里,厩肥所含的秸秆将起很大的作用;在氯和铁不足的田里,厩肥中所含的食盐、氯化钾起很大的作用。

厩肥的这个特性也揭示了农民对其高度爱护的原因。在所有的场合下,厩肥常常有效果,就是因为它经常含有一定量的来自于土壤中的这样或那样的营养元素。施用厩肥没有不成功的时候,免得农民在合理施肥方面劳神,他们可以花费最少的劳力和财力来维持土地的肥力。施用厩肥,就可能在不增加开销的情况下使土地按成分含量具有很高的肥力。

从实践里,可以很清楚地看出,在许多田里,施用海鸟粪、骨粉、油饼之类的东西能提高其产量,这些东西仅仅包含厩肥中的几种成分,事实上,它们的作用,也就是上面的最低含量理论。

---

[1] 李比希确定的"最小定律"。——译者注

这些肥料的效果都是建筑在这个规律上的。但是，农民不知道这个规律，因此，在他们的农事活动中，就谈不到什么合理性，实际上也谈不到什么经济施肥。因此农民施肥，或者太多，或者太少，或者需要的不是那种肥料。关于最低含量的问题，这里不需要特别讨论。因为，每个人都明白，只要用适量的肥料，花费较少的劳动和开销就可以使产量达到尽可能的高度。

关于利用"太大量"的问题，它是建立在不正确的理论上的，即肥料的作用与其数量成正比例。事实上，这个作用依赖于一定量的肥料，当肥料数量大到一定范围以后，再继续增加肥料就不起作用了。

为了说明这个问题的正确性，拉塞尔（Racell）布置了一个肥料实验。

在这个实验中，把实验田分成许多小区，播种甜萝卜，每三行施用不同的肥料，其中有过磷酸钙（骨灰溶于硫酸），每英亩产量如下表所示：

区号	处　　　理	萝卜产量(公担)
（1）	无肥区	340
（5）	5 公担过磷酸钙	535
（6）	5 公担过磷酸钙	497
（7）	3 公担过磷酸钙	480
（8）	7 公担过磷酸钙	499
（9）	10 公担过磷酸钙	490
（11）	无肥区	320

实验田的土壤成分和营养物质很不均匀。表现在无肥区的产量，彼此之间每英亩相差 20 公担。另一个实验表明，实验田的情况没有谈到这块田中间的营养物质比两头的要少。

从上述所列的萝卜产量数字，可以明显地看到这个事实：即施用 3 公担过磷酸钙的处理，其萝卜产量和施用 5 公担的相似；过磷酸钙施用量即使增加到 10 公担，也未显示出增产效果。

在这些实验中，没有确定在过磷酸钙中是什么成分引起的增产。钙、镁、硫酸和磷酸都是萝卜所必需的营养物质。可以肯定，在某一块田里，由于施用石膏和少量的食盐可以增产，而在另一块地里施用磷酸镁的萝卜产量比施用过磷酸钙的大大提高。虽然在大部分田里，毫无疑问，过磷酸钙是优先起作用的营养物质。

为了正确理解这些事实，必须记住最低含量的规律，不仅对营养物质，而且对一切条件都有效。例如：在某种情况下，某作物的产量决定于土壤中最低含量的磷酸，那么增加磷酸，产量提高；但产量提高到某一个程度时，再增加磷酸要与现在已经成最小量的其他营养元素成正确比例。

如果，追施的磷酸数量大于土壤中与其相适应的钾盐和铵盐的含量，那么其过剩的数量将不起作用。在施磷肥以前，土壤中钾盐和铵盐的数量超过土壤中磷酸的数量，所以这个过剩的数量不起作用，现在由于施入了磷酸，它变得能够起作用了。但是磷酸又过剩了，也和过去钾盐和铵盐过剩的道理一样，不再起作用了。

和过去一样,作物产量决定于最低量的磷酸,而现在它很自然地决定于最低量的钾盐或铵盐,或者同时决定于后两者。这些问题可以通过休闲实验来得到解决。如果施了磷肥以后,钾盐和铵盐又变成了最低量,那么产量的提高依赖于补充钾盐或铵盐,或者两者同时补充。

如果注意到在萨克森实验中5块田里的厩肥施用量的差别,那么就会产生一个问题:根据什么来决定施用厩肥的数量?

其大概回答是:一般,农民有多少厩肥,就施多少厩肥;或者根据他已经明白的事实,来调剂他农场里厩肥的数量。如果他已经确认,在这个农场里要恢复到过去的产量,需要有某个数量的厩肥,或者需要施更多数量的肥料,可是,增施肥料不能相应增产;或者说;肥料的费用与其所增加的收获量不再相适应了,那么迫使他不得不施用较少的厩肥。

因此,如果库涅耳斯多菲(Куннерсдофе)的农民给自己田里所施的厩肥,限制到每英亩180公担以内;而阿别尔波波里奇(Обербобрич)的农民给自己地里每英亩施314公担厩肥。前者如此突出的少,也不是偶然臆造出来的。

如果,调节厩肥的施用量不是出于胡思乱想和偶然臆造,而是取决于农民想达到什么目的。那就什么都清楚了。目的是被自然规律制约着,农民不知道自然规律的作用,也不知道自然规律本身。

为了在每一个轮作开始阶段恢复土壤肥力,估计出所需要的厩肥数量,要与土壤中很难觉察的某些因素联系着。厩肥数量应当明显地依赖于土壤中所含有的活动性的无机组成分。无机营养成分很丰富的土壤,增产这些粮食所需要的厩肥量比瘠薄的土壤要少得多。

因为,厩肥的有效成分在很大程度上限制着三叶草、甜菜、牧草的产量。因此可以得出结论:该田所需要的厩肥数量,与其在无肥状态下所需的厩肥数量成反比例,也就是说该田所需要的厩肥数量与该田所提供的三叶草、甜菜和牧草产量成反比例的。

萨克森的实验表明,在任何场合对某一种作物来说,这个结论已经接近于真理。实际上,如果将无肥区和厩肥区的三叶草产量比较一下,可得到以下结果:

1854 年 三叶草产量(斤)				
库涅尔斯多尔夫	莫依则嘎斯特	科兹	阿别尔波波里奇	阿比尔雄
9144	5583	1095	911	0
1851 年 所施厩肥数量(公担)				
180	194	229	314	897

在库涅尔斯多尔夫的田中,三叶草产量最高,但所施的厩肥量最少;而在阿别尔波波里奇,三叶草产量最少,所施的厩肥量最大。

引证与讨论:应当引导农业实践者相信,那些起主导作用的情况和条件就是自然规律,因而他们安排农田里的作业完全不应按自己的主观武断;尽管对于有些规律的存在,他们还不太清楚。按照个人的武断办事,只能把事情办坏。如果他希望对自己有利的作用,往往迫不得已,甚至是无意识地使自己的措施适合土地的特性。值得惊奇的是,有经验的老农往往以这种办法取得很多成果。

当农事活动完全适应自然和土壤特性时,这种农事活动才能叫做合理的农事活动。

农民只有当自己的农事活动，如作物换茬、施肥方式等，适合土壤的特性，以致自己的劳动和花费的成本获得最大量的利益时，那他才相信。

如果农民通过小规模实验的办法来解决①②，获得关于栽培各种植物、土壤生产力的准确材料，那么他们很容易确定，在其地里的土壤中哪些营养物质处在"最少量"，所以为了获得高产，应当施什么样的肥料。

在这一类事情中，农民应当根据自己的经验走自己的道路，相信自己的作用，而不应该信任那些愚蠢的化学家——他们根据其分析，证明田里包含有某些营养物质没有被耗损，其农田的肥力依赖于通过这种分析找到了的某一个或某几个具备一定数量可以供给植物的营养元素，这个数量的大小到现在仅仅借助于植物本身才能确定。通过化学分析来确定几个方面来比较农田的质量和生产力，就是最大的作用。俄罗斯糖厂主在黑土上做实验，黑土对谷类作物的肥力已经家喻户晓了。据分析结果，在20英寸厚这种土壤的土层中，钾的含量相当于甜菜需要量的700～1000倍。可是栽培2～3年甜菜以后，可供植物利用的钾素已经有些耗损了，不施钾肥就不能保证甜菜丰产。③

穗状植物的秸秆和籽粒之间，存在一个有利的方面，也有很多不利的方面。很明显，作为产生种子的工具——秸秆，其质量和长短对于其产品——种子应当有一定的影响：秸秆产量过高或过低，对籽粒产量都有害。

如果对穗状作物来说，在某丘田里，籽粒与秸秆对籽粒产量最有利的比例为1∶2，那么与此相适应的肥料理论上应当能在产量增长中保持籽粒和秸秆这个比例，也就是说，应当选择肥料，并且供给一定数量和比例，保证土壤的成分不变。

大家知道，有的肥料主要对根系和叶子生长有利，另外一些肥料主要对形成种子有利。照理，磷酸盐增加籽粒；石膏能提高三叶草的干草产量，而对形成种子不利；大量施用食盐，对于块根和根类的产量有害。栽培土豆和菊芋（*Helianthus tuberosusl*）的办法，可以减少耕层土壤中引起茎叶疯长的物质，所以造成土壤中一定的平衡性，在理论上不是不可能的。但是单靠施用厩肥，还不可能达到。④ 将来，我将证明：在经常施用厩肥的情况下，农田的成分在每个轮作中都变化。

我们联想到萨克森的实验，最后要注意的，就是关于土壤的渗透性，使厩肥组成成分渗入不同深度。碱、铵盐和溶解的磷酸盐在土壤中渗入的深度，当然依赖于土壤的吸收能力。

不难看到，对不同农田土壤吸收能力的认识，使农民有可能提早确定，厩肥中的那些营养物质在土壤中渗入到什么深度，并且很自然地理解到，他自己能够在作物生长期间，更合理地采取补助措施，使营养物质分布在特殊需要的地方。

---

① 看来，我们在这里有关于文献中的第一个土壤盆栽实验的说明。这实验的方法后来由瓦格涅尔进行了修改；然后，实际应用在普通经营条件下时，米契里希又做了改变。对这地方有一个特征性的注释，注释里本来是包含了在花盆里做实验的思想，在最近的1876年版（第九版）中把它删去了，但是在1862年第八版中是有的。——译者注

② 这类实验，可以在花盆里装些土来完成。——译者注

③ 如果是说P_2O_5，那么这条意见是完全可信的。甜萝卜对钾和石灰的要求只有通过多年栽培，并施用大量氮和磷才能看到。——译者注

④ 李比希带着补偿学说的观点不能清楚地想象厩肥的某一方面，表现出缺磷、氮，特别是钾则比较丰富。但是在任何情况下，可以完全肯定，他已预感到这点。——译者注

这些思想没有必要继续发展下去。其目的在于使农民注意在耕种其土地时,所出现的那些现象。每一种现象,经过仔细地观察后,会引起他不断地思索,这就是一条引导他正确认识农田性质的道路。观察和思索是研究自然界中一切成果的基本条件。在这方面,农业是发明创造的广阔舞台。

只有根据对农田性质详细的认识,采取合理的方法,才可以在不增加劳力和成本的条件下,不断成功地从土地中获得更多的谷物,哪怕是一种谷物。实际上,在人们的心坎里,该会充满了幸福和满意的情感,这样的成果,不仅对他自己,而且对于整个人类都有很重大的意义。

比起农民所能得到的成果来说,我们的创造和发明是非常微不足道的。

我们在科学和技术领域取得的全部成果,不能改善保证人类生存的条件,甚至某一部分人类社会也不能因此而获得某种精神上的和物质上的生活乐趣。人类的大多数还是存在着贫穷和痛苦,挨饿的人是不进教堂的。小孩应当在学校里学习些什么,不应该空着肚子去上学,而应当有一块面包带在自己的书包里。

现在,我们来仔细看看,在施厩肥的条件下,那块农田成分所发生的变化。通过施用厩肥来恢复土壤肥力,对各种农田来说都是一样,不管它上面是轮作什么和栽培什么作物。

由于栽培和出售谷类作物,土壤中损失了某些数量的谷物成分。如果希望农田还提供从前那么高的产量,那么应当通过厩肥来归还这些成分。借助于栽培饲料作物萝卜、三叶草、牧草等等,以其作为农场牲畜的饲料,可同时来补偿土壤的损失。但是大部分成分是从谷类作物根系所达不到的土壤底层吸取的。

这些饲料作物在圈里或直接在地里喂养牲畜(英国直接在地里喂牲畜萝卜)。植物里所含的许多营养物质都留在牲畜体内,同时产生液态的或固态的排泄物转移到厩肥之中。厩肥的主要成分是由垫圈的秸秆造成的。

在德国,土豆不直接用做饲料,酿酒的残渣以及发酵用的大麦曲的成分,其中包括土豆和其他作物从土壤里吸取来的全部营养物质。

照理土壤耕作层从厩肥中得到前茬轮作中的全部秸秆,因此,在下一个轮作的开头和从前一样,土壤具有生产秸秆的全部条件。在这样的条件下,说会减少秸秆的数量是没有根据的。

至于三叶草、甜菜、土豆的酒糟和粗饲料,正如已经提到的,对于役牛、马和犍牛,一般认为当这些成年的牲畜吃了这些饲料体重都不变化。留下的仅仅是吃下去的饲料中的少量成分,这一部分成分留在幼年牲畜体内和牛奶、脂肪内,只有它们不落到厩肥中,也不会回到田里。

如果计算从田中经过动物和动物产品(毛脂肪等等)而损失的磷酸和钾的数量,在饲养牲畜的土豆、萝卜和三叶草中,含 1/10 的磷酸,那么,这个已经是很多了。如果估计萝卜、土豆、三叶草中 9/10 的成分都以厩肥的形式回到田里,在任何场合下,都不会有很大的错误。因此,耕作层在施了厩肥以后,在下一茬轮作中,所含的土豆、三叶草、萝卜的成分,比从前要丰富些,因为这些成分是从深层土壤中吸收的。

厩肥中起作用的物质,大部分保持在土壤表层,在底层吸收到的只是营养物质的一小部分,这些营养物质还是上一次轮作时从底层土壤吸收的。这样一来,深层土壤生产同从前那么多三叶草和萝卜的能力,就不能恢复了。

牲畜从萝卜、甜菜和土豆中吸收的,并存留在身体内部的土壤成分,其质和量方面与谷类作物吸收的土壤成分,几乎完全相同。总之,土壤中营养元素的损失,等于农业上出售的谷物中所含的与经过饲料转化到牲畜体内的土壤成分之和。

完全恢复农田在谷物方面的生产力,当然要考虑在土壤中创造以前所具有的条件以便获得从前那样高的产量。换句话说,完全归还土壤从谷物带走的营养成分。

如果厩肥中除了秸秆和土豆的成分以外,不含有别的什么,那么,施用厩肥将恢复耕层土壤对形成秸秆和土豆的肥力,而不是对谷类作物的肥力。

耕作层所含的营养物质,对于土豆和秸秆来说是很丰富的;但是对谷类作物来说又显得不够了,其不足的数量就是农业上所出售的谷物中所含有的数量。

如果用厩肥来为谷物恢复土壤肥力,那么它必须经常含有谷物从土壤中带走的那么多或更多的土壤成分。这依赖于经过饲料作物三叶草和萝卜转化到厩肥中的谷物营养物质的总和。如果这个数量超过了土壤损失的营养物质,那么耕作层内谷物的营养成分实际上变得更丰富了,同时,在耕层中秸秆和块根的产量因素也提高了。如果厩肥(借助于三叶草和萝卜的成分)能增加耕层磷酸和氮素的含量,那么其中的钾和石灰将会有更大的比例增长,硅酸的含量也要增加一些。因为,通过厩肥补偿了作物从土壤中吸收掉的全部成分,那么,秸秆、籽粒和土豆的产量提高了。

作物从耕层中吸收主要的土壤成分,这样各种作物产量的提高可能持续很久。然而在所有的田里,提高产量还有一个界线:当底层土壤由于长期吸走营养物质——磷酸、钾、钙、镁等等而没有归还,对栽培三叶草和甜菜,正好像耕作层对穗状植物一样,到那时候每一块地都将耗损,对于某些作物表现得早些而对于另一些作物表现得迟些。这就是说,这些土地丧失了生产甜菜或三叶草的能力。从耕层里吸取来的、供形成谷物的营养物质,也不能补偿由甜菜和三叶草从底层吸到表面所造成的底土储藏量的损失。但是,甚至到三叶草开始生长不好以后,农田的高产很久还没有减少。如果耕作层在每一个轮作之后,获得的谷物成分比其从谷物中运走而损失的成分还要多些,那么,这些剩余的营养物质能够不断地积累,这是长期被农民所忽略的实际状态。在轮作中安排箭筈豌豆、白三叶草和其他饲料植物,这些植物从土壤表层吸取养料,从而能将畜牧业维持到原来的水平。农民幻想着,农场里一切都会和从前一样进行着,三叶草和甜菜也和过去一样高产。事实上,这种情况是不会出现的。因为没有任何补偿。现在农民依靠积累在耕层里的过剩的营养物质,借助于栽培饲料作物和每一个轮作以后,将厩肥状态的营养物质均匀地施到土壤中起促进作用,这样来获得高产。

可能,农民的厩肥堆比从前大了一些,其实三叶草、甜菜从底层土壤中吸取来的营养物质大多没有参加进来,结果厩肥恢复耕作层肥力的能力不断减少。如果剩余的营养物质消耗尽了,那么谷物减产的时刻就来到了。秸秆的产量比以前要提高,因为形成秸秆的条件在不断增长着。

当然不能不注意到,谷物产量的降低会使它们实行排水、改善机械耕作、选择别的作物来代替三叶草和甜菜。如果底土允许,农民会在轮作中安排苜蓿和驴豆,因为这些作物具有很长很发达的根系,能达到比红三叶更深的土壤底层;最后是种黄色羽扇豆——它是真正的耐瘠的植物。

由于在农业中采取了这些"改善"措施,农民认为取得了成果,通过施用厩肥,谷物的产量也提高了。重新从很深的仓库里挖掘许多营养物质积累在耕作层里;从另一个角度来看,底层土壤的营养物质又慢慢地损耗光了。随着耕作层养分的积累,底层逐渐枯竭了。

依靠施用厩肥的农业,其自然结局就是这样。

如果,补偿土壤中的营养物质是借助于购买饲料,或借助于刈割野生牧草作干草,那么,就等于是购买肥料一样。很明显,作物田里本身不可能提供更多的厩肥,只有当厩肥成分是从别的田里夺取到手的时候,厩肥的数量才可能增加。很自然的结果是,第一块田里所获得的营养物质,正是第二块田里所损失的营养物质。

在这种情况下,如果我们注意到施肥的田,那么就会看到,谷物的产量和三叶草、甜菜的产量一样,在很多的场合下都是增加的。谷物中带走的许多养分,即耕层中损失的养分,都从厩肥中获得,但是,最后的结果还是一样。

首先,当处女地接连栽培作物,在其产量降低以后,又转移到别的地方。由于人口的增长,慢慢地给这些流动的牧地划一个界线;那个时候,耕种某一块地也得让它轮休,除此以外,开始采用在野生牧草上施厩肥的方法,以恢复土地所损耗的生产力。当这种办法还显得供不应求的时候,开始在田里栽培饲料牧草。也就是说,把底层土壤像天然牧场一样来利用,开始没有间断,以后轮流播种三叶草和甜菜,经过更多的持续的时间;最后,停止栽培饲料作物。这样就停止了以厩肥为基础的农事活动,最后的结果是土壤完全衰竭,因为恢复大田生产力的手段也用完了。

当然,所有这些现象完成的过程是非常长的,其结果也只有孙子或曾孙子才能看到。如果农田附近有森林,那么农民希望用森林的枯枝败叶来帮助自己。后来,他们又注意到,可把天然牧草压埋到耕地,因为它们对植物还有丰富的营养物质;再后来,他们烧毁森林利用其草木灰作肥料。如果将来人口慢慢地减少,那么农田两年耕翻一次(如在西班牙的卡塔卢尼亚一样),甚至三年耕翻一次(如在西班牙的安达鲁西亚一样)＊。

欧洲农业现状和目前的农业生产水平,不能不令人产生很大的怀疑。凡是头脑清醒和公正的人都会给出认真的批评。我们看到很多地方,凡是那里的人们不关心保持大田生产条件的,有些人口多的国家就渐渐地变为贫瘠、荒凉的状态。

人们一般都习惯于从政治事件中,从人类中寻找原因。我们不否认这些因素的影响,但是产生一个问题,即那些更深的原因起不起作用,这不是历史学家容易注意到的。往往在人民生活中给许多政治事件一个借口,在大多数场合下,不可改变的、自我保存的规律引起毁灭性的战争。人们有自己的青年、成年、老年,然后死去,这样听任遥远末年的主宰。但是,根据就近的观察表明,人类在自掘坟墓,因为人们不善于保存自己生存的条件。这些条件的数量在土壤中是很有限的,又很容易被耗损。哪里的人们善于保存这

＊ 卡尔五世国王曾经颁布命令,新开的牧草地要重新恢复放牧。但是卡尔五世在这方面已经不是第一个了。在他以前,这样的命令被第一个天主教皇颁布过。更早些,在卡斯基林、彼得、日斯托基也颁布过。还在那个时期以前,在15世纪新叶,甘沁赫、卡斯基里斯基曾禁止出卖有角的牲畜。阿龙佐、昂兹洛国王在14世纪颁布命令以保护牧场和草地。相反地,所有这些都没有成果,因为最强有力的君主,也抵挡不了自然规律的作用,还有什么更为强大呢?

些条件(例如中国和日本),那里的人类就不会绝种。

土地的肥力是不以人类意志为转移的,但是持久地保持这个肥力完全依赖于人类的意志。

由于土壤肥力减退,某个民族逐渐绝种;或者是强悍的民族消灭弱小的民族,占领别国生存资源富饶的土地。归根到底,结果都是一样。

的确,能不能认为是奇思妙想,还是偶然发生的事? 在西班牙的瓦伦西亚,每年从一块地上收获三茬;而在毗邻的国家里,地里每三年仅仅播种一次。能否设想,在西班牙只是由于愚笨就烧毁大面积森林,以便利用其草木灰作肥料,以恢复其耕地肥力。

每一个懂得一些自然规律又能管理农业的人,都不能不看到大家所公认的现象,即在几百年期间,农业制度不可避免地要走到贫穷和毁损自己肥沃的田地;能不能想想,对于欧洲栽培作物的田地来说,除了特殊的原因,不会出现那样的后果?

在这种情况下,许多智慧集中到傻子的理论上,他们根据少得可怜的化学分析,硬说营养物质储藏量是取之不尽的。在任何土壤中,甚至在任何三叶草、任何甜菜和任何土豆都不生长的土壤中,只要在地上施草木灰或者石灰,其土壤就重新具有生产这些作物的能力?

由于每天观察到的事实,生产谷物的土地,许多年以前就应当施肥,以保持土壤肥力。但这种想法似乎变成了反对人类社会的罪过,变成了反对公共福利的犯罪。流行的意见是,饲料作物变成厩肥上地,以生产谷物。人类为了自己发展,不断地在土壤中寻找条件,好像自然规律仅仅对于一类作物有约束力,而对其他就丧失了约束力。这样的理论引导的不是别的,而引导到使农业停留在一个低水平上,一个过去已经达到的低水平上。

没有任何一种技术活动,为了其顺利发展,有比农业更需要这么大量的知识;同时,也没有任何一个领域像在农业上这么愚昧无知。

进行建筑在最好的肥料基础上的厩肥轮作制的农民,应当具有一些观察力,他们希望通过无数的现象了解到,不管他们在厩肥上花了多少劳动和努力,其田里的生产力都不会增加。

如果,施用厩肥的农田,其营养元素确实能够比原来的丰富,那么早就应当想到,连续施用 50 年的肥料,其结果一定是产量不断提高。

相反地,如果农民是公正而后才有偏见的,把现在的产量和从前的产量进行对比,或者和他父亲或祖父时期所收获的产量进行对比,那么没有一个人能证明其产量是增加了的。仅仅少数人说,它们没有减少。大多数人发现秸秆的产量增加了,可是谷物的产量减少了,况且是按过去增加的那个比例来减少的。过去,其祖先由于改善措施的结果,由剩余粮食所赚的钱现在用来购买这种过去认为自己场里能"生产"的肥料。很明显,自己企业里能生产肥料,但是持续不了很久。

我们想象,实行三田轮作的主人,在这种耕作制度下,其土壤还保存很雄厚的财富;又有很丰富的牧草,感觉不到肥料不足。比起那些换茬制度来,这些人获得较高的产量和很多的谷物,并想由此总结出聪明的经营管理办法。事实上,这只是土壤的礼物(赠品);最终,这样的主人归根到底要得出结论:其田地肥力衰退了。似乎农民的任务,就是把厩肥转化成籽实和肉类,这个意见是非常错误的。

年代之间的稳产性被自然规律制约着,如果产量的高低是以在土壤中的营养物质的表面面积为条件的,那么稳产性就与下述条件相联系,这个条件要保持不变。

这个规律要求完全归还通过产量从土壤中拿走的营养物质,这是正确的农业基础,这是农民首先应当考虑到的。为了自己的农田,他不可能不关心比原来的自然状态大增产。但是,他不可能估计到,如果减少土壤中维持产量的条件,怎样来保持产量。

对于农民来说,他会思考这条自然规律还没有现实的意义,他田里的产量还没有减少。但要坚信,在营养物质很充足的条件下安排庄稼,可以想见,当作物从土壤中吸收养分直到暴露营养物质不足的时候为止,到那个时候还有时间考虑归还么!

这种观点,说明对自己的活动缺乏理解。当然不能不承认,在营养物质含量丰富的田里再施肥,与合理经营农业是矛盾的。这个思想就是当某部分在土壤中已经有了肥料,还在土壤中增加营养物质,由于其含量多余了,没有什么(副)作用显现出来吗?

为了维持某一个高度的产量,他们迫不得已要施肥,因为没有肥料产量就要下降,谨慎的人能够说是多余的吗?!

换句话说,那是个很简单的事实。在某些国家,从罗马时代农业就很繁荣,其土壤继续是那样的肥沃,甚至比旁的国家产量也要高。这个很简单的事实表明:关于持续不断地播种作物耗损土壤的问题,他们认为没有什么可考虑的,因为如果土壤耗损,那么一定在这些国家显露出来。

但是,至少在欧洲一些文明国家中,农业还是够年轻的,这个我们从卡尔大帝时期就知道得很清楚。他在自己的领地中主持杂务的指示,包括管理领地的指令和根据国王的命令领地检查等官吏的报告,确凿地证明:关于现在的农业,在那时还无从谈起;关于栽培谷类作物,除糜子以外,在指令中谈得很少。在官吏的报告中记载:在斯切劳斯维尔特的委员们有 740 莫尔干 * 耕地和草地,生产 600 车干草,没有找到谷物的任何储备。但是那里发现有大量的大牲畜,27 个大小镰刀,7 个锄头,耕作了 740 莫尔干耕地。

在另一块领地有 80 齐特(相当于 209.21 升)小麦,这个数量足够生产 400 斤面粉。今年收 90 齐特小麦,可以生产 450 斤面粉,但是还有 330 个火腿。

在另一块领地,去年使用 20 齐特小麦(100 斤面粉),今年使用 30 齐特小麦用于播种。

不难看到:在畜牧上的领地,种植谷类作物,在其经营中完全占次要地位 **。

"每年应当翻耕了'约海'领地 ***,并播种领主的种子。"

我们没有掌握任何一个有力的证明,说明在德国、法国有某一块地(可能在意大利有例外),从卡尔大帝到现在一直毫无间断地栽培谷物。试图寻求类似关于土壤不耗损的证明,具有孩童般的幼稚性质,因为证据中有这样的概念——从土壤中拿走谷物,不偿还土壤进一步再生产的条件 ****。对于栽培谷类作物的土地变得不肥沃的原因,不在于过去

---

* 莫尔干,是若干国家采用的地积单位。在德国,莫尔干相当于 0.25 到 0.36 公顷,各地不等。

** 值得注意的是,卡尔大帝在领地里实行了三田制,可能是从意大利学来的。

*** 每 1 约海=0.4884 公顷面积。

**** 近来的实验证明:农田土壤肥力条件降低到什么程度,甚至在比较短的时间内,由于没有归还从土壤中吸取走的土壤成分,产量也降低了。在洛桑实验站,15 年时间内栽培作物就从土壤中吸取将近一半的有效态钾。

的产量太多了，而是因为没有补偿土壤从谷物中拿走的土壤成分。

经营畜牧业能促进这种归还，其归还的程度越大，土地肥力就越丰富；也只有那些耕种过田地的人，才能理解厩肥的意义。在卡尔大帝这个时期已经都知道了。各谷物施厩肥，并且区别有角家畜的厩肥（后叫 гор）和马粪（名叫 дост 或 дейст）。

在德国还同时施用泥灰岩。

很多农田在开始栽培作物的时候，毫无疑问，不施肥也能够提供很好的产量，正如美国现在的许多农田一样。但是这些农田经过几代以后就会变成对栽培烟草、棉花完全不利的了，这种情况比任何事情还可靠。只有在施肥的时候，这些田地对栽培这些作物重新又成为肥沃的了。

我们完全知道，尼罗河流域和甘卡河流域的谷类作物地区长期地保持了土地的肥力。在这里，自然界本身补偿土壤的营养物质，每次河水泛滥的时候，营养物质多多少少溶解于水中，有一些吸附在淤泥上面，这样，田地就收回了其所损失的生产条件。

那些没有洪淤的田土，不施肥时，仍然要丧失生产能力。在埃及由尼罗河水的高度来决定产量；在印度，不发生洪淤，难免引发饥荒。

自然界本身，同样教导聪明人采取办法以保持自己农田的肥力。

我们要使那些不自觉的实践家相信，他们在营养物质非常充足的土壤上所进行的农事活动，是建筑在断送自己的土地上的，后来是建筑在非常熟练地掠夺自己土地上的。如果有一个人想发财，从 1000 枚金币中削下一个金币的重量，当这种剥夺变得明显的时候，他将受到法律的追究。如果他的这种行为没有被任何人发觉，在这 1000 枚金币上也没有留下一点痕迹，在这种情况下，他也不能以此作为他辩护的理由，因为任何人都理解他重复了 1000 次的欺骗行为。类似法律的自然规律，任何人也逃脱不了，它惩罚了农民。这些农民希望我们相信，在他的田里有效养分储藏很多，其地力能长久维持。这些农民自己欺骗了自己，他们给自己造成一种观念，似乎他们把土地培肥了，其实是把底层的营养物质吸到表层来了。

还有另外一种一知半解的人，他们承认补偿的规律，但是他们按照自己的方式解释规律，并断定在作物田里只有一部分规律起作用，不是全部规律起作用。他们证明归还是需要的，但是只有几种元素要归还，其余的在土壤里是取之不尽，用之不竭的。在这样情况下，他们一般依靠一些没有什么意义的化验分析，给一些纯朴的农民设计规划（因为只有与这些纯朴的农民估计有相同的信念），告诉他们田里某些物质丰富到了什么程度，其储藏量足够提供成百上千茬产量；他知道土壤中含有什么，有什么效果，唯有形成产量的那一部分营养物质还不清楚。

那种意见认为农民只要给自己的田里归还某些物质，其余的物质可以不必管它，这样也不会带来什么危害。如果真是这样，谁来采用这样的办法，那么只限制于在自己所有的田里。如果把它作为一般的学说则是非常不可靠的，应当被推翻的。

上面已经详细解释了，在很多田里，硅酸盐、钾盐、石灰和镁盐很丰富。在厩肥制度下，栽培谷类作物的时候，实际上只耗损磷酸和氮，如果能补偿这些营养物质，产量是有保证的；对于其他的营养物质，则完全不需要补偿。这一点没有人能够反对。相反，根据这个情况把结论引申到其他方面，并要别的农民也相信这个论点，即要他们不应当关心钾素、石灰、镁和硅酸等，因为恢复土地的全部肥力只需要铵盐和过磷酸钙就足够了。这种引申和推论当然是完全不正确的。

因此，农民可能根据自己的经验得出结论：他的田里不可能缺钾，因为植物不从田里吸收钾素；或者说他的田里含钾量过多，因为植物在每一个轮作中，实际上是在土壤中积累钾素。但是如果基于这个认识，他就认为自己有权利向那些不知道自己田里的底细的农民证明其田里也含钾素过多，那么这种作法纯粹是幼稚无知。

有 100 万公顷肥沃土地（沙性土和黏土），其中石灰和镁的含量没有磷的高。那么，在补偿石灰和镁时，应当考虑补偿磷酸。

有 100 万公顷肥沃的土地，例如真正钙层土，大多数特别缺钾素。在这些田里如不补偿钾素，就要把自己陷入完全贫瘠的境地。

另一方面，有 100 万公顷肥沃的土地，其含氮量是如此丰富，以至于在这种田里补偿氮素就是真正的浪费。

在含钾量丰富的田里，施用含磷素丰富的肥料，使三叶草生长很好；但是施用草木灰，没有任何影响。在含钾量少的另外一些田里，施草木灰对三叶草有很好的作用，而施骨粉又没有什么作用。常常有许多土地，其氧化钙、氧化镁不足，很简单地施入含镁量丰富的石灰，对三叶草生长就很有利。

因为农民除了生产谷物和肉类以外，还生产其他产品，所以在补偿土壤成分时，其相互关系也是变化的。例如，中等产量的土豆从 3 公顷田里拿走了相当于 4 份小麦种子产量中所含的营养成分，其数量超过 600 多斤钾素；中等产量的甜菜从 3 公顷田里拿走的小麦种子营养成分的数量，超过 1000 斤钾素。如果只偿还一种磷酸钙给土壤，那么农民不可能确信可以获得持续稳产。

同样，商品植物的生产——烟草、麻、亚麻、葡萄——应当考虑到完全归还律。这完全不意味着，对于所有的被拿走的营养物质，都应当给予同样的重视。恰好相反，在钙质土中和泥灰土中，要求烟草的种植者们补偿土壤从烟草中拿走的石灰是无理的。归还定律教导农民，凡称为肥料的，对其农田都是同样有利的。它教导农民在这方面区别对待。归还定律向农民指出：田里哪些物质衰竭了，应该归还多少，以便保证恢复以前的产量。规律教导农民，不应当在自己的活动中，遵循那些对他们、对他自己的田地都不感兴趣的人的意见；而应当耕翻自己的农田，根据自己特殊的观察，对生长在田上面的全部杂草进行经常性的、准确的观察。这么做要比请教那些农业上的"顾问"，常常会给他带来更大的益处。

对持上述意见的这些人来说，自然科学是一个陌生的领域，他们只承认有数字证据的意义。除了可感触到的事物以外，他们还怀疑厩肥制度对农作物大田的作用，那么，通过德国政府所布置的一部分研究谷物的统计资料，可能很顺利地消除这些疑虑。

为了这个目的，我挑选了在来因格辛研究产量的统计资料。这是格辛公爵最肥沃的省份，对小麦最好的土壤，人民是非常勤劳和有教养的。这些研究包括 1833—1847 年，即 15 年期间，在那个期间，海鸟粪在德国还没有开始使用，骨粉的应用也很有限制，刚刚开始注意。

在来因格辛,小麦平均产量被认为是每公顷 5.5 公担。如果这个平均产量是 1,那么从 1833—1847 年的产量如下：

1833 年	1834 年	1835 年	1836 年	1837 年	1838 年	1839 年	1840 年
0.85	0.78	0.88	0.72	0.88	0.73	0.61	1.10

1841 年	1842 年	1843 年	1844 年	1845 年	1846 年	1847 年
0.40	0.90	0.74	1.02	0.63	0.75	0.88

这些全部数字的平均数,也就是实际平均产量,等于过去平均产量的 0.79。因此,来因格辛农田的生产力,对小麦来说平均减低了 1/5。

我知道,一些人可能要反对这些数字,否定个别数字的准确性,进而全部否定其可靠性。如果真有错误,那么这些数字不仅是在减少方面,而且还出现在增加的方面。其实在调查测定的时候,有的数字还真被夸大了。虽然如此,真是奇怪,几乎所有的测定,其数字都是减少的。

从以上所列举的数字能得出很简单明了的、确实可信的结论：事实上是栽培小麦减少了,而栽培黑麦增加了。过去很多栽培小麦的农田,现在都改种黑麦了。

改为栽培黑麦,本身就说明土壤已经变坏了。农民只有在当田里生产小麦已经是不利的时候,才会改种黑麦。

在来因格辛,黑麦的平均产量以每公顷 4.5 公担计,很明显,这里的土壤仅仅能提供 4/5 的小麦的平均产量,而黑麦还完全能达到中等产量。15 年间黑麦的平均产量等于 0.96,也就是说和平均产量相符。二棱小麦在这期间为平均产量的 0.79,大麦产量在这期间平均为 0.88,燕麦产量为 0.88,豌豆产量为 0.67,土豆产量为 0.98,白菜和甜菜的产量为 0.85。

在巴法宁和普鲁士的统计分析是完全可靠的,据其也得到这样的结果。我一点也不怀疑,在法国和其他国家,包括英国,也存在这样类似的关系。农田的这种状态,应当引起所有那些对公共幸福关心的人的重视。

非常重要的是,在已经出现了有关人类前途危险的预兆时,不要再执迷不悟了。灾难来了,不消除它而要否定它,装着看不到它的来临是不成的。

我们有一个任务,细心的研究确定祸害的指标。如果把祸害的根源揭露了,就为消除这个祸害迈出了第一步。

2.6　粪干,人粪

按理说,市面上出售的粪干应当是把人的粪便干燥化,变成便于运输的状态,但实际上不是这样——其中包含的人粪比较少。够了,蒙呼康(Монфокон)的粪干,大家认为质量是最好的,其中含 28% 的沙子；从德累斯顿市来的粪干中含 43%～56% 的砂子；法兰克福的粪干中含沙子在 50% 以上。在出售的粪干中没有遇到一种粪干磷酸含量超过 3%,而铵盐的含量多于 3%。厕所的构造都设在屋子里(在德国都是那种情况),在清扫时难免掉进沙子,打扫屋子时掉进其他垃圾,以及在清扫垃圾坑时,在清除液体的内含物以后,向剩余物中加入一些多孔的东西,例如褐煤或者泥炭等细碎的东西,使其干燥便于掏出来。这些附加进去的东西,减少了有效成分的含量,又提高了运输价值。采收粪便的土坑,大都是渗漏土,这样,大部分小便及其液态内含物,都渗入到土内。其结果是很多最有价值的东西,包括钾盐和可溶性磷酸盐含量都降低了。

人粪便的很大价值,从下面很容易看到:在拉斯达特城堡和巴敦的地窖中弄走粪便是采取大桶的办法。厕所储粪缸直接通过一根长的漏斗状的管子,流到安在大车上的粪桶内。所有的粪便、人尿粪渣,收集在一起而没有一点损失,大桶装满就随即运走,再换别的大车来接替。

士兵的食品,主要是面包以及一定量的蔬菜和肉类。成年人的身体不增加体重,所以不需要特别计算面包、肉类和蔬菜的灰分组成,它们和食物中所含的氮素一样,都存留在粪便中。

形成一斤谷物,需要一斤谷物所含的那么多灰分成分。这些灰分成分需要从土壤中吸收。

如果我们适当地给田里供给这些灰分成分,那么这块田在许多年内所生产的谷物比没有供给灰分的田块要多一些。

每天士兵的口粮支出 2 斤面包;8000 名驻防军,其粪便中包括 16 000 斤面包中的谷物所含的灰分成分和氮素。这个数量足够形成这么多谷物,这些谷物被利用来提供烘制 16 000 斤面包的面粉。

如果烘制 2 斤面包需要 1.5 斤谷物,那么在巴敦的领地上,从每年士兵的粪便中所获得的灰分成分,能满足形成 43 760 公担谷物的需要。

在拉斯达特郊区以及其他驻防军驻地附近的农民,购买和施用这些肥料。在这种情况下,这些地方得到了以下有趣的结果:砂性的荒地,特别是在拉斯达特和卡尔斯鲁厄市郊区的沙性荒地,变成了非常肥沃的农田。如果注意到,农民供给驻在拉斯达特军事司令部的全部谷物,这些谷物就是部队提供的肥料所生产的,所以这里存在有真正的循环,有可能每年保证 8000 士兵的面包,而把不减少生产谷物的生产条件归还给田里,所以这些生产条件经常保持不变。

上面所谈到的关于谷物的成分,实际上就是肉类和蔬菜的灰分成分,又重新回到土壤里,按需要生产同样数量的肉类和蔬菜。在城市居民和农村居民之间,应当建立这样一种联系,就好像在巴敦兵营附近的居民和大田之间的关系一样——居民供应大田肥料,大田供应居民面包。如果能把城市中积累的液态和固态的粪便,以及牲畜屠宰场的骨头、毛、皮、血等等,完全没有损失地都收集起来,而供给每一个提供农产品的农民,那么农田里的产量会长期保持不变,而每一块肥沃的田里营养物质储藏量足以完全满足人口增长的全部需要。

但是到现在,这还不可能做到。因此,农民应当努力采取购买肥料,寻找、应用能改良土壤的自然资源的办法,适当地补偿那些已经随自己的农产品运走了的植物营养物质。例如泥灰土等等,还要防治在自己单位所积攒的肥料损失。关于后者,那很遗憾,许多坏习惯还常常处在智慧之上;甚至,没有受过教育的农民都知道,雨水落在他的厩肥堆上,能从厩肥中冲走很有价值的东西,而把常常弄脏院子和乡村街道的厩肥堆在田里,因为这样做对他有很大的利益。但是，许多人对此漠不关心，因为历来如此，已经形成坏习惯了。

2.7 磷 酸 盐

磷酸化土壤在恢复农田地力上是很有价值的方法，不仅仅因其对植物生长比起其他营养物质有更大的意义，而且因为它被土壤吸收，大量地存在于农民生产的肉类和谷物之中。在挑选商品磷酸盐时，农民首先应当考虑他想达到的目的，因为目的不同，所要求的磷肥品种也应有所不同。

所谓过磷酸盐，是一种普通的磷酸盐。向其中加入一定量的硫酸，不溶解的中性盐类可转化成酸性盐类。如果其中掺混一些铵盐和钾盐，就可制成粒状的过磷酸盐类。从骨粉制成的过磷酸盐通常含 10%～12% 可溶性磷酸盐，而由无机磷酸盐制成的过磷酸盐含 18%～20% 的可溶性磷酸盐。过磷酸盐最好施在希望马上起作用，或者施在希望使土壤表层和中层磷酸含量丰富的地方。过磷酸盐对土豆和谷类作物的效果等于海鸟粪的作用；对甜菜和油菜有特别的意义，对油菜来说，其中所掺混的硫酸也有益处。

在中性磷酸盐中间，骨粉占第一位。当骨头在高温、高压条件下与蒸气起作用，它丧失了易碎性，像胶质一样膨胀起来，干燥后变脆、变软，很容易变成粉末。这种状态下的骨粉在土壤中很快分散开来，易溶于水，虽然溶解量不算大，但是不需要其他溶剂的帮助。在这种条件下，在水中溶解过磷酸钙和胶状物质的化合物，在耕作层内不分解，而深深地渗到土壤中。一般的过磷酸盐不具备这种特性。在湿润的土壤里，由于铵态化合物胶黏的结果，胶状物质移动很快，这时候过磷酸钙保持在耕层土壤中，骨粉中含的过磷酸盐也随骨粉胶质渗到深层土壤里，无机过磷酸盐不会渗到土壤底层。

烧制骨头、脱掉胶质的骨灰、骨角在精制糖时使用，无机磷酸盐（酸性磷酸盐）特别是过磷酸盐形式都宜用于农业。如果烧制骨头本身要用，那么事先要粉碎成粉末。为使其迅速分布在土壤中，需要供给碳酸，变成被分解的物质以便使其溶解于雨水中。将这些粉状磷酸盐和厩肥混合堆沤发酵，是非常合理的。

中性磷酸盐对大田作物产量的作用，在多数情况下，在第一年不如第二年来得明显。要使其在土壤中均匀分布，需要一定的时间。这些磷酸盐的作用是加快还是减慢，依赖于颗粒的大小、孔隙的粗细、土壤胶黏物质的多少和土壤耕作的精细程度。除了其他条件，在这种情况下，预料在土壤中应当有一定量的其他植物营养物质。

从采克耳（Ценкер）1847—1850 年在克拉依沃里姆多尔夫（Клаинвальмедорф）所获得的下述产量中，可以明显看到施用海鸟粪和骨粉效果的速度和持久性。

	骨粉 822 斤		海鸟粪 411 斤	
	籽粒（斤）	秸秆（斤）	籽粒（斤）	秸秆（斤）
冬黑麦 （1847 年）	2798	4831	2951	4771
大麦 （1848 年）	2862	3510	2484	3201
箭筈豌豆（1849 年）	1591	5697	1095	4450
冬黑麦 （1850 年）	1351	2768	732	2481

施海鸟粪的处理,第一年的产量高,而在以后许多年,逐年降低;施用骨粉的,第一年产量比施用海鸟粪的低些,但是在以后许多年中施用骨粉的产量比施用海鸟粪的要高一些。

411 斤海鸟粪中含有 53 斤氮素,而全部产量中含有 271 斤氮素,也就是说占 5 倍多;骨粉中只有 342 斤氮素,比施海鸟粪的产量中的氮素要多 71 斤。因此,在肥料和产量中所含的氮素之间谈不到什么相关性。

在萨克森的实验里,施用骨粉获得以下产量(见下表):

	库涅尔斯多尔夫	科兹	阿别尔波波里奇	莫依则嘎斯特
骨粉(斤)	823	1233	1644	892
黑麦(1851 年)籽实(斤)	1399	1429	2230	1892
秸秆(斤)	4167	3707	5036	4365
土豆(1852 年)(斤)	18 250	19 511	11 488	19 483
燕麦(1853 年)籽实(斤)	2346	1108	1718	1405
秸秆(斤)	3150	1224	1969	1905
三叶草(斤)	10 393	2186	7145	5639

在科兹的田里所施的骨粉为库涅尔斯多尔夫的 1.5 倍,而按全部田间果实来说,其收成比后者还低得多。

施骨粉比无肥区的增产数(见下表):

	库涅尔斯多尔夫	科兹	阿别尔波波里奇	莫依则嘎斯特
黑麦(1851 年)籽实(斤)	223	165	777	—
秸秆(斤)	1216	694	2021	—
土豆(1852 年)(斤)	1583	934	1737	2587
燕麦(1853 年)籽实(斤)	327	—	190	116
秸秆(斤)	542	—	157	65
三叶草(斤)	1249	1091	6234	56

施肥量在阿别尔波波里奇相当于库涅尔斯多尔夫的 2 倍,而以增产量作比较,黑麦籽实相当于它的 3 倍,黑麦秸秆相当于它的 2 倍。可是在第三年,库涅尔斯多尔夫燕麦的增产量(籽实和秸秆)则比阿别尔波波里奇超过了很多很多。

在阿别尔波波里奇,三叶草增产非常明显,在这块田里骨粉用量比科兹田里多 1/4,可是三叶草产量几乎是它的 6 倍;

很容易注意到,在前三个实验中施用的骨粉量相互间比例是 1:1.5:2,而将所获得的增产量比较,那么这些增产的大小和施用的厩肥和海鸟粪一样,对施肥量没有发现有什么明显的依赖关系。100 斤骨粉的增产数如下(见下表):

	库涅尔斯多尔夫	科兹	阿别尔波波里奇
黑麦和燕麦(1851—1853 年)(斤)	280.8	40.1	191
土豆(1852 年)(斤)	192	75	105
三叶草(1854 年)(斤)	152	95	380

2.8 铵态氮和硝酸

从雨水中落到土壤里的铵态氮和硝酸的数量，已经从上面所进行的实验中看得很清楚了，两者是很不同的。根据秘罗从法国不同地区的雨水中，测定的铵态氮和硝酸的含量表明：平均 1 公顷每年获得 27 公斤铵态氮，相当于 22 公斤氮素；和 34 公斤硝酸或者 5 公斤氮素，总共 27 公斤氮素。

根据布森科的意见，露水中含铵态氮量最多。按照克鲁普的意见，露水中的铵态氮不超过含在雨水中的铵态氮。

但是，植物不仅从土壤中吸取借助于雨水和露水渗入到土壤中的硝酸和铵态氮，而且直接从空气中吸取。在空气中经常含有氨，这在布森科布置的实验以后就没有疑问了。把石英砂、骨灰、煤烧红后放在珐琅碟子中，置于空气中冷却三天，可发现：

1 公斤石英砂中含	0.60 毫克铵盐
1 公斤骨灰	0.47 毫克铵盐
1 公斤煤	2.90 毫克铵盐

如果，在一年内随着雨水落入土壤中的铵态氮和硝酸的数量能够比较准确地测定出来，而测定附着在植物表面的露水，几乎是不可能的。同样，同二氧化碳一道从空气落到土壤中的铵态氮和硝酸，其数量很少。

生长在中美高原地带的作物和野生植物，那个地方几乎任何时候都不下雨，所以，这些作物和野生植物直接从空气和露水中获得必需的氮素营养。生长在欧洲大陆的植物从空气和露水中吸收的铵态氮和硝酸比从雨水中吸收到的铵态氮和硝酸不会少，这种认识不会有什么错误。用砂子覆盖的场地上什么也不生长，但是从雨水中所获得的铵态氮和硝酸比栽培在土壤中的植物并不少。但是，后者借助于植物的帮助获得这些化合物，而且数量很大，同时，新生叶很茂盛的，比不茂盛的得到的化合物还要多一些。

假设在萨克森实验中，包括在没有施肥的田里，禾谷类、土豆和三叶草中所获得的全部氮素都是从土壤中吸收的，而不是从空气和露水中吸收的。那么，含在土豆和三叶草中的十分之一的氮素，是以牲畜的形式从田里运走的，可以算出这些田里的氮素平衡（见下表）：

库涅尔斯多尔夫田地				
	产量（斤）	产量中氮素含量（斤）	从田里运走的氮素（斤）	从雨水中获得的氮素（斤）
黑麦（1851 年）籽实	1176	22.4	22.4	
秸秆	2951	10.6	—	
土豆（1852 年）	16 667	69.8	6.9	
燕麦（1853 年）籽实	2019	30.9	30.0	
秸秆	2563	6.6	—	
三叶草 1854 年	9144	202.1	20.2	
			79.5	120

因此在第五年，田里氮素增加 40.5 斤。

	莫依则嘎斯特田	
	从雨水中获得的氮素（斤）	从田里运走的氮素（斤）
黑麦（1851 年）	47.7	
土豆（1852 年）	7.0	
燕麦（1853 年）	22.2	
三叶草（1854 年）	12.2	
	84.1	120

在 1855 年田中增加氮素 35.9 斤。

继续这样计算下去是没必要的，因为，它还是得出同一结论。就是在天气不良的条件下，从空气随着雨水渗入土壤中的氮素不会比一般地从田里运走的数量少。

在雨水中存在有铵态氮和硝酸，迫使承认在自然界有一个氮素源泉，没有人类的参与，保证供给植物这些必需的营养物质。

对于其余的营养元素，如磷酸和钾，本身是不活动的，不存在自然界的源泉来补充它们。[①] 据此不难理解，耕作土壤中肥力下降以及产量降低的原因：主要要从不活动的营养元素中去寻找；但是，在历史上曾经起过作用的每一个科学原理，都仍在发展的过程中，在以后的发展阶段，这个原理还要在很长时间内继续占主要地位。被认为在农作物营养中起主要作用的氮素，也正是这样。

在观察某一个自然现象时，揭露引起这个现象的原因，开始时往往不清楚这个现象是简单，还是复杂？复杂到什么程度？是一个原因，还是许多原因来决定这个现象？首先被发现的作用，往往被认为就是唯一的作用，在这种条件下，也就认为它是原因。自从认为植物生长的条件全部都包含在种子里的看法被提出，到现在还没有过多久。然后发现水分，再迟一点发现空气，它们在这种条件下起非常本质的作用；再迟一些，认为土壤肥力的主要原因是其中的有机残渣。最后，当时还发现在作为肥料的许多物质中，最有效的是牲畜粪便以及有机残渣的组成部分，当时的化学分析材料证明其主要成分是氮素。不得不使人感到惊奇，因为肥料的作用，开头不认为是氮素，而后来认为主要是氮素。

这个发展过程是很自然的，因此不应受到责难。当时，对植物灰分中的钾、钙、磷酸在植物有机体生长过程中所起的和氮素相同的作用，还不十分清楚。甚至在不同的化合物中，氮素起什么样的作用的概念也还没有。曾经认为，作为肥料最好的是角、蹄子、骨头、血、尿和人畜粪便，木屑、锯木屑等等不起任何肥料的作用。如果第一类物质起作用的原因是由于其中所含的氮素；那么，第二类物质没有肥效的原因就是由于其缺乏氮素。简言之，所观察到的许多事实似乎与氮素的作用是相一致的，并且用氮素的作用来解释它。

如果说，含氮素的肥料起作用的原因，就是因为其中所含的氮素。那么，很自然地由此得出结论，由于在这些肥料中氮素含量不同。不是所有的肥料在农业上的价值都是相

---

① 如我们看到的氮与磷、钾的原则区别，李比希是完全正确地抓住了。——译者注

同的。很明显，其中含氮百分数高的肥料比那些含氮百分数低的肥料具有更大的价值。借助于化学分析，很容易测定氮素的含量。根据所获得的分析材料，能帮助农民一排排地安排全部肥料，每一种肥料都安排一个顺序数字，以标明其相对的价值，含氮最丰富的肥料价值最高，占第一位。

在这种评价中，不同肥料中氮素化合物的形式以及除氮素以外所含的其他成分，都没有任何意义。单纯从某一种肥料确定的顺序是完全不同的。在一种肥料中所含的氮素，是呈胶体形式的化合物，是角质，还是蛋白质物质？而伴随这些物质有没有磷酸化合物？是磷酸碱类，还是磷酸碱土类？这一类的物质有血粉、蹄子，角屑，布毛、骨头、油饼等等。

因为氮素这个名称并不意味着就是指某一化合物，那么不可能承认那种情况，即所谓氮素肥料，其作用决定于其中氮素化合物的形态。

所谓氮素植物营养理论，其有效根据从进口和应用秘鲁海鸟粪和智利硝石的时候就获得了。按照海鸟粪氮素的丰富，没有任何一种别的肥料可以与它比拟；按其肥料效果和速度，海鸟粪在各种肥料中也排在前几位。至于海鸟粪的效果很大，那与氮素营养理论不矛盾，因为在海鸟粪中氮素含量很高，化学分析对其速效性提供了很满意的解释。这就说明，施用海鸟粪提高产量比施用其他的、也含有这么多氮素的肥料要快。这种情况说明：一种肥料，其中某一种成分具有一种特性比其余的成分作用快。可以设想，海鸟粪的这个成分对植物来说，比别的氮素化合物更易于吸收利用。

测定这个成分没有什么困难。化学分析证明：秘鲁海鸟粪中铵盐很丰富，所含的全部氮素有一半是铵态氮，早已确定为植物营养的氮素来源。因此，不难找到对其速效性的解释，即在秘鲁海鸟粪中，有一种植物最需要的营养物质呈浓缩状态——铵态，这种东西施在土壤里，可直接被植物根系同化。

从这个时候起，含氮肥料就开始分为"易于吸收"的和"难于吸收"。第一类，即铵盐和硝酸；而第二类——全部其余的含氮的物质，这些物质，只有当其所含的氮素转化成了铵盐，才能起作用，才能被植物吸收。

毫无疑问，海鸟粪能提高谷物产量，其原因归结于其中所含的氮素，这个理论也是无可争辩的。还有，在海鸟粪中最活动的氮素部分是铵态氮，也已经证明了。由此很自然地得出结论，海鸟粪的作用，可以用适当的铵盐来代替，因此，信奉这个观念的人表明，要想提高和增加谷类作物的产量，不需要其他任何东西，只要有足够的、廉价的铵盐就行了。

"一切都在于腐殖质"——过去一直这么想！

"一切都在于铵态氮"——后来变成这样想了！

关于植物营养中氮素作用的观点上，这个结论是大大地前进了一步。如果说从前"氮素"这个字，没有任何确定的"概念"，那么现在它完全确定了。那些从前称为"氮素"的，现在开始叫做"铵"态氮——那完全是某一种化合物，它区别于其他也含氮的肥料成分。"铵"态氮能够用来布置实验，以证明这些观点的正确性。

如果，海鸟粪的效果依赖于其中所含的氮素，那么，在铵态氮里面含的氮素和在海鸟粪中含的氮素不仅应当起同样的作用，而要起更强的作用。因为，海鸟粪中有一半的氮素是难溶状态；而铵态氮中的氮素，完全能被植物根系同化、利用。

如果有一个实验表明，海鸟粪有很强的肥效，而等量的铵盐没有什么肥效，或者其肥效明显小得多，那这就足够以反对那种把海鸟粪的肥效都归结为氮素的作用的观点。因为，如果这个观点是正确的，铵盐应当在所有的场合都起作用，在海鸟粪中起同样程度的作用。

在这方面最早进行实验的是夏廷曼（Шаттенман）。

一大块小麦田，被分成 10 个区。每一个区施入氯化铵和硫酸铵，并留出同样大小的一个区作为无肥区。在一个区施这些盐类，按每英亩 162 公斤计算；而另一些区，施肥量为这个区的 2 倍、3 倍、4 倍。

夏廷曼说道（1130 页）*："铵盐对小麦生长起非常大的作用，施肥后 8 天，植物变成深绿色，这就是生长力量的可靠指标。"由于施了铵态肥料，得到以下产量：

	产量（平均每英亩/公斤）		降低籽实产量（公斤）	增加秸秆量（公斤）
	籽实	秸秆		
（1）每英亩（无肥区）	1182	2867	—	—
（2）1 英亩（施 162 公斤 NH_4Cl）	1138	3217	44	350
（3）4 英亩（施 324、324、486、486 公斤 NH_4Cl）	878	3171	304	304
（4）1 英亩［施 162 公斤 $(NH_4)_2SO_4$］	1174	3078	8	211
（5）4 英亩［施 324、324、486、486 公斤 $(NH_4)_2SO_4$］	903	3248	279	381

很容易观察到，铵盐使植物变成深绿色，但其希望没有实现——没有增产任何谷物；甚至相反，在所有的实验中，籽粒产量都降低了，只有秸秆的产量提高了，但不甚显著。

在这个实验中，铵盐起的作用与海鸟粪的作用相反——海鸟粪通常提高谷物产量。当然，不能认为这些实验就否定了铵盐的肥效，因为没有同时布置适当的施海鸟粪的实验进行对比。在这块田里，毫无例外，海鸟粪也得同样的结果。

在这以后，过了许多年，发表了劳斯和吉尔伯特的一系列实验，证明了在任何场合下，铵态氮和铵盐的正作用。

根据这些实验，他们认为必须坚持那个原理，即小麦的灰分营养物质不能提高土壤肥力，而籽粒和秸秆的产量与施入的铵盐有一定的依赖关系。他们坚信，仅仅施加一种铵盐就可以提高产量，特别是在小麦下面施用氮肥。

但是，劳斯和吉尔伯特的实验，完全没有证实有些需要由他们举出根据的结论。这些实验仅仅证明了这样一个事实，即他们在论证原理的本质方面，没有任何先入为主的概念。

他们不企图证明：能不能在一块田里光施铵盐，在很长时期内比不施肥的田块获得更高的产量呢？

他们也不想阐明：在连续许多年内，每年施过磷酸盐和钾盐的田里能获得怎样的产量？

---

* 《Compt·rend》t. XVII.

或者，他们在第一年，把许多年籽粒和秸秆的灰分组成成分，一次施在田里，施了磷酸和硅酸钾（560 斤骨头溶于硫酸中和 220 斤硅酸钾），然后每年仅仅施铵盐。据此使我们感到惊奇的是，竟以为在这种条件下，每年的增产数仅仅是一个铵盐引起来的。

如果劳斯和吉尔伯特试图用别的方式阐明以上问题，那么，他们的实验引人注目地缺乏根据。

况且他们力图证明：小麦地里施用海鸟粪所增加的产量，完全是由于海鸟粪中铵盐的作用，而其余的成分没有参与任何作用。如果他们将海鸟粪用水浸一下，把一块田分成两个相等的小区，一个区施那份海鸟粪；另一个区施那份海鸟粪的浸出液。那么，可能有两种情况：从这两个区所得的产量或者彼此相等，或者不相等。如果产量相等，那么完全明确了，海鸟粪中不溶解的部分，不起什么作用；如果从施海鸟粪的小区里收获的产量高些，那么完全可以相信，海鸟粪中不溶解的部分（即劳斯和吉尔伯特称为的无机物质）在增产中起了作用。

测定参与的数量也是可能的，如果还有一个区施用海鸟粪浸提后的残余部分，在浸提以后也获得同样的产量。

如果研究者为了证明自己的原理，第一年在田里施用浸提过的海鸟粪残渣，包括其不溶解的成分，而第二年施用其溶解了的化合物。经过这种处置以后，就确定了由它们所增加的产量应当特别归功于海鸟粪中所含的铵盐，这样，海鸟粪中不溶解的部分在这种情况下真的没有参与任何作用。那么，回过头来看，是研究者把我们引入了歧途：因为他们所施用的浸出液，不单是一种铵盐，而是组成海鸟粪的全部溶解于水的物质。

这里谈到的海鸟粪，正如早先提到过的，它是作为一种过磷酸盐、钾盐、铵盐的混合物在起作用的，完全可以应用到劳斯和吉尔伯特的实验中去。

在第一年，他们在自己的田里施了磷酸、石灰、钾盐，其数量很接近于 1750 斤海鸟粪中所含这些物质的数量，而在下一年他们还施了铵盐。很明显，在前一季作物中，耕层土壤很缺乏氮素；在这种情况下，如果决定海鸟粪效果的那些营养物质，有没有铵盐存在都能高产的话，那么必然是应当奇怪的。

这些实验在农业发展的历史上是意义深远的。因为他们指出了一点，即科学可以在对基本原则缺乏正确理解的条件下，能够向农民提出建议，而不允许展开学术批评。

为了研究氮素和铵盐的意义问题，巴德尔农业联盟基本委员会于 1857—1858 年在波格哈乌兹（Богенхаузен）场里，布置了海鸟粪与等量氮素的各种铵盐的对比实验，由此获得的结果有决定性意义。

这个实验有 18 个小区，每个小区面积为 1914 平方英尺，实验布置在已种瘦了的黏土中。在布置实验以前，实验地每年按往常一样的数量施厩肥，一年种黑麦，两年种燕麦，4 个区施铵盐，1 个区施海鸟粪，1 个为无肥区。

施肥量的基数为每英亩 400 斤厩肥。在上述每个小区中相当于 20 斤海鸟粪。

为实验挑选了海鸟粪，事先进行分析。通常，在海鸟粪中有一半是铵盐状态，其余部分是由尿酸和类鸟粪等组成。在这两种化合物中其活动性氮素和含在铵盐里面的氮素都换算成所需要的铵盐的数量。所用的铵盐，为了了解其确切的含量，实验前也进行过分析。如以上所提到的，20 斤海鸟粪相当于 1719 克铵盐，在 4 个区中施等氮量的铵盐。

很清楚,如果海鸟粪的增产作用,特别依赖于其中所含的氮素,那么其余的 4 个小区都施了那多的氮素,就应该同施用 20 斤海鸟粪的小区提供同样的产量。试验结果如下:

施加的肥料		1857 年的大麦产量	
种类	数量(克)	籽粒(克)	秸秆(克)
碳酸铵	5880	6335	16 205
硝酸铵	4200	8470	16 730
磷酸铵	6720	7280	17 920
硫酸铵	6720	6912	18 287
海鸟粪	10 000	17 200	33 320
无肥区	—	6825	18 370

虽然在 4 个小区中每一个小区施入了同样量的氮素,而所收获的产量是不同的:各铵盐区籽粒和秸秆的平均产量略高于无肥区;而施海鸟粪区的产量,其籽粒为施铵盐区的平均产量的 2.5 倍,而秸秆产量超过各铵盐区平均产量的 80%。[①]

下一年,在这个场里重复一次种冬小麦实验。其实验地在布置实验前 6 年施用厩肥;一年种冬麦,然后种三叶草,其后三年种燕麦。燕麦的根茬翻压到地里,以后再犁翻两次,9 月 12 日播种,并用耙盖土,播种后马上就下了雨。

试验田分为 17 个小区,每个区 1900 平方英尺,区与区隔开,单独平土和播种,海鸟粪施了 18.8 斤,铵盐施用量和海鸟粪中含氮量相等,所以和上一个实验一样,每个区所施的氮素都相等。

实验在波格哈乌兹进行。下表列出 1858 年的产量:

施加的肥料		冬小麦	
种类	数量(斤)	籽粒(克)	秸秆(克)
海鸟粪		32 986	79 160
硫酸铵	11.8	19 600	41 400
磷酸铵	11.9	21 520	38 940
碳酸铵	10.6	25 040	57 860
硝酸铵	7.1	27 090	65 100
无肥区	—	18 100	32 986

这个实验明显地证明某些意见是不正确的。按照这些意见,增产主要归功于氮素,含氮高的肥料,效果高。氮素是有肥效的,但是增产效果与肥料中的氮素,没有什么比例关系。

在某些情况下,氮素和铵盐能否增加大田作物的产量,其效果决定于土壤性质。

这里就意味着在土壤性质的影响下,那是任何人都能理解的。铵盐在土壤中不产生钾,不产生磷,不能产生硅酸,不能产生石灰等等;当小麦生育需要这些物质的时候,可是

---

① 在实验中磷酸铵没有作用使人很不理解。必须总结的是:第一个实验最低限,很尖锐的是钾;第二个实验也是如此。在这个实验里,除此以外,碳酸铵和硝酸铵则有很好的作用也使人不明白,不可能用在这种施肥情况下土壤没有被酸化来解释,因为硝酸铵首先强烈地酸化土壤,其程度不弱于磷酸铵。——译者注

土壤中缺乏这些物质，那么铵盐也不能起任何作用。还有，如果在夏廷曼以及上面所提到的波格哈乌兹实验中，铵盐不起任何作用，这个原因不在于它本身不能够起作用，而在于缺乏必要的条件来发挥它的作用。

劳斯和吉尔伯特在自己的田里，创造了那些条件；其结果，铵盐就能发挥其作用。

库里曼用铵盐施在牧草上也得了同样的结果：一个区施硫酸铵，同无肥区比，增加了牧草的产量，因为，一些磷酸和钾在缺乏氮素作用的条件下，不可能发挥其肥效。但是除了铵盐以外，当库里曼，还增加磷酸钙的时候，那么铵盐的肥效特别提高。下表列出1844年1公顷田里收的牧草数量：

施肥的情况	干草重（公斤）	增产（公斤）
250 公斤硫酸铵	5564	1744
333 公斤氯化铵＋磷酸铵	9906	6086
无肥区	3820	—

库里曼施硫酸铵的处理，使收获的干草几乎比无肥区多一半；补施磷酸钙的处理，所获得的干草接近无肥区的 3 倍。

信奉在大田生产中氮素占优先地位的人，在农户中造成一个概念，即氮素决定土壤肥力。

如果施在大田中的肥料，其效果真是取决于土壤中氮素的丰缺情况，那么根据这个道理，土壤衰退原因也可能归结为氮素的不足。所以，通过施肥以补偿从产量中拿走的氮素，以恢复其土壤的肥力；按照这种观点，田里肥力不匀，也应当是其中氮素含量的不一样，氮素丰富的地方，就应当是最肥沃的。相反的，这个观点获得可悲的结果，因为，它可能在肥料上发生，也不可能应用到土壤上。

任何人，只要是懂得一点化学分析的都会知道，所有的土壤成分中，任何东西测定起来都比氮素准确得多。

采用普通方法测定维因斯切丰（Вейенстфан）和波格哈乌兹衰竭田地中的土壤氮素，1公顷田里含有的氮素结果如下（材料换算成 10 英寸深度）：

波格哈乌兹	维因斯切丰
5145 公斤氮素	5801 公斤氮素

在这两块田里播种了春大麦，每公顷折合收获以下产量：

籽粒（公斤）	413	1604
秸秆（公斤）	1115	2580
合计（公斤）	1528	4184

在维因斯切丰田里的氮素含量几乎和波格哈乌兹的相同，可是其籽粒产量接近波格哈乌兹因的 4 倍，而秸秆的产量是波格哈乌兹因的 2 倍。

这个实验在 1858 年又重复进行：在维因斯切丰播种小麦，在希列依斯格依姆（Шлейстейм）播种冬黑麦，得到了以下材料：

	希列依斯格依姆	维因斯切丰
每公顷 10 英寸深的土层内的氮素(公斤)	2787	5801
所获黑麦产量　籽粒(公斤)	115	1699
秸秆(公斤)	282.6	3030
共计(公斤)	397.6	4729

在希列依斯格依姆田里所含的氮素与维因斯切丰田里的氮素之比是 1：2，可是产量之比为 1：14。

可见土壤中含氮量和产量之间谈不到什么依赖关系。

自从克罗克尔(Крокер)的考察之后，实际上谁也不再坚持这种观点了。他于 1846 年从不同地方取来了 22 个样品进行分析测定，发现甚至在瘠薄的砂土中，在 10 英寸厚的耕层土壤中的氮素，比植物畜产所需要的多 100 倍、500 倍甚至上千倍。在其他国家进行了同样的实验，都证实了克罗克尔所得的结果。

从那个时候起，这个原理就被公认了。大部分耕地的氮素含量比含磷量要大得多，作为鉴定肥料标准的相对含氮量，完全不能应用到测定土壤肥力的指标上。

这样一来，在各种肥料品种的化学分析材料和土壤分析材料方面就产生了不能解决的矛盾。在化验室中，肥料含氮百分数可以准确地测定出来，确定它的肥效；但是农民把它施在土壤以后，那个关于含氮百分数的材料，正好像土壤肥力的标准一样，丧失了任何意义。

这些难以理解的现象，不得不令人怀疑那些持氮素有优越作用的观点的正确性。对于这种观点，正如上面所指出的，实际上没有任何根据。这些难以理解的现象，迫使这个观点的保卫者们，不仅不放弃这个观点，而且还力图用许多稀奇古怪的、新的、露骨的语言来解释土壤性质。采取施在土壤中的很少的氮素，出于海鸟粪中、厩肥中或智利硝石中，确实因此增加了产量。这个氮素不是铵盐的形态，也不是智利硝石的形态。而其他的肥料需要的时间很不相同，正如骨、角、毛、布一样，肥效作用很慢。这样就得到一个结论：在土壤中的氮素也和肥料里面的氮素一样，按其性质来说彼此是很不相同的，一部分氮素成铵盐和硝石状态，老实说，只有这一部分是能起作用的；另一部分氮素成特殊形态，它完全不能起作用，目前还没有一个人看得很清楚。

所以，土壤肥力不依赖于土壤中全氮量，它可能决定于土壤中所含的铵盐和硝酸的数量。氮素理论的承继者们，已经形成习惯了，如果不直接说，拐个弯儿也要来证明自己的观点是正确的；那么，这个解释很自然的有待于实践来作答，其正确性有待于实验来求得证明。

如果从一块地里收获的产量按其在籽粒和秸秆中所含的氮素占土壤中的氮素的 6％、4％、3％、2％，那么这个原因就是说：这块田里土壤中所含的氮素 6％、4％、3％ 或 2％ 成有效状态；而其余的 94％、96％、97％ 或 98％ 处于固结、不能活动的状态。

从事物作用的结果中(从产量中含的氮素)引导出作用的原因(土壤中含有活动性氮素)，即从肥料效果找出其产生肥效的原因。如果在土壤中的全氮处于活化状态的氮素多一些，那么所收获的产量也就多一些；如果产量很低，那就是土壤中活化的氮素不足。在土壤中施用海鸟粪和厩肥，增加了活化氮素的含量，从而提高了产量。

这个鉴定土壤肥力的新指标，推翻了已往鉴定肥料的方法。因为，如果承认在许多氮素化合物中只有铵盐和硝酸表现出肥效，那么非常清楚，对一系列的、含有或未含有铵盐和硝酸的肥料来说是说不过去的。

相反的，血粉、骨屑、胶状物、含氮化合物、油饼等其中既不含硝酸，又不含铵盐，可是在肥料中占第一位。在很多情况下，这些肥料效果很好，但是不可能根据化学分析的结果来说明它。两块田，一块田施油饼，而另一块田不施肥，产量很不同：第一块田所产块根和籽实的产量比第二块田要高些，但是在第一块田里并没有发现其土壤中的铵盐比第二块田里要多些。这些肥料中的含氮化合物，如蛋白质、血粉、油饼、胶质——慢慢地转化成氨，因此表现出肥效。但是，过去认为土壤中的不活动的氮素化合物是不能转化成铵盐，也不具氧化成硝酸的能力。

很久以前就弄清楚了，有两块田，其中一块比另一块中的石灰含量丰富，因此第一块田对三叶草并不是经常都是肥沃的。但是据此，没有任何人认为：在第一块田里石灰也处于两种状态——活动性的和非常活动性的，只有活动性的石灰能引起三叶草产量的变化。

后来搞清楚了，施用等量骨粉的两块田里，第一块比第二块产量要高。但是没有任何人想到：在骨粉没有肥效的田里，是由于骨粉转化成了不活动的状态。

所以很清楚，在土壤中过去的营养物质，不一定对高产有明显的影响。关于氮素，我们认为情况有些不同，土壤中氮素过多，常常要影响到产量。如果它不起作用，那么原因不在于土壤本身，而在于含氮化合物的性质和状态。

据此很容易理解，按照那种观点，认为对大田生产起决定作用的主要归功于氮素。这种见解引起理论上的空前混乱，它不是根据任何基本原理来拟定成的。这种理论的信奉者，没有一个不花很大的力气试图从土壤中分离出一种不活动的氮素化合物，以研究其特性，并打算把那些还不清楚的坏结局都推到这种本身也不清楚的化合物上。

这个观点的继承者也想使我们相信，但他们对于土壤中含氮化合物的性质也说不出些什么来。一般说，关于这些化合物在耕层土壤中氮素的化学作用方面，某些人已经掌握了一些知识，并不是完全毫无所知的。土壤中氮素是随雨水、露水等从空气中渗入的，或者是从植物有机物质中产生的；或者来自土壤中所含的动物残渣；或者来自施入的人畜粪便：人畜粪便存留在土壤中；人畜的尸体——经过许多年以后消失了，其不能燃烧的残渣保留下来。有机物中的氮素，转变成氨，然后扩散在周围的大气中。无数死亡的、原始动物的有机体在母质上大量聚积，形成一条条的小丘和片状物。这就证明：在地球历史上，有机生命曾分布非常广泛。含氮化合物，包括在动物成分中的含氮化合物，转化成铵盐和硝酸，在动植物界到现在还起有效作用。

如果在这方面还存有什么怀疑，那么在斯密特和别依尔所进行的实验以后就应当完全消除了。*

---

* "Compt. rend" T. XLIX. pp. 711—715.

斯密特分析了从奥尔洛夫斯吉森取的大量的俄罗斯黑土样品[*]，其中 3 个样品取自一块田里从来没有翻耕过的荒土。这些样品中含有以下数量的氮素。

黑土中氮素含量

在荒土中	0.99％
在 4 英寸深处	0.45％
在底土中	0.33％

如果 1 立方分米的土壤重 1100 克，那么换算成 1 公顷田土，按其不同深度折算，包含了以下数量的氮素：

在 1 英寸深的土层中（0～1 英寸）	10 890 公斤
在其下 1 英寸深的土层中（1～2 英寸）	4950 公斤
在再下 1 英寸深的土层中（2～3 英寸）	3630 公斤
在 30 厘米深土层中总共为	19 470 公斤

别依尔从库涅尔斯多菲（见 p.208）附近取的土壤研究中，他发现在 1 公顷面积、1 米深土壤中含有 19 614 公斤氮素，分层氮素含量如下：

在第一层土壤中（0～25 厘米）	8360 公斤
在第二层土壤中（25～50 厘米）	4959 公斤
在第三层土壤中（50～75 厘米）	3479 公斤
在第四层土壤中（75～100 厘米）	2816 公斤
	19 614 公斤

根据以上两个研究材料：表层土壤，特别是土壤耕作层（大约 10 英寸深）中氮素含量最多，下层氮素含量减少。

氮素这样的分布表明它在耕层土壤中产生，是完全肯定的。

如果植物全部时间从土壤表层吸收氮素，而表层的氮素又比底层的要多，那么，不难理解，这个氮素是从外面渗到土壤中的。

在不同国家、不同地方各种各样的土壤分析表明，例如说：1 公顷带着产量的小麦田，在 25 厘米厚的土层中氮素少于 5000～6000 公斤是否有害。简单地比较土壤中所含的氮素和从土壤中带走的氮素就可以明白，植物从土壤中吸收很少一部分氮素，而对其余的营养物质比氮素来说，更易感到缺乏。

苗依耳（Менер）进行的实验证明，用水溶性的碱液处理土壤不可能获得土壤中的含氮化合物性质的有关概念。

在土壤中铵态氮素经苛性碱处理时，都从土壤中挥发了。在这种情况下，留在土壤中的不可能是铵态氮。苗依耳证明这种假设是毫无根据的。首先，他发现在许多有机质丰富的土壤中，经过 4 个小时煮沸以后，也就等于用开水浸提 4 个小时后，土壤中仍存留有大量的铵盐。为了这个实验，也取了 3 个土样：空树干里的泥土；从波丹里奇公园取的有机质丰富的菜园土和波格哈乌兹的重黏土。

---

[*] "Spetersb"Akad. Bull Ⅷ161.

1 公斤土壤在煮沸后还存留以下数量的铵态氮：

空树干里的土壤 7308 毫克

菜园土 4538 毫克

黏土 1576 毫克

如果用稀铵盐溶液处理土壤，或者把土壤放在氨气饱和的地方，或者把土壤放在碳酸铵上面使氨气饱和；经过这些处理以后烘干，然后散成薄薄一层，再于空气中放置 14 天。那么在这段时期内，从土壤中赶走了全部自由状态的铵盐，剩下来的自然状态的铵盐可以用冷水淋洗除掉。如果，土壤因此被铵盐所饱和，经测定可知道土壤中铵盐的数量，然后用热的氢氧化钠处理土壤，那么，在这以后，在土壤中仍然留着大量的吸着状态的铵盐没有跑掉。在下表中列出 1 公斤土壤的处理情况，其中：A 是被土壤吸着的铵盐的数量；B 是在土壤处理存留在水槽中 12～15 小时后溶于碱的数量。

	卡凡	希列依斯格依姆	波格哈乌兹	黏土
A（毫克数）	5520	3900	3240	2600
B（毫克数）	920	970	990	470

从这个例子中可明显看到：土壤保持一定数量的吸着状态的铵盐，不同土壤其保铵能力是不同的。希列依斯格依姆的土壤能保持 4∶1 吸着状态的铵盐，从卡凡来的土壤（厚石灰土）保持 6∶1 的关系状态的铵盐，波格哈乌兹的土壤接近于 3∶1。

为什么从铵盐饱和的土壤中经过几小时热碱（NaOH）处理，而分离走的只有一部分吸着状态的铵盐？很可能是高温条件下吸着状态的铵盐，逐步转变成气态氨，长时间的水的作用，可能比钠的化学吸引力的意义更大些。在这个操作过程中，实际上很难有什么界线，在此范围以外，就不再形成铵盐了。因为甚至在土壤烧热以后，放在水槽里，经过 25 小时所得的液体还继续有碱性反应。[①]

上面所提到的土壤，在自然状态下，用 NaOH 溶液处理时，如果它一部分被铵盐所饱和，那么也是一样。在下表中列出 1 公斤土壤的处理情况，其中：A 表明土壤中全部氮以铵表示的数量，在土壤和钠石灰一道加热时，释放出来的氨的数量；B 是在 12 到 25 小时之间，热碱（NaOH）溶液处理土壤时，从土壤中释放出来的氨的数量。

	卡凡	希列依斯格依姆	波格哈乌兹	黏土
A（毫克数）	2640	4880	4060	2850
B（毫克数）	510	1270	850	830

这些数字得出很有趣的结论，它们表明：土壤中总氮量的 1/3、1/4、1/5，可能以氨的形态从土壤中跑掉；况且，土壤经过 25 小时 NaOH 溶液处理以后，蒸馏物仍然呈碱性反应。

因为在铵盐饱和的土壤中，经过热烧碱处理 5～6 小时，其吸着状态的铵盐还存留 1/3、1/4、1/6，况且，没有任何根据证实，留在土壤中的那一部分铵盐，变成了别的某种化合物，而不以铵盐的状态存在了。那么关于自然土壤方面，在这个条件下，同样也不能证明：土壤中不能以铵盐的状态存在的氮素，同样不能以氨的状态蒸发跑掉。

---

① 土壤含氮有机质的不断分解，是在这种条件下，无尽止地分离出氨的原因。——译者注

上述实验没有直接证明,在土壤中的全部氮素是以铵盐的状态存在着;同时也没有相反的证明,氮素在土壤中不是以铵态存在的(土壤中除铵盐以外,有一部分氮素以硝酸状态存在)。

这里所谈到的是值得研究的问题。很难引用某个明确的、有精确意义的证据。相反,这里足以看出,土壤中所含的氮素与厩肥中所含的氮素性质相同;用碱溶液处理厩肥,从里面只能析出很少一部分氮素,大部分氮素只有在它分解以后,才能从厩肥里跑掉。

根据费里克尔(Фелвкер)的材料,在 800 公担的新鲜厩肥中包含下列成分:

	1854 年 11 月	1855 年 4 月
氮素	514 斤	712 斤
游离氨	27.2 斤 ⎫ 97.6 斤	74.4 斤
铵盐	70.4 斤 ⎭	

将希列依斯格依姆和波格哈乌兹 800 公担耕层土壤中含有的全部氮素和析出的氨态氮的材料进行比较:

	希列依斯格依姆	波格哈乌兹
氮素	321.6 斤	267.1 斤
包括析出的氨	101.6 斤	68.0 斤

所列举的材料明显看到:两土壤氮素并不特别丰富,含铵盐量等于同量厩肥中所含的数量,因此,如果将厩肥的肥效特别归功于其中的铵态氮,那么在此情况下,希列依斯格依姆的土壤贫瘠的原因完全不清楚。

我们认为厩肥中全部氮素都有肥效。按照土壤中氮素成分产生的来源,和肥料中氮素的来源两者是相同的。那么完全不能够把土壤肥力特性归功于铵态氮,可是在肥料中又没有这种肥力。已经证实,在土壤中含氮化合物不一定和厩肥中所含的氮素一样经常对提高产量有作用。由此得到结论:决定肥料中氮素作用的原因,在土壤中是不存在的。然而很清楚,如果农民关心土壤,使土壤也具有肥料的那些特性,那么也一定能使土壤氮素也具有肥效。

在我们看来,在希列依斯格依姆,上述两块田中所收获的产量,都没有施肥。其产量中和土壤中所含氮素的比较列于下表:

每公顷 10 英寸土层中含氮量(公斤)	产　　量	
	籽粒(公斤)	秸秆(公斤)
一号田(1858 年)　2787	115	282
二号田(1857 年)　4752	644	1658

那些观点的追随者曾认为,农田产量高度被土壤所含的氮素制约着。上面所获的实验材料,给与以下的评价:

两块农田含氮量的比例是 100∶170,而籽实产量的比例是 100∶560,因为所获产量依赖于土壤中有效氮的数量;那么,二号田中不仅有效氮的绝对量,而且相对量也比一号田要多。如果一号田里 115 公斤籽粒产量中的氮素,就是土壤中所含的 2787 公斤总氮素中的有效部分;那么在二号田中有效氮和无效氮之间也存在着和一号田一样的比例。

那么,二号田里,由于有效氮素所获的籽粒产量,应当是 257 公斤(2787 公斤氮素：115 公斤籽粒＝4752 公斤氮素： 257 公斤籽粒),实际上籽粒产量为两倍半。所以,二号田里,有效氮的含量比无效氮来说有相当高的比例。

但是,这些简单的解释与下述情况相矛盾,即在相同的年代里,这样两块田施入过磷酸钙(从磷酸盐获得)后,每公顷得到了以下的产量:

	籽粒(公斤)	秸秆(公斤)
一号田施过磷酸钙(1858 年)	654	1341
二号田施过磷酸钙(1857 年)	1301	3813

因此,由于施用了 3 种营养物质——硫酸、磷酸、石灰,其结果没有同时增加土壤中氮素的含量,在一号田土壤中含氮量 2787 公斤和从田里收获的籽粒之间的比例相当于包含了 4752 公斤氮素的二号田的比例。在这种情况下,有效的氮素和无效的氮素之间的比例是相同的。在一号田里仅仅由于缺乏其他营养元素,而导致氮素不能发挥作用。过磷酸钙在二号田里的有利作用,也同样说明在无肥区里所获的籽粒产量,与土壤中含氮量不一致,因为施用过磷酸钙,结果增产两倍多。

但是在一号田里,除了过磷酸钙以外,还施用了 13.7 公斤食盐和 755 公斤硫酸钠,那么这又使产量增加,籽粒达 700 公斤,秸秆达到 1550 公斤。

所以,植物能利用更多的、过去认为似乎是无效的氮素。

农民考虑了相同的问题,自己得到一个结论。即关于实验材料,在他们自己的经验与科学上力图解释的中间存在着很大的距离。如果实践证明,在某些情况下,海鸟粪、骨粉能恢复地力,提高作物产量;那么,在这种场合任何人也不能断言,这个情况实际上不能发生,或者说这是不可靠的,没有希望的。但是,实践的解释不符合这些事实,他们没有看到在厩肥和海鸟粪中所含的铵盐,或者芒硝里的氮能够增产。但是不知道这些情况的人们,对所有这些似乎都相信。

当然,令人惊奇的是这种情况无论在哪一种手工业或者在生产上都不会发生。在大多数场合农民坚持一种观点和见解,并且断言其是正确的,即使没有一点证明,甚至是缺乏需要检查和验证的思想。很难理解他能信赖的事实会是怎样,因为他不是从自己田里获得的,而是把从别处得来的应用在他的田里,这种做法起码值得怀疑。

如果在成千上万的农民中,某一个农民决定在自己的田里用氨和铵盐进行长期实验,以检验这种肥料到底有没有优越性,同其他的肥料相比,到底增产不增产,并以此方便地对那些原理进行正确的评价,证明这些原理确有价值。

最简单的论断是,如果没有一系列的必需的营养物质同时存在,没有任何一种营养物质能单独对植物生长起某种作用。氮素也不例外,某种肥料的价值不可能被其中所含的氮素的数量来改变。可以设想,肥料在任何情况下都应当有肥效,正好像把钱用在他所需要的任何地方都会带来报酬一样。

健全的理智提示我们,这样的设想是不可能实现的。那么,人们只有眼睁睁地面对着无数的事实束手无策。在许多营养物质之中,铵盐也不例外。人们得出结论,在他们自己的土地中,含有大量的氮素,但都是不活动的。尽管不是什么特殊的状态,但从科学的观点看来,不能认为已经对其研究透彻了,解释清楚了。正好像在许多情况下,磷酸钾、石灰、镁、硅酸和铁处于不活动状态一样，这种不活动的状态就是由于在土壤中缺乏某些条件。只要具备了这些条件，这些不活动的营养物质就会转变成对植物可产生肥效的了。

那种认为在土壤中的绝大部分氮素都不能被植物吸收利用的观点，无法根据大田产量不依赖于土壤中所含的氮素的情况得到证明。在田里所收的产量也不仅决定于土壤中的氮素。如果那样，那么所有的田，所有的植物所必需的各种条件，都要一样丰富，到处都要是一样的地质成分和机械组成。但是这种假定是不可能的，因为在地球表面，甚至在一块田的两个地方，都不可能是完全相同的。

因此，所有的人都会把这种观点驳倒，不仅仅因为其不可信，而且还因为它会对农民产生不利影响：它会给农民头脑里造成那样一种印象，即土壤中所储藏的氮素不可能变成活动性，因此而不朝这方面努力。似乎，如果早些证明农民活化土壤中的氮素的努力是无效劳动，那么他们早就不努力这样做了。

因为在世界各地，许多国家对上百年连作庄稼的准确观察，确切证明了，一定存在一个氮素的源泉，不要农民参与，每年能从所收的产量中补偿农田一部分氮素，这个氮素是在轮作中是从产量中被带走的。随着氮素的被带走，别的营养元素也被带走，而且由于它们不像氮素一样能自己来到土壤里，因此，无论土壤中储藏得怎样多，土壤还是慢慢地被耗损。那样就完全与那种解释的理论原则相矛盾。某块没有耕过的田，首先是耗损氮素。如果农民不理解自己的利益，那么生产本身也要求我们考虑通过自己全部力量和方法，使大家了解这种观点的正确性，并努力搞清楚每年从大气中所获得的氮素的数量。[①]

当明确这个氮素来源能够补偿大田从产量中带走的全部氮素，那么在其组织生产时很容易获得好处，并且可以引导农民考虑一种方法——利用每年以厩肥形式聚集的氮素储备，无需花费成本就能获得氮肥，同时比较合理地安排自己的农务。如果他弄清楚了空气只能补偿他从田里拿走的一部分氮素，发现这一点也有好处：可以借助于更合理地使用厩肥来补偿这个不足的部分，或者更有效地组织自己的农务，以便使自己的企业里运走的氮素从自然的源泉中得到补偿。

价值在工业上是产品进步的标准和尺度。但是，如果一个人所获产品的价值不敷其生产成本，没有一个神智清醒的人会不去改善生产过程的。例如海鸟粪的价值，如果施用它所获得的增产数不敷其劳动和成本的开销，那么，他自己就会取消施用。

在农业上早已确信这个观点。为了提高谷物的产量，必须解决铵盐的问题，还有别的问题。这在农业上是一个进步，[②]无需特别讨论。那些用脑筋的农民，对我的观点很感到惊奇。按照我的观点，如果依赖增加土壤中氮素储备来增加农作物产量，那么事先就应当放弃怎样改善农业。因为，我认为，农业上的进步，只有在"当农民不依靠从别处获得氮素，而能满足自己田里的氮素储备"的场合下才能实现。

---

① 应该说，现在对于氮进入的任何确切材料，我们一般还没有，而从一个区的观点则更难说了。——译者注
② 李比希完全正确地从经济学观点解决了关于氮的问题，遗憾的是他没有把他自己全部的必须给土壤补偿取走的东西的学说奠定在这样一个确切的经济学基础上。关于氮的方面，技术的进步解决了在李比希时代尚未解决的任务，同时给了农业无限量的氨。——译者注

劳斯在英国布置的全部实验表明，平均肥料中含的 1 斤铵盐能生产 2 斤小麦。劳斯平均在自己的田里施了 3 公担铵盐，结果所收的籽粒产量比无肥区多一倍半产量。

因此，不难理解，获得这样的产量，1 英亩田，7 年之内没有施任何肥料，生产了 1125斤粒籽和 1756 秸秆。不仅如此，施铵盐的全部小区还收获了磷酸和硅酸钾。

假设由于施用铵盐的结果，增产特别多；假设全部田里在所有的时间内，磷酸、钾素、石灰等等的量都能保证，那么，连续使用铵盐，也不会引起土壤损耗。我们算了一下，为了使谷物产量比 1843 年萨克森王朝时期，不施肥的田里所收的产量高 50％，那么在1 344 474 英亩耕地［1 亩（AKP）＝1.368 英亩（Aнгл. Aкр）］内（除了葡萄园、菜园和牧草地外，按每英亩收获 50％谷物的产量计算）要维持这个产量，每年需要施用 4 公担铵盐，这样萨克森王朝每年需要这种肥料 2 688 598 公担或 134 447 吨。

谁要是了解一点关于化学工业现状的情报，就会知道从每种原料（动物残渣、水煤气）制造铵盐的情况。现在大家都清楚，英国、法国、德国的全部工厂加上购买的在内，都不能满足（哪怕是其 1/4 的铵盐）这个小小的国家提高农产品的需要。

很容易计算：德意志联邦、奥地利有 1100 万约哈耕地（1 约哈＝1.422 英亩），普鲁士有 3300 万马尔格（1 马尔格＝0.631 英亩）和巴法宁有 900 万它格维尔（1 它格维尔＝0.842 英亩）耕地，均匀分布时该要多少铵盐？如果铵盐的生产比现在增加 4 倍，那么这个数量对于提高产量似乎没有什么影响。

欧洲进口的最便宜的铵盐还是秘鲁的海鸟粪，平均含铵盐量占 6％。

如果我们设想，全欧洲的文明国家（我指的是英国、法国、斯堪的纳维亚国家、匈牙利、荷兰、普鲁士和德国，不包括奥地利，全部有 1.2 亿居民）主要都是施用海鸟粪，一百多年以来，每年施用海鸟粪 600 万公担（30 万吨），折算成铵盐 36 万公担。假如每 5 斤铵盐增产 65 斤小麦或等价的其他谷物，那么所获得的其他谷物正好够每个居民在一年内两天的粮食，每人计有 2 斤多谷物。

一般说，人的食品每天平均需要 2 斤谷物或等价的东西，每年需要 730 斤。根据以上假设，3600 万斤铵盐可以生产 13 倍多数量的谷物或等价的东西，共 4680 万斤，也就是说可以一年养活 64.1 万人。

如果计算英国和乌埃里斯（Узльс）的人口，每年增加仅仅 1％，那么一年就增加 20 万人口，三年就是 60 万，因此，进口 60 万公担海鸟粪的铵盐能增产的谷物仅够养活英国和乌埃里斯在这些年间所增长的人口的需要。

经过 6～9 年后，在欧洲或英国，如果要养活所增长的人口，实际上仅依赖于进口铵盐的话，将会发生什么事呢？我们能在 6 年内进口 1200 万公担，9 年内进口 1800 万公担的海鸟粪吗？我们完全知道，依靠海鸟粪，铵盐的来源很快要损耗殆尽，我们没有开辟新的丰富的铵盐来源的任何前景。[①] 而人口呢，不仅在英国，而且在欧洲各国，每年都以大于 1％的速度增长着。最后，由于这些原因，也就是说，由于美国和匈牙利的人口也在增长，这些国家也将相应地减少粮食出口。经过这些统计以后，希望用施用铵盐来提高某

①　当李比希写这些话的时候，刚刚发现了智利硝石的矿藏，排除了李比希所说的海鸟粪贮藏耗尽的危险。记得过了 60 年，智利矿面临同样的问题；在 1900 年克鲁克斯警告学术界要正视智利硝石用尽后将面临的悲剧。——译者注

个国家的粮食产量的办法，应当认为是没有根据的希望。现在，在德国，1斤小麦值4克列，1斤硫酸铵值9克列。如果1斤这样的铵盐，还需补充一般的肥料，小麦产量可以提高2斤，那么德国农民花1个银盾，从谷物中收回53个克列。农业生产的实践可能很清楚地揭示了这种收入和支出的比例关系，这就是直到现在，铵盐还没有在一个国家或一个地方广泛使用的原因。如果现在化学肥料的工厂主，增加一些铵盐到自己的肥料中，那么仅仅是由于投合农民的爱好，虽然，他们中间没有任何人能够指出铵盐给他们带来的利益。当农民学会正确使用氮素，使其无须人们帮助就能直接渗入到农田里，到那时候，这种偏见本身就会慢慢消失了。

土壤中氮素非常丰富，在高度熟化的土壤里氮素含量增加。关于对空气和雨水中含氮量的研究，以及农业上的这些事实，总的说明：甚至在精耕细作的农业中，土壤中含氮量不会减少，所以和碳素循环一样，还存在有氮素循环，这就给农业提供了增加土壤中的氮素储备的可能。

施用过磷酸钙以及其他无氮肥料，如石灰、钾盐、石膏等等，对根类作物以及三叶草的产量几乎到处都有不寻常的、良好的增产效果。这无疑说明了，氮素在土壤中是积累的。

农业实践家非常希望改善自己的农业。应当根据这些因素，得到完全肯定的明确的结论，阐明肥料中的氮素的性质和作用。现在他还不相信从空气和雨水中确实能给作物提供氮素。没有任何人能够由此就要求停止从外面供给铵盐，相反地，按照这个意见，农民可以不要从外面施用什么氮肥而获得最高的大田作物产量。并不是说，农民不要施用厩肥，恰好相反，欲要提高作物产量，就应适当施用厩肥。

由于栽培谷类作物的结果，田里的肥力耗损了。为了恢复和提高土壤肥力，应当在耕作层里，将穗状作物生长所必需的全部营养物质储备充足，其中也包括氮素；并且比其他的营养物质来说，没有任何一种营养物质是处于剩余状态。

在这种情况下，农民可正确安排轮作，在轮作中合理搭配谷类作物和饲料作物，妥善保存厩肥中所含的全部铵盐，避免任何不必要的损失，这样就能保证耕层土壤有充足的氮素，与土壤中其他的营养物质的数量相适应。至于说到从农产品中出卖的氮素，每年可从大气中得到补偿。

从大气和雨水中渗到土壤中的氮素数量，总的说来，是能适应作物的全部需要的，但是对于许多作物来说，很多时候常常不够。有些植物在整个生长期里需要的氮素比从空气和雨水渗到土壤中的数量要大得多，因此，农民为提高谷类作物的产量，在轮作中安排饲料作物。饲料作物的生长不需要很丰富的氮肥。从空气中将氨聚集到土壤中，将氮素浓缩变成饲料、干草的组成成分，再用其喂养马、牛、羊等大牲畜，使其转变成动物的血和肉的成分。农民再从牲畜粪尿中回收那些饲料中的氮素，这个氮素包含在铵盐和其他含氮的化合物中，因此，人畜粪尿对谷类作物又是一个补充的氮源。

存在这样的规律，即在栽培叶子少、根系不发达、生长期短的植物时，由于时间不够，这些植物不能从自然源泉中吸取养分，农民应当通过施肥的方式来补偿土壤。

至于在表层土壤中，由于施用厩肥而积累氮素养分，这些是穗状植物生长茂盛所特别必需的。不难理解，这些情况与栽培饲料作物密切相联系。

1851 年到 1854 年，在萨克森实验中，不施肥的田，其氮素平衡情况如下：

	加入的总氮量(斤)	拿走而损失的氮量(斤)	厩肥中回收的氮量(斤)	三叶草干草产量(斤)
库涅尔斯多尔夫	342.4	78.4	236.6	9144
莫依则嘎斯特	279.5	84.1	175.0	5538
科兹	160.9	54.8	106.1	1095
阿别尔波波里奇	127.7	57.2	70.5	911

很容易注意到：从田里拿走的和以厩肥形式回收的氮素数量，虽然不甚准确，但其趋势是很明显的，依赖于这块田里所生产的三叶草干草的数量。无可置疑，农民已找到一条正确的途径，以栽培饲料作物，从而获得为了谷类作物高产而丰富自己田里氮素营养的方法。

这并不是说，农民应该永远拒绝使用铵盐，因为土地的性质千差万别。虽然可以相信，绝大部分田地都不需要追施什么氮素。但是，这当然不能毫无区别地适用于所有的田地。在有的土壤中，有机质和石灰丰富，由于在土壤中进行生物过程的结果，有某些数量的铵盐在土壤中变成结合状态，并能转化成硝酸，这就能够在土壤中积累，并能与钙镁结合淋洗到深层。在某些情况下，这些氮素的损失比从空气和雨量中以铵盐的形式渗到土壤中的数量大得多，因此，在这种土壤上增施铵盐一定会带来好处。这种情形同样适合那些长期没有耕种过的土壤，以及那些原来虽然含量很丰富，但由上述原因慢慢耗损了的土壤。在这些土壤中，施用含氮丰富的肥料于作物下面能收到良好的效果。除此以外，施用氮肥不再是必需的了。

通常，农民在心理上对施用含氮丰富的肥料的好处存在偏见，这个偏见是由于在某些对比实验中，施用氮素丰富的肥料的小区，其谷类作物苗期有明显差异形成的。在施用海鸟粪和智利硝石的田里，谷类作物的幼苗、叶子绿些，苗子多些，叶子宽些。但是，只有在土壤中其余的营养物质同时大量存在的情况下，好苗架才有丰产的希望，只有植物地上部分充分发育了，这样，谷物产量才能提高。如果不是这种情况，那么，在含氮素丰富的田土里，植物在第一年里，往往由于自己过分肥壮而吃亏。正如我们在温室栽培中看到的那样，茎叶由于生长太快，含水过多而很微弱。因为植物来不及从土壤中吸收硅酸和石灰。这些成分不仅能保证植物器官必要的坚固性，并增加了它们抗御对其生长有危害的不良环境的能力。秸秆如果不具有必要的弹性和坚韧性，尤其在石灰性土壤上，易于发生倒伏。

这种有害影响，在栽培土豆时，特别惹人注目。在氮素过多的土壤中，温度突然降低，或遇上阴雨连绵的天气，土豆常常感染一种病害；而在同时，在旁边单施灰分的土豆田，就没有或者很少有这种病害。

最近，农民为了改善农田所布置的大量实验中，没有一个是为了研究土壤状况或者是为了验证某些观点和概念的正确性的。

对待这些观点正确性的论证，采取漠不关心的态度，其本质原因就是，人类的实践活动往往不是由理论来指导，而是模仿着现象和事实。这好像对于一项手艺和技术不一样，无论某一种理论正确与否，对于一项手艺并不意味着什么。所以他们是完全无所谓的，因为他们不受什么理论的指导。

成千上万的农民，对于植物营养和肥料成分的知识了解得很少，他们施用海鸟粪、骨粉和其他肥料的成就和技术，正如那些掌握了这些肥料知识的人一样。这些人比起前者并没有多少优越性，因为他们的那点知识，也没有什么真正的意义。例如，肥料的化学分析结果虽然能很快地作为肥料质量和价值的指标，但是不能作为评价其在田里肥效的根据。

在英国，半个世纪以来，骨粉一直被作为肥料使用和买卖。这倒不是出于对骨粉作用的实质有什么深刻的见解，而是受到随后关于骨粉的一种不正确观点的影响：这种观点认为骨粉的肥效在于其含有氮素的胶状物质。这种观点对骨粉的推广使用起了很大的作用。

农民用骨粉肥田，不是因为其所含的氮素，而是由于他想获得大量谷物和饲料，因为他知道，不施骨粉不可能得到高产。安排这样的农业生产，只需对各种因素有粗略的了解而不求对其有什么深入的认识。因此，这就造成了土壤中所含有财富的损耗。不要什么大的学问，只需简单对比一下事实，就能够使一些才疏学浅的人能够做到这一点。其实，要做到合理地安排农业生产，使农田不断地高产而又不损耗地力，同时还要使劳力和成本获得最高的经济效益，并非易事。不管任何别的生产怎么样，农业生产需要有很广博的知识范围，需要充分的观察和丰富的经验。要想真正合理地安排自己的农业生产，不能像普通的老农民那样，而需掌控所有的因素，还应当会给出正确的评价，知道他所采用的各种措施的本质及其对土地的影响，理解他的田里所发生的现象，并从这些现象中了解到他所安排的农业生产的后果；最后，他应当做一个真正的人，一个有完全意义的人，而不是一个残缺不全的人——在总结自己的作用的时候比一只猫大不了多少——猫儿在养鱼的罐子里捕捉金鱼的时候是很讲究敏捷性和技术性的。

当今一代学生所受的化学教育，其方式仍然是李比希学派的传承。18世纪以前的化学是远离大学教育的，真正现代意义上的化学研究学派是由李比希创立的。他把实验室引入大学化学教育，形成了以公共化学实验室为基础的化学研究学派，并在全世界传扬开来。在这种共同体中，导师和学生既是教与学的关系，又是集体从事科学研究的合作者。直至今日，世界各国仍沿用这种模式。

← 17世纪的化学实验室，多为私人所有，容纳学生数量有限，大多数有志于化学研究的青年被拒之门外。所以，这样的实验室影响力也较小。

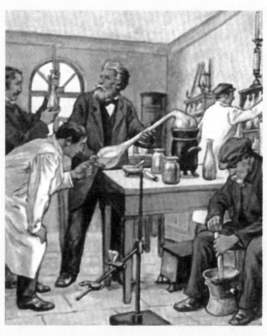

→ 李比希时代的化学实验室。

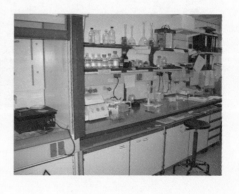

← 1890年前后的李比希分析化学实验室（水彩画）。

→ 典型的现代化学实验室一角。

← 贝采里乌斯（Jons Jakob Berzelius, 1779—1848)提出"有机化学"这个概念时，李比希还没有上小学。那是一个化学家们把有机世界与带有炼金术传统的无机世界分离开来的年代。当时，大部分化学家看到了有生命体化学和无生命体化学之间的本质不同，肯定了有机化学和无机化学的区别，但对有机化学的认识却很少。图为位于斯德哥尔摩城贝采里乌斯公园的贝采里乌斯雕像。

→ 1831年，李比希设计出了一种沿用至今的分析仪——五球分析仪（kaliapparat，该词由"kali"+"apparat"两部分构成，即"KOH"+"仪器"的意思）。其核心是5个灌满了氢氧化钾的小球，这5个小球可以吸收有机物质燃烧时释放出来的二氧化碳。反应式为：$2\ KOH + CO_2 \longrightarrow K_2CO_3 + H_2O$，以此精确测定碳、氢、氧、氮、硫这5种元素的准确含量。该仪器大大地加快和简化了分析动植物组织中所包含的基本化学元素的过程。此后李比希和他的学生们研究了数百种植物组织、动物器官和产物的组成。由于在此之前没有人能够这样精确地、随时可以重复地进行这样的分析，所以说，他们实际上奠定了有机化学的基础。

← 李比希的五球分析仪成为有机化学中里程碑式的标志，耶鲁大学图书馆的墙上也饰有这个极富创意的仪器。

→ 美国化学会（American Chemical Society）会标上的五球分析仪。

19世纪中叶的李比希冷凝器　　　　　　　　当今的李比希冷凝器

↑↗ 李比希冷凝器虽然是在李比希之前就已经发明的，但它在化学试验中的普及，则是由于李比希的大力推动。这种冷凝器至今仍是科学实验常见的仪器。

← 李比希"最精"分析天平，直到今天都能精确到0.3毫克。李比希作为一位伟大科学家，以身作则，坚持首创精神，改进科学分析方法和设计新仪器，这对他的学生起到楷模示范作用。

→ 李比希的办公桌。在这间办公室墙上有一个小木窗，打开木窗可以看到隔壁实验室中的工作情况，可见李比希对实验室的管理是非常严格的。

→ 19世纪30年代末，李比希敏锐地觉察到了世界粮食供应所面临的问题，开始研究植物生理学和土壤化学。1840年，李比希出版了《化学在农业和生理学上的应用》，该书当时不但在科学界，而且在整个知识分子阶层获得了巨大的反响，对农业的发展产生了深远的影响。图为该书英文版封面。

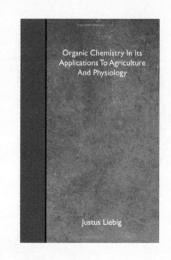

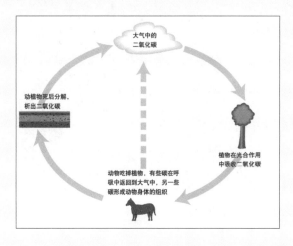

← 在该书中，李比希指出，植物生产需要碳，而碳主要来自周边环境中的二氧化碳。碳的循环将动植物的生命联系起来，这是李比希的著名发现之一。

→ 李比希创立了矿质营养学说，又进一步提出了最小养分律（Liebig's Law of the Minimum）：决定作物产量的是土壤中那个相对含量最小的有效植物生长因子，如果无视这个限制因素的存在，即使继续增加其他营养成分也难以再提高作物的产量。最小养分律可以形象地用养分桶（Liebig's barrel）来说明：组成桶的最短的木条（代表最小养分）决定了桶中所能容纳的水量（代表产量）。

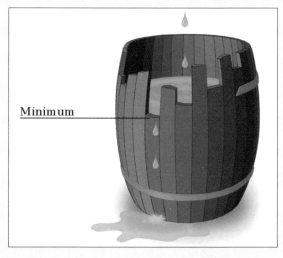

← 李比希认为，向土壤施加基本的元素能够增加作物的产量。他是第一个主张用化肥代替天然肥料进行施肥的人。图为1942年美国田纳西州进行的作物施肥与否比较实验，左边为未施肥对照组。直到1975年，美国农业生产已经高度现代化了，但是耶鲁大学的"科学史研究室"还是出版了《农业科学的萌芽》一书，以纪念李比希的成就以及他的学说在当时对于改良美国土壤肥力所起的作用。

→ 1846—1849年，李比希与他的英国学生研制的产品过磷酸钙，今天依然是世界上使用最多的磷肥料。这些肥料在19世纪后半叶极大地提高了作物的收成，然而这个实践起初并不十分顺利，但李比希并没有因此气馁，经过多次改进，终于使农作物收成有明显提高。图为双目炯炯的李比希。

↑→ 李比希十分注意研究与实际的结合，当时婴儿唯一的食品是母乳，假如母亲因健康或其他原因没有乳汁的话，婴儿往往被饿死。1852年李比希在长期研究后发明了一种被他称为"婴儿汤"的产品并在报纸上为它作广告。这是今天的幼婴食品的前身。李比希为此申请专利，并与企业界人士联合成立"李比希肉精公司"（Liebig's Extract of Meat Company），直到今天，该公司生产的肉精作为高级调味品仍然广销于世。图为该公司的产品OXO和位于伦敦泰晤士河畔的公司大楼。

→ 李比希肉精公司的食品畅销全世界。1893年，H. M. 杨（Hannah M. Young）写了一本名为*The Liebig Company's Practical Cookery Book* 的畅销书。图为该书的封面。

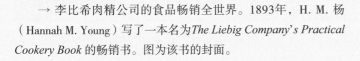

↑ 1837年李比希当选为瑞典皇家学会会员，1860年担任巴伐利亚科学院院长，还曾被选为德国、法国、英国、俄国、英国等国家科学院的院士或名誉院士。图为冬季的瑞典皇家科学院（The Royal Swedish Academy of Sciences）。

↑ 李比希公司的宣传画。李比希设计生产了各式各样的宣传画：扑克牌、记事本、儿童游戏卡、日历、明信片、邮票、纸张以及多种玩具，这些宣传画常常贴在商品包装上，反映历史、地理知识或者故事。它们的制作如此精美，以至于人们争抢着收集。

→ 1864年，李比希与一些艺术家、公共知识分子在花园里聊天。

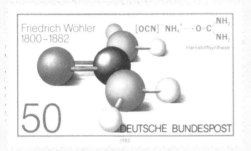

↑ 维勒（Friedrich Wohler，1800—1882）。李比希与维勒的科学交往在化学史上堪称佳话：李比希容易激动，善于辩论；维勒则性格敦厚，冷静从事，从不急于下结论。两人在性格上形成了鲜明对比，但献身化学的理想却是相同的，并成为终生的密友。他们共同进行了许多研究，分别独立提出了"同分异构体"。图为纪念维勒的邮票。

↑ 1822年，一位商人寄来一瓶棕红色的液体，希望李比希能分析其成分。但是，李比希只是看了看就匆忙断定瓶中之物是"氯化碘"。1826年法国化学家巴拉尔（A. J. Balard，1802—1876）发现了新元素——溴，震惊了化学界。李比希顿时想起四年前他放到柜子里的那瓶"氯化碘"，重新认真进行了化学分析，结果使他既激动又痛心。原来，其成分正是巴拉尔发现的新元素溴！一个重大的科学发现与李比希失之交臂，他懊悔极了。为了警诫自己，特别把那瓶棕色液体放在原来的柜子里，并把柜子搬到大厅中，在上面贴上一个工整的字条："错误之柜"。图为巴拉尔。

↑ 作为一名科学家和教育家，李比希认识到：出版工作在促进化学科学的发展以及培养科学人才方面具有重要的影响，他要创办一份化学期刊作为自己学派的阵地。1831年，李比希创办《药学杂志》，并和维勒同任编辑。1840年后此杂志改名为《化学与药学年鉴》。1873年，李比希去世后，为纪念他，该杂志又改名为《李比希化学年鉴》，时至今日，该杂志仍是世界化学领域的学术权威刊物之一。

← 1873年4月18日李比希在慕尼黑因肺炎逝世。4月21日他被葬入慕尼黑森林墓地，许多市民为他送行。在此前的1870年慕尼黑政府授予李比希名誉市民。图为慕尼黑森林墓地（Alter Südfriedhof）。

李比希去世后，人们以各种各样的方式纪念他。许多城市为他树立了纪念碑，发行邮票和纪念币，吉森大学以李比希的名字命名，并将李比希当年的实验室建成李比希纪念馆，向公众开放。2003年德国共发行 7 个贵金属纪念币项目，题材以德国的历史人物、事件、历史建筑为主，集中反映这个国家的社会及文化发展的历史，其中之一就有李比希诞辰200周年纪念币。

↑ 纪念李比希及其吉森实验室的邮票。

↑ 1953年德国发行的纪念李比希的邮票。

↑ 纪念李比希的银币。正面为鹰的象征图案，外围上半部题字："德意志联邦共和国"，下半部的12颗星星为欧元硬币的标志，字母"J"是汉堡造币厂的印记；反面图案为李比希的肖像，外围题字："化学家尤斯图斯·冯·李比希诞辰200周年"。

↑ 吉森–李比希大学校徽上的李比希头像。

下篇

本文作为李比希自传,直接译自英国《大众科学月刊》(*Popular Science Monthly*, March 1892)(1892年3月刊,总第40卷第40期,第655—666页),因此下面保留了该刊发表此文时所做的注释。该注释下面和文末的文字是该文的英译者布朗(Chambell Brown)于1991年3月18日,在利物浦大学学院一次化学实验室联合会上宣读英译本时的一些说明或补充,也照该刊原样译出。——本文中译者注

该短文由钱贝尔·布朗(J. De. Se. Chambell Brown),于1991年3月18日星期三晚,在利物浦大学学院一次化学实验室联合会上宣读:

在化学学会的这次纪念庆典会上,人们多次提到了李比希,包括他的奇特的活力和才能,他为创建有机化学所做的伟大工作,他在自己的国家和英格兰为纯粹化学及其农业、生理学和病理学方法应用的科学研究同样给予的巨大激励。

适逢其时,李比希的自传体短文部分已经公布。在自传中,他饶有趣味地叙述了自己的思维习惯和科学活动情况。他对学生时代擅长演绎方法的教授们的演讲的描述,更是令人捧腹。

据说,李比希在六十岁时写了一些传记体短文,且搁置多年。当他希望继续这一工作时,却找不到原来已经写好的资料。他的这些自传最终也没有完成。他的儿子,男爵乔治·冯·李比希(George Baron von Liebig)博士从其父亲的其他一些文章中发现了部分手稿,然后于1891年1月将其发表在《德国评论》上。马斯普拉特(E. K. Muspratt)先生从他的朋友,这位现任男爵那里收到一个副本,并慷慨地借给了我。

我努力将它翻译为英文。由于是逐字逐句的翻译,所以保留了两种语言的成语和表达方式的差异。经过《德国评论》应允,现在将它在英格兰公诸于众。

在目前技术教育正在深入人心的形势下,他的教学方法及其明显的成功值得我们关注。

李比希自传

李三虎　译

Justus von Liebig: An Autobiography Sketch

> 对李比希来说，科学的利益是全人类一切利益中的最高的利益，他让其他事情都服从科学，而物质对他来说，其作用则是极其微小的。
>
> ——洪堡
>
> 如同各个时代的所有伟人一样，李比希是其军队的精神和领袖。如果说有人如此狂热地追随他的话，那是因为他是一个令人钦佩和爱戴的伟人。
>
> ——霍夫曼

我的父亲拥有一间色彩斑斓的仓库，他常常在那里沉溺于制作一些用于配色的颜料。为了这个目的，他实际上已把这间仓库装备成为一间小实验室。我也经常出入于这间小实验室，在那里我有时会享有协助父亲工作的特权。在达姆斯塔特（Darmstadt），当时藏书相当丰富的宫廷图书馆（Court Library）非常开放，允许居民借阅各种化学著作。我的父亲按照从那借来的化学著作提供的配方，进行了各种实验。

出于对父亲的劳动的浓厚兴趣，我也开始阅读指导他实验的书籍。在幼小的心灵中，我越来越将自己的激情倾注于这些书籍，而对通常吸引孩童的那些事情开始变得漠不关心。由于我自己不能直接到宫廷图书馆借书，所以就结识了酷爱植物学的图书管理员赫斯（Hess）。他非常喜欢我这个小鬼。我通过他可以借到我想用的所有书籍。我读书没有任何章法，凡是书架上的书，都从下读到上，从右读到左。这对我来说没有什么两样。我 14 岁时的头脑就像鸵鸟的胃口，老是吃不饱的样子。在书架上一排排的书籍中，我找到 32 卷著作。有马凯（Macquer）的《化学词典》，巴兹尔·瓦伦丁（Basil Valentine）的《锑的胜利车》，斯塔尔（Stahl）的《燃素论化学》——哥廷根和盖伦的期刊中成千上万的短文和论文，以及基尔旺（Kirvan）、卡文迪什（Cavendish）等人的著作。

就精确的知识获得来说，我确信这种阅读方式并不实用。但在我看来，这要培育的是化学家而非自然哲学家的特有的想象思维能力。任何一个人，如果不能如诗人和艺术家那样，在想象中对所见所闻勾勒出一幅精神图画，那就很难对现象给出一种清晰的认识。最接近于此的是音乐家的特殊魅力，音乐家作曲时以基本音调来思维。各种音调连接符合一定规律，如同在

◀ 李比希和几位医学家共同出席了一场法庭审判，这场审判在当时曾引起轰动。

一个结论或多个结论中逻辑地安排各种概念一样。在化学家那里存在一种思维形式,通过它一切观念都会了然于心,如同想象的音乐旋律。这种思维形式,在法拉第那里获得了极高的发展。对不太熟悉这一思想方法的人而言,不管他在教学或解释时的口述多么富有智慧,神态多么优雅,表达多么出奇的清晰,他的科学作品似乎总是那么沉闷无趣或枯燥无味,看上去不过是一系列研究的堆砌而已。

想象思维的能力仅当经过恒久的思想修炼,才能培养起来,这对我特别有效。只要手段允许,我就按照书本的描述尝试进行所有的实验。手段是非常有限的,因此就会发生这样的情况:为了满足我的意愿,我得重复无数次实验,直到我最终有了新的观察,直到我把握现象自身表现出来的各个方面。这种现象把握是感知的记忆发展的必然结果。也就是说,它是视觉的结果,以清晰的直觉完好地替代背后的事物或现象的相似或差异。

对于以上情形,只要善于想象,就能领会其中的道理。例如,将两种液体混合,可以产生白色或彩色沉淀物;沉淀物要么马上生成,要么经过一定时间才生成,或云雾状或凝乳状、胶体状,或沙状或晶体状,或暗淡或明亮,沉淀或快或慢,等等;如果是着色的,就会呈现出某种色彩。在无数个白色的沉淀物中,每种都是特定的物质;如果有人对这种沉淀物有相当的经验,那他在研究中无论看到什么,一定会觉得似曾相识。下面的例子,可以说明我所说的视觉或严谨记忆的意思。在有关尿酸的联合研究中,维勒(Wöhler)有一天送给我一种以铅的过氧化物作用于尿素获得的晶体。为此我满怀巨大的喜悦,未经分析,马上给他写了封信,告诉他这种晶体是尿囊素。其实在七年前,我手里就有了这种晶体,是格梅林(C. Gmelin)送给我做研究用的。我将有关该晶体的分析,发表在波根道夫(Poggendorf)的《年鉴》上。自那以后,我一直没有再研究过它。但当我们分析了从尿酸中获得的这种物质后,发现其所含碳量存在差异,新的晶体含碳不到 1.5 个百分点。由于含氮量可通过定量方法确定,所以相应的氮含量应较高些（4 个百分点）。这样看来，它不可能是尿囊素。然而，我相信我的眼睛——记忆胜过分析，因此肯定那就是尿囊素。现在要做的事情是找到以前曾分析过的那种物质残余，以便重新分析。我描述了装有这种物质的小玻璃杯。这种描述如此准确，以致我的助手最后终于从一两千个制备物中成功地找出了它。如果不是在透镜下观察表明，格梅林制备的尿囊素是用骨碳进行了提纯，过滤后骨碳与晶体混合在一起，那么它看上去极像是新的晶体。

我并完全相信这两种晶体是一样的，从尿酸中人工制备的尿囊素无疑被当做一种新的晶体，并冠以新的名称。尿酸同母牛胎儿尿液成分最为有趣的关系，也许很长时间都无法观察得到。如此一来，凡是我看见的东西，不管是有意还是无意，都以摄影一样的清晰度留在我的记忆中。在隔壁的煮皂工那儿，我看到了煮皂过程，了解了什么是"盐析皂"和"整理"（fitting），懂得了白皂的制作过程。当我成功地向大家出示我亲手制造的肥皂，或以松节油作香水时，我便感到不无快乐。一到制革和染色、铸铁和铸铜的作坊或车间，我就好像回到家一样，恨不得马上一试身手。

在达姆斯塔特的市场上，我看过那些兜售零碎东西的游动商贩如何制作鞭炮用的雷酸银。我观察到，商贩在溶解银子时，会形成红色的气化物。他把硝酸加到银子上，然后就获得一种发出白兰地味道的液体，他用这种液体为人清洗衣服的领子。有了这种嗜好，就不难理解我在学校的情况是多么令人可叹。我缺乏耳朵-记忆，通过这种感官学习可以说是一无所获。我发现我自己作为一个孩子处于极不自在的情境中，听觉学来的语言和其他一切东西，学校的荣誉得失，全不在我的眼中。令人尊敬的高级中学校长齐默尔曼（Zimmermann），有一次在我的班级考试时，向我走来，极为尖刻地抱怨我缺乏勤奋，责问我为何成为老师的麻烦和父母的不幸，并问我究竟想干什么。当我回答他说想做一名化学家时，整个学校和这位性格随和的老人自己都禁不住捧腹大笑起来，因为当时没有人会想到化学有什么值得研究。

由于一个高中生的普通视野并未向我开放，所以我的父亲送我到黑森山区赫本海姆（Heppenheim）的一位药剂师那里。但 10 个月后，这位药剂师对我表示了厌恶，就把我送回了家，再次把我交还给了我的父亲。我希望成为一名化学家，而不是做一位药材商人。这 10 个月时间，足以使我完全掌握了一千多种药品的使用和各种应用，了解了在一个药材商铺所能发现的任何不同事情。

没有忠告，没有指导，我就这样过了 16 岁生日。在我的坚持下，我的父亲最终让我去读波恩大学。但我不久就跟随应这所巴伐利亚大学之邀的化学教授卡斯特纳（Kastner），转学到了埃尔兰根。当时新建的波恩大学，已经出现一股异常的科学风气。但正如在奥肯（Oken）表现的那样，在威尔勃兰德（Wilbrand）还更为糟糕。这就是衰落的哲学研究方法对自然科学各个分支仍然产生着有害的影响，因为它直接导致了讲课和研究均缺乏实验的评价和不带偏见的自然观察。这对许多有才能的年轻学子，实在是一种摧残。

学生们固然能从专业讲座中，接受丰富的独创性思辨方法，但这种看不见摸不着的东西却空洞无味。即使是卡斯特纳这位被认为是最杰出的化学家，他的演讲也缺乏条理，没有逻辑，课程安排犹如我脑袋中的那些知识的胡乱排列。他发现的现象之间的关系遵循如下方式：

"月亮对雨的影响再清楚不过了，因为只要月亮出来了，雷雨就会停止，"或说"太阳光对水的影响可通过水在矿井提升机上出现表现出来，有的提升机在盛夏时节会失灵。"雷雨退去时就可看到月亮，溪水在夏天被抽干时矿井里就会出水。对于一个聪明的演讲者来说，这些说法不过是一种过于乌龙的解释而已。

当时，德国化学正处于一个极为不幸的年代。多数大学并不为化学设置特定教授席位，一般是把化学课程交给医学教授来讲授。医学教授讲授化学课程只是倾其所知，但将它与毒理学、药理学、药物学、临床医学和配药学一起作为分支学科是远远不够的。在许多年后的吉森，描述和比较解剖学、生理学、动物学、自然史和植物学教学均交于一人之手。

伟大的瑞典化学家，英法自然哲学家，诸如戴维（Humphry Davy）、沃拉斯顿（Wollaston）、比奥（Biot）、阿拉戈（Arago）、弗雷斯内尔（Fresnel）、泰纳（Thenard）和杜隆（Dulong）等，他们的劳动开辟了全新的研究领域。但所有这些无可估计的待收获之物，在德国还没有找到结出果实的土壤。长年战争，生灵涂炭。由于外部的政治压力，大学教育荒废，多年来人们处于痛苦和焦虑中，人的愿望和力量都转到别的方向了。在各种精神思想领域，民族精神方面强调国家的自由和独立。打破对权威的信仰为诸如医学和哲学等领域带来多方面的温馨祝福，只有在生理学中才突破了自然的限制并超越经验纵横驰骋。

科学的目的以及仅当科学对生活有用时才有价值这一事实，几乎消失在人们的视野之外。在与现实世界失去联系的精神思想世界中，人们尽情地狂欢。谁如果相信简陋的、粗俗的无机力量在生命体中起任何作用的话，那就会被认为是侮辱人和缺乏教养。生命及其所有的表现和条件都非常清楚，自然现象披上了迷人、可爱的衣服，任聪明的人们剪裁和量身定做。这就是所谓哲学研究。化学实验教学在大学近乎没有，只有那些受过高等教育的药剂师们，诸如克拉普罗特（Klaproth）、赫姆伯斯泰德（Hermburstyde）、罗斯（Valentin Rose）、特罗慕斯道夫（Trommsdorff）和巴克霍尔茨（Buchholz）等，在别的院系保留了化学实验教学。

很多年之后，我还记得乌尔策（Wurzer）教授。他在马尔堡（Marburg）担任化学教职，给我看一种木制桌抽屉。这种抽屉的性质是，每三个月就生出一次汞。他有一种由长的泥管干构成的设备，用这种设备可将氧转变成氮：以木炭加热，使多孔的管干变红，然后使氧通过即可。

当时，几乎没有地方能找到提供化学分析教学的化学实验室。冠以实验室之名的不过就是厨房而已，里面堆放的全是熔炉和炊具，用来完成一些冶金和制药工艺过程。其实没有人理解如何进行实验教学。后来我随卡斯特纳到了埃尔兰根，在那里他承诺与我一起分析某些矿物质。但不幸的是，他自己并不知道如何进行分析，他从来没有与我一起做过一次分析。

在波恩和埃尔兰根逗留期间，我从与其他学生的交往中获益匪浅。这就使我发现我在许多科目上都显得无知，而其他学生则将这些科目的知识从中小学带到了大学。由于我在化学方面一无所获，所以我便集中全部的精力弥补以前忽视的科目学习。在波恩和埃尔兰根，我与少数学生加入化学-物理联会，在那里每个成员轮流宣读论文。宣读的论文涉及当时的最新问题，主要是报告吉尔伯特（Gilbert）和施韦格尔（Schweigger）的《杂志》上每月发表的论文的主题。

在埃尔兰根，谢林（Schelling）的演讲曾一度令我着迷，但谢林缺乏自然科学领域的完整知识。以类推和图像方法对自然现象的装点，不过是一种说明，并不适合于我。于是我又回到达姆斯塔特，我坚信在德国不能实现自己的目标。

贝采里乌斯（Berzelius）的论著——也就是说，他的那本有较好译本的工具书，当时有巨大的发行量——犹如荒漠甘泉一般。米希尔里希（Mitscherlich）、罗斯（H. Rose）、维勒和马格努斯（Magnus），当时都曾到斯德哥尔摩师从贝采里乌斯学习。但巴黎却向我提供了自然科学其他的许多分支的教学手段，例如，物理学的教学手段。这在其他地方根本学不到。我下定决心要去巴黎，当时我才十七岁半。巴黎的行程，让我有机会接触到泰纳、洪堡（Humboldt）、杜隆和盖-吕萨克（Gay-Lussac）。一个孩子在这些人的眼前蒙恩，说来令人难以置信，但这里的确使我觉得有点不太自在。从那以后，我觉得我的天赋被人唤醒了，我毫不讳言那是一种对天资开发的不可抗拒的渴望。每个人都以自己的方式帮助我，大家团结在一起，就如同一个乐队的和谐演奏。但天资仅当配以坚毅、不屈不挠的意志，才能取得成功。在大多数情况下，外部对天资发展的影响或妨碍毕竟要大大低于来自人的内在影响。任何一种自然力的效应无论有多么强大无比，都不可能是独立的，而总是与其他力量结合起来才能发挥作用。所以一个人要能够有所成就，就需要学习许多别的东西，也许要付出比别人更多的辛苦。不经过艰苦学习而能轻易获得，那就只能如我们平常所说，他有一种天赋才能。

莱辛（Lessing）说，天才等于意志加勤劳。我非常倾向于赞同他的这一说法。

索邦（Sorbonne），盖-吕萨克、泰纳、杜隆等人的演讲，令我着魔，不可名状。把天文学或数学方法引入化学，导致法国化学家和物理学家取得了各自伟大的发现。这就是尽可能把每个问题变成方程，并以两种现象的统一顺序设定为某种已经探索和发现的因果关系。这就是所谓"解释"或"理论"。这种"理论"或"解释"在德国就等同于未知，因为这些表达并未被理解为"经验过的"东西，而总是被理解为是人为另加的和人工成形的东西。

在处理科学的主题方面，法国人天才般的语言叙事，有着别的语言难以达到的逻辑上的清晰。正是由此，泰纳和盖-吕萨克对实验演示能够做到驾轻就熟。整个演讲由经过明智地安排好了的连贯现象——也就是说实验构成，不同实验通过口语解释完整地联系在一起。这些实验是我真正的乐趣所在，因为它们以一种我能理解的语言向我讲话，并与演讲结合起来，无须命令或安排就能将我脑袋中还混乱的无形事实明确地联系在一起。真的，反燃素论的法国化学历史在拉瓦锡上断头台之前就开始了，但人们观察到，屠刀不过是落在了影子上而已。我对反燃素论著作的了解，反倒还远不如对卡文迪什、瓦特（Watt）、普里斯特利（Priestley）、基尔旺、布莱克（Black）、席勒（Scheele）和伯格曼（Bergmann）等的燃素论著作熟悉。在巴黎，所有的演讲表现出来的东西作为新的和原创的事实，对我来说似乎都与以往的事实存在着密切的关系，以至于远离后者就无法想象还有什么别的事实。

我认识到,也许更为正确地说是我如梦方醒,一种与不变规律相一致的联系不仅存在于两种或三种化学现象之间,而且存在于矿物、植物和动物王国的一切化学现象之间。没有哪种现象是独立存在的,每种现象总是与其他现象相联系,反之亦然。如此这般,所有现象都是彼此相互联系的,各种事物的此消彼长是同一轨道中的起伏运动。

法国人的演讲给我最深刻的印象是,他们在对事物进行解释时的出于内心的真诚和防止一切不必要的虚伪客套。这与德国人的演讲形成最为明显的对比。在德国,整个理科教学以演绎方法为优势,所以便失去了坚固的结构基础。

在巴黎,一次偶然的事情使我引起了洪堡的注意。正是他对我的兴趣,促使盖-吕萨克与我一起完成一件我已经开始做的工作。就是这样,我有幸开始与这位伟大的自然哲学家进行最为密切的交往。如同以往与泰纳共事一样,他与我一起共事。可以这样说,我后来的所有工作和整个成长道路,就是在他设在一个兵工厂里的实验室中奠定了基础。

我回到了德国。在当时的德国,由贝采里乌斯、H·罗斯、米希尔里希、马格努斯和维勒组成的学派,已经掀起了一场无机化学的伟大革命。在洪堡的热心推荐下,我 21 岁时受聘为吉森(Giessen)的编外化学教授。

1824 年 5 月,我开始了在吉森的事业。我总是会快乐地回顾在那里度过的 28 个岁月,好似天意让我来到这所不起眼的大学。若是在一所较大的大学或较大的地方,我也许会分散自己的精力,虚度青春,说不定很难甚至不可能达到我的目标。但在吉森,一切都围绕工作进行,我对工作充满了激情和快乐。我当时感觉到需要一个机构,在这个机构中以化学的艺术指导学生。我说的这种机构,就是在里面能精通各种化学分析操作和掌握各种设备使用技巧。于是事有凑巧,当我开放分析化学教学实验室并提出各种化学研究方法时,来自四面八方的学生便蜂拥而至。随着学生数量的增多，我遇到的最大困难是实习问题。为了同时教授大量学生，有必要进行系统筹划或实施分步教学方法，即先思考后证明。我的若干个学生（弗雷泽纽斯和威尔）后来发表的手册虽然略有偏差，但其核心是在吉森开设的课程。现在，这些内容在几乎每个实验室中都是再熟悉不过了。

制备化学试剂是我非常关注的一个目标，这较之人们平常认为的还要重要。你会发现，许多人会作出漂亮的分析，但能以最为精明的方式制备出一种纯粹试剂的人却为数不多。制备试剂是一门艺术，同时也属于一种定性分析。人们还没有别的方法认识一种物体的各种化学性质，只能先从原材料中将它制备出来，然后把它转换为它的许多化合物，从而认识它们。

通过平常的分析，人们并不能在经验上知道以熟练的双手能产生何种重要的结晶体分离手段。这与不知道认识不同溶剂的特性的价值有着同样的道理。植物或肉体含有半打晶体，这少量的晶体嵌在无关的物质内。仅仅考虑其中的精华，差不多会在整体上掩盖其他物质的性质。从这种糊剂中，我们通过化学反应还能认识到每种单体在混合包块中的特性，试着去辨别何者为分解产品，何者不是分解产品，以便能将它们分离出来，由此便不会在后面产生分解影响。在这些研究中，寻找正确的方式非常困难。这里一个例子是贝采里乌斯的胆汁分析。在他描述的大量物质中，没有人能够正确地说出那就是天然胆汁的成分。

这位瑞典大师的高徒们，仅用极短的时间就足以给出出色的矿物精度分析。这种分析依赖于有关各种无机体性质的准确知识，这些无机体的化合物和它们的彼此行为均能获得全方位研究。瑞典学派的这类研究之锐利，不仅在以往非同寻常，而且现在也难以超越。物理化学是研究物理性质与化学组成的统一关系，它已经获得了坚固的基础。这里包括许多发现，既有盖-吕萨克和洪堡的气体组成比例发现，还有米希尔里希的晶体形式与化学组成的关系发现。在各种化学比例中,结构问题似乎获得它的压顶石地位,并完全走到了前台来。国外以往的所有发现,现在在德国也结出了丰富的果实。

有机化学——或者现在称之为有机化学的东西——当时还不存在。泰纳和盖-吕萨克、贝采里乌斯、普劳特(Prout)和德贝莱纳(Döbereiner),确实已经为有机分析奠定了基础,但谢夫勒(Chevreul)有关脂肪的伟大研究无论多么令人激动,多年来也未能引起人们的广泛关注。无机化学需要太多的关注,它事实上独占了最精良的力量。

我在巴黎培养起来的爱好,是一种不同寻常的方向。借助盖-吕萨克与我一起进行的雷酸银研究工作,我熟悉了有机分析,并迅速意识到有机化学的所有进步将主要依赖于对它的简化。因为在这一化学分支中,人们并不是通过其特殊性质认识不同的构成元素,而是以同一元素的相对比例和安排来确定有机化合物的性质。为了做到这一点,分析对有机化学是必要的,而无机化学有一个反应就够了。我在吉森头些年的事业中,多是专门致力于改善有机分析方法。其直接结果是,在这所不起眼的大学里开展起了一种以前从未有过的活动。

为了解决与动植物相关联的无数问题,有组成成分的问题,有伴随有机体内变形的反应问题,一种温馨的缘分让一帮来自欧洲各国的青年才俊聚集在了一起。他们中的任何一个人,都能想象得出我从成千上万次实验和分析中获得的事实和经验是多么丰富。二十多个不知疲倦的熟练的年轻化学家每年都要做大量的实验和分析,那么多年下来,实验和分析越积越多。

在实验室中实习助手负责的教学,实际上只是为了初学者。我的专门学生的进步则主要依靠他们自己,我规定选题,并监督他们的完成情况。这样一来,他们就如同圆的半径一样汇聚到同一个中心来,并不存在什么实际的指导。每天早晨,我要单独听取他们的汇报,前一天做了什么,以及对工作所持的看法。最后,我对他们的汇报表示赞成或反对,并让每个人寻找自己的出路。在彼此朝夕相处和相互交往中，由于一起工作，大家便形成了一种人人教我、我教人人的关系。冬天，我每周针对当时最重要的问题作两次简评，主要是总结我自己和学生的工作连同其他化学家的研究。

我们每天的工作，从拂晓一直干到黄昏。在吉森，没有什么浪费时间和玩忽职守。不断重复的唯一抱怨是，管理员（奥贝尔）晚上要打扫实验室时，无法把在里面的工作人员赶走。正如我常常听我的多数学生说，他们回想到在吉森的日子时，总会唤起当时那种愉快的满足感。

我非常荣幸，从在吉森的事业一开始，就拥有了一位志同道合的朋友。多年以后，我仍然与他密切来往，保持着一种温暖的挚友之情。对于各种物体或其化合物行为，尽管我的主导倾向是寻求其雷同的问题，但他却拥有一种理解其差异的优良能力。他集观察的敏感和艺术的灵巧为一体，很少有人像他那样具有发现新的研究或分析手段和方法的创造才能。我们共同开展的尿酸和苦杏仁油研究成果常为世人乐道，那正是他的工作成效。我并不能就我自己和我们共同的目标实现而过高地估计与维勒的联合给我带来多少优势，因为这种联合统一了两个学派的特点，其好处是双方通过合作变得高效起来。不攀比不妒忌，我们携手共进，勇往直前。一方需要，另一方就会伸出援助之手。关于这种一目了然的关系，我要透露一点秘密。我们有许多联合署名的细小工作其实是由单独一方完成的，这些细小的工作不过是一方献给另一方的迷人的小礼物而已。

经过 16 年的最艰苦活动之后，我收集了所取得的全部成果。其中与动植物相关的成果收入我的《化学在农业和生理学中的应用》中，两年后又收入我的《动物化学》，其他方向的研究则收入我的《化学快报》中。后者一般被认为是一种普及作品，但如果更为仔细地研读一下，就会知道它确实不是什么普及作品，它原本就不是普及作品。其中一些错误不在于事实，而在于有关化学反应的各种演绎。我们是未知领域的开拓者，在通往正确的道路上难免会遇到不可克服的困难。现在,当研究的道路被开辟出来以后,接下来要走就轻而易举了。近来发表的一些奇妙发现正是我们自己当年的梦想,那时我们坚信梦想成真。

到这里手稿已经结束,人们希望还将会找到更多的手稿。

将李比希同维勒加以比照非常有趣,表现出了他的性格的一个方面。他的学生们对此非常熟悉,他们讲的许多动人故事足以诠释出他的无私和仁心。人们但愿他没有想到那些"令人难以置信"的故事,即他如何"在洪堡、盖-吕萨克和泰纳的眼前蒙恩,觉得在这里有些不太自在。"他们当然不会感到不自在。以下是马斯普拉特(Muspratt)先生提供的故事,直接来自李比希在慕尼黑实验室的口述:

李比希常常会感激地说,他——一位年仅 18 岁的青年——在巴黎为盖-吕萨克、泰纳和其他杰出化学家所热心接纳。

1823 年夏天,他向科学院报告了他有关雷酸银的分析。论文报告结束后,当他收拾自己准备的东西时,一位先生向他走来,询问他的研究和将来的打算。这位先生在经过一番严格考察,末了邀他周日晚赴宴。李比希接受了邀请,但在紧张和懵懂中忘了留下询问者的姓名和地址。星期天到了,可怜的李比希无法履约,感到非常失望。

第二天,一位朋友来到他面前说,"昨天你未曾前去与冯·洪堡一起进餐,究竟是什么意思?他可是邀请了盖-吕萨克和其他化学家,要把你引见给他们呢!""我惊呆了,"李比希说,"快速奔跑,急急忙忙来到冯·洪堡的下榻处,尽我所能找了一个最佳的借口。"这位伟大的旅行家对我的解释表示满意,告诉我非常遗憾,现在约了几位科学院院士在房间相见。不过他想,如果他下周日来赴晚宴,他就会安排好一切。他按时赴约,在那里结识了盖-吕萨克。他被这位年轻人的天才和热情所打动,以致送他进了他的私人实验室,并继续与他联合研究雷酸盐化合物。——《化学消息》

附　录

1859 年，李比希和朋友维勒、科普（Kopp）、普弗（Pfeufer）在巴伐利亚州的森林里游玩时发生了意外，李比希的腿受伤，不得不卧床数月。普弗特地画了这幅漫画以表现李比希不能做心爱的化学研究时是多么痛苦。

李比希小传

（C. A. Browne 1942 年著　李庆逵译）

· *Appendix* ·

> 李比希有一颗善良的心，毫无疑问是他那个时代的最伟大的化学家。虽然有时会出现欠妥的虚夸，但他的伟大形象并不因此而受到损坏。
>
> ——科学史家帕廷顿（J. R. Partington）

　　李比希（Liebig）著《化学在农业和生理学上的应用》一书出版一百周年是值得纪念的，因为从来没有其他化学文献，在农业科学的革命方面比这本划时代的著作起了更大的作用。这本书的发表，立即为人们所接受。它的影响范围很大，1948 年以前，已经有了德、法、英、美、丹麦、荷兰、意大利、波兰、苏联共 9 个国家的 17 种版本。

　　这本书之所以能风行一时，部分原因是由于 1940 年以前，许多著作已经引起了人们对农业科学的广泛兴趣，他们为这本书的问世铺平了道路。但是更重要的是李比希于 1824 年在吉森（Giessen）大学所创立的化学研究室中的许多发现，使他成为举世周知的名人并被认为是最杰出的化学家之一。

　　为了对李比希这本书有一个正确的评价，我们有必要熟悉一下这位化学导师的个性和生涯。在 1837 年英国利物浦所举行的英国科学促进会（The British Association of the Advancement of Science）的一次科学会议上，李比希应邀做一次有关"当前有机化学和有机分析"的报告。这个报告的第一部分于 1840 年在英国和德国同时印行了。这篇报告的第二部分于 1842 年以"动物化学"或"有机化学在生理学及病理学上的应用"的书名，在英国和德国印行的，但是李比希从事病理学的研究很短，而新版的《化学在农业和生理学上的应用》一书，直到李比希去世以后还在发行。

　　李比希的个性复杂得莫名其妙，研究一下他的生平和他的社会关系，可以看到许多矛盾。李比希首先是一个精力充沛和异常勤奋的人，他在化学方面的贡献异常广泛，包括有机、分析、农业、生理、工业、药剂及教育等方面，如果我们列举一下他对于

◀画家冯施温德（Moritz von Schwind，1804—1871）的素描作品：李比希与家人和朋友在慕尼黑的戏院里，手拿望远镜的为李比希的大女儿。

化学上各个分支学科的影响,可以编写成一部丛书。作为一名科学家、编辑、教育家和著作家,李比希全面的科学活动是没有人可以和他相比的。他的著作和译著在一百种以上。他在杂志、报刊和期刊上所发表的文章是如此之多,以致从来没有能编出完整的文献目录。李比希在 1829—1873 年间和沃伦(Wöhlen)、霍夫曼(Hofman)、贝采里乌斯(Berzelius)等当代许多化学家所发表的来往信札,已经分为几卷出版。

李比希精力充沛,既热忱又勤奋,这种富于感染力的性格使他成为一名最富有鼓舞激励力量的导师。他所创立的化学学校是第一所以从事研究工作为目的的学校,吸引了来自世界各地的学生,他们都为李比希的热忱和努力所感动,成为传播李比希学说的骨干力量,使李比希的名字在世界各地为人们所熟知。

李比希对于他全部事业的热忱加上他极易冲动的性格,使他难以抑制感情,也使他遭到了各种各样的责难。他有时会做出轻率的论断和错误的概括,但是进一步的试验又使他不得不加以修改或取消。这使得李比希早期的著作中,包含了大量的错误和不正确的设想。但是他通过严格的化学试验不断把这些没有成熟的推想加以修正,使李比希在后期的著作中避免了许多瑕疵。

由于急促地下结论,曾使李比希错过了对于溴的发现。早在 1826 年巴拉尔(Balard)发现溴以前,李比希已经在食盐的母液中把这个元素分离出来了。但是在仓促而并非完全结论性的试验中,他假定所分离出来的物质是氯化碘,把氯化碘的标签贴在瓶子上。当他发现了这件事时是抱恨终身的,因为这使他与最接近于发现一个新元素的机会失之交臂,正如他自己所承认的。这个经验给李比希上了很好的一课,此后他下结论比较审慎了,对于证实一个试验采取了比较客观的态度。

也许没有一个化学家像李比希这样既是科学家又是宣传家,他那种富有说服力的口才和善于争论的文笔相结合,使他能取得多数人的信服。但他那种绝对化的武断语气以及漫不经心的讲话，又使他陷入无休止的争论之中。和他同时代的科学家，很少能逃过他笔下的讥讽，特别是对于生理学家。大约有一百年或一百多年的时间，某些生理学家把化学看做是一门科学上的"暴发户"，是"剥削者"，化学无权侵入边缘学科。某些心胸窄狭的专家们对于生理化学这一门科学加以强烈谴责，他们对李比希《化学在农业和生理学上的应用》一书特别加以攻击。这样，李比希好战的脾气，使他不加区别地对全体生理学家加以怒骂。下面是李比希在他的著作中的一段话："即使对于生理学大师们来讲，物理学和化学上的一切发现，以及化学家的一切解释，都是毫无成果也没有用处的。对于他们，碳酸、氨、酸和碱，只是没有意义的声音，没有意义的字眼，不知所云的名词，不能启发任何思路，也无从加以联系。他们像庸人一般地对待这些科学，他们蔑视外来文献的程度正和他们的愚昧无知成正比例。即使对于生理学以外的文献略有一些认识时，他们也不能理解其精神及其应用"（《化学在农业和生理学上的应用》1940 年英国版，第 35 页）。

像这样的广泛攻击是完全不对的，碳酸、氨及其他化学名词，对坎多尔（de Candolle）这样的生理学家来说，肯定不是没有意义的字眼，他完全认识到化学在研究植物生命现象中的重要性，而李比希本人从坎多尔的思想中却得到很大的帮助。李比希对于生物学家和数学家也做了类似的轻视的议论。这种非难有时也针对许多著名的化学家，这样就使李比希也遭到大量的答辩和反击，其中许多公认是正确的。例如当时著名的苏格兰农业化学家约翰斯顿（Johnston）说："一种不自然的，从某些方面来说也是不值得的激动情绪在吉森大学的化学坩埚中和笔端上找到了出路，李比希和他的门徒正像一批古代的游侠，对着所碰到的每一个人挥舞他们的长矛。"

对于李比希最为尖刻的回击是来自荷兰乌得勒支（Utrecht）大学的化学家马尔德（Mulder），他在一本发行很广的小册子上指出：

　　"李比希从来不知道学术思想上的自由,几年来在吉森大学建立了一个法庭,在这个法庭前李比希身兼控告人、证人、公诉人、辩护人和法官。在他的裁判席上,事件很快可以结束,但是在那里永远、永远的没有公正和慈爱。在这个法庭上即使最纯洁的无辜者也会遭到鞭打,而李比希也就是执行人。"

　　有关李比希对于马钱德(Marchand)、贝采里乌斯、劳斯(Lawes)、米彻尔里希(Mitscherlich)等等的辩论文献可以装订成若干卷,当时李比希的善良的友人沃伦曾经敦促他停止这种辩论,但是并无效果。下面是沃伦所写的极为明智,而且富有哲理的一段话:

　　"在这个问题上你和马尔昌德或任何人斗争都是多余的,你在毁灭自己,发怒、动肝火、伤脑筋,最后自寻死路。试想一下,到了 1900 年,我们都将分解成为二氧化碳、水和氨了,我们骨骼里的石灰,或许已经落在损毁我们坟墓的野狗身上了。谁还会注意到我们生前是活在和平或论战中呢? 对于你在科学上的辩论——你为科学而牺牲了健康和平静,有谁知道呢? 没有,但是你良好的观念,你所发现的新事物,这些,将从许多不必要的东西中提炼出来,将永久为人们所熟知和承认。"

　　在 1840 年,李比希是一位公认的杰出的有机化学家,但是他还没有成为一名权威的农业化学家。当时他通过实验室中的研究,对于植物体和动物体有了广泛的认识,但是他缺乏农业措施中的实际经验。但是和李比希同时代的法国科学家布森高(Boussingault),通过他自己庄园里所做的实验,充分地掌握了田间经验和技术。首先把化学从实验室带到大田和厩房里的功劳,应该归之于布森高。拉塞尔(J. Russell)曾指出:"引用科学方法,使新的农业科学得以发展,这个荣誉是属于布森高的。"(1937 年版《土壤条件和植物生长》第 13 页)。

1840 年当《化学在农业和生理学上的应用》一书问世的时候，李比希竭力把这一年说成是农业化学的旧时代和新时代的分界线，或者说是一个转折点。他截取贝采里乌斯、泰伊尔（Von Thaer）、斯普伦格（Sprengle）著作中的片断，企图证明在他的这本书问世以前，这些欧洲的著名科学家认为有机肥的作用只是局限在腐殖质。但是在这里李比希只是作为一个宣传家来发言，他完全无视于事实，就是远在他这本书出版以前，卡尔（Carl）和斯普伦格早已宣称腐殖质和矿质肥料有同等的重要性。随后，在李比希自己的著作中，也说明了这一点。

实际上，当李比希断言碱金属和碱土金属对于植物的作用可以相互代换时，斯普伦格根据他在实践中的广泛知识，就指出这是不合乎事实的。很不幸，化学史和李比希传记的编写者对于 1920—1940 年间的农业化学文献没有充分的认识。如果他们能熟悉一下这一个时期的文献，那么他们对于当时李比希的事件，可以得出一个远远较为真实的印象。

李比希在《化学在农业和生理学上的应用》一书的前言中说：自从戴维（Davy，18 世纪初）以来，"没有一个化学家能献身于化学原理应用于植物的生长上的研究"。这句话对于他书中所提到各位化学家来说，是大有矛盾的。在这本书的第一版问世时，李比希是没有农业知识的，他只能把前人的工作加以评论性的总结，李比希凭他出色的化学知识，引用了前人工作中看起来是最为科学和最为有理的一部分。在这本书中，他引用了 200 篇以上的参考文献，其中主要是沙苏尔（de Saussure）的，提到沙苏尔不下 24 次。李比希也参考了贝采里乌斯、布森高、戴维、盖-吕萨克、斯普伦格、斯西以勃（Schübler）及其他卓越的化学家的工作。李比希所宣称的"自从戴维在 1813 年出版了《农业化学原理》一书以后，一直到他出来进行研究以前，在这段时期中没有一个化学家把自己献身于农业"这样一种说法，足以说明他是一个宣传家。对于科学工作忽而夸张、忽而贬低的倾向，经常出现在李比希的言论中。

　　李比希这本书印行以前，许多土壤化学和作物化学的研究工作，已经阐明了农业化学上的大量基本原理，但是同时也传播不少错误的假设。当时农业化学的出版物，便成为"真理"和"错误"的大杂烩。在李比希以前没有一个人企图把这些极不一致的结果加以总结，编写成为有关农业化学问题的经典。

　　一门科学当它在发展的早期就想加以"经典化"，可能有两种影响：有益的一方面是可以排除一些不正确的观念和非实质性的问题；另一方面也有害处，它可能把错误的概念说成是指导性的原理。

　　李比希和李比希的学说，在农业上具有压倒性的有利影响，因此，他所说的某些错话，我们不要老是揪住不放，没完没了地议论了。在李比希的第一版《农业化学》中，内容上是有许多错误的。但是我们需要举出一个例子来说明李比希是怎样的把修正错误作为一个发现真理的台阶。我们从 1840 年第一版英译本《化学在农业和生理学上的应用》这本书中，把他错误的地方举个例。

> "100 份小麦茎秆可以烧出 15.5 份灰分，同量的大麦茎秆能烧出 8.54 份灰分，但是 100 份的燕麦茎秆却只能烧出 4.42 份灰分。这些灰分的组成是相同的。从这些事实中，我们可以清楚地证实各种植物生长中的需要。在同一块土地上，种小麦只能长一造，大麦可以长二造，燕麦便可以长三造。"

　　在这一节中每个论断都是错误的，但是他却用非常武断、且毫无条件性的语气表达出来。李比希的结论不仅在原理上是错误的，并且由于引用这些不可靠的分析结果，使这本书中其他许多部分也受到错误的影响。当李比希写这段论述的时候，他还没有做植物灰分的分析，但是两年以后他便在实验室中非常努力地进行这项分析了。来自各方面的批评迫使李比希修正他的错误，而把那些不确切的阐述交给严格的分析来验证。李比希逐渐认识到过去所发表结果的错误，也认识到农业化学的进步必须要发展新的分析方法。他指定他的学生弗雷泽纽斯（Frensenius）、威尔（Will）等从事改进分析方法的研究，从而导致以后在 1846 年弗雷泽纽斯发表了他的《定性分析和定量分析》这一光辉经典著作。在李比希农业化学学说中的第一个成果，在某些方面来讲也是最好的成果，是对于分析方法的改进和成就。只有在这些成果上，我们对于土壤和植物的矿质成分才获得了可靠的知识。当李比希的美籍学生霍斯福德（Horsford），以后是哈佛大学的化学教授，1844 年12 月到达吉森大学以后，曾经写了一封信给"耕作"杂志（译者注：原信的内容没有译），他在这封信中极为生动地描写了李比希的个性。在这封信中，我们可以看到李比希的处事待人是非常认真和严肃的。进入吉森研究室的每个部门，使人们感到那里的特征只是工作和思考。人们低声地讲话，在这个实验室里，谈话似乎是违禁的。他的教育方法，能把上百名来自各地的学生们全神贯注地沉浸于化学的理论、实验和发展中。

霍斯福德的信不仅对李比希的个性以及吉森大学的教室和实验室加以生动地描写，并且无形之中也发现了为什么欧美各地的学生都要到吉森大学来学习化学的原因。在 1824 年李比希没有在这所大学开设化学课以前，世界上没有一所大学，他们的学生能以搞科学研究和发现为目的来从事于实验室的训练。大专院校的学生只能在教室中看到教授们在做实验，但是，他们是不准学生使用仪器的。西里曼（Silliman）有一次说明了耶鲁大学的早期教育方法：

> "当那些没有经验的学生自告奋勇地要帮助我，来看我们所做的工作时，我多次对他们说：'你们最好不要动手。'这样他们便不会妨碍我和有训练的助手们的工作，也不至于搅乱仪器的安排和打破仪器。"

对于迫切求知的学生，这只鼓励他们"看"、不要他们"做"的习惯，在当时世界各地大专院校中是普遍存在的。直到李比希才对于年轻人推行新的教育方法，教他们怎样使用仪器，并且和他们一起参加科学研究。对于李比希的教育方法，我们最好引用他的学生——后来的耶鲁大学的农业化学教授约翰森（Johnson）的话来说明：

"李比希对于全球各地到吉森实验室来学习的学生有这样一种精神，就是要他们学习在科学上有所发现的方法。要求他们检验某些观念是否真实，某些结果是否正确。此外还要为了提出新的观念来进行新的观察和发现。李比希不是为了好奇或荣誉来追求发现，他把发现的真实性放在首要的地位。他耐心地听取同学们每天的进展，思考他们的研究计划，观察他们仪器的安排和设计，验证他们的观察，听取他们所设想的理论。李比希对同学们加以鼓励，有时也给以批评。他提出问题，怀疑和相反的意见。他不仅要求学生累积资料，对事实加以思考，同时，要他们根据资料进行比较、分类和论证，把资料加以总结和补充；并且引导他们对于理论上的每个弱点加以批评，通过各方面的仔细查考，来证实或否定他们所提出的结论。"

从他的学生们的成就来衡量，李比希作为一名老师，可以无愧地站在班上。我们在这里只提出少数人的名字（译者有简删），如德国的霍夫曼（Hofman），弗雷泽纽斯（Fresenius），艾伦迈尔（Erlenmeger），齐宁（Зинин）；法国的日拉尔（Gerhardt），武兹（Wurtze）；英国的马斯普拉尔特（O. Muspralt），吉尔伯特（Gilbert）；美国的霍斯福德（Horsford），劳伦斯（Lawrence），史密斯（Smith）等。李比希的这些学生以后都成为著名的导师，他们又把化学实验的新方法传授给自己的学生，使李比希倡导的"通过研究来教育"的主义风行全球。

但是作为一名化学导师，李比希的影响不仅局限于教室及实验室里的学生们。他以通俗的笔调写成"化学通信"，最初于1841年在德国的报刊上发表，其内容逐渐扩展，到1851年时同名书《化学通信》的版本扩展到536页，其内容涉及生理、食物、农业、商业、政治经济等方面的35封信。这本书到1873年李比希去世时，已经译成了8国文字，印刷发行了30多版（译者注：对于各种通信有所删简）。

李比希的亲密朋友沃伦对于《化学通信》在化学大众化方面的巨大价值，评价最为确切。他说："在阐述化学对生物的生理作用的关系，以及化学和药物、农业、工业和商业有什么联系的问题上，没有比李比希的《化学通信》说得更为清楚了。这些关系在这本足以称为经典的著作中，以儿童也能理解的方法表达出来。"

《化学在农业和生理学上的应用》一书在美国有极为显著的影响。这点不仅是由于这项工作受到化学家的注意，同时也由于对这本书的"选录""短评"和"讨论"普遍地发表在美国全国的农业杂志中。如果我们参考一下这个时期的农业期刊，可以看到美国人民大众，在李比希这本书印行以后，如何很快地关心化学了。李比希的成就，在思想领域里是最适宜的时机，把从拉瓦锡时代所累积下来的动力，加以最后的决定性的推动。李比希丰富的著作，加上忠于他学术思想的许多毕业生，使李比希学说无与伦比地在世界上风行一时。

在欧洲所引起的对于李比希学说的批评和辩论，也同样发生在美国。如果把攻击李比希的文献搜集起来，足以充满书架。

李比希和李比希学说对于农业的影响是完全着重于化学，以致在《化学在农业和生理学上的应用》一书出版以后的50年中，人们把化学看做全部的农业科学。专一的推崇化学的思想是这样深刻地存在于公众的心理中，使李比希的学生韦瑟里尔（Wetherill）于1862年被任命为第一任美国农业部的首席科学家。在创立美国农业试验站时，李比希的学生们所起的作用是这样大，以致最初一段时期各州的当权者有这样一种默契，认为只有化学家才适合做试验场的场长。商品肥料的化学检验（李比希的另一种观点）以及早期农业试验场的领导职位的任命，在很大的程度上是受这种思想的支配。现在这项人员调度权大部分已转到各州的农业部、农业科学的领导人手中，有一部分已由园艺学家、农学家和其他的农业科学工作者取代了化学家。但是这并非意味着李比希的观点在现代的农业上有任何削减，因为化学的色彩已经浸透在农学、园艺学、植物和动物生理学、林学以及其他农业科学中，李比希的影响几乎在每个分支机构中都可以感觉到。

把新的精神灌输到科学研究中去，也许是李比希的最大成就之一。老练的农业化学家迈耶（A. Mayer）在 19 世纪末有一次说：

> "即使刻薄的批评可以把李比希在农业化学上的具体成就说成一文不值，但是他的影响在精神上的意义是任何人也否定不了的。"